全国高等农林院校"十一五"规划教材

园 林 种 植 设 计 学

理 论 篇

李树华　主编

中国农业出版社

图书在版编目（CIP）数据

园林种植设计学·理论篇/李树华主编·—北京：中国
农业出版社，2009.11（2016.5重印）
全国高等农林院校"十一五"规划教材
ISBN 978-7-109-13623-6

Ⅰ.园… Ⅱ.李… Ⅲ.园林植物－园林设计－高等学校－
教材 Ⅳ.TU986.2

中国版本图书馆 CIP 数据核字（2009）第 188450 号

中国农业出版社出版
（北京市朝阳区农展馆北路 2 号）
（邮政编码 100125）
责任编辑 戴碧霞

北京通州皇家印刷厂印刷 新华书店北京发行所发行
2010 年 4 月第 1 版 2016 年 5 月北京第 2 次印刷

开本：787mm×1092mm 1/16 印张：26.75 插页：11
字数：647 千字
定价：49.00 元
（凡本版图书出现印刷、装订错误，请向出版社发行部调换）

主　　编　李树华

副 主 编　王树栋　张文英　徐　峰

编　　者（按姓氏笔画排列）

王树栋（北京农学院）

刘庆华（青岛农业大学）

刘青林（中国农业大学）

李树华（清华大学）

张文英（华南农业大学）

姚连芳（河南科技学院）

徐　峰（中国农业大学）

彭尽晖（湖南农业大学）

蔡　如（仲恺农业工程学院）

主　　审　陈俊愉（北京林业大学）

前　言

　　园林学的范畴已经由庭园发展到城市绿地系统规划与城市绿化，进而扩展到大地景物规划；园林的主要功能由原来的宗教功能、精神功能、文化功能等扩大到生态改善、景观美化、休憩娱乐、文化创造与防灾避险等综合功能。而这些综合功能常常需要通过植物景观的营造来实现。此外，生态园林建设、园林绿地的生物多样性营造、绿地环境的可持续发展等日益表现出重要性，而植物景观营造无疑是其中的最主要内容之一。

　　随着园林学的发展，植物景观营造也由传统的园林植物配置发展到绿地系统规划、城市绿化技术与大尺度的植物景观规划设计，这些被扩展了的植物景观营造内容主要是通过园林种植设计来实现的。因此，园林种植设计也就成为一门独立的课程，亦即《园林种植设计学》。

　　《园林种植设计学》以土壤学、气象学、生态学、园林美学、园林植物学、园林制图、园林史以及园艺文化等为基础，它既是园林规划设计学的重要组成部分，同时也是园林工程、城市绿化技术以及园林绿地维护管理等的基础课程。

　　《园林种植设计学》分为理论篇和实践篇。理论篇阐述园林种植设计的历史、文化要素、自然要素、生态学原理、艺术原理、平面构成与空间构成、配置形式与手法、程序以及表现等内容；实践篇以介绍各种形式、规模的园林绿地的种植设计为主，包括花坛、花境与组合盆栽，带状绿地，居住区绿地，建筑空间绿化，观光农园，专类园（岩石园、芳香植物园、园艺疗法园），湿地、水景园，植物园以及公园等内容。

　　本教材以"力求达到系统性、科学性、艺术性、实用性相结合"为目标，在参考国内外同类教材的基础上，由工作在园林树木学、种植设计、园林设计第一线的多所高校的教师结合自己丰富的实践经验与教学经验，合力编写而成。其内容全面，图文并茂，学术观点新颖，并加入国外最新种植设计理念，适于传统园林、城市绿化以及大地景物规划等各个园林领域的学生学习与园林工作者参考之用。

　　《园林种植设计学　理论篇》由李树华担任主编，王树栋、张文英、徐峰担任副主编，全体编写组对编写内容统一讨论、分工编写，再先后由副主编、主编统稿完成。各章分工情况如下：第一章、第四章、第五章、第九章，李树华；第二章，李树华、徐峰；第三章，刘青林、李树华；第六章，刘庆华、李树华；第七章，张文英；第八章，李树华、张文英；第十章，王树栋、姚连芳；第十一章，徐峰、蔡如、彭尽晖。

中国工程院资深院士、北京林业大学 93 岁高龄的陈俊愉教授，为本教材的编写提出了宝贵意见，审阅全书稿，在此向陈俊愉教授表示崇高的敬意和深深的谢意！

本教材在编写、统稿以及插图绘制过程中，中国农业大学园林生态与绿地规划学研究室的博士研究生吴菲、任斌斌、朱春阳等参加了部分工作，在此表示感谢。最后期待园林界前辈、专家以及同行提出宝贵意见。

编　者

2009 年 10 月

目 录

第一章

绪　论

本章首先介绍了园林、园林学的概念，植物在园林中的重要作用，园林种植设计的形成过程与现状，园林种植设计的概念与特征，园林种植设计学的概念及其与其他课程的关系。其次，介绍了以园林植物为主体的园林绿地的生态改善、景观美化、休憩娱乐、文化创造以及防灾避险功能。最后，介绍了本书的构成与主要内容。

第一节　园林种植设计的形成与概念

一、园林与园林学

园林（garden and park）是指在一定地域内运用工程技术和艺术手段，通过因地制宜地改造地形、整治水系、栽种植物、营造建筑和布置园路等方法创作而成的优美的游憩境域。

园林作为人类宝贵文化的重要组成部分，属于精神生活与物质生活的综合产物。在其长期发展过程中，由于受到地理位置、气候条件、宗教信仰、文化艺术以及兴趣爱好等因素的影响，园林在世界范围内分别形成了具有当地特征的艺术形式，如意大利的台地园、法国的勒·诺特尔园、英国的自然风景园、日本的枯山水园与禅宗园以及我国的自然山水园等。

随着建设功能的综合化、服务对象的大众化、艺术形式的丰富化以及文化的相互融合化，与传统园林相比，现代园林在其规模、形式、构成、特色等方面已经发生并将继续发生巨大变化。园林的快速发展促进了作为独立学科的园林学的形成。

园林学（landscape architecture，garden architecture）是一门综合运用生物科学技术、工程技术和美学理论来保护和合理利用自然环境资源，协调环境与人类经济和社会发展，创造生态健全、景观优美、具有文化内涵和可持续发展的人居环境的科学和艺术。

二、植物在园林中的重要作用

植物与构成园林的其他要素如地形、建筑、山石、水体、园路等不同，它具有作为生物的特殊性，包含了与其他植物个体及群落、土壤、温度、光照、水分等的相关问题。植物在园林建设过程中发挥着重要作用。

1. 植物的多样性赋予了园林（环境）多样性　植物材料作为园林构成和景观建设的最基本要素，不仅种类丰富（园林应用的植物有数千种），应用形式灵活多样，而且各具特点。为了维持生命，不同植物种类对自然要素、环境要素等都有不同的要求。为了满足植物这种在生命存活方面的要求，应在不同的环境条件下选择栽植不同的植物种类，从而赋予了园林多样性。

2. 植物是园林美化的重要素材　不同种类和个体的植物具有不同的个性美。植物除了具有整体的美感之外，其花、干、枝条、叶簇、根盘等器官也具有美感。这些美感包括形体美、色彩美、质感美等，在园林中起着重要的美化作用。

3. 植物在园林中担负着空间构成作用　植物是园林空间的重要构成要素，它在形成园林空间过程中发挥着围合、分割、连接、遮蔽、覆盖等作用。例如，草坪和地被植物起到了构成"地板"的作用，树墙和绿篱起到了构成"墙壁"的作用，乔木的树冠起到了构成"天花板"的作用。

4. 植物的生命活动赋予了园林变化美　植物处于持续不断的生命活动之中，具有朝夕、日月、四时、短期、长年等的变化，正是这些变化赋予了园林变化美。这一特征与基本上处于相对不变的其他园林要素不同。

5. 植物的调和力使园林产生了谐调美　城市园林中的建筑、山石、道路等属于硬质景观，植物属于软质景观，这种软质景观能够使硬质景观得以软化。通过在建筑、山石、道路中栽植植物，达到了自然协调的效果，带来了舒适性。可以说，由于植物的存在，天、地、水合而为一，谐调由此而生。

6. 植物的文化属性赋予了园林文化性　园林植物，特别是东方的传统花木具有特殊的文化属性，这种文化属性在很大程度上赋予了园林文化性。

正是由于植物在园林中发挥着如此重要的作用，促使园林植物配置随着园林的发展而发展，最终促进了园林种植设计的发展。

三、园林种植设计的形成过程与现状

各国园林的发展历程不同，造成了各自园林种植设计的发展过程的不同。在此分别概述我国、日本以及欧美的园林种植设计发展概况。

（一）我国园林种植设计的形成过程与现状

1. 宋代以前"种植"词语的使用　我国在先秦时期已经开始了种树风习，其中与园林种植关系密切的当属行道树、社坛植树与祭祀植树（参考第二章第一节），随后出现了"种植"、"种殖"、"种树"、"种艺"、"栽植"等相关名词。这些名词基本上都是栽植培育包括农作物和树木在内的植物的含义。

"种植"见于三国曹植的《籍田论》："昔者神农氏，始尝百草，教民种植。""种殖"见于《吕氏春秋·孝行》："所谓本者，非耕耘种殖之谓。""种树"见于韩非子的《难二》："举事慎阴阳之和，种树节四时之适，无早晚之失、寒温之灾，则入多。""种艺"见于《龙城录》："洛人宋单父，字仲儒，善吟诗，亦能种艺事。""栽植"见于白居易的《栽松诗》："栽植我年晚，长成君性迟。"其中最为常用者应是"种植"一词。

2. 明清时期"园林植物种植"词语的使用　唐宋时期是我国传统园林植物配置的发展

时期，如桃红柳绿、松竹梅"三君子"等的种植手法出现于唐代。到了明、清两代，进入传统园林植物配置与种植设计的成熟时期，特别是明末清初，很多文献都对传统园林的种植设计进行了总结。清代李渔（笠翁）《闲情偶记》"种植部"分别记载了木本、藤本、草本、众卉、竹木的鉴赏与种植手法。清初陈淏子《花镜》"种植位置法"专门总结、论述了园林植物的观赏与配置，实属中国传统园林植物配置的经验结晶。

3. 民国时期"树木配置"词语的使用　到了民国时期，特别是在 1930 年前后，我国的园林种植设计得到了发展，并在植物配置方面出现了科学、美学的思想。陈植（1930）《观赏树木学》中的"第六 观赏树木之栽植"中"其一 栽植及配置"一节，记述了利用绘图表现植物配置的重要性与庭园树木的配置手法。文中"配置（arrangement）"是将园林植物安排于园林中的适合位置之意，据考证，这基本上是该词语在我国园林文献中的最初使用。

范肖岩（1930）《造园法》中的"第三章 造园设计实施法""第五节 树木之布置及栽植法"出现了"树木之布置"一语。周宗璜、刘振书（1930）合著的《木本花卉栽培法》一书的最后部分以"附普通木本花卉位置配合表"的形式列表总结了当时 50 种最常见园林树种的配置方法。上述文献中的"树木之布置"与"木本花卉位置配合"的含义都与"树木配置"一词的含义相同。

从此开始，"树木配置"与"植物配置"词语得到了广泛应用。

4. 20 世纪 80 年代开始"植物配置"、"植物配植"、"植物造景"、"园林植物景观设计"的使用　20 世纪 50 年代开始，我国受苏联的影响，开始使用"绿化"一词，"绿化"一词的含义应该包括"种植设计"。

从 20 世纪 80 年代开始，"植物配置"一词得到广泛使用，如 1981 年朱钧珍等编写的《杭州园林植物配置》，1987 年庞志冲发表的《苏州园林中植物配置的特点》，1998 年欧阳加兴发表的《绿地植物配置探索》等。此外，1992 年陈自新、许慈安将英国 Brian Clouston（1977）主编的 *Landscape Design with Plants* 翻译为《风景园林植物配置》。

"植物配置"主要是指园林中的各种植物如乔木、灌木、攀缘植物、水生植物、花卉以及地被植物等之间的搭配关系，或是指这些植物与园林中的山、水、石、建筑、道路等的搭配位置。大百科全书将其定义为：按植物生态习性和园林布局要求，合理配置园林中各种植物，以发挥它们的园林功能和观赏特性。

1984 年，陈植编著出版了《观赏树木学》，其中"第一章 总论""第六节 观赏树木之配植"中使用了"配植"一词。"配植"专指植物与植物之间的位置搭配关系，从其含义来讲，应该窄于"配置"，"配置"包括了"配植"。

随着"生态园林"思潮的发展，"植物造景"的概念被提出。1987 年吴诗华、李萍在《中国园林》发表了《谈合肥市园林的植物造景》，1994 年苏雪痕出版了《植物造景》一书，2003 年刘少宗主编出版了《园林植物造景（上）》一书。

苏雪痕在《植物造景》中对"植物造景"定义如下："植物造景就是应用乔木、灌木、藤本及草本植物来创造景观，充分发挥植物本身形体、线条、色彩等自然美，配植成一幅幅美丽动人的画面，供人们观赏。"但"植物造景"不能涵盖园林中一些不以景观为主、而是以特殊功能为主的类似于边界林、遮蔽林和隔离林等园林植被，因此"植物造景"一词有一定的局限性。

2003 年朱钧珍在《中国园林植物景观艺术》一书中，提出了"园林植物景观艺术"一词，并将其定义为：园林植物景观艺术是以植物为载体，与科学、美学、哲学相结合的艺术。2004 年赵世伟、张佐双编著出版的《园林植物景观设计与营造》中使用了"园林植物景观设计"一词。

5. "园林种植设计"的使用　"种植设计"这一概念大约于 20 世纪 60 年代由孙筱祥首次提出。孙筱祥在《园林艺术与园林设计》"第二章　园林种植设计"中全面系统地论述了种植设计的基本理论问题。1988 年杨乃琴翻译出版了苏联莫·依·切洛格索夫的《绿化种植设计构图》，书名中使用了"绿化种植设计"。1998 年余树勋编著出版了《花园设计》，其中的第五部分即是"花园植物种植设计"，在此提出了"植物种植设计"的概念。

2001 年张吉祥编著出版了《园林植物种植设计》，2006 年赵世伟编著出版了《园林植物种植设计与应用》，上述两书书名中都使用了"园林植物种植设计"。

2008 年周道瑛主编出版了《园林种植设计》，该书系统论述了种植设计的概念、发展概况、基本原则、植物选择、基本形式、一般技法、与其他要素的配置以及设计程序。

"园林种植设计"的含义基本上与"绿化种植设计"、"园林植物种植设计"相同。

6. "园林植物景观规划设计"概念的提出　近年来，苏雪痕等学者从当今园林发展与变化的趋势出发，提出了"园林植物景观规划设计"的概念。"园林植物景观规划设计"的提出具有以下意义：①扩大了植物景观的研究内涵，使其延伸至园林规划的层面；②拓展了局部的植物配置观念，注重植物景观整体结构；③改变了对于视觉景观实体重视的传统思维模式，强化由实体构成园林植物空间的景观意义；④能够包容各种不同园林植物景观的表现形式和手法。

园林植物景观规划设计理论体系的建立与实践手法的确立将成为园林教育工作者今后的重要研究内容之一。

（二）日本园林种植设计的形成过程与现状

长期以来，由于日本庭园对园林植物与植物姿形十分重视，使得日本庭园植物配置与种植设计处于国际领先水平。

1. 上原敬二奠定了日本园林种植设计的基础　东京农业大学教授上原敬二博士（1889—1981）为日本现代造园学科的奠基人，著作颇丰，特别是在园林树木应用与种植设计以及园林历史文化遗产的研究方面有很深的造诣。他曾于 1942 年编著出版了《应用树木学》，分上、下两卷，上卷分为总论、树木施工和树木繁殖三部分，下卷分为植栽法总论、植栽法各论和庭园植栽法三部分。日语中的"植栽"即是我国园林植物种植设计之意，因此，下卷为园林种植设计的专著，它奠定了日本园林种植设计的基础。

之后他于 1961—1969 年间编著出版了巨著《树艺学》，该书分为 8 册，分别是《树艺学Ⅰ　树木的总论与观赏》、《树艺学Ⅱ　树木的移植与盘根》、《树艺学Ⅲ　树木的植栽与配植》、《树艺学Ⅳ　树木的修剪与整姿》、《树艺学Ⅴ　树木的繁殖与培育》、《树艺学Ⅵ　树木的保护与管理》、《树艺学Ⅶ　树木的栽培与培育》、《树艺学Ⅷ　树木的审美与爱护》。该著作奠定了日本园林树木学的基础，至今仍有较高参考价值。其中的《树艺学Ⅲ　树木的植栽与配植》则是园林树木种植设计的专著。此外，上原敬二博士还于 1979 年编著出版了《造园植栽法讲义》，该讲义分为总论、树木篇和植栽篇三部分。

在上原敬二博士的著作中以及该时期的日本造园界，普遍使用了"植物配植"和"植栽法"两词。

2. 进士五十八在空间性和艺术性方面促进了日本园林种植设计水平的提高　进士五十八博士（1944—）为东京农业大学教授，是日本最著名的园林教育家和研究者之一，研究领域涉及园林历史与文化、乡土景观、日本景观政策、生态修复等，植物景观设计是他的重要研究内容。进士博士于 1976 年撰写了《配植的设计研究》，登载于《农耕与园艺别册：园林树木》中。该研究首先记述了配植设计的基础事项，其次重点总结了空间构成的原则和利用园林植物进行空间围合、分割、连接、遮蔽、覆盖的具体技法，最后论述了配植中的设计原理。该研究从空间性和艺术性方面促进了日本园林种植设计的发展。

3. 《绿化环境设计》促进了日本现代园林种植设计的发展 1977 年，由日本造园界近 20 位学者组成的编委会编集出版了《树木的设计》，2002 年该书以《绿化环境设计》的书名得以修订再版。《绿化环境设计》包括 12 章，分别是共生环境的形成与绿地设计，绿地植物、形态、生理、生长，绿地功能及其规划设计，绿地施工与管理，建筑、构筑物绿化，公共设施与文化遗产空间绿化与环境设计，土木设施相关空间绿化规划与设计，城市空间绿地规划与设计，农村空间绿地规划，森林空间绿地规划与设计，广域绿地规划与建设，环境评估与监测。该书虽然不能说是园林种植设计的专著，但在每一章中都包含了种植设计的内容。该书从整体上促进了日本现代园林种植设计以及国土绿化事业的发展。

4. 中岛宏的系列专著在一定程度上推进了日本现代绿地植物景观的规划、设计、施工与管理 中岛宏先后从事过园林绿地行政管理、公园绿地施工管理、园林教育等工作，理论知识扎实，动手能力强，了解相关政策法规。他结合自己 30 余年的工作实践，于 1992 年编著出版了《种植的设计、施工、管理》，1997 年得以修订出版。在此基础上，中岛宏又于 2004 年编著出版了《园林植物景观营造手册——从规划设计到施工管理》。该书包括园林植物、栽植基础、种植规划、种植设计、种植施工、种植管理以及具体施工实例等。中岛宏的专著在一定程度上推动了日本现代绿地植物景观的规划、设计、施工和管理的向前发展。

除此之外，日本多位造园界学者、规划设计者以及施工管理者出版的大量的有关园林绿地规划设计和植物景观规划设计方面的图书资料，不仅起到了总结实践经验和理论的作用，而且还保证了植物景观规划设计的正常发展。

5. 花卉景观设计是日本种植设计的重要组成部分 自 20 世纪 70 年代开始，日本在发展传统园林的同时，还大力发展城市绿化与现代园林，因而促使了花卉景观设计的大发展。千叶大学教授安藤敏夫、东京农业大学教授近藤三雄于 1992 年出版了 *Flower Landscaping*（《利用花卉进行城市绿化的手册》），他们又于 2002 年出版了 *Urban Gardening*（《城市花园化》）。这两本书是 20 世纪 80—90 年代日本利用花卉进行城市绿化和花卉景观设计的经验结晶，并指出了利用花卉进行城市绿化的发展方向。

6. 目前日本通用词语为"植栽设计" 日本较高的国土绿化水平，成熟的城市绿化技术，大规模、高标准的苗木生产以及高质量的施工管理等，大大促进了日本园林种植设计的发展。现在日本对于"种植设计"的通用词语为"植栽设计"。

（三）欧美园林种植设计的形成过程

欧美园林的植物配置在 17 世纪之前一直以规则式种植为主，到了 18 世纪在英国园林中出现了自然式种植。在园林专著中对植物配置与种植设计进行专门记述也出现于 18 世纪的英国。

1. 英国种植设计的发展与出版的相关书籍 贝蒂·兰利（Batty Langley，1696—1751）于 1728 年出版了 *The New Principles of Gardening or the Layingout and Planting Parterres*（《造园新原则及花坛的设计与种植》），其中提出了有关造园的方针，共 28 条，例如，在建筑前要有美丽的草地空间，并有雕塑装饰，周围有成行种植的树木；园路的尽头有森林、岩石、峭壁、废墟，或以大型建筑作为终点；花坛上绝不用整形修剪的常绿树；草地上的花坛不用边框界定，也不用模纹花坛等。

造园家威廉·罗宾孙（William Robinson）利用随机的、如画的方式来组织自然的花灌木、多年生花卉和野生花卉，取代了公式化的花床种植形式。在其《树木与花园》一书中，强调了色彩在园林中的重要性，特别指出了植物景观的季相变化。

1977 年由英国著名园林学者 Brain Clouston 主编出版了 *Landscape Design with Plants*（《风景园林植物配置》）。内容主要分为三部分：第一部分是设计，第二部分是种植技术，第三部分是对有关植物及树木的简介。第一部分论述有关植物在园林设计中的应用，亦即园林种植设计，其中的 6 章分别阐述了不同植物在不同场所和不同条件下在园林建设中的应用，包括树木配置、森林种植设计、城区树木、灌木及地被植物、草本植物以及水生植物等。该书是一本具有较大国际影响的关于园林植物配置的权威性著作，并于 1990 年修订再版。

1979 年，Brian Hackett 出版了 *Planting Design*（《种植设计》）一书。书中包括种植设计历史，植物分类、用途、形态，种植设计艺术原则，景观布局与种植，群植，种植设计与生态，季相变化，不同生境的种植设计，作为动物食饵的种植设计，净化环境种植，低养护管理种植，种植设计的表现等。1992 年，Nick Robinson 出版了 *The Planting Design Handbook*（《种植设计手册》），内容分为种植设计的原则、种植设计的过程以及各类园林绿地的种植设计三部分。上述两书是种植设计方面较好的参考书籍。

2. 美国种植设计的发展与出版的相关书籍 风景园林师南希·A. 莱斯辛斯基在 *Planting the Landscape*（《植物景观设计》）中系统地回顾了种植设计的历史，对种植设计的构成等方面进行了论述，并将植物作为重要的设计元素来丰富外部空间设计。她提出种植设计构成的五个基本要素为线条、外形、群植、质感和色彩。

20 世纪 80 年代，美国国家公园局委托美国风景园林师协会进行了专题研究，并作为政府出版物正式出版了 *Plants，People and Environmental Quality*（《植物、人与环境质量》）。本研究以丰富的科学研究数据和图片资料，从现代文化与植物、环境设计的植物利用、植物构成空间的作用、植物的环境保护作用、植物的气象调节作用以及植物的园林审美价值等方面对植物、园林绿地的功能进行了阐述，是一本优秀的种植设计参考资料。

四、园林种植设计的概念与特征

在园林长期的发展历程中，园林种植设计的含义总是随着历史的发展而不断地发生着变化，所以"种植设计"的范畴只能用基本的特性加以界定，采用比较宽泛的标准。

建设部颁发的行业标准《园林基本术语标准》（CJJ/T 91—2002）将"植物种植设计"定义为：是按植物生态习性和园林规划设计的要求，合理配置各种植物，以发挥它们的园林功能和观赏特性的设计活动。相当于西方园林设计中的 planting design。

综合来看，园林种植设计就是通过种植植物，或利用、改造自然植被，结合园林中的其他要素，按照园林植物（群落）的生长规律和立地条件进行科学的、艺术的组合，充分发挥乔木、灌木、藤本、草本及水生植物等各种植物材料本身的形体、线条、色彩等自然美，采用不同的构图形式，创造各式园林景观，以实现生态、美化、文化、游憩、防灾等多种园林功能的规划设计。

总的来看，园林种植设计有三个基本特征：①规划设计的对象是植物；②必须是人为种植植物或者是人工利用、改造自然植被的活动，即必须是"自然的人化"，纯粹的自然植被也就无所谓种植设计；③这些"种植、利用和改造"活动的目的是为了实现园林的综合功能。

规划设计的过程包括对园林中各种乔木、灌木、藤本以及草本植物等之间的搭配关系以及这些植物与园林中的山、水、石、建筑、道路的搭配位置等进行设计，具体包括对植物的平面位置、植物的种类与数量、规格大小的规划以及植物栽培要点、后期养护方法等。

五、园林种植设计学的概念及其与其他课程的关系

园林种植设计学以土壤学、气象学、生态学、园林美学、园林植物学、园林制图、园林史以及园艺文化等为基础，是研究园林种植设计的历史、文化要素、自然要素、生态学原理、艺术原理、平面构成与空间构成、配置形式与手法、程序与表现等的科学，它是园林规划设计学的最重要内容之一。随着植物造景、生态园林以及园林生物多样性建设工作等的日益被重视和发展，园林种植设计学必将成为风景园林学科的最重要课程之一。

第二节 园林绿地的功能

园林种植设计的目的就是建造园林绿地，为人们提供安全、安心、健康、舒适的柔软性人居环境。

在功能上，我国传统园林多注重精神、文化、娱乐等方面的建设。到了 20 世纪 60、70 年代，园林绿地系统规划在理论方面主要沿用 50 年代初从苏联引入的城市游憩绿地的规划方法和相应的定额指标概念，是以城市休闲生活系统规划为主的文化休闲公园体系，强调绿地的游憩功能。80 年代以后倾向于学习美国的模式，开始强调绿地的景观功能，主要是脱胎于美国自然保护运动而兴起的区域性国土景观资源评价和保护规划。到了 90 年代，我国开始注重乡土植物、潜生植被群落在园林绿化中的应用，重视园林绿地生物多样性的建设。

随着社会的发展，科技的进步，国民生活水平的提高，园林绿地的功能也在逐渐增加，时至今日，园林绿地的综合功能越来越受到人们的关注和重视。

本节将从园林绿地的生态改善、景观美化、休憩娱乐、文化创造和防灾避险这五个方面对园林绿地的功能进行阐述。

一、生态改善功能

(一) 改善城市小气候

1. 绿化对温度、湿度的影响 园林绿化对整个城市和城市局部地区的气温有一定的调节作用。盛夏季节，特别是高温期间，绿化树木的降温效果十分明显，这是因为绿化树木将太阳的辐射热大部分吸收掉，用于自身的蒸腾散热，从而降低了周围的温度（图 1-2-1）。

（1）绿地面积与温湿效应之间的关系 当城市绿地面积为 $1\sim2hm^2$ 时，具有一定的增湿效应，但降温效果不明显；当绿地面积为 $3hm^2$ 时，降温增湿效果较明显；当绿地面积为 $5hm^2$ 时，降温增湿效果极其明显；当绿地面积大于 $5hm^2$ 时，降温增湿效果极其明显且基本恒定。通过定量研究，面积为 $3hm^2$，绿化覆盖率为 80% 左右时，绿地已经表现出较佳的

图 1-2-1　生态环境改善是园林绿地的最主要功能之一

温湿效应，可以认为是城市园林绿地明显发挥温湿效应的最小面积；3hm² 以上的绿地，才有能力稳定自己内部空间的温湿条件，并对周围环境做出越来越大的贡献。日本在该方面的研究结果如表 1-2-1 所示。

表 1-2-1　绿地的降温效果（夏季 14:00 前后）

绿　地	绿地面积（hm²）	绿地降温范围（m）	温度差（℃）	文献出处
新宿御苑	58.2	100～350	0.3～0.2	丸田：都市绿地设计论，丸善，1983
小石川植物园	16.1	100～250	0.3～2.3	丸田：都市绿地设计论，丸善，1983
善福寺川绿地	17.7	100～200	0.5～1.0	山田·丸田：造园杂志，1989，52（5）
公园内的小树林	0.05	5	0.5	山田·丸田：造园杂志，1990，53（5）

（2）林下广场、无林广场和草坪的温湿度及人体舒适度研究　以城市公园内林下广场、无林广场和草坪作为研究对象，在一天中的高温时段（12:00～16:00），林下广场的温度最低、相对湿度最高；在傍晚（18:00）草坪的温度最低、相对湿度最高。与无林广场相比，林下广场的降温幅度为 0.3～3.3℃，平均值为 1.9℃；增湿幅度为 1.1%～5.9%，平均值为 4.1%。林下广场的日最高温度值是最低的，可大大缩短高温持续时间，最多可缩短 8h。在一天中的任何时刻，林下广场和无林广场的温度、相对湿度差异均达到了极显著水平（Duncan's 多重比较，$p < 0.01$）。林下广场调节城市小气候的功能最佳，人体舒适度最好，是夏季人们户外活动的较佳选择。

（3）不同绿量的园林绿地对温湿度变化的影响　在一定范围的乔、灌、草绿量比例中，绿地中乔、灌的绿量越大，对温湿度的改善作用越大，降温增湿效果明显，乔、灌的绿量与草的绿量比≥1.45 时，绿地发挥出显著的生态效益，成为人们户外活动的最佳选择。

（4）纯林、混交林型园林绿地的温湿效应的比较　在 14:00，刺槐-油松混交林的相对湿度比草坪高 13.4%，混交林的温度比草坪低 1.6℃，温度呈现草坪＞油松纯林＞刺槐纯林＞刺槐-油松混交林的趋势。在 14:00，湿度呈现油松纯林＞油松-刺槐混交林＞刺槐纯林＞草坪的趋势。在高温炎热的夏季，刺槐-油松混交林的降温增湿效果最好，草坪的降温增湿效果最差。

日本有关这方面的研究表明：水边 200m 宽的林带，可以阻隔热岛现象；水边 100m 宽的林带，可对其 200m 范围内起到降温作用，使地面温度降低 5～7℃。15m 宽的林带，可使行道树树荫内的气温下降 0.5～1.5℃。

2. 绿化对气流的影响 大量植树造林，能够减低风速。据观测：由林边空地向林内深入 30～50m 的地方，风速降至原来速度的 30%～40%，深入到 50～100m 时，风速接近 0。绿化树木在静风时能促进气流交换，由于夏季绿荫下气温比建筑地区低，绿地内的冷空气向城市建筑地区流动，造成区域性微风和气体环流，并输入新鲜空气，从而使城区污染气体得以扩散稀释。

3. 缓解城市热岛效应 城市热岛效应是城市小气候的特征之一，也是世界很多城市的共有现象，其原因如下：①城市建设的下垫面使用砖瓦、混凝土、沥青、石砾等，这些材料的热容大、反射率小；②建筑林立、城市通风不良，不利于热扩散；③人口密集，生产、生活燃料消耗量大，空气中 CO_2 浓度剧增，下垫面吸收的长波辐射增加，导致城市热岛效应。改善下垫面的状况，增加绿色植物的覆盖面积，是改善城市热环境的重要途径。城市中各类下垫面在阳光下的升温速率如表 1-2-2 所示。

表 1-2-2 各类下垫面升温速率比较（阳光下）
（李延明等，2004）

下垫面	油毡屋顶	柏油地面	玻璃墙面	水泥地面	土地	草地	树冠	气温	水面
升温速率（℃/h）	6.0	4.9	4.0	4.0	3.3	1.9	1.7	1.6	0.8
回归系数（R^2）	0.985	0.990	0.830	0.988	0.923	0.932	0.905	0.982	0.972

研究表明，绿化覆盖率与热岛强度呈负相关，绿化覆盖率越高，则热岛强度越低。当一个区域绿化覆盖率达到 30% 时，热岛强度开始出现较明显的减弱；绿化覆盖率大于 50%，热岛的缓解现象极其明显。

（二）维持 CO_2 和 O_2 的平衡

人类和动植物在进行呼吸时都要吸入 O_2，放出 CO_2，工业生产过程中也要放出大量 CO_2。在空气中，CO_2 的含量通常稳定在 0.03%。浓度达到 0.05% 时，人就感到不畅；达 0.2% 时，人就会感到头昏耳鸣，心悸，血压升高；达 10% 时，人就会迅速丧失意识，停止呼吸，甚至死亡。

生态平衡是一种相对稳定的动态平衡，而维持这种平衡的纽带是植物。植物通过光合作用吸收 CO_2，放出 O_2；又通过呼吸作用吸收 O_2，排出 CO_2。但是，光合作用所吸收的 CO_2 要比呼吸作用排出的 CO_2 多 20 倍，因此总的来说植物消耗了空气中的 CO_2，增加了空气中的 O_2 含量。在生态平衡中，人类的活动与植物的生长维持着生态的平衡关系。

研究表明，城市中乔、灌、草混合种植后每公顷绿地年平均可吸收 CO_2 252t，产生 O_2 183t。

（三）吸毒抗污

工业生产尤其是冶炼、石油化工及交通等的迅速发展，使大气中增加了许多有害气体，主要是 SO_2、CO、Cl_2、HF 等，其中以 SO_2 的污染最广。植物可吸收空气中的有毒气体，从而达到净化空气的目的。

从总体上看，树木吸收、积累 SO_2 的能力表现为落叶乔木＞花灌木＞常绿针叶树，叶片角质和蜡质层厚的树木一般比角质和蜡质层薄的树木要强。

对 HF 抗性强的树种有大叶黄杨、蚊母树、海桐、香樟、山茶、凤尾兰、棕榈、石榴、皂荚、紫薇、丝棉木、梓树等。

对 Cl_2 抗性强的树种有黄杨、五角枫、臭椿、北京丁香、柽柳、接骨木、柳杉、锦熟黄杨、山茶等。

此外，植物叶表面还可吸附亲脂性的有机污染物，其中包括多氯联苯（PCBs）和 PAHs。Corneji 等发现植物可以有效地吸收空气中的苯、三氯乙烯和甲苯；Simonich 等认为植被吸收是从空气中清除亲脂性有机污染物的最主要途径，其吸附过程是清除的第一步。

（四）除尘杀菌

城市中的烟尘来自工厂废气及地面扬尘，绿地可降低风速，使空气中的尘埃下降。植物多绒毛和能够分泌黏性物质的叶片表面，可使大量飘尘被吸附，从而净化空气。

植物可以有效地吸附空气中的浮尘、雾滴等悬浮物及其吸附着的污染物。植物能阻滞过滤空气中的粉尘污染，一方面是由于树木能够减小风速，从而使大粒灰尘沉降地面；另一方面植物叶片表面粗糙不平、多绒毛，有些植物还分泌油脂和黏性物质，可吸附、滞留一部分粉尘。

绿色植物可以减少空气中细菌的数量，其中一个重要的原因是许多植物的芽、叶、花粉能分泌出杀菌素杀死细菌、真菌和原生物。城市中绿化区域与没有绿化的街道相比，空气中的含菌量要减少 85% 以上。

研究表明，北京王府井大街空气中的平均含菌量为中山公园的 7 倍，一般城市马路空气含菌量为公园的 5 倍。据法国学者测定，在百货商店空气中含菌量高达 400 万个/m³，林荫道为 58 万个/m³，公园内为 1 000 个/m³，而林区只有 55 个/m³，百货商店的空气含菌量为林区的 7 万倍。

另外，城市园林绿地的杀菌作用也具两面性。在绿地卫生条件不好和过于阴湿的条件下，有利于细菌的滋生繁殖，含菌量呈上升趋势，且细菌量也与人流量的大小呈正相关。在适宜的条件下，绿地杀菌效果好，提高绿化覆盖率有利于减少空气含菌量。故应合理安排乔、灌、草的比例，保持一定的通风条件，避免产生有利于细菌繁殖的阴湿小环境。

（五）减弱噪声

正常人耳刚能听到的声压称为听阈声压。从听阈声压到痛阈声压的变化分为 120 个声压级，以分贝（dB）为单位。按国际标准，在繁华市区，室外噪声白天应小于 55dB，夜间应小于 45dB；一般居民区白天应小于 45dB，夜间应小于 35dB。

园林绿地是良好的吸声板、消声器。合理布置园林绿地，可以有效地吸收、阻隔噪声。据测定，绿化的街道比不绿化的街道

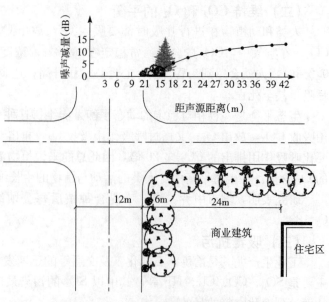

图 1-2-2　城市防声林示意及减噪效果

（徐文辉，2007）

降低噪声 8~10dB。其效果大小因树种、林带宽度、结构等因素而异，其中尤以分枝点低的乔木与矮灌木丛配以草坪，减噪效果为佳。

据日本相关调查，40m 宽的绿化带可降低噪声 10~15dB（图 1-2-2）。

（六）净化水体与土壤

城市和郊区的水体常受到工业废水和生活污水的污染，水质变差，影响环境卫生和人们健康。

湿生植物和水生植物对污水有明显的净化作用。利用水生植物吸收水体中的铅、汞、铬、铜等重金属污染物，降低污水色度，吸收化学物质，增加溶解氧，以净化水体，改善水质。这项工作在国内外引起了高度重视，并进行了大量科学研究，其中净化水体效果较好的水生植物有凤眼莲、浮萍、水花生、芦苇、宽叶香蒲、水葱等。据测定，芦苇能吸收酚及其他二十多种化合物，每平方米土地生长的芦苇一年内可积聚 6kg 污染物质，还可以消除水中的大肠杆菌。

研究表明，水葱、水生薄荷能杀死水中细菌，草地可以大量滞留许多有害重金属，吸收地表污物；树木的根系可以吸收水中的溶解质，减少水中细菌含量。

（七）增加空气负离子

空气负离子被喻为空气维生素或生长素，对人体健康有利。含氧空气负离子接近分子大小，属于小的空气负离子，具有较高的运动速度（迁移率）和较强的生物活性，对正常机体起到良好的卫生保健作用，因此，空气离子疗法（NAIT）通常被广泛应用于相关疾病的辅助治疗。空气离子疗法对神经系统、呼吸系统、循环系统、消化系统、五官、外科、皮肤、职业病等一些疾病有辅助疗效，总有效率达 89%。

城市绿地植物通过光合作用吸收大量的 CO_2，同时放出人们所需要的 O_2，使空气的负离子化加速，故人们在绿地空间游憩时，特别在有流水的地方，会有心旷神怡的感觉。据测定，喷泉在喷水前负离子浓度为 300 个/cm^3，喷水后 10min 负离子浓度可骤增到 30 万个/cm^3。负氧离子能使人镇静，净化血液，增进新陈代谢，强化细胞功能，延年益寿。正常生活需要空气中的负氧离子含量达 700 个/m^3 以上。据测定，一般城市空气的负氧离子含量 300~700 个/m^3，工业区 220 个/m^3，城市森林区 1 000 个/m^3 以上。城市绿地特别是具有一定规模的树林具有增加空气负离子的功能，并且以能够放出芳香性挥发物质的针叶林和木本花卉效果为佳。

二、景观美化功能

美化是园林绿化的艺术侧面，是在满足城市绿量与改善城市生态环境的基础之上，通过视觉感知产生愉悦的效果，提高城市的舒适性。它是巧妙、灵活地运用植物材料，通过艺术性的种植设计，运用多样的绿化手法和形式，创造出明快的、多彩的绿化空间，达到美化城市、美化环境的艺术效果（图 1-2-3）。

（一）景观美化功能

绿地植物是现代城市园林建设的主体，具有丰富的色彩，优美的形态，并且随着季节的变化，呈现出不同的景观外貌，给人们的生存环境带来大自然的勃勃生机，使原本冷硬的建筑空间变得温馨自然。植物的美化功能主要表现在以下三方面：

1. 主景作用（个体美与群体美） 园林树木种类繁多，每个树种都有自己独具的形态、

图 1-2-3　利用植物美化建筑、美化环境

色彩、风韵、芳香。这些特色又能随季节及年龄的变化而有所丰富和发展。植物通过孤植、对植、列植、丛植、群植等不同配置手法组合在一起，则能体现植物的群体美。

2. 衬托作用　园林植物所具备的自然美与建筑、小品、道路等所展现出的人工美形成强烈而又鲜明的对比，并且使得各自特点得到充分体现。园林中的建筑、雕像、溪瀑、山石等，均需有园林树木与之相互衬托、掩映，以减少人工做作或枯寂气氛，增加景色的生趣。例如庄严宏伟、金瓦红墙的宫殿式建筑，配以苍松翠柏，则在色彩和形体上均可以收到"对比"、"烘托"的效果。

3. 组织空间作用　园林绿化可以作为分隔空间、联系空间、填充空间的一种手段，从而起到组织空间的作用。例如运用绿化植物来分隔空间，可以使相互有关联的空间之间达到似隔非隔、互相包容的效果。

（二）景观形象功能

城市园林绿地是城市景观的重要组成部分，对城市面貌起到决定性的作用。

在城市中的绿色线性空间上如城市的交通干道，往往是进入市区后的第一印象。线性的绿地能丰富建筑群的轮廓线及景观，使建筑群更具魅力，如林荫路、滨水路。因此，在城市绿地的规划设计中，应特别注意绿化与建筑群体的关系，通过合理的设计及植物配置，使绿色植物与建筑群体成为有机整体。

在城市边缘有大水体或河流的城市，多利用自然河湖作为边界，并在边界上设立公园、浴场、滨水绿带等，以形成环境优美的城市风貌，对城市整体的景观形象具有积极意义。

为了保护在中心地带的标志物和许多具有纪念意义的建筑物，周围划出一定保护地带进行绿化，使之成为公园或纪念性绿地。城市中心代表着城市的发展历史，表现为商业服务中心或政治中心。因此，绿地景观应体现城市的历史精神风貌。

三、休憩娱乐功能

人们在紧张繁忙的工作以后，需要休憩，这是生理的需要。这些休憩活动可以包括安静休息、文化娱乐、体育锻炼、郊野度假等。这些活动,对于体力劳动者可消除疲劳,恢复体力;对于脑力劳动者可以调剂生活,振奋精神,提高效率;对于儿童,可以培养勇敢、活泼的综合素质,有利于健康成长;对于老年人,则可享受阳光空气,增进生机,延年益寿;对于残疾人,兴建专门的设施可以使他们更好地享受生活,热爱生活(图1-2-4)。

图1-2-4 园林绿地为人们提供休憩娱乐的场所

(一)满足日常休息娱乐活动

丹麦著名的城市设计专家杨·盖尔(Jan Gehl)在他的《交往与空间》一书中将人们的日常户外活动分为三种类型,即必要性活动、自发性活动和社会性活动。必要性活动是指上学、上班、购物等日常工作和生活事务活动。这类活动必然发生,与户外环境质量好坏关系不大。而自发性活动和社会性活动则是指人们在时间、地点、环境合适的情况下,有意愿参加或有赖于他人参与的各种活动。这两类活动的发生有赖于环境质量的好坏。人们日常工作的休息娱乐活动属于后两种活动类型,需要适宜的环境载体。这些环境包括城市中的公园、街头小游园、城市林荫道、广场、居住区公园、小区公园等城市绿地。

许多开放的园林绿地属于社会福利事业,不收取门票,可为人们提供游览休息的场所和活动的空间,如消夏、乘凉、弈棋、垂钓、写生、健身等活动。该类园林绿地深受市民的喜爱和欢迎。

(二)观光旅游

随着城市中各种环境问题的加剧以及人们生活压力的增大,现代人对于自然的渴望越来越强烈。同时,随着交通事业的发展,国际交往日趋频繁,国际和国内旅游事业突飞猛进。

我国风景区不论自然景观或人文景观均非常丰富。桂林山水、黄山奇峰、泰山日出、峨眉秀色、庐山避暑、青岛海滨、西湖胜境、太湖风光、苏州园林、北京故宫、长安古都等均是历史上形成的美景,也是国内外游客十分向往的景观。

(三)人体保健

日本和美国的研究人员发现,植物的芳香气味对人的心情、精神有很大的影响,如桂花的香气沁人心脾,有助于消除疲劳;茉莉和丁香的香味使人觉得轻松安静。电脑操作人员、长途汽车司机、雷达系统监视人员等,在有柠檬、茉莉香味的空间里工作,有助于提神,减少差错。矮丛紫杉（枷椤木）、檀香、沉香等香气，可使人心平气和，情绪稳定。

绿色视觉环境会对人的心理产生多种效应，带来许多积极的影响，使人产生满足感、安逸感、活力感和舒适感。"绿视率"理论认为，在人的视野中，绿色达到25％时，就能消除眼睛和心理的疲劳，使人的精神和心理较为舒适。

（四）园艺疗法

国际流行的"园艺疗法"，它可简单地解释为利用园艺进行治疗。美国园艺疗法协会对其所作定义为：园艺疗法是对有必要在其身体以及精神方面进行改善的人们，利用植物栽培与园艺操作活动，从其社会、教育、心理以及身体诸方面进行调整更新的一种有效的方法。园艺疗法的治疗对象包括残疾人、高龄老人、精神病患者、智力低能者、乱用药物者、犯罪者以及社会的弱者等。可以实施园艺疗法的设施和场所为精神疗养院、老人福利设施、刑务所、工读学校、残疾人设施、职业培训中心、护士学校、有关大专院校、植物园以及其他园林部门等。园艺疗法具有以下四方面的功效：①精神方面的功效，包括消除不安心理与急躁情绪、增加活力、高扬气氛、培养创造激情、抑制冲动、培养忍耐力与注意力、使行动具有计划性，并对未来充满信心、增强责任感、树立自信心；②社会方面的功效，包括提高社交能力、增强公共道德观念；③身体方面的功效，包括刺激感官、强化运动机能；④技能方面的功效，包括给患者提供职业培训、提高他们对社会的贡献。

中国农业大学园林生态与种植设计学研究室在该领域展开了一系列研究，并取得了一些研究成果。以北京市海淀区四季青敬老院的40位老人为研究对象，通过测定试验前后老人的心情、脉搏和血压，衡量园艺操作活动对老人身心健康的影响程度（图1-2-5）。研究发现收缩压和脉搏基本不变，舒张压和平均动脉压显著升高，但未发现男女性别上存在差异。同时，试验后约80％的老年人的心情转好。由此证明园艺操作活动对老人的身心健康有一定的改善作用。

图1-2-5　园艺疗法试验

此外，以园林绿地内最基本的铺装广场、水际、植物群落三种景观类型为评价对象，进行主导脑波成分变化的差异性比较研究。结果表明，植物群落景观对人体的身心放松状态有更加积极的促进作用，水际景观与植物群落景观作用相近，铺装广场景观作用效果最小，并且植物群落景观对男性的情绪平稳作用比女性更明显。

四、文化创造功能

无论以自然式为主体的东方古典园林，还是以规则式为主体的西方古典园林都创造了灿烂的文化遗产。同样，现代园林绿地也在其发展过程中，创造和形成新的文化（彩图1-2-1）。

（一）科普教育

近年来西方发达国家的城市绿地建设除了注重回归自然的模式以外，还十分重视城市绿地的教育功能。城市绿地植物群落的教育功能主要体现在植物对人本身的直接影响和满足人们对自然界生命活动知识的需求两个方面。

生活在城市里的孩子，对各种野生动植物的了解更多是通过书本、图画和电视屏幕，而城市内的森林公园、植物园、动物园等各类公园为他们提供了这种实践的机会和场所。一些公园建立的珍稀濒危植物的移地保护区则向人们宣传了保护生物多样性的紧迫性和现实意义。

（二）文化展示

在城市综合公园、居住公园等绿地中设置展览馆、陈列馆、宣传廊等，以文字、图片形式对人们进行相关文化知识的宣传。利用这些绿地空间举行各种演出、演讲等活动，以生动形象的活动形式，寓教于乐地进行文化宣传，提高人们的文化水平，改善人们的精神面貌。如北京植物园的桃花节、玉渊潭的樱花节、圆明园的荷花节、北海的菊花节、紫竹院公园的竹文化展等，在此期间举办画展、诗会、盆景插花展览、征文与摄影竞赛等多项丰富多彩的文化活动，能够起到提高人们文化和艺术修养水平的作用。

（三）陶冶情操

公园中的书画、雕塑、文物古迹等的展出可以提高人们的艺术修养水平，丰富历史与科学知识并陶冶情操。如北京元大都城垣遗址公园的"大都鼎盛"群雕，共有 19 个主要人物，包括忽必烈、元妃、马可·波罗、郭守敬、黄道婆等，人物栩栩如生，是名副其实的大型"露天博物馆"。北京皇城根遗址公园的"对弈"、"时空对话"、"露珠"、"掀开历史新的一页"等数十座雕塑、浮雕，宛若一幅幅北京历史民俗风情画。石景山区的北京国际雕塑公园，有 180 余件来自 40 多个国家和地区的优秀雕塑、浮雕、壁画作品，是"人文奥运"理念的鲜活生动的图画。

五、防灾避险功能

（一）园林绿地的防灾避险功能

1. 作为发生灾害时的避难场所 确保避难场所与避难路线的畅通，并为因灾害失去家园的市民提供临时的生活空间。

2. 防止与减轻由火灾、爆炸等引起的灾害 具有防止与减缓火势蔓延的效果，并防止和减轻由某些爆炸导致的对市民生活产生的危害。

3. 作为灾害发生时救援活动的据点 可以作为救援活动的据点与家园重建时的据点。

4. 防止与减轻由自然灾害引起的危害 具有防止与减轻由风害、海潮风、雪害、水害、泥石流等引起危害的效果，并且可以作为保护灾害危险地以及对土地利用限制的一种方法。

（二）地震发生时园林树木与植被的防灾功能

地震发生时，园林树木与植被具有减轻火灾危害、减轻建筑物倒塌危害以及减缓周边建筑物物体坠落危害的效果，并可以支援市民避难生活，同时能够起到促进心理康复和作为地标等的作用，如表 1-2-3 所示。

表 1-2-3 地震发生时园林树木与植被的防灾功能

防灾功能	具 体 作 用
减轻火灾危害	具有延缓、阻断火势蔓延的作用，形成燃烧停止线
减轻建筑物倒塌危害	防止建筑与砖墙的倒塌，确保避难通路与紧急交通路线的畅通
减轻物体从周边建筑物坠落的危害	墙面绿化可以防止瓦、墙面水泥层等的坠落，行道树可以成为缓冲体

（续）

防灾功能	具 体 作 用
地标的作用	震灾区的建筑物全部倒塌时，周围景物发生很大变化，这时树木成为一种地标，可以起到寻找某一特定目标的作用
支援避难生活	避难绿地中的树木可以成为帐篷支柱、临时照明设施支柱等，为避难者生活提供方便
促进心理康复	园林绿地中的树木（特别是古树名木）可以给避难者带来安心感，花草可以促进因灾害受伤的市民的身心恢复

1. 减轻火灾危害（树木、树林的防火作用）　防灾型园林绿地的防火功能是通过树木发挥的，在火灾发生时树木可以起到作为遮蔽物、构成防火空间以及作为水分供给源的作用，如表1-2-4所示。

表1-2-4　树木、树林的防火功能

主要作用	具体作用	发挥作用的机理
树木的遮蔽作用	抑制火势蔓延	阻断热辐射
		阻断火焰与抑制火焰增大
		抑制火球、火花飞散
	抑制风速	抑制火球、火花飞散
		抑制火焰倾斜
	遮挡牌的作用（间接）	灭火活动的遮挡牌
		避难行动的遮挡牌
形成隔离空间	抑制火势蔓延	通过延长距离抑制热辐射
		通过延长距离抑制热气流
		抑制接触燃烧
作为水分供给源	抑制气温升高	通过水分排出降低温度
	抑制燃烧	通过水分作用抑制燃烧

（1）作为遮蔽物或者阻断壁　城区火灾由于热辐射、飞散火球、热气流、火焰重叠等的相互作用而蔓延扩大，以树木构成的遮蔽物可以阻断其中的热辐射、飞散火球、火焰等。

一般来讲，大规模火灾发生时，由热辐射引起的蔓延成为火势扩大的最主要原因。如果阻断热辐射，则可以抑制火势的蔓延，而树木、树林的枝叶可以阻断热辐射；强风下倾斜伸展的火焰也因为有遮蔽物而变为垂直向上，从而抑制了火焰与周围建筑物的接触，阻止了由于火焰接触引起的火势蔓延；树木还有抑制风的作用，火灾发生时，树木、树林减弱了周边城区火灾局部发生地的风势；一部分飞散的火球落入树木、树林内，从而控制了火势的蔓延；由于风势的减弱，火焰的倾斜减少，从而降低了由于火焰倾斜重叠而引发的危险性；此外，遮蔽物的存在起到了遮挡牌的作用，保障了灭火活动与避难活动的顺利进行。

（2）构成防火空间　由树木、树林所形成的空间（距离）的作用很大，一般来说，种植有群落或者树林的场所至少可以产生数米的空间。火灾产生的热量随着离火源渐远而减弱，即使数米的空间也具有一定的减弱效果。1995年1月17日日本阪神大地震中发生的火灾证明，即使4～6m的道路也具有防止火势蔓延的作用。如果在城区发生大规模的火灾，则需要数十甚至数百米的绿地空间，这种空间的作用在于随着距离的增大而减弱了热辐射、热气流的热量，并且减低了通过接触引发的危险性。

（3）提供水分　火灾发生时，树木通过放出内部的水分，阻止树木自身与周围气温的上升。在风势弱的情况下，水分变成水蒸气，可以抑制可燃气体与空气混合，从而达到抑制燃烧的作用。

2. 减轻建筑物倒塌的危害　日本阪神大地震时，令人瞩目的是建筑物倒塌现象十分严重，但以行道树为主的公园绿地、住宅区中的树木基本上没有倾倒而保留下来，同时这些树木在很大程度上阻挡了房屋与砖墙的倒塌，保护了屋内的财产和人身安全，确保了避难道路与紧急交通道路的畅通（图 1-2-6）。

图 1-2-6　1995 年阪神大地震时行道树支撑住了部分将要倒塌的房屋

3. 减轻物体从周边建筑物坠落的危害　树木能够减轻从周边建筑物坠落的物体所产生的危害，如爬山虎类的墙面绿化等可以防止墙面水泥层的剥离脱落，行道树的树冠部分可以发挥对建筑脱落物的缓冲作用，并且可以减轻坠落物坠落到步道等的危害，这些在日本阪神大地震中已经得到证明。

4. 地标的作用　地震严重时，震灾区的建筑物全部倒塌，周围景物发生巨大变化，保持原样的树木成为寻找家园与特殊地点的标志。

5. 支援市民避难生活　防灾公园中种植的树木能够支援避难者的生活，地震发生时，树木能够作为支撑帐篷的支柱、断电盘和照明器具的安装固定处，并可以代替电线杆、作为告示板的固定支柱等。

6. 促进心理康复　日本阪神大地震时，除了外在的物质方面的危害之外，地震给受难者的内心也造成了极大的伤害。以园林专家为主体的义务奉献组织在震区与临时住宅前种植花草树木，为医治与抚慰受害者的心灵发挥了较大作用。

（三）防灾避险型园林绿地的营建

由于绿地有较强的防灾避险功能，因此在城市规划中应充分利用这一功能，合理布置各类大型绿地及带状绿地，使城市绿地成为避灾场所，构成一个城市避灾的绿地空间系统（图 1-2-7）。以北京为例，至 2004 年底已经建成具有应急避险功能的园林绿地 19 处，如表 1-2-5 所示。

图1-2-7　防灾避险绿地中的应急厕所设置地

表1-2-5　北京市应急避难场所

序号	场所名称	辖区	分布位置	面积（hm²）	可容纳人数（万人）
1	地坛公园外园	东城区	地坛公园东侧、南侧	5.40	2.70
2	皇城根遗址公园	东城区	南至长安街，北至平安大街	9.00	4.50
3	顺城绿地	西城区	南至复兴门，北至车公庄	6.64	3.30
4	玫瑰园	西城区	马甸桥东北角	4.47	2.20
5	明城墙遗址公园	崇文区	崇文门东大街北侧	13.00	6.50
6	玉蜓文化广场	崇文区	玉蜓桥西侧	3.70	1.80
7	燕敦绿地	崇文区	永外大街西侧	1.00	0.50
8	南中轴路绿地	崇文区、宣武区	永内大街西侧	14.00	7.00
9	长椿苑公园	宣武区	长椿街南路东	1.40	0.70
10	丰宣公园	宣武区	西南二环路夹角处	4.50	2.25
11	太阳宫绿地公园	朝阳区	四环路望京西桥南侧	36.69	18.00
12	坝河绿化带	朝阳区	酒仙桥地区坝河两侧	16.00	8.00
13	安贞涌溪公园	朝阳区	安贞桥西北角	1.40	0.70
14	元大都城垣遗址公园	朝阳区	学知桥至健德桥道路南侧	47.00	23.50
15	海淀公园	海淀区	西北四环万泉河桥西北角	42.00	21.00
16	东庄绿地	丰台区	右外大街东侧	17.00	8.50
17	丰益公园	丰台区	丰益桥西侧	15.00	7.50
18	游乐园北侧绿地	石景山区	石景山游乐园北墙外	4.00	2.00
19	玉泉雕塑园	石景山区	玉泉路西侧，石景山路南侧	40.00	20.00

　　园林绿地具有的生态改善功能、景观美化功能、文化创造功能、游憩娱乐功能和防灾避险功能，应成为城市规划师和风景园林师在设计项目时全面考虑的问题，根据设计工作的要求，着重突出园林绿地的某种功能，兼顾园林绿地的其他功能，使园林绿地能为不同的人群服务，创造出综合的最佳功能（图1-2-8）。

图1-2-8　具有综合功能的城市绿地

第三节　本书的构成与内容

　　本书共分为11章。第一章为绪论；第二章为园林种植设计的历史发展；第三到五章从园林植物分类、分布与种类选择，文化要素以及自然要素的侧面对园林植物进行论述；第六到八章分别对园林种植设计的生态学原理、艺术原理、平面构成和空间构成进行论述；第九、十章分别对园林植物之间的配置以及园林植物与其他园林要素的配置进行论述；第十一章介绍园林种植设计的程序与表现。各章主要内容如下：

　　第一章　绪论

　　首先论述园林种植设计的形成与概念，其次从生态改善、景观美化、休憩娱乐、文化创造以及防灾避险五个方面详细阐述园林绿地的综合功能，最后介绍本书的构成、内容，指出本书的使用方法。

　　第二章　园林种植设计的历史与发展

　　在介绍中国、日本以及西方园林种植设计发展历史的基础上，论述了国内外园林种植设计的发展趋势。

　　第三章　园林植物的分类、分布与选择

　　在介绍园林植物的分类、分布的基础上，讨论了正确进行园林植物选择的条件。

　　第四章　园林植物的文化要素

　　先后论述了我国植物与人的关系的发展历程、传统植物人格化的途径与形成、传统植物人格化的具体表现，传统植物的代表性图案和纹饰以及中国传统园林植物文化性的营造，在此基础上讨论了东西方园林植物文化性的差异。

第五章　园林植物的自然要素

先后总结了园林植物的形态、色彩、芳香、声响、肌理以及体量等要素。

第六章　园林种植设计的生态学原理与手法

在介绍生态学、景观生态学相关概念的基础上，先后论述了植物群落理论、潜生植被理论、植物与植物之间的相互关系、生物多样性原理、适地适树原则及乡土植物应用。

第七章　园林种植设计的艺术原理

在论述园林种植设计形式美原则的基础上，讨论了色彩构成与质感构成。

第八章　园林种植设计的位置关系、平面构成与空间构成

在论述园林种植设计位置关系的基础上，讨论了种植设计的平面构成和空间构成。

第九章　园林种植设计的形式

在讨论园林种植设计基本问题的基础上，总结了园林种植设计的形式，最后阐述了特殊功能型园林绿地种植设计的手法。

第十章　园林植物与其他园林要素的配置

先后论述了园林植物与山石、水体、建筑以及园路的配置。

第十一章　园林种植设计的程序与表现

园林种植设计的程序介绍了调查阶段、初步构思阶段、初步方案设计阶段、详细设计阶段以及施工图设计阶段的性质、内容与工作方法。园林种植设计的表现介绍了园林种植设计思想的图纸和文字表达。

第二章

园林种植设计的历史与发展

....

无论是中国园林、日本园林，还是欧美园林，都先后经历了从为少数人服务到为大众服务，从注重宗教、精神功能到注重经济实用功能，再到注重生态环境改善、生物多样性提高等功能，从艺术形式的单一化走向多样化的过程。

本章在论述中国、日本和欧美园林种植设计历史发展的基础上，讨论了国内外园林种植设计的发展趋势。

第一节　中国园林种植设计的历史发展

本节按照先秦、秦汉、魏晋南北朝、隋唐、宋元、明清各历史时期我国园林种植设计的历史发展进行论述。

一、先秦时期的花木栽培技术以及种树风俗习惯

（一）夏商西周时期园圃和囿的分化以及种树风俗习惯的开始

原始农业形成后，蔬菜、果树和粮食作物一样，逐渐为人们所栽培。专门种植蔬菜、果树的农用地，即园圃，大概在这一历史阶段开始出现。

《周礼·天官·大宰》曰"树果蓏曰圃，园其樊也"。文中的"树"为种植、栽培之意；"蓏"为古代瓜类植物的总称；"园"为动词，为圈定之意。上文的现代语意是：在用篱笆围起的土地中栽培果木瓜蔬。同时，《周礼·地官》中记载了"场人"一职，其职责为"掌国之场圃，而树之果蓏珍异之物，以时敛而藏之"，即负责官方经营的园圃中果蔬的栽培和收藏。

《说文》载"囿，苑有垣也"。表明囿是一个围有矮墙或有某种地形标志的畜养畜禽的场所。但从甲骨文中"囿"字的形象诸形来看，似乎囿内规则地生长着某些草木。这证明囿、圃有相同之意。这在有些文献记载中得到证明，如《左传·僖公三十三年》载："郑之有原圃，犹秦之有具囿也。"

我国种树之风，在西周时已有明确的记载，《诗经·鹤鸣》"乐彼之园，爰有树檀"的吟诵便是一例。《国语·周语》中记载"周制有之曰：列树以表道"。可见西周时代已开始种植

行道树。据《周礼》记载，此时在封疆、城郭、沟涂等处也注意种树。例如在封疆，"为畿封而树之"；在城郭，"修城郭沟池树渠之固"；在沟涂，"设国之五沟五涂，而树之林，以为阻固"等。这都反映了西周的种树情况。当时已有"树艺"一词，用来表示种植果木、蔬菜之意，"农夫早出暮入，强乎耕稼树艺"，这在一定程度上说明了种树之风已较盛行。

（二）春秋战国时期的花木栽培及嫁接技术

《论语·子路》曰"吾不如老农"，"吾不如老圃"，等等。表明最晚到春秋时期，园圃已经专业化。园圃经营的专业化，为园艺经营者创造了专心致志钻研园艺技术的条件，从而为提高园艺技术开辟了道路。

爱国诗人屈原在其《离骚》中载"余既滋兰之九畹兮，又树蕙之百亩"，这反映了战国时期的楚国在花卉栽培上已有很大的发展。

春秋战国时期园艺技术的重大成就之一就是嫁接技术的出现。《说文》有"棪，续木也，从木，妾声"。清代段玉裁注曰"今栽花植果者，以彼枝移接而华果同彼树矣。棪之言接也。今接行而棪废"。可见，"棪"是反映嫁接技术的专称。《列子·汤问》载"吴楚之国有大木焉，其名为柚……渡淮而北而化为枳"。枳与橘柚类缘相近而性较耐寒，为柑橘类的砧木。所谓"橘逾淮而北为枳"，并非果木本身能变化，而是当时南方的橘柚已用枳作砧木，人们将它引种到淮北，因气候寒冷，接穗枯萎，而作砧木的枳因较耐寒而活下来。人们看到这种现象，误以为橘化为枳。这一事实更加证明上述的嫁接技术在春秋战国时期确已出现。

先秦时期是园林形成期的初始阶段，天子、诸侯、卿士大夫等大小贵族、奴隶主所拥有的"贵族园林"相当于皇家园林的前身，但尚不是真正意义上的皇家园林。该时期的园林植物主要以崇拜（通神）、生产（实用）等为主，属于观赏的成分（部分）还很少。

二、秦汉园林种植设计

秦、西汉为园林形成期的重要阶段，相应于中央集权的政治体制的确立，出现了皇家园林这一类型。它的"宫"、"苑"两个类型，对后世的宫廷造园影响极为深远。东汉则是园林由形成期发展到魏晋南北朝时期的过渡阶段。

（一）秦汉时期观赏花木栽培与种树之风的盛行

春秋战国时期园圃业已基本上和大田农业分离，形成独立的生产部门，但园圃业内部园与圃尚未分离。到了秦汉时代，"园"和"圃"已各有其特定的生产内容。《说文》曰："园树果，圃树菜也。"《后汉书·仲长统传》载："场圃筑前，果园树后。"是说场圃建于家院之前，果园建于家院之后，这也说明园和圃已经分开（图2-1-1）。园、圃的分化标志着种植业又得到进一步的发展。

"焚书坑儒"是秦代历史上的一大事件。《史记卷六·秦始皇本纪》载："三十四年，丞相李斯曰：臣请史官非秦记皆烧之，非博士官所职，天下敢有藏诗、书、百家语者，悉诣守、尉杂烧之，所不去者，医药、卜筮、种树之书。"根据李斯上言，于秦始皇三十四年（前213）大烧诗书六经，允许保留的书籍只有医药、卜筮、种树之类。由此可见，种树已和与人们的生命、命运相关的医药、卜筮处于等同地位，足以证明当时人们已经认识到了种树的重要性，也说明了种树之风的盛行程度。

秦代的宫苑多达六七百所，其中许多是建在有山有水、林木茂密之处。如秦二世宫就是建在树林茂密、风景优美的浐河，温泉宫建在"万松叠翠，美愈组绣，林木花卉，灿烂如锦"的骊山。

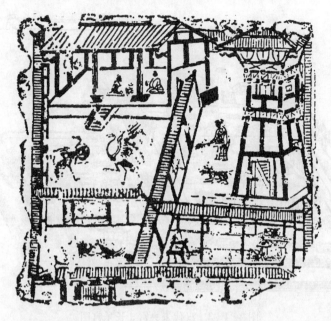

图 2-1-1　汉代画像石中描绘的庭园

栽种行道树是始自西周的传统，秦汉时期继续发展。《汉书·贾山传》载："（秦）为驰道于天下，东穷燕、齐，南极吴、楚，江湖之上，濒海之观毕至。道广五十步，三丈而树，厚筑其外，隐以金椎，树以青松。"汉代"将作大匠"的职责之一便是"树桐梓之类列于道侧"。

由于汉代经济的繁荣、国力的强大以及汉武帝本人的好大喜功，皇家造园活动达到了空前兴盛的局面，与此相应，宫院中种植观赏树木的种类得以增多，栽培技术得以发展。当时有了专门负责种植绿化的"四面监"，《两京记》载曰："苑中有四面监，分掌宫中种植及修葺"（图 2-1-2，图 2-1-3）。

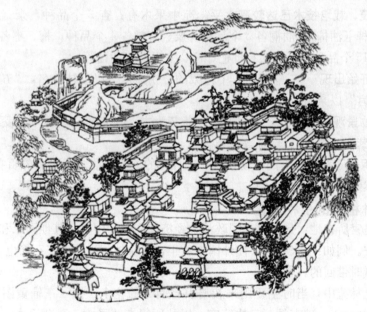

图 2-1-2　汉代建章宫、太液池图
（摘自《陕西通志》）

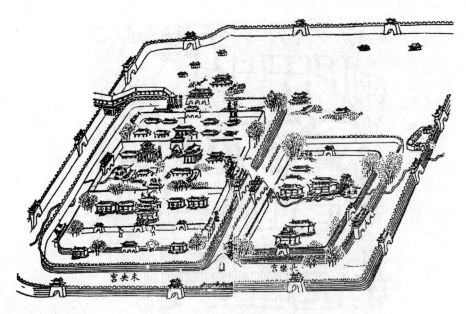

图 2-1-3　汉代未央宫、长乐宫图
（摘自《陕西通志》）

（二）上林苑丰富的植物种类与多样的植物景观

汉武帝于建元三年（前 318）将秦之上林苑加以扩大。上林苑地域辽阔，地形复杂，天然植被极为丰富。此外，还人工栽植了大量的观赏树木、果树和少量的药用植物。

据司马相如的《上林赋》以及葛洪的《西京杂记》记载，可以将上林苑的植物景观特征概括如下：

1. 植物种类丰富　《西京杂记》提到武帝初修上林苑时，群臣远方进贡的"名草异木"就有 2 000 余种之多，并详细记载了其中 98 种的名称。

2. 果木丰茂、栽培技术已达较高水平　苑中果木有：杏 2 个品种，柰（绵苹果一类）、梬（君迁子）、椑（油柿）、油桐各 3 个品种，栗、海棠各 4 个品种，梅、枣各 7 个品种，桃 10 个品种，李 15 个品种。其他还有枇杷、橙、安石榴、葡萄等。

3. 专类园开始出现　《三辅黄图》中记载的"扶荔宫"以荔枝命名，"五柞宫"以五柞树命名，"棠梨宫"以梨树类命名。

4. 水生植物景观形成特色　水生植物以荷花为主，并有雕胡（菰米，茭白之结实者）、绿节（茭白）、紫择（葭芦）、蓟草等种类。

5. 设置或保留了草地原野的植物景观　上林苑的主要功能之一是豢养百兽、狩猎游乐，因而保留了天然、朴实的原野景观。

（三）园林植物的引种驯化

因长安为皇宫所在地，是当时全国政治、经济和文化的中心，其他国家和地区的花木被进贡或引入长安。例如："张骞为汉使外国十八年，得涂林。涂林，安石榴也。"这说明石榴是张骞出使西域时带回的。

扶荔宫在上林苑中，当时主要用来栽培引自南方的花木。据《三辅黄图·扶荔宫》记载："汉武帝元鼎六年，破南越，起扶荔宫，以植所得奇草异木：菖蒲百本，山姜十本，甘蕉十二本，留求子十本，桂百本，蜜香、指甲花百本，龙眼、荔枝、槟榔、橄榄、千岁子、甘橘皆百余本。"南越为现在的广东、广西。但由于长安与南方的气候相差悬殊，特别是冬季寒冷，使引自南方的花木多枯萎。

汉代文献中出现了如下数种统称观赏花木类的名称：①名果异树。《西京杂记》载："初修上林苑，群臣远方各献名果异树。"②奇草异木。《三辅黄图》载："汉武帝元鼎六年，破南越，起扶荔宫，以植所得奇草异木。"③灵草神木。汉代班固《西都赋》载："灵草冬荣，神木丛生。"④嘉木芳草。汉代张衡《二京赋》载："嘉木树庭，芳草如积。"从这些名称便可以看出当时观赏花木的盛行。

（四）秦汉时期的祭祀用植树

在先秦与秦汉时期，对植物的崇拜，亦即神格化的同时，还将树木作为祭祀用，栽种于社坛与墓地。植于社坛的主要用于祭祀土地等，植于墓地的主要用于祭祀死人的灵魂。

1. 社坛植树　在古代，将土神和祭土神的地方、日子和祭礼都叫做社，有大社、王社、国社、侯社、置社、里社、民社以及亡国之社（胜国之社，戒社）等之分。堆土而成、用于祭祀的场所称为坛。社坛为祭祀土地之神的坛场。历史时期不同，构筑社坛的材料和栽植的树木种类也不同。《淮南子·齐俗训》曰："有虞氏之祀，其社用土；夏后氏，其社用松；殷人之礼，其社用石；周人之礼，其社用栗。"《论语·八佾》记载："哀公问社于宰我，宰我对曰：夏后氏以松，殷人以柏，周人以栗。"

此外，社坛种类与方位不同，所栽植树木的种类也不同。《尚书·逸篇》记载："大社惟松，东社惟柏，南社惟梓，西社惟栗，北社惟槐。"

2. 墓地植树　墓为不堆土的庶民的坟，冢为堆土而成的高大的坟。从周代开始形成了在墓冢周围栽植树木的风习，在一些边远地区一直延续至今。

在古代，死者的身份与等级决定了墓冢的高度和大小、栽植树木的种类及数量。《周礼·春官·冢人》记载："以爵等为丘封之度与其树数。"另外，班固的《白虎通·崩薨》中记载："天子坟高三仞，树以松；诸侯半之，树以柏；大夫八尺，树以栾；士四尺，树以槐；庶人无坟，树以杨柳。"

三、魏晋南北朝园林种植设计

魏晋南北朝期间，政治动乱，国家分裂，但思想十分活跃，文化、艺术发展迅速。皇家园林的规模较秦汉大大缩小，建园场所多由郊外移到城郊或城内。当时的皇家园林出现了以下特点：规模比较小，总体质量不高；园林内容的重点已从模拟神仙仙境转化为世俗题材的创作；园林造景的主流是追求"镂金错彩"的皇家气派；皇家园林开始受到民间私家园林的影响；园林造景将秦汉以来的写实手法转化为写实与写意结合的方法。皇家园林的主要代表地为邺城（今河北临漳）、洛阳、建康（今南京）。

（一）有关园林植物的专著

我国最早的竹类专著《竹谱》于晋代问世，由戴凯之撰写。本书以四言韵语体裁记述了竹的种类和产地，文字极为典雅。同时，还记述了竹类的某些生物学特性和生态习性。竹子作为我国南方的一种重要植物，在当时出现专著，说明竹类已经受到重视。随后在北魏时代出现了竹类专类园，北魏郦道元《水经注·睢水》载："睢水又东南流，历于竹圃，水次绿竹荫渚，菁菁实望。世人言梁王竹园也。"

公元304年，我国最早的有关热带与亚热带观赏植物的专著《南方草木状》问世，由嵇含撰写。该书是为整理、记述观赏花木而写。书中详细记述了原产于岭南地区的 29 种草类、28 种木类、17 种果类和 6 种竹类的形态、产地、观赏特性以及食用、药用价值。同时代崔豹的《古今注·草木第六》也记载了 40 种植物的产地与实用价值。

《齐民要术》在公元 6 世纪时由北魏贾思勰所著，是我国现存最早、最完整的包括农林牧副渔的农业全书，也是世界上最早、最有系统性的农业科学名著。该书卷四和卷五两部分分别记载了一些林木和观赏花木的繁殖、栽培技术与方法。此外，还记述了树木栽培中的嫁接法（让果树多结实法）、疏花法、葡萄的棚架栽培、防寒防冻措施、除草、灌水、施肥、中耕、摘心、剪枝等多种技术和方法。

（二）皇家园林的植物景观

据晋代陆翙《邺中记》载：华林园内栽植大量果树，多有名贵种类和品种，如春李、西王母枣、羊角枣、勾鼻桃、安石榴等。为了掠夺民间树木，还特制一种移植果树的"虾蟆车"："（石）虎于园中种众果。民间有名果，虎作虾蟆车。箱阔一丈，深一丈四，抟掘根面去一丈，合土载之，植之无不生。"从上述虾蟆车的车厢大小及"合土载之"可知，此时我国已开始了大树带土移植作业，并应用于造园活动中，且成活率高至"植之无不生"的程度。观赏花木的大量应用及栽培技术的不断发展，促使了有关观赏植物专著的诞生。

进入南北朝，与前代相比，观赏花木的种类更加多样，栽培技术水平有所发展。北魏宣武帝元恪建景明寺和瑶光寺时，观赏花木的种类是"珍木香草：牛筋狗骨之木，鸡头鸭脚之草，不可胜言"。南北朝宋齐、梁间的《魏王花木志》记述了"思惟、紫菜、木莲、山茶、溪荪、朱槿、莼根、孟娘菜、牡桂、黄辛、紫藤花、郁树、卢橘、楮子、石南和茶叶"16 种花木。

（三）私家园林的植物景观

三国时期，由于战乱和历时较短，观赏植物的栽培较秦、汉时并没有多大发展，但从晋代开始，植物景观在士人山水欣赏和园林艺术中占有重要地位，这主要因为士人审美崇尚自然以及他们需要以植物作为人格寄托的缘故。其代表便是"竹林七贤"。士人园中的植物景观以松、柏、竹等最具代表性，因其或苍劲、或挺拔，资质极美，且经冬不凋，观赏、寓意皆宜。

晋代石崇在《金谷诗序》言其园中"有清泉茂林，众果、竹柏、药草之属……莫不毕备"，并且此时开始利用植物来划分与组织园林空间（图 2-1-4）。北魏大官僚张伦的宅园则是："其中烟花露草，或倾或倒。霜干风枝，半耸半垂。玉叶金茎，散满阶墀。燃目之绮，裂鼻之馨。既共阳

图 2-1-4　明代仇英《金谷园》描绘的西晋石崇在洛阳郊外建造的园林景色

春等茂，复与白雪齐清。"而文人名士们崇尚自然，在植物选择上更多地体现超然尘外的隐逸心态，着重于突出"带长阜，倚茂林"的天然清纯之美。陶渊明在《归田园居》中这样描写自己的家园："榆柳荫后檐，桃李罗堂前。暧暧远人居，依依墟里烟。狗吠深巷中，鸡鸣桑树颠。"《饮酒》诗中"采菊东篱下，悠然见南山"那种恬适宁静、天人谐和的居住情调，确实令人向往（图2-1-5）。

图2-1-5　文人的曲水流觞

（四）寺观园林的植物景观

寺观园林拓展了造园活动的领域，一开始便向着世俗化方向发展。郊野寺观尤其注重外围的园林化环境，因而植物的利用就更加重要。《洛阳伽蓝记》中记载了北魏洛阳的寺庙庭园绿化和寺庙园林化的情景，其中记载北朝洛阳的佛寺园林植物景观最为详尽，如："景明寺……房檐之外，皆是山池。松竹兰芷，垂列阶墀。含风团露，流香吐馥……寺有三池，萑蒲菱藕，水物生焉。"正始寺则是"众僧房前，高林对牖，青松绿柽，连枝交映"。永明寺"房庑连亘，一千余间。庭列修竹，檐拂高松。奇花异草，骈阗阶砌"。

四、隋唐园林种植设计

隋、唐代是我国封建社会中期的兴盛时期，其政治、经济、文化都比以前有了更高的成就与发展，并表现出一定的时代特色。在这种历史文化背景下，中国园林的发展相应地达到了全盛的局面。

全盛时期的隋唐园林特点如下：①皇家园林的"皇家气派"已经完全形成。园林规模宏大，总体与局部设计合理，形成了大内御苑、行宫御苑、离宫御苑三个类别及特征（图2-1-6）。②私家园林的艺术性较以前有所升华，着意于刻画园林景物的典型性格以及局部的细致处理。③寺观园林的普及是宗教世俗化的结果，同时也反过来促进了宗教和宗教建筑的进一步世俗化。④以城市绿化为主体的公共园林更多见于文献记载。⑤风景式园林创作技巧和手法的运用，较之以前有所提高而跨入了一个新的境界。⑥山水画、山水诗、山水园林开始相互渗透。因此，隋唐园林中植物景观的利用也达到了前所未有的程度。

（一）皇家园林的植物景观

隋代西苑规模宏大，其中心的北海有水渠曲折环绕，沿渠建有十六院，每院内庭都栽种名花，到了秋冬季节，则进行修整，生长不良的则更换新种。隋炀帝兴建西苑时，"诏天下

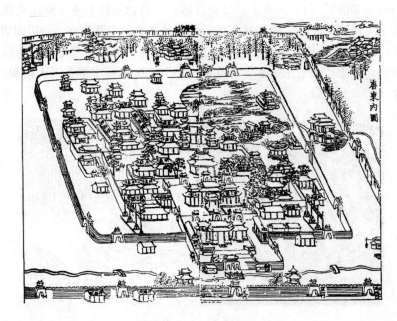

图 2-1-6 唐东内图

（摘自《陕西通志》72 卷）

境内所有鸟兽草木驿至京师，天下共进花木、鸟兽、鱼虫，莫知其数"。6 年后，苑内已是"草木鸟兽，繁息茂盛，桃蹊李径，翠阴交合"，足见种植工程之浩大。

到了唐代，皇家园林的植物配置更趋合理化。

华清宫的苑林区在天然植被的基础上，还进行了大量的人工绿化种植，"天宝所植松柏，遍满岩谷，望之郁然"。同时不同的植物配置还突出了各景区和景点的风景特色，所用种类见于文献记载的有松、柏、槭、梧桐、柳、榆、桃、梅、李、海棠、枣、榛、芙蓉、石榴、紫藤、竹子、旱莲等 30 多种（图 2-1-7，图 2-1-8）。

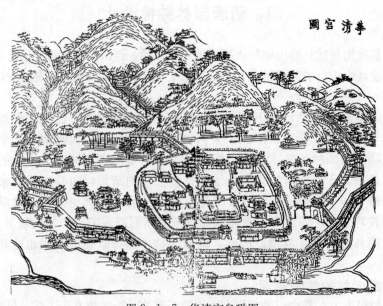

图 2-1-7 华清宫鸟瞰图

（摘自《陕西通志》72 卷）

花卉景观最为壮观的是兴庆宫的牡丹。当时，药用植物牡丹经培育成为名贵的观赏花卉，在沉香亭周围的土山上遍种红、紫、淡红、纯白诸色牡丹。苑林区的池中还植荷花、菱角、鸡头米及藻类等水生植物。

太极宫引清明渠流入而潴为南海、北海、西海，并就此三海形成宫城的园林化环境，适当地淡化其严谨肃穆的建筑气氛。宫城和皇城内广种松、柏、桃、柳、梧桐等树木，当时的文人对此亦多有咏赞，如"宫松叶叶墙头出，渠柳条条水面齐"，"阴阴清禁里，苍翠满春松"，"千条弱柳垂清锁"，"春风桃李花开日，秋雨梧桐落叶时"等。

大明宫呈前宫后苑的格局，但苑林区内分布着不少宫殿、衙署，宫廷区的庭院

图2-1-8 华清宫贵妃池挖掘现场图

内种植大量松、柏、梧桐，甚至还有果树。苑林区地势陡然下降，龙首之势至此降为平地，中央为大水池"太液池"。太液池遗址的面积约1.6hm^2，池中蓬莱山耸立，山顶建亭。山上遍植花木，尤以桃花最盛。

（二）私家（文人）园林的植物景观

隋唐时期的民间花木栽培技术有较大进步，私家园林中已开始引种、驯化、移栽异地花木。此外，由于文人的私园兴起和诗人、画家参与造园活动，在植物的选择和配置方面开始追求诗画情趣。

白居易十分重视园林植物配置成景，"插柳作高林，种桃成老树"，"高堂虚且迥，坐卧见南山。绕廊紫藤架，夹砌红药栏。"还经常参加植树活动，"野性爱栽植，植柳水中坻。乘春持斧斤，裁截而树之。长短既不一，高下随所宜。倚岸埋大干，临流插小枝。"

他很推崇牡丹之国色天香，曾写过《牡丹芳》一诗加以咏赞，但对此花价格之昂贵，他也曾发出"一丛深色花，十户中人赋"的叹息。

在众多的园林植物中，白居易对竹子情有独钟："竹径绕荷池，萦回百余步"，"窗前故栽竹，与君为主人"，"水能性淡为吾友，竹解心虚即我师"，"虚窗两丛竹，静室一炉香"，"池晚莲芳谢，窗秋竹意深"，"履道西门有弊居，池塘竹树绕吾庐"。他的《养竹记》阐述了竹子形象的"比德"的寓意及其审美特色。履道坊宅园的植物配置以竹林为主。白居易对"履道幽居竹绕池"亦即竹与水的配合成景的布局十分赞赏而作《池上竹下作》。

王维辋川别业中一些景点多以植物为主题：①斤竹岭。山岭上遍种竹子，一弯溪水绕过。一条山道相通，满眼青翠掩映着溪水流漪。②鹿柴。用木栅栏围起来的一大片森林地段，其中放养麋鹿。③木兰柴。用木栅栏围起来的一片木兰树林，溪水穿流其间，环境十分幽邃。④茱萸沜。生长着繁茂的山茱萸花的一片沼泽地。⑤宫槐陌。两边种植槐树（守宫槐）的林荫道，一直通往名叫"欹湖"的大湖。⑥柳浪。欹湖岸边栽植成行的柳树，倒映入水最是婉约多姿。⑦竹里馆。大片竹林环绕着的一座幽静的建筑物。⑧辛夷坞。以辛夷的大

片种植而成景的岗坞地带，辛夷形似荷花。⑨漆园。种植漆树的生产性园地。⑩椒园。种植花椒树的生产性园地（图2-1-9）。

金屑泉　栾家濑　柳浪　临湖亭　北垞　鹿柴　宫槐陌　茱萸沜　木兰柴　斤竹岭　文杏馆

图2-1-9　辋川别业

李德裕平泉庄内栽植树木花卉数量之多、品种之名贵，尤为著称于当时。《平泉山居草木记》载："木之奇者有：天台之金松、琪树，稽山之海棠、榧、桧，剡溪之红桂、厚朴，海峤之香柽、木兰，天目之青神、凤集，钟山之月桂、青飔、杨梅，曲阿之山桂、温树，金陵之珠柏、栾荆、杜鹃，茅山之山桃、侧柏、南烛，宜春之柳柏、红豆、山樱，蓝田之栗、梨、龙柏。其水物之美者：白蘋洲之重台莲，芙蓉湖之白莲，茅山东溪之芳荪……又得番禺之山茶，宛陵之紫丁香，会稽之百叶木芙蓉、百叶蔷薇，永嘉之紫桂、簇蝶，天台之海石楠，桂林之俱那卫……又得钟陵之同心木芙蓉，剡中之真红桂，稽山之四时杜鹃、相思、紫苑、贞桐、山茗、重台蔷薇、黄槿，东阳之牡桂、紫石楠……"

综上所述，唐代时私家园林中植物的选择、配置以及引种驯化等已达较高水平。

（三）寺观园林的植物景观

长安城内水渠纵横，许多寺观引来活水在园林或庭院里面建置山池水景，寺观园林及庭院山池之美、花木之盛，往往使得游人流连忘返。描写文人名流到寺观赏花、观景、饮宴、品茗的情况，在唐代诗文中屡见不鲜；新科进士到慈恩寺塔下题名，在崇圣寺举行樱桃宴，则传为一时之美谈。凡此种种，足见长安的寺观园林和庭院园林化之盛况，也表明了寺观园林兼具城市公共园林的职能。

著名的慈恩寺尤以牡丹和荷花最负盛名，文人们到慈恩寺赏牡丹、荷花，成为一时之风尚。当时的长安贵族显宦们都很喜爱牡丹的国色天香，因而哄抬牡丹的市价，一些寺、观甚至以出售各种珍品牡丹来牟取高利。兴唐寺内一株牡丹开花2100朵，慈恩寺的两丛牡丹亦着花五六百朵。牡丹的花色，有浅红、深紫、黄白檀（檀色为浅褐色），还有正晕、倒晕等。这些足以表明唐代花卉园艺的技术水平高超。

寺观内栽植树木的种类繁多，松、柏、杉、桧、桐等比较常见。隋唐时期，关中平原的竹林是很普遍的，因而寺观内也栽植竹子，甚至有单独的竹林院。此外，也有以栽培某种花或树而出名的。果木花树亦多所栽植，而且往往具有一定的宗教象征寓意。

郊野的寺观将植树造林列为僧、道的一项公益劳动，也有利于风景区的环境保护。因此，郊野的寺观往往内部花繁叶茂，外围古树参天，成为游览对象、风景之点缀。

（四）衙署园林的植物景观

唐代两京中央政府的衙署内，多有山池花木点缀，个别还建置独立的小园林。位于大明宫右银台门之北的翰林学士院，"院内古槐、松、玉蕊、药树、柿子、木瓜、庵罗、岷山桃、杏、李、樱桃、辛夷、葡萄、冬青、玫瑰、凌霄、牡丹、山丹、芍药、石竹、紫花芜菁、青菊、商陆、蜀葵、萱草"等诸多种类的花草树木，大多由诸翰林学士自己种植，可说是一种别具一格的绿化方式。

（五）街道绿化

长安城的街道绿化十分出色，贯穿于城内的三条南北向大街和三条东西向大街称为"六街"，宽度均在百米以上。其他的街道也都有几十米宽。街的两侧有水沟，栽种整齐的行道树，称为"紫陌"，远远望去，一片绿荫。街道的行道树以槐树为主，公共游憩地则多种榆、柳。除此之外，还采用其他树种如桃、杨之类，"夹道夭桃满，连沟御柳新"，另外，也有以果树作为行道树的。

五、宋元园林种植设计

宋代是中国古典园林继唐代全盛之后，持续发展而臻于完全成熟的时期，是写意山水园的最终完成时期，其所显示的艺术生命力和创造力，达到了中国古典园林史上登峰造极的境地。

元代统治历史不足 100 年，加之汉族文人地位低下，在皇家园林与文人园林方面没有太大的发展。

（一）宋代园林的种植设计

宋代是我国造园史上极其重要的时期，起到了承前启后的作用。现将其主要成就概括如下：①在皇家、私家与寺观园林中，私家的造园活动最为突出，士流园林全面"文人化"，文人园林大为兴盛。②皇家园林较多地受到文人园林的影响，出现了比任何时期都更接近私家园林的倾向。③叠山、置石、理水均显示出高超的技艺。④由唐代的写实与写意相结合的园林转化为宋代的写意式园林。

1. 皇家园林的植物景观 北宋皇家园林以东京（今开封）（图 2-1-10，图 2-1-11）的艮岳为代表。艮岳由宋徽宗亲自参与建造而成。其中应用的植物已知的有数十种，包括乔木、灌木、藤本植物、水生植物，果树、药用植物、草本花卉以及农作物等，其中不少是从南方的江、浙、荆、楚、湘、粤引种而来，《艮岳记》记载的种类有："枇杷、橙、柚、橘、柑、椰、栝、荔枝之木，金蛾、玉羞、虎耳、凤尾、素馨、渠那、茉莉、含笑之草。"它们漫山遍冈，沿溪傍垄，连绵不断，甚至有种在栏槛下面、石隙缝里的，几乎到处都被花木掩没。植物的配置方式有孤植、丛植、混植，大量的则是成片栽植。《枫窗小牍》记华阳门内御道"两旁有丹荔八千株"，有大石曰"神运"，"石旁植两桧，一天矫者名'朝日升龙之桧'，一偃塞者名'卧云伏龙之桧'，皆玉牌金字书之"。园内按景分区，许多景区、景点都是以植物景观为主题，如植梅万本的"梅岭"，在山冈上种丹杏的"杏岫"，在叠山石隙遍栽黄杨的"黄杨嶂"，在山冈险奇处丛植丁香的"丁嶂"，在赭石叠山上杂植椒兰的"椒崖"，水泮种龙柏万株的"龙柏陂"，万岁山西侧的竹林"斑竹麓"，以及海棠川、万松岭、梅渚、芦渚、萼绿华堂、雪浪亭、药寮、西庄等。因而到处郁郁葱葱，花繁林茂。

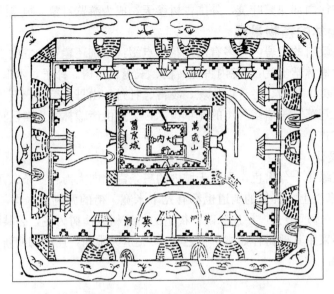

图 2-1-10　宋代开封要图
（摘自《事林广记》）

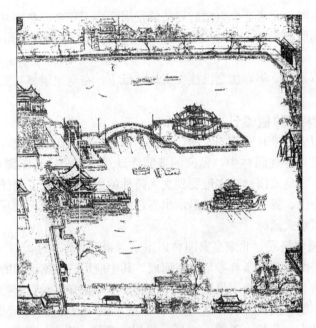

图 2-1-11　张择端作《金明池夺标图》
（现存天津图书馆）

　　琼林苑，在东京的外城西墙新郑门外干道之南，乾德二年（964）始建，到政和年间才全部完成。苑之东南隅筑山高数十丈，名"华觜冈"。山下为"锦石缠道，宝砌池塘，柳锁虹桥，花萦凤舸。其花皆素馨、末（茉）莉、山丹、瑞香、含笑、射香等"，大部分为广闽、二浙所进贡的名花。花间点缀梅亭、牡丹亭等小亭兼作赏花之用。入苑门，"大门牙道皆古松怪柏，两旁有石榴园、樱桃园之类，各有亭榭"。可以想象，此园除殿亭楼阁、池桥画舫之外，还以树木和南方的花草取胜，是一座以植物为主体的园林，人都称之为"西青城"。

宋王朝偏安杭州后，国力衰弱，大内园林气势远不如北宋的艮岳。据记载，入宫门，即垂杨夹道，间以芙蓉，正殿部分的建筑物或环以竹，或前有芙蓉、后有木樨，或以绕亭，或在"万卉中出秋千"，在后苑则多以植物景观来命名建筑物。

杭州城内外行宫约有 37 处，其中御花园有 10 余处，植物景观多具有文化特色。如位于清波门的聚景园中有亭植红梅，有桥曰柳浪。其中以植物之意命名的建筑有会芳殿、瀛春堂、芳华堂以及翠光、桂景、琼芳、寒碧等。

由此可见，宋代皇家园林的植物配置已形成自身的风格，对以后的皇家园林植物配置产生了深远的影响。

图 2-1-12　司马光的独乐园
（明代仇英绘）

2. 私家园林的植物景观　文人园林到了宋代，私家园林已经处于主导地位，同时也影响着皇家园林和寺观园林，它的风格特点为简远、疏朗、雅致、天然（图 2-1-12）。私家园林中植物配置的手法日益丰富，注重花木的姿态和季相变化，配置上注重乔木、灌木和花草的巧妙搭配，层次丰富。

《洛阳名园记》中记述的 19 座名园中，多以蒔栽花木著称，有大片树林而成景的林景，如竹林、梅林、桃林、松柏林等，尤以竹林为多（图 2-1-13）。另外，在园中划出一定区域作为"圃"，栽植花卉、药材、果蔬。某些游憩园的花木特别多，以花木成景取胜，相对而言，山池、建筑之景仅作为陪衬。突出植物景观具有观赏花园性质的有天王院花园子、归仁园和李氏仁丰园。

归仁园原为唐代宰相牛僧孺的宅园，宋绍圣年间，归中书侍郎李清臣改为花园。面积占据归仁坊一坊之地，是洛阳城内最大的一座私家园林，园内"北有牡丹、芍药千株，中有竹千亩，南有桃李弥望"。还有唐代保留下来的"七里桧"。

李氏仁丰园则"人力甚治，而洛阳中花木无不有"。园内建"四并"、"迎翠"、"濯缨"、"观德"、"超然"五亭，作为四时赏花的坐息场所。据记载，李氏仁丰园为花木品种最齐全的一座大

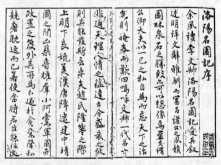

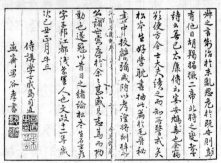

图 2-1-13　宋代李文叔《洛阳名园记》序文
（日本文政年间刊本）

花园，当时洛阳花卉有"桃、李、梅、杏、莲、菊各数十种，牡丹、芍药至百余种。而又远方奇卉，如紫兰、茉莉、琼花、山茶之俦，号为难植，独植之洛阳，辄与其土产无异。故洛阳园圃，花木有千种者。"

此外，宋代文人喜爱梅花，留下了数量众多的咏梅诗文。但最爱梅者要数隐士林逋，他隐居西湖孤山，遍植梅花，终身不娶，"梅妻鹤子"成为美谈。他的《山园小梅》中的诗句"疏影横斜水清浅，暗香浮动月黄昏"成为咏颂梅花的千古绝唱。不言而喻，梅花是宋代文人园林中植物造景的主要材料之一。

3. 寺观园林的植物景观　宋代的寺观园林注重庭院绿化和莳养名花。灵隐寺的桂花、辛夷、凤仙花，梵天寺的杨梅、卢橘，云居寺的青桐，韬光寺的金莲等都颇负盛名。城市中的寺观园林也多植四时花木，繁盛可观。

4. 东京的城市绿化　东京的城市绿化很出色，市中心的天街宽二百余步，当中的御道与两旁的行道之间以"御沟"分割，两条御沟"尽植莲荷，近岸植桃、李、梨、杏，杂花相间。春夏之间，望之如绣。"其他街道两旁一律种植行道树，多为柳、榆、槐、椿等中原乡土树种。护城河和城内四条河道的两岸均进行绿化，由政府明令规定种植榆、柳。东京城市绿化的状况从《清明上河图》中不难看出。

5. 南宋杭州主要游览场所的花木种植　张镃，宋代西秦（现甘肃南部）人，字功甫，号约斋，官至奉议郎、直秘阁，巧于书画。著有《仕学规范》、《南湖集》。

《南湖集》附录上"赏心乐事"（《知不足斋丛书》本）中记载了杭州主要游览场所的花木种植情况及在不同时期进行观赏的情景："正月孟春：玉照堂赏梅，丛奎阁赏山茶，湖山寻梅，揽月桥观新柳。二月仲春：现乐堂赏瑞香，玉照堂西赏缃梅，南湖挑菜，玉照堂东赏红梅，餐霞轩看樱桃花，杏花庄赏杏花，绮互亭赏千叶茶花，马塍看花。三月季春：花院观月季（乾隆四十二年夙夜斋刊本《武林旧事》卷四："月季"作"月丹"。以下简称"武林本"），花院观桃、柳，苍寒堂西赏绯碧桃，满霜亭北观棠棣，碧宇观笋，斗春堂赏牡丹、芍药，芳草亭观草，宜雨亭赏千叶海棠，宜雨亭北观黄蔷薇，花院赏紫牡丹，艳香馆观林檎花，现乐堂观大花（"武林本"注：一作"大茶"），瀛峦胜处赏山茶，群仙绘幅楼下赏芍药。四月孟夏：芳草亭斗草，芙蓉池赏新荷，蕊珠洞赏荼䕷，满霜亭观橘花，玉照堂赏青梅，艳香馆赏长春花，安闲堂观紫笑，群仙绘幅楼前观玫瑰，诗禅堂观盆子山丹，餐霞轩赏樱桃，南湖观杂花，鸥渚亭观五色罂（原作"莺"，据"武林本"改）粟花。五月仲夏：清夏堂观鱼，听莺亭摘瓜，重午节泛蒲，烟波观碧芦，绮互亭观大笑花（按《广群芳谱》卷四八《花谱》二七云："九华菊：此品乃渊明所赏，今越俗多呼为'大笑'"），南湖观萱草，鸥渚亭观五色蜀葵，水北书院采蘋，清夏堂赏杨梅，丛奎阁前赏榴花，艳香馆尝蜜林檎，摘星轩赏枇杷。六月季夏：苍寒堂后碧莲，碧宇竹林避暑，芙蓉池赏荷花，约斋赏夏菊，霞川食桃，清夏堂赏新荔枝。七月孟秋：餐霞轩观五色凤儿（"武林本"作"凤仙花"），立秋日秋叶宴，玉照堂玉簪（原作"赏荷"，据"武林本"改），西湖荷花泛舟，南湖观稼（"武林本"作"观鱼"），应铉斋东赏葡萄，霞川水䖟（原作"观云"，今依"武林本"），珍林剥枣。八月仲秋：湖山寻桂，现乐堂赏秋菊，众妙峰赏木樨，霞川观野菊，绮互亭赏千叶木樨，桂隐攀桂，杏花庄观鸡冠黄葵。九月季秋：九日登高把黄，把菊亭采菊，苏堤上玩芙蓉，珍林尝时果，芙蓉池赏五色拒霜，景全轩尝金橘，满霜亭尝巨螯香橙。十月孟冬：赏小春花，杏花庄挑荠。十一月仲冬：摘星轩观枇杷花，味空亭赏蜡梅，孤山探梅，苍寒堂赏南天竺，花院赏水仙。十二月季冬：绮互亭赏檀香蜡梅，湖山探梅，花院观兰花，玉照堂赏梅。"

从上文可以看出：

玉照堂周围以种植梅花类为主，地被植物为玉簪。玉照堂前种植梅花、青梅、玉簪等，可于农历的十二月、正月赏梅，四月赏青梅，七月赏玉簪；玉照堂西种植有缃梅，于二月进行观赏；玉照堂东种植有红梅，于二月进行观赏。

丛奎阁周围种植山茶、石榴等花木，于正月赏山茶、五月赏石榴。

湖山周围种植梅花、桂花，是正月赏梅、八月寻桂的好去处。

揽月桥桥头主要栽柳，可于正月里欣赏萌芽的柳枝。

现乐堂周围种植有瑞香、大花（茶），以菊花为地被。于二月赏瑞香，三月赏大花（茶），中秋节赏菊。

南湖周围以表现田园风光为主，可于二月在此挑野菜，四月看杂花，五月赏萱草，七月观看农作物风光。

餐霞轩周围种植樱花、桃花、樱桃、五色凤仙等。于二月赏樱花、桃花，四月赏樱桃，七月赏五色凤仙。

杏花庄周边以植杏为主，草本花卉有鸡冠、黄葵等，可于二月观赏杏花、八月观赏鸡冠、黄葵，并可于十月挑荠菜。

绮互亭周围种植有重瓣茶花、九华菊、重瓣桂花、檀香蜡梅等。可于二月赏重瓣茶花、五月赏九华菊、八月赏重瓣桂花、十二月赏檀香蜡梅。

花院里种植有各种花草树木，如乔木有柳树，木本花木类有月季、桃、紫牡丹，草本花卉有水仙、兰花等。其中，可于三月赏月季、桃、紫牡丹，观柳枝，于十一月赏水仙，十二月观兰花。

苍寒堂前种植有南天竺（竹），西侧种植绯碧桃，后侧水池中种植有荷花，可于三月赏绯碧桃、六月赏荷花，十一月赏南天竺红果。

满霜亭前种植橘、巨螯香橙，亭北种植棣棠。可于三月赏棣棠，四月赏橘花，九月品尝巨螯香橙。

碧宇周围以表现竹林景观为主，可于三月欣赏竹笋景观，六月欣赏翠绿的竹林。

斗春堂周围种植春天观赏的牡丹、芍药，可于三月欣赏。

芳草亭周围种植观赏草类植物，三月可以观草，四月可以在此进行斗草活动。

宜雨亭前种植重瓣海棠，北侧种植黄花蔷薇。可于三月欣赏重瓣海棠、黄花蔷薇。

艳香馆周围种植林檎花、长春花，可于三月观赏林檎花、五月品尝林檎果，四月赏长春花。

瀛峦胜周边种植山茶，于三月赏花。

群仙绘幅楼前种植玫瑰，周边种植芍药。于三月赏芍药、四月赏玫瑰。

芙蓉池内种植荷花，四月赏新发荷叶，六月赏荷花，九月赏五色拒霜（即木芙蓉）。

蕊珠洞前种植荼䕷（蘼），安闲堂周围种植紫笑（含笑中的紫花者），诗禅堂前种植盆子山丹（山丹中的大花者），都可于四月进行观赏。

鸥渚亭周围种植各色罂粟花、蜀葵，分别于四月、五月进行观赏。

清夏堂前有水池，岸上种植杨梅、荔枝，可于四月观鱼、五月品尝杨梅、六月品尝新荔枝。

听莺亭周围种瓜，水池中种植香蒲、芦苇，可于五月里摘瓜、端午节时观蒲、烟波观碧芦。

霞川种植桃、水荭（红蓼）、野菊，可于六月品尝鲜桃、七月赏水荭、八月赏野菊。

此外，还分别在水北书院种植蘋，于五月观赏；摘星轩种植枇杷，于五月采食、十一月观枇杷花；约斋种植夏菊，于六月观赏；应铉斋东种植葡萄，七月尝鲜；众妙峰种植桂花，中秋节闻香；把菊亭种植菊花，九月采赏；景全轩种植金橘，于九月采食；味空亭种植蜡梅，于十一月观赏；孤山种植梅花，于十一月探梅；珍林种植各种水果，于七月打枣，九月品尝各种新鲜水果。

另外，还在西湖上遍种荷花，于七月泛舟其中（图 2 - 1 - 14）；于苏堤上种植木芙蓉，九月玩赏。

图 2 - 1 - 14　现在的西湖美景——曲院风荷

（二）元代园林的种植设计

元代，世祖四年（1267）首建大都，同时也建立了大内御苑，以太液池为中心，布局采取了历代的"一池三山"传统手法。在池中最大的琼华岛万岁山上栽树、叠石，形成了"峰峦掩映，松桧笼郁，秀若天成"的自然植物景观。

据 1275 年来中国的意大利人马可·波罗记述，他看到距皇宫北边仅一箭之地，有一座人造土山，高若百步，周长约 1 600m，山顶是平的，种了许多常绿树。据传皇帝只要知道哪里有美树，就派人把它移植来，如果树太大，就用大象驮运回来，于是这里就集中了全中国最美丽的树木而成为"绿山"。该土山就是今日的景山。

六、明清园林种植设计

自明代开始，由于农业技术水平的提高、商品经济的发展以及汉族文化的复兴，大大促进了我国园林与花卉园艺事业的发展。明代与清初属于宋代园林的延伸、继续，也有发展和变异，达到了鼎盛阶段；清代中、后期，呈现出逐渐停滞、盛极而衰的趋势。

（一）明清园林种植设计概况

1. 明代、清初园林种植设计　明代的皇家园林主要有西苑（现北海公园）、御花园、东苑、万岁山（景山）等（图 2 - 1 - 15）。清代的皇家园林分为大内御苑、离宫御苑和行宫御苑。大内御苑有西苑等，离宫御苑有畅春园（图 2 - 1 - 16）、避暑山庄和圆明园等，行宫御苑有多处。私家园林多集中于以扬州与苏州为代表的江南地区和北京（图 2 - 1 - 17）。扬州私家园林中规模最大、艺术水平较高的当推休园和影园；苏州私家园林当推拙政园等。北京

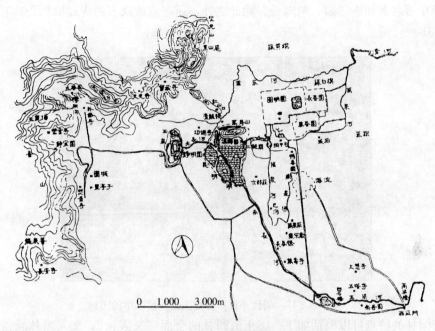

图 2-1-15　明代北京西北部主要园林
（引自佐藤昌，中国造园史）

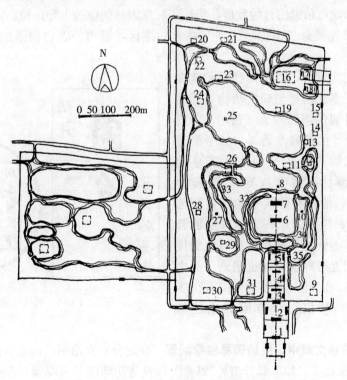

图 2-1-16　畅春园平面图

1. 大宫门　2. 九经三事殿　3. 春晖堂　4. 寿萱春永　5. 云涯馆　6. 瑞景轩　7. 延爽楼
8. 鸢飞鱼跃亭　9. 澹宁居　10. 藏辉阁　11. 渊鉴斋　12. 龙王庙　13. 佩文斋　14. 藏拙斋
15. 疏峰轩　16. 清溪书屋　17. 恩慕寺　18. 恩佑寺　19. 太仆轩　20. 雅玩斋　21. 天馥斋
22. 紫云堂　23. 观澜榭　24. 集凤轩　25. 蕊珠院　26. 凝春堂　27. 娘娘庙　28. 关帝庙
29. 韵松轩　30. 无逸斋　31. 玩芳斋　32. 芝兰堤　33. 桃花堤　34. 丁香堤　35. 剑山

私家园林中著名者如清华园、勺园等。除此之外，还有数量众多的寺观园林和具有公共性质的园林。

图2-1-17　明代小说《青楼韵语》插图中的园林

　　明清园林的特点可以概括如下：①士流园林的全面"文人化"，文人园林涵盖了民间的造园活动，导致私家园林达到了艺术成就的高峰。②明末清初，在经济文化发达、民间造园活动频繁的江南地区，涌现出一批优秀的造园家，标志着江南民间造园艺术达到高峰的境地。③文人画影响和私家园林的发展，导致了写意园林创作的主导地位。④皇家园林的规模趋于宏大，皇家气派愈见浓郁。⑤在某些发达地区，城市、农村聚落的公共园林已比较普遍。

　　随着园林的大发展，明清两代，尤其在明末清初出版了多部园林与观赏植物方面的专著。明代有计成的造园专著《园冶》（图2-1-18），王象晋的花卉专著《二如亭群芳谱》，属于文人综合趣味书的如文震亨的《长物志》、高濂的《遵生八笺》、屠隆的《考槃余事》等，清初有陈淏子的观赏园艺综合书《花镜》、汪灏的花卉著作《广群芳谱》等。与园林的快速发展相适应，中国传统园林的植物配置与种植设计也达到了有史以来的最高水平，因此，上述著作中有很多关于植物配置与种植设计方面的论述与总结。

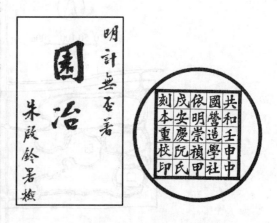

图2-1-18　明代计成《园冶》

　　2. 明代、清初文献中记载的园林植物配置　在此分别介绍明代高濂《遵生八笺》"家居种树宜忌"、王象晋《二如亭群芳谱》"雅称"以及清初陈淏子《花镜》"种植位置法"中记载的园林植物配置利用的内容。

　　（1）高濂《遵生八笺》"家居种树宜忌"　高濂，钱塘人，字深甫，号瑞南、雅尚斋、湖上桃花渔。巧于乐府，书斋名妙赏楼。著有《玉簪记》、《节孝记》、《雅尚斋诗草》和《遵生八笺》等。《遵生八笺》完成于明万历十九年（1591）。"家居种树宜忌"收录于《遵生八笺》

中的"卷七　起居安乐笺"，其内容如下：

《地理心书》曰：人家居止种树，惟栽竹四畔，青翠郁然，不惟生旺，自无俗气。东种桃柳，西种栀榆，南种梅枣，北种柰杏，为吉。又云：宅东不宜种杏，宅南北不宜种李，宅西不宜种柳。中门种槐，三世昌盛。屋后种榆，百鬼退藏。庭前勿种桐，妨碍主人翁。屋内不可多种芭蕉，久而招祟。堂前宜种石榴，多嗣，大吉。中庭不宜种树取阴，栽花作栏，惹淫招损。《阴阳忌》云：庭心树木名闲困，长植庭心主祸殃。大树近轩多致疾，门庭双枣喜加祥。门前青草多愁怨，门外垂杨更有妨。宅内种桑并种槿，种桃终是不安康。

上文主要从我国传统文化的角度记述了家居庭院中的植物种植的宜忌。不难看出，部分内容具有封建迷信的色彩。

（2）王象晋《二如亭群芳谱》"雅称"　王象晋，字荩臣，自号好生居士，山东新城人，万历甲辰年间进士。他自称喜好种植，园庭中遍植花木，并随时记录。如此先后积累了十几年，终于写成此书。书末有作者的自跋，题天启辛酉年（1621），可知该书的大致写作年代。书中每一物项之下，都分列种植、制用、疗治、典故、丽藻等，在汇录前人的基础上，加入了作者所积累的内容。

《二如亭群芳谱》"卷首"中的"雅称"一节，作者署名为吕初泰。节名虽为"雅称"，实际上是论述植物在造园中的作用以及各种园林植物配置等的论著，堪称中国园林发展史上有关园林植物配置经验的结晶。以下为对"雅称"全文的赏析：

"雅称"首先强调园林中植物配置的重要性："佳卉名园，全赖布置，如玉堂仙客，岂陪卑田乞儿；金屋婵娟，宜佩木难火齐。"文中"卑田乞儿"为乡下乞讨者之意，"木难"为奇扇之名，"火齐"为美玉之名。全句之意是说：美丽之花在名园之中必须进行巧妙搭配与配置，（其道理）就如乡下乞讨小儿岂能与豪华房屋中的仙客待在一起，金屋中娇美的女子必须要与奇扇、美玉相配一般。

然后，在分别品评各种花木的性格、特性的基础上，总结、论述该种花木的配置与种植设计。

至于梅花："梅标清，宜幽窗，宜峻岭，宜疏篱，宜曲径，宜危岩独啸，宜石枰着棋（图2-1-19）。"

至于兰花："兰品幽，宜曲栏，宜奥室，宜磁斗，宜绮石，宜凉飚轻洒，宜朝雨微沾。"

至于菊花："菊操介，宜茅檐，宜幽径，宜蔬圃，宜书斋，宜带露餐英，宜临流泛蕊。"

至于荷花："莲肤妍，宜凉榭，宜芳塘，宜朱栏，宜碧柳，宜香风喷麝，宜晓露擎珠。"

至于牡丹："牡丹姿丽，宜玉缸贮，宜雕台安，宜白鼻猧（宠物犬的一种），宜紫丝障，宜丹青团扇，宜绀绿商彝。"

至于芍药："芍药丰芳，宜高台，宜清洁，宜雕槛，宜纱窗，宜修篁缥缈，宜怪石

图2-1-19　梅花窗

嶙峋。"

至于海棠："海棠晕娇，宜玉砌，宜朱槛，宜凭栏，宜倚枕，宜烧银烛，宜障碧纱。"

至于芙蓉："芙蓉襟闲，宜寒江，宜秋沼，宜清阴，宜微霖，宜芦花映白，宜枫叶摇丹。"

至于桃花："桃靥冶，宜小园，宜别墅，宜山颠，宜溪畔，宜丽日明霞，宜轻风皓魄。"

至于杏花："杏华繁，宜屋角，宜墙头，宜疏林，宜小瞳，宜横参翠柳，宜斜插银瓶。"

至于李花："李韵洁，宜月夜，宜晓风，宜清烟，宜薄雾，宜泛醇酒，宜供清讴。"

至于石榴花："榴色艳，宜绿苔，宜粉壁，宜朝旭，宜晚晴，宜纤态映池，宜落英点地。"

至于桂花："桂香烈，宜高峰，宜朗月，宜画阁，宜崇台，宜皓魄照孤枝，宜微飔扬幽韵。"

至于松树："松骨苍，宜高山，宜幽洞，宜怪石一片，宜修竹万竿，宜曲洞邻邻，宜寒烟漠漠。"

至于竹子："竹韵冷，宜江岸，宜岩际，宜磐石，宜雪岭，宜寒槛回环，宜乔松突兀。"

最后，指出不仅要有名园和与之相配的花木，还要有能够欣赏的雅致之人，才能达到最高的境界："更兼主人蕴藉好事能诗，佳客临门，煮茗清，赏花之快意，即九锡三加未堪比拟也。"

（3）陈淏子《花镜》"种植位置法"　　陈淏子，一名扶摇，自号西湖花隐翁，平生始末不清。自谓平生最喜书和花，对于种植的方法，颇多独得之秘。书的第一部分是"花历新裁"，也就是从正月到十二月的种花月令，每月包括"占验"和"事宜"两部分。其次是"课花十八法"，畅论艺花技巧，为全书的精华之处。再次为"花木类考"、"花果类考"、"藤蔓类考"和"花草类考"，各约百种，都附栽培技术。书前作者的自序题于康熙戊辰年（1688），那时他已年过七十，可知书中所讲的是他毕生的经验，难能可贵。"种植位置法"属于"课花十八法"之一，论述园林植物配置与种植设计，其内容比上述《二如亭群芳谱》中的"雅称"更为完整，实属中国传统园林植物配置的结晶之作，堪称中国园林发展史上有关园林植物配置的最高论著，值得在现代园林绿化中推广应用。以下为对"种植位置法"的赏析：

首先论述名园与花木的关系就如"金屋"与"丽人"的关系一样："有名园而无佳卉，犹金屋之鲜丽人。"

其次论述植物配置的重要性："有佳卉而无位置，犹玉堂之列牧竖。"文中之"牧竖"为牧童之意。

在此基础上，论述应该根据植物的生态习性进行配置与种植设计："故草木之宜寒宜暖，宜高、宜下者，天地虽能生之，不能使之各得其所，赖种植时位置之有方耳。"

应该根据庭园的大小宽窄进行栽植："如园中地广，多植果木松篁，地隘只宜花草药苗。"

在进行种植设计时，必须处理好虚实、轻重的辩证关系："设若左有茂林，右必留旷野以疏之；前有芳塘，后须筑台榭以实之；外有曲径，内当垒奇石以邃之。"

必须根据植物之习性进行配置："花之喜阳者，引东旭而纳西晖；花之喜阴者，植北囿而领南薰。"

又必须考虑到植物色彩搭配的问题："其中色相配合之巧，又不可不论也。"

在此基础上，先后论述各种植物的品格、搭配与种植设计。

至于牡丹、芍药："如牡丹、芍药之姿艳，宜玉砌雕台，佐以嶙峋怪石，修篁远映。"

至于梅花、蜡梅："梅花、蜡瓣之标清，宜疏篱竹坞，曲栏暖阁，红白间植，古干横施。"

至于水仙、兰花："水仙、瓯兰之品逸，宜磁斗绮石，植之卧室幽窗，可以朝夕领其芳馥。"

至于桃花："桃花夭冶，宜别墅山隈，小桥溪畔，横参翠柳，斜映明霞。"

至于杏花："杏花繁灼，宜屋角墙头，疏林广榭。"

至于梨花、李花："梨之韵，李之洁，宜闲庭旷圃，朝晖夕霭，或泛醇醪，供清茗以延佳客。"

至于石榴、蜀葵："榴之红，葵之灿，宜粉壁绿窗，夜月晓风，时闻异香，拂尘尾以消长夏。"

至于荷花："荷之肤妍，宜水阁南轩，使熏风送麝，晓露擎珠。"

至于菊花："菊之操介，宜茅舍清斋，使带露餐英，临流泛蕊。"

至于海棠："海棠韵娇，宜雕墙峻宇，障以碧纱，烧以银烛，或凭栏，或欹枕其中。"

至于桂花："木樨香胜，宜崇台广厦，挹以凉飔，坐以皓魄，或手谈，或啸咏其下。"

至于紫荆："紫荆荣而久，宜竹篱花坞。"

至于芙蓉："芙蓉丽而闲，宜寒江秋沼。"

至于松柏类："松柏骨苍，宜峭壁奇峰，藤萝掩映。"

至于梧桐、竹子："梧竹致清，宜深院孤亭，好鸟闲关。"

至于秋季的芦苇、红枫："至若芦花舒雪，枫叶飘丹，宜重楼远眺。"

至于灌丛类的棣棠、藤蔓类的蔷薇："棣棠丛金，蔷薇障锦，宜云屏高架。"

其他众多的种类可以依此类推："其余异品奇葩，不能详述，总由此而推广之。"

要根据花木类的品质高下、花时不同、色泽深浅，进行配置："因其质之高下，随其花之时候，配其色之浅深，多方巧搭。"

即使药草、野花也可以作为素材进行栽植，弥补庭园之不足，使四时有花，为庭园大为增色："虽药苗野卉，皆可点缀姿容，以补园林之不足，使四时有不谢之花，方不愧名园二字，大为主人生色。"

（二）清代中、末期园林植物应用概况

到了清代中、末期，园林植物的应用多注重配置的艺术效果（图2-1-20），不太重视栽培技术。宋、明、清初以来观赏植物栽培技术的科学化发展，到此时已停滞不前。乾隆至清末也刊行过几本关于园林植物的著作，论述栽培、观赏之道，其水平并未超过宋、明、清初的同类著作。中国是世界上花木种类最多的国家，被西方学者誉为"园林之母"，就在这个时期的乾、嘉之际，英国和荷兰的东印度公司已开始派人到中国沿海一带收集花木运往欧洲。同治、光绪年间，西方的植物学者接

图2-1-20　清代麟庆编《鸿雪因缘图记》中描绘的文人庭园

踵而来，深入内地有计划地大量采集野生花卉，然后再运到欧洲大陆、英国和美国各地的植物园中加以培育驯化、繁衍，至今这些种类已经成为欧美常见的观赏花木，而其中有不少种类在中国反而绝迹。相比之下，我国缺少系统的园艺学科，在一定程度上阻碍了园林中植物资源的利用和植物造景作用的充分发挥；宋、明以来逐渐形成的文人园林中植物配置重诗情画意的传统手法，亦未能在坚实的科学基础上得以进一步的提升、发展。

七、民国园林种植设计

民国时代的前半期，由于受到外国先进造园思想的影响，我国园林建设取得了一定的发展，并在造园教育与园林建设中出现了近代园林的思潮与科学的成分。

特别是在 20 世纪 30 年代前后，园林专著的出版方面取得的进展是前所未有的。这些专著主要是由商务印书馆出版发行，如刘振书的《种草花法》（1929），夏诒彬的《种菊法》、《种兰法》（1930 年，以下除注明外全为 1930 年），黄绍绪的《花园管理法》，周宗璜、刘振书合著的《木本花卉栽培法》，陈植的《观赏树木学》，范肖岩的《造园法》，许心芸的《种蔷薇法》（1931），夏诒彬的《花坛》（1933），章君瑜的《花卉园艺学》（1935）和陈植的《造园学概论》（1935）。

随着近代园林事业的发展，种植设计也得到了发展，并在植物配置方面出现了科学、美学的思想。

陈植《观赏树木学》中的"第六　观赏树木之栽植""其一　栽植及配置"，记述了绘图表现植物配置的重要性、庭园树木的配置法、园林树种的选择等；分别列举了 2 株、3 株、4 株、5 株、6 株、7 株以及群植的配置手法；并提出在进行园林植物配置时，首先要决定栽植型（是自然式还是规则式），然后再决定配置法（是孤植还是丛植）以及栽植相（是单纯种植还是混交种植），在此基础上才能进行树种选择与植物配置。

范肖岩《造园法》中的"第三章　造园设计实施法""第五节　树木之布置及栽植法"，先后记载有树木的观赏价值、树种的选择、植树的形式、植树法以及树木的修剪事项。"树木之观赏价值"事项中记述了树冠形状、树冠色彩、花与果实的内容；"树种之选择"事项中记述了栽植于草地、水边、岩石间、绿篱、行道树、点缀墙体与棚架的树种选择的内容；"植树之形式"事项中记述了森林、树丛、树群、孤植、直线形等种植形式的树木配置手法。

对当时的园林植物配置进行概括的最重要书籍资料当属周宗璜、刘振书合著的《木本花卉栽培法》。该书的最后部分以附录形式列表总结了当时 50 种最常见园林树种的配置方法。

不难看出，民国时期数位园林界前辈对园林植物配置手法的总结为我国现代园林的树种选择原则、植物配置手法、植物景观营造以及种植设计的发展奠定了基础，起到了良好的促进作用。

第二节　日本园林种植设计的历史发展

根据庭园构成要素中是否有水、庭园的功能与形式可以简略地将日本庭园分为有水庭园、无水庭园（枯山水）（彩图 2-2-1）、茶室庭园（路地园）以及综合庭园。

以下依照庭园历史发展的顺序，亦即古代（包括飞鸟时期、奈良时期、平安时期）、中世（包括镰仓时期、室町时期）、近代（包括安土桃山时期、江户时期、明治时期）以及现代的顺序对日本庭园植物种植设计的历史进行论述。

一、古代园林种植设计

（一）飞鸟时期（592—710）

根据《日本书纪》及《万叶集》的记载：在飞鸟时期，中国式庭园经过朝鲜半岛传入日本。因为只有文字描述，具体的形式难于想象。到了最近，通过在奈良县明日香村相继的考古发掘发现，可以了解当时庭园的概况。

1999 年在奈良明日香村发掘出了 7 世纪中期营造的"飞鸟京城遗迹园池"。该遗迹的水盘状的石造物与砌石部分的弯曲状况与韩国庆州的雁鸭池（7 世纪）的给水路的表面处理及中岛的护岸处理极其相似。

从该园池的堆积泥土中发现了荷花、芡实、苦楝、桃、柿、梅花、梨、赤松、朝鲜五针松等植物的部分残体和花粉。由此可以推测，这些植物被栽植于该庭园中的可能性极大。

荷花原产亚洲南部，但从 2000 年前的弥生时代的遗迹中已经发现了荷花的种子。据《日本书纪》舒明天皇七年（635）7 月的条项中记载："瑞莲，生于剑池，一茎二花。"由此文献也可以证明飞鸟的剑池中种植了荷花。

奈良时期的《风土记》的常陆国香岛郡（现在的茨城县鹿岛郡）条项中，关于沼尾之池的荷花记载道："所产莲根，味道相异，甜味胜于别处。"荷花应该从过去作为食用而开始了栽培。此外，《续日本纪》宝龟八年（777）6 月 18 日条项中有"梅宫南池生莲，一茎二花"，由此可知平城京城的东院园池中也种植了荷花。因此，飞鸟、奈良时期的庭园，不单表现了极净乐土的境界，而且在园池中栽植了荷花以欣赏花草之美。

（二）奈良时期（710—794）

根据《万叶集》记载，奈良时期受中国园林的影响，日本开始流行海洋风景式庭园，该时期的庭园中主要栽植松类、日本马醉木等树木。

1. 一般庭园　在奈良时期，贵族阶层中只有少数营建有被称为"中岛"的大型庭园，大多数只在庭园中栽植树木与花草而已。

大伴家持（716—785）是日本贵族之一，为《万叶集》的编纂者。因其弟大伴书持的死十分悲痛，于天平十八年（746）9 月 25 日作了如下的歌谣："荻之花，种于庭院的屋户中。"荻为禾本科植物。另外，在文中的注释中还提到了"花草花树"一词，可见书持寝院的周围栽植了多种草花与花木。《万叶集》中还记载了奈良的佐保邸宅中栽植了瞿麦。

家持喜好能够表现季节变化的草木种类，例如担任国守一职的他在去越中国（今富士县）赴任途中，从山中采挖了棣棠、百合、瞿麦等栽植于自己的庭园之中。

《万叶集》中咏颂庭园的歌谣中出现了梅花、枸橘、柳树、桃、荻、瞿麦、白茅等。平安时期出现了被称为"前栽"的庭园固定种植形式，但在奈良时期尚没有形成，只是将草花与树木一起栽植而已。

2. 菊花的引进　从《怀风藻》中记载的长屋王在佐保邸宅所作的诗句可知，该庭园中栽植了梅花、竹子、柳树、丹桂、松树、樱花、菊花、兰花。田中净足《晚秋于长王宅宴》中有"岩前菊气芳"，可见菊花被栽植于园池岸边的石组附近。这说明奈良时期菊花已从中国传入日本。

到了平安时期，《凌云集》[弘仁五年（814）前后] 中淳和天皇的诗中记载，为了 9 月

9 日的重阳节而在庭园中栽植了菊花。

3.《风土记》中的草本类　朝廷在和铜六年（713）根据各诸侯国报告的郡乡名、物产、土地状况、传承等编辑了《风土记》。其中的《出云国风土记》中记录的草本植物有麦冬、黄精、桔梗、龙胆、百合等。这些植物与牡丹、芍药等一样，后被作为观赏植物栽植于庭园中。但正如《延喜式》中所记载的一样，当初只是作为药用而被栽培。由于这种实用的需要促进了庭园观赏用草本类的增加，栽培与管理的技术也有了较大进步。

（三）平安时期（794—1192）

进入平安时期之后，随着海洋式庭园的发展，形成了"寝殿造庭园"形式。集平安时期庭园技法的《作庭记》（12 世纪前后）记载道：庭园植物除松类外，以落叶树为主，同时为了简洁尽量减少种植的数量。

1. 前栽的出现　"前栽"一词最早见于《凌云集》中藤原冬嗣（775—826）的诗句"前栽细菊"中。从建筑物的前面栽植植物的含义开始使用该词。《古今和歌集》（10 世纪初）中咏颂的前栽植物有菊花、芦苇；《后撰和歌集》（951）中咏颂的前栽植物有红梅、竹子、樱花、棣棠、黄花龙牙草、棕榈等。前栽植物中，不仅有草本植物，而且有树木类。但在《荣华物语》中出现的"草前栽"一词，是以草花（包含花灌木类）为主的含义。

对于草本类的种植方法，《山水抄》"前栽"一项中记载道：在没有园池的小规模邸宅的情况下，如果在后方的墙篱之前栽植较高的草花，其前必须栽植比较低的草花。

《枕草子》记载，在前栽之中要作低篱笆，扶持草茎，防止草花的倒伏。另外，从《源氏物语（野分）》中的记载"黑木（带皮之木）、赤木（去皮之木）混合编织篱笆"可知，当时前栽之中的篱笆也大有讲究，不仅具有防止草花倒伏的作用，而且还可以进行观赏。

2. 表现秋季景色的庭园　根据《古今和歌集》记载，僧正遍昭（816—890）在母亲的家里，种植秋季草花，表现秋季原野的景色。以此可知，通过前栽的种植方式可以在庭园中表现秋季的景色。此外，《大镜》一书也记载了平安时期中期藤原实资（957—1046）的小野宫庭园中也表现了秋季原野的景色。其主要手法是在寝殿前的园池到大堂之间栽植草花与槭树，表现连续的秋季景色。

《中务内侍日记》记载，镰仓时期西园寺公经（1171—1244）于北山殿在被称为上野的地方遍种地榆，营造了表现秋季景观的庭园。此外，从弘安十一年（1288）2 月 5 日条项的记载得知，当时还在庭园中种植了黄花龙牙草和萱草。

3. 寺院庭园　宽仁四年（1020），藤原道长建造了法成寺。《荣华物语》记载道：为了表现极乐净土的境界，池中栽植荷花。并且还在园池的周边、中岛、大堂的前面栽植草花。此外，还在位于法成寺西北的庭院中栽植了色彩缤纷的草花，这主要是受贵族邸宅庭院植物配置的影响。

根据《百练抄》的记载，白河天皇建造了法胜寺。该寺在天养元年（1144）7 月 1 日、治承四年（1180）6 月 21 日以及养和元年（1181）6 月 15 日，园池中的荷花皆呈现"一茎开二花"的景象。该荷花也是为了表现净土世界而栽植。

二、中世园林种植设计

（一）镰仓时期（1192—1333）

镰仓时期虽然政权转移到武士阶层手中，但庭园的形式基本上继承了前一历史时期的寝殿造与净土式的形式。庭园中栽植的植物种类基本上与平安时期相同，后来开始种植芭蕉、南天竹、真柏等，进而出现了不同于以往的发展趋势（图 2-2-1）。

1. 京都的藤原定家邸宅　身为贵族并作为著名歌谣家的藤原定家（1162—1241）的邸宅位于京都的一条京极。定家的日记《明月记》对该庭园的植物配置记载如下：寝殿前种植单瓣红梅、菊花、重瓣樱花，并在该处扦插有红梅、白梅、木红梅，北侧栽植有桃花，南侧墙边栽植有浅红色的梅花，西南侧栽植垂柳，持佛堂前扦插有柑橘类。此外，北侧庭园中栽植白梅、重瓣白梅以及其他草花，并扦插有木红梅、白梅。由此可见，该时代出现了平安时期所没有的各种品种的梅花，并且频繁地利用扦插技术进行庭园树木的繁殖。

图 2-2-1　《法然上人绘传》中描绘的庭园

定家的庭园中种植的草花种类有菊花、瞿麦、佩兰、芒草、桔梗、萱草、黄花龙牙草、牵牛花等。由此可以得知，定家收集、种植与爱好的主要为草花种类。

2. 镰仓的武士家邸宅　《吾妻镜》中记载了由源赖朝所开创的镰仓幕府的情景：在源赖朝的乳母比企尼邸宅的南庭中白色菊花盛开之时，比企尼邀请赖朝及其妻政子，召开了盛大的重阳宴会。

天福元年（1233）4 月 17 日，第 4 代将军赖经来到北条泰时邸宅，该邸宅东侧的小庭园中栽植有溲疏、瞿麦。此时的花草花木都正处于盛开之时。

另外，将军赖经于宽元元年（1243）9 月 5 日来到后藤基纲的大仓的家中，在山背阴的寂静之处，栽有已经变成红色叶的落叶树与松树类，黄色的菊花种植于绿色的青苔之上，愈显美丽。

3. 《徒然草》中记载的草花　吉田兼好（1283—1350）所作的《徒然草》中，列举了当时人们所喜好的花草与花木的种类：春夏季有棣棠、紫藤、燕子花、瞿麦，池中有荷花；秋季有荻、芒草、桔梗、胡枝子、黄花龙牙草、佩兰、紫菀、地榆、萱草、龙胆、菊花、黄菊等。还有地锦、葛藤、牵牛花等。这些花草花木类在相同时代出版的《作庭记》与《明月记》中也有记载，说明在当时的庭园中这些种类得到了广泛的利用。从庭园的形态以及喜用植物的种类也可以看出镰仓时代的庭园受平安时期的影响极大。

（二）室町时期（1333—1573）

室町时期的书院式庭园中大量使用了松类、龙柏、日本桧柏、罗汉松、落叶松等针叶树。此外，出现了不使用水而利用砂石表现海洋与河川景观的枯山水庭园。描绘 16 世纪京都景色的《洛中洛外图屏风》中，可以发现多处描绘有枯山水的庭园中，栽植有松类及其他针叶树、梅花和作为地被植物的草本类。

1. 花坛的出现　除了继承前栽的配置形式，在室町时期还出现了花坛。根据《看闻御记》的记载，该书作者伏见宫贞成亲王（1372—1456）于应永二十五年 2 月 28 日在伏见殿中："在东庭构筑花坛，栽植草花。"当时的南庭为主庭园，因为该处重视东侧庭园的观赏而建造了花坛。贞成亲王并于永享九年 2 月 21 日在洛中（京都）的一条东洞院邸中，"常御所的北侧栽植草花，构筑花坛，栽植绿篱"。

足利义政曾经再建室町殿。根据《阴凉轩日记》记载，长禄四年（1460）4 月 3 日，"往北侧的花坛中移栽当归草一丛"。由此可见，北侧庭园为该室町殿庭园的重要组成部分。

既为公卿又为歌谣家的三条西实隆（1455—1537）在他的日记《实隆公记》的长享二年（1488）12 月 6 日一条中，记载着在洛中武者小路的邸宅中构筑了花坛。

1968 年通过对一乘谷朝仓馆遗迹的发掘调查发现，在被常御殿、主殿、会所、茶室等所包围的中庭中确有一 9.77m×2.75m 的长方形花坛的遗迹。根据推断，该花坛一直存在到朝仓灭亡的天正元年（1573）。

2. 草花种类的增加　从《碧山日录》可知 15 世纪中期前后禅宗寺院的植物配置的概况。著者大极（生卒年月不明）在京都的东福寺内构筑灵隐轩，南侧庭园栽植小金菊、龙胆、细辛，东侧的园池中栽植白色的荷花，墙根栽植牵牛花，园中还栽种紫瓜。此外，大极还在暂时居住的同寺院的灵云院中栽种了金盏菊。在此之前的庭园中一直未出现过小金菊、细辛、金盏菊，这可以看出时代的差异。

平安时期与室町时期的差别，可以通过一条兼良（1402—1481）编纂的《尺素往来》得以确认。该书中列举了用于前栽的植物 114 种：

春季：金盏菊、堇菜、春菊、燕子花、荷包牡丹、水仙、鸢尾、绣线菊。

夏季：萱草、蜀葵、荷花、夏菊、月光花、射干、菖蒲、瞿麦、石竹、早百合、渥丹。

秋季：佩兰、荻、芒草、萱草、芸香、紫菀、龙胆、桔梗、水蓼、牵牛花、凤仙花、剪秋罗、黄花龙牙草、鸡冠花、千屈菜、玉簪、地榆、菊花、野菊花。

冬季：寒菊。

杂类：青苔、葛藤、瓦苇、野萱草、麦冬草、卷柏、木贼、芦苇、石菖蒲、景天类、吉祥草等。

室町时期出现花坛的原因主要是花木与草花栽培活动的大流行，株型矮小与珍奇的品种被培育出来，并且人们热衷于花木欣赏活动。

三、近代园林种植设计

（一）安土桃山时代（1573—1602）

安土时期的庭园正如建筑一样，追求豪华绚丽的风格，这种倾向一直延续到江户时期的宽永年间（1624—1644）。同时，由于茶道的大流行促进了茶室庭园的兴起与发展，也对庭园植物的配置产生了影响。

1. 城郭庭园　葡萄牙籍的传教士路易斯·弗洛伊斯（Luis Frois，1532—1597）在其《日本史》中分别描述了织田信长所建的岐阜城郭的庭园与丰臣秀吉所建的大阪城郭的庭园。在这些庭园中不仅栽植了树木类，而且还栽植了草花类。

2. 醍醐寺三宝院庭园　醍醐寺三宝院庭园是在丰臣秀吉亲自带领下，由住持义演准后（1558—1626）建造而成。

根据《义演准后日记》记载，寝殿的南庭中栽植了梅花、日本柳杉、杜鹃、山茶、彼岸樱花、伊势樱花、紫薇、柳树、牡丹等观赏树木。

后来，常御所的南庭被改建为中庭，并在该处堆制了形如富士山的假山，在假山顶部铺覆了白色的苔藓以表现白色的山顶。庭园中种植的植物有真柏、铁杉、日本桧柏与白芨等。并在寝殿的南院中设置了以菊花为主要植物材料的花坛。

3. 茶室庭园的植物配置　千利休（1522—1591）利用松类、青冈栎类、石楠类、枰木、芒草等在庭园中创造出自然山林的景观。从树种可以看出，利休主要参照在关西能够见到的赤松林与常绿栎林，然后进行庭园的植物配置。

《茶话指月集》中记载：利休还在茶室庭园中栽植了牵牛花。

根据《织部闻书》与《茶话指月集》的记载，茶室庭园中所种植的植物种类在后来有减少的趋势。

（二）江户时代（1603—1868）

1. 江户时代前期（1603—1715）　江户时代前期出现了大规模的回游式庭园，庭园植物的配置也受到了庭园形式的影响（图2-2-2）。在水户藩的小石川后乐园中的龙田川栽有枫树，棕榈山栽有棕榈，樱马场栽有成行的樱花，西湖堤栽有荷花，琉球山栽有琉球杜鹃，松原栽有松树，八字桥栽有燕子花等。上述种植手法为在一个场所大量栽种同种植物的方式。出现这种方式的原因是由于在回游式庭园中，大面积的地形具有各种各样的变化，植物配置也有强调这种地形特征的必要。

图2-2-2　水野忠晓《草木锦叶集》后编续卷中描绘的庭园古松造型图

还有一个特色便是由于处于和平年代，园林苗木能够在全国范围内引种与交易，增加了庭园植物配置中可以利用的树木类和草花类（图2-2-3）。宽文五年（1665）江户（东京）城本丸庭园中栽植了厚皮香、栀子、杜鹃、南天竹、冬青、山茶花、枰木等常绿阔叶树（《竹桥余笔》）。京都的鹿苑寺内栽植了茶梅、辽东檵木、厚皮香、杨梅、山茶花、丝棉木、交让木、八角金盘、高山杜鹃、桃叶珊瑚、南天竹等（《隔冥记》）。可见，由于受茶道庭园的影响，常绿阔叶树的利用出现了增加的趋势。

江户前期的另一个特色即是由于山茶类与杜鹃类的各种品种的收集与栽培，促进了庭院植物配置的发展。在江户，将军丰臣秀忠（1579—1632）爱好茶花类（《德川实纪》）。在京都凤林承章（1593—1668）从宽永十三年（1636）到庆安四年（1651）热衷于收集茶花，并将‘谏早’、‘大村’、‘吉田’、‘町’、‘白云’等17个品种的茶花栽种到了鹿苑寺内（《隔冥记》）。此外，承章还从正保元年（1644）到宽永七年（1667）期间专心收集杜鹃的各种品种，例如‘千重赤’、‘万叶’、‘云禅’、‘千叶四季’、‘美女’、‘风车’、‘曙’等。在江户城中也盛行杜鹃花的栽培，庆安四年西之丸庭园、翌年本丸御殿庭园都开始栽植杜鹃（《德川实纪》）。在京都，虽然从室町时代就开始栽培，但据《地锦抄付录》记载，如同作为正保年中（1644—1648）以后引种而来的琉球杜鹃、雾岛杜鹃等一样，正保年间中期杜鹃的栽培才开始在全国范围内流行。

同时，鹿苑寺的花坛中栽植了茶花类与杜鹃类，仙洞御所内的花坛中栽植了百合、山茶花、牡丹等（《隔冥记》）。青莲院的花坛中还栽植了100种以上的花草（《尧恕法亲王日

图2-2-3　《各种草花树木》图中描绘的江户时期的各类花木，
说明花木培育在当时十分盛行

记》）。江户时期前期，多数的庭园中设置了花坛，在此种植了多种花木与草本观赏植物。这是因为花坛更有利于珍奇花草的栽培与保存。但从此开始，出现了在庭园中栽植的草花的种类及数量减少的倾向。

2. 江户时代中期（1716—1803）　江户时代中期记载庭园植物配置的图书很少。根据享保二十年（1735）出版的《续江户砂子》记载，武士家邸庭园中多栽种松树、樱花、枫树等名木。作为特殊的事例便是将军德川吉宗（1684—1751）在江户城内吹上的庭园中栽植了野漆树、刚竹、白薯、人参等具有实用价值的植物（《德川实纪》《半日闲话》）。

关于各名胜地植物的配置，吉宗在飞鸟山、墨田川的河堤上栽植了樱花、枫树、松树、桃花等，致力于江户城市的环境改善（《德川实纪》），这些场所后来作为观光胜地而成为百姓游憩之处。在江户时代中期不仅宽永寺、浅草寺、龟户天满宫等寺社，而且在龟户被称为梅花屋的豪农、在染井的叫做伊藤伊兵卫的园林苗圃也成为当时的观赏花木的名所。在这些场所中栽植了梅花、山茶、樱花、杜鹃、紫藤、荷花、枫树等，百姓通过观赏花木可以感觉到四季的变化（《续江户砂子》）。据《四时游观录》［安永五年（1776）］记载，这一时期名胜地增多，出现了专门栽培桃花、牡丹、鸢尾、菊花等的著名观光地。

以京都为例，当时的名胜不仅包括了洛中（京都市内）的知恩院、高台寺等寺社，而且还包括伏见的梅溪、笠置山、净琉璃寺等的农村地带与山野地带（《都花月名所》）。这是因为生活在喧闹城市中的人们想在自然之中休憩游乐所致。这些休憩地的植物配置与庭园的植物配置相互影响，栽植了松树、樱花、枫树、梅花、桃花、棣棠、紫藤、胡枝子、鸢尾、荷花等。

根据《话说宝历》［文化八年（1811）］记载可知，江户时代中期的伊势盛行菊花、红花、花菖蒲、彩叶草花、蓼蓝、瞿麦、菖蒲、万年青、牵牛花等。这类观赏性花草树木在全国范围的传播和流行，促进了在武士家宅、富裕的商家、农家中的应用，不仅用盆栽来装饰居室，而且还在庭园中大量栽植。

3. 江户时代后期（1804—1868） 通过作家泷泽马琴（1767—1848）邸宅的状况可以得知江户时代后期庭园中花木的应用与配置情况。庭园中的常绿针叶树有黑松、赤松、五针松、罗汉松；常绿阔叶树有山茶花、厚皮香、冬青、日本毛女贞、桂花、珊瑚树、茶梅、柃木、石楠、栀子、杜鹃等；落叶阔叶树有垂柳、梅花、合欢、枫、蜡梅、紫薇、玉兰、胡枝子、绣线菊、八仙花、棣棠等；地被植物有草坪草；果树有果梅、梨、苹果、柿子、石榴、李子、葡萄；草本有紫菀、桔梗、菊花、水仙、牵牛花、日本石竹、百合、蜘蛛抱蛋等（《马琴日记》）。在地方上，神边本阵的尾道屋菅波家位于后备国（广岛县）安那郡，该家的庭园中栽植了松树、冷杉、日本桧柏、苏铁、十大功劳、枇杷、南天竹、八角金盘、茶树、雾岛杜鹃、连香树、朴树、紫薇、梨、柿子等（《菅波信道一代记》）。

泷泽马琴的庭园与神边本阵的庭园的共同点是混合应用了常绿针叶树、常绿阔叶树、落叶阔叶树。平安时代除了松树之外主要应用落叶阔叶树，室町时代流行针叶树，安土桃山时代应用常绿阔叶树，但到了江户时代所有类型的观赏树木都被栽植于庭园之中。

另一方面，生活在喧闹城市中的人们多到类似位于江户的向岛百花园一样的场所进行观光游览。在百花园中营造了日本的第一个梅园，并在该处种植了四季草花。这些花草中有药草800余种；草花和花木类有胡枝子、木槿、桔梗、芒草、黄花龙牙草、瞿麦、剪秋罗、吉祥草、佩兰、长春花、翠菊、益母草、大花旋覆花、鸡矢藤、紫菀、金钱草、假长尾蓼、野菊、凤仙花、紫茉莉、老来娇等；园池中种植有荷花、燕子花、慈姑、花菖蒲、茭白、浮萍等水生植物（《游览杂记》）（彩图2-2-2）。

关于江户时代后期庭园植物的配置，秋里篱岛的《筑山庭造传后编》［文政十一年（1828）］记载了新的手法。秋里将筑山、平庭形式的造园手法与插花、书法相对比，将造园形式分为真、行、草三种类型。对于植物配置也是重视树木本来的气势与形状，根据各个庭园的形态，以均衡的手法进行配置处理（图2-2-4）。

（三）明治时代（1868—1912）

明治时代初期的庭园虽受江户时代的影响依然较大，但这类被称为文人形式庭园的植物配置正在朝西洋式或者自然式的方向转化。

即使已经在模仿外国的庭园，但到了大正时代还很少在庭园中种植雪松。在营造西洋形式的庭园时，也在尽量应用松树、铁杉、罗汉松、冷杉、真柏、粗榧、日本柳杉、日本桧柏、茶梅、山茶花、杜鹃、樱花、枫树、月季、倭竹、蕨类、草坪草等日本原有的植物

图 2-2-4　日本园林十分重视树木的造型与配置

（《西洋造庭法图解》）。这可能是由于外国产的植物在日本难以正常生长的原因。

　　另一方面，随着草本类从国外引入，花坛变得绚丽多彩起来。自明治三十六至三十七年（1903—1904）起西洋草花开始流行。其主要种类为瓜叶菊、报春花、三色堇、欧洲银莲花、郁金香、葡萄风信子、花毛茛、香豌豆、大丽花、香石竹等，其中大丽花最有人气（《明治园艺史》）。

　　明治三十三年（1900）出版的竹贯直次编著的《造家与筑庭》首次描述了应用落叶阔叶树进行自然式配置，利用柞栎、漆树、麻栎、拐枣、构树、野漆树、黄檗等杂木，根据自然界的群落构成进行配置，创造出具有乡土气息的庭园形式。

　　明治时代公园开始出现，所应用的植物种类中乡土植物占大多数，外来植物极少。明治二十一年（1888）根据东京市区改正条例建造的日比谷公园，虽然在形式上模仿了西洋的公园，但树木种类主要为松类、青冈栎类、樱花、日本桧柏等，整体上并不是西洋风格。现在，日比谷公园中樟树较多，这主要是由于随着工业化的发展煤烟增多，日本柳杉、冷杉等的大树开始死亡，为了增加抗煤烟强度而在常绿栎类之下栽种了樟树（前岛康彦《日比谷公园》）。从园林树木栽培技术上来看，林学领域的技术人员逐渐参与到公园设计中来，近代造林学中关于森林迁移的理论与知识也被应用到植物配置中来。

四、现代园林种植设计

　　日本现代园林的植物配置的理论研究与实践应用达到了成熟的程度（彩图 2-2-3）。从植物配置的场所来看，可以分为传统庭园、茶室庭园、公园绿地、风景林、修养地、寺庙、神社、墓地墓园、游乐园、植物园、动物园、学校、医院、厂矿、体育运动公园、道路、高速公路、铁道等的植物配置；从功能来看，可以分为观赏、生态保护、涵养水源、纪念植树、境界林、防护林、遮蔽、遮阴等的植物配置；从景观的远近来看，可以分为近景、中景、远景等的植物配置。近年来，随着城市的发展，出现了屋顶绿化、垂直绿化、容器绿化、室内绿化、斜坡绿化、立交桥绿化、地铁站绿化等特殊的植物配置方式。

第三节　欧美园林种植设计的历史发展

一、旧约时代园林植物种植

旧约时代是《旧约圣经》时代的略称，旧约为预示耶稣出现古契约之意。旧约时代园林包括伊甸园（图2-3-1）和所罗门庭园。

（一）伊甸园植物种植

《旧约圣经·创世记》中出现了伊甸园的记载：耶和华上帝在东方的伊甸建园，把所有的人安置在那里。耶和华上帝让地上长出各种树木，既能令人悦目，果实又可充饥。园中还有"生命树"和"知善恶树"。这是关于伊甸园的最早记载。关于伊甸园中的"生命树"和"知善恶树"是何种树木，《圣经》未作出明确的说明。据犹太人的传说，"生命树"可能是枣椰或者棕榈。"知善恶树"的果子为禁果，曾经一度被认为是苹果。

枣椰原产于北美，在圣地各处均能见到。其果实可食用，树干可作木材，叶子用来修葺屋顶

图2-3-1　中世纪版画中的伊甸园

或编织筐、盘子等。它不仅具备实用性，而且还有亭亭玉立的树形，是首屈一指的观赏树木。

无花果是《圣经》中最早具体提出的树木名称，是圣经植物之一，原产亚洲西部，公元前2000年就已在巴勒斯坦生了根。无花果的果实生吃味道甘美，干燥后则成为储存食物。对圣地的人们来说，可以称为生命之树。在夏季，它的树叶又提供了树荫，并且无花果树向四方伸展，带给人们绝好的安居之所。

在记述无花果树的章节中，同时也对其他果树名称作了介绍，特别是葡萄。葡萄原产于西亚，是在《旧约圣经》和《新约圣经》中频频出现的植物，如葡萄、葡萄树、葡萄酒、葡萄园。由此看来早在旧约时代初期就已开始栽培葡萄。

（二）所罗门庭园植物种植

所罗门（Solomon，前971—前932）是以色列王国的第三代君王，为大卫的小儿子。他除了继承大卫未竟的事业，统治了邻近的所有民族之外，还热衷于造园和园艺。在他的著作《传道书》中看到的如下话语就足以证明：

"我于是扩大我的工程，为自己建造宫室，建造葡萄园，开辟园圃，在其中种植各种果树，挖掘水池以灌溉生长中的果木"（《传道书》第二章第四节至第六节）。

君王迎娶法老之女为妻是一种外交策略，这促进了所罗门庭园与埃及庭园的相互影响，因此，所罗门王的庭园与埃及法老的庭园极其相似。法老的庭园在几个世纪以来，一直以规模宏大的规则式闻名遐迩，庭园中有林荫道、石榴树林、挂满葡萄的凉亭及大水池等。

1. 芳香型植物　　在所罗门时代，古代东方的庭园爱好者们注重芳香美，他们喜欢在庭园中栽种芳香型植物。在庭园中，芳香带给人最大的快乐，因为嗅觉是最能激发人们想象力的感觉。《雅歌》中出现了各种芳香植物，如乳香和没药。乳香和没药大概是经商人从原产地阿拉伯及索马里运到各地的，乳香的学名是 *Boswellia carterii*，没药的学名是 *Commiphora myrrha*。

其次，在上述《雅歌》中称为"纳尔达"的甘松香，英语为 spikenard，原产于印度北部喜马拉雅山区，看来在所罗门时代就已从印度移植到巴勒斯坦的庭园中了。

桂，除《雅歌》之外，在《出埃及记》（第三十章第二十四节）中称"肉桂"和"桂枝"，在《以西结书》（第二十七章第十九节）中称"肉桂"，在《箴言》（第七章第十七节）中称"桂皮"。它是从印度引进的樟科植物。

菖蒲，除《雅歌》外，还在《以赛亚书》（第四十三章第二十四节）、《以西结书》（第二十七章第十九节）及《耶利米书》（第六章第二十节）中出现过。

橡胶树，在《圣经》中没有出现过这个名称。《创世纪》（第三十七章第二十五节）中出现的"香物"，《雅歌》（第六章第二节）中的"香花"，都译自希伯来语的"nechoth"，均指"橡胶树"。橡胶树零星生长在叙利亚、伊朗、伊拉克一带的高原地区。

2. 果树　　除葡萄之外，《圣经》中经常出现的果树还有石榴。石榴的果实被用做柱头的装饰形状，也用做法衣的装饰图案。当然，石榴优美的花和果实也常被利用。石榴在《旧约圣经》中出现了三次。

除了无花果、葡萄和石榴之外，油橄榄也是《圣经》中经常出现的果树之一。

3. 其他　　黎巴嫩雪松，英语为 cedar，被视为庭园的主要树木。黎巴嫩雪松生长于黎巴嫩高山地带，是大乔木类针叶树，它与同属的雪松相似，但树的形状却不同，后者是圆锥形。它又被译为"黎巴嫩香柏"或者"香柏"。

所罗门王花了 13 年时间来建造"黎巴嫩林宫"，香柏是完全适于装饰伊甸园及所罗门庭园的树木。

此外，以色列人对合欢怀有尊敬之心，故在建造点香的祭坛时常采用这种材料。

胡桃在《圣经》中以胡桃之名出现在《创世纪》与《雅歌》中。

扁桃这个词在《圣经》中亦为"巴旦杏"。扁桃是原产于中亚细亚的落叶树，早春时节开浅粉红色的花，香飘四野，果实可食，常作为花木来观赏。

二、古代园林植物种植

古代园林包括古埃及园林、古巴比伦园林、古希腊园林和古罗马园林。

（一）古埃及园林植物种植

1. 园林特点　　古埃及园林是古埃及自然条件、社会发展状况、宗教思想与人们生活习俗的综合反映，大致有宅园、圣苑、墓园三种。这一时期的园林以实用为主，用以改善小气候，园林空间的划分通常为规则式，宗教迷信促进了圣苑与墓园的发展，同时，科技进步（田地规划）也影响到园林布局（图 2 - 3 - 2）。

2. 植物种植特点　　植物的种类和种植方式丰富多变，有庭荫树、行道树、藤本植物、水生植物及桶栽植物等。椰枣、棕榈、洋槐、埃及榕等可用做庭荫树及行道树，园林中大量使用石榴、无花果、葡萄等果木，迎春和月季也开始在园中栽植；甬道上覆盖着葡萄藤架，

图 2 - 3 - 2　古埃及时利用桔槔取水灌溉园林

形成绿廊，既能遮阳，减少地面蒸发，又为户外活动提供了舒适的场所。桶栽植物通常点缀在园路两旁（图 2 - 3 - 3）。早期的埃及园林中，花卉种类比较少，如蔷薇、矢车菊、罂粟、银莲花、睡莲等，可能是因为气候炎热，不希望园林中有鲜艳色彩的原因。

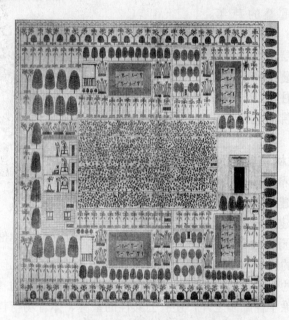

图 2 - 3 - 3　公元前 1400 年，阿米诺菲斯三世时代
某大臣墓中壁画所见植物种植方式

　　当埃及与希腊接触之后，花卉装饰才成为一种时尚，在园中大量出现。同时，埃及开始从地中海沿岸引进植物，如栎树、悬铃木、油橄榄等，以及樱桃、杏、桃等果树，丰富了园林中的植物种类。

（二）古巴比伦园林植物种植

　　1. 园林特点　古巴比伦园林形式上大致有猎苑、圣苑、宫苑三种类型。两河流域雨量充沛，有茂密的天然森林，以狩猎为娱乐目的的猎苑就是在天然森林的基础上经过人工改造形成的。在古代，森林是人类躲避自然灾害的理想场所，因此，人们崇敬、神化树木。出于对树木的尊崇，古巴比伦人常在庙宇周围呈行列式地种植树木，形成圣苑。古巴比伦的空中花园（又称悬园）被誉为古代世界七大奇迹之一，它既受到地理条件的影响，也有当时工程技术发展水平的保证。

2. 植物种植特点　猎苑中除了原有森林以外，人工种植的树木主要有香木、意大利柏木、石榴、葡萄、棕榈、丝柏等。猎苑中的景观可让人们联想到中国古代的囿。

圣苑中的树木往往呈行列式种植在庙宇周围，与古埃及圣苑的情形十分相似。

古巴比伦空中花园并非悬在空中，而是建在数层平台上的层层叠叠的花园。每一台层上覆土，种植树木花草，环绕平台的很可能是种类和层次都很丰富的植物群落。据推测，种植土层由重叠的芦苇、砖、铅皮和泥土组成。台层的角落安置提水的辘轳，逐层向下浇灌植物，还可形成跌水。蔓生和悬垂植物及各种树木花草遮住了部分柱廊和墙体，远远望去仿佛矗立在空中（图2-3-4）。

空中花园复原想象图

园林种植形式

图2-3-4　古巴比伦园林

（三）古希腊园林植物种植

1. 园林特点　古希腊园林是作为室外活动空间以及建筑物的延续部分来建造的，属于建筑整体的一部分。因此，古希腊园林的布局形式受几何形建筑空间的影响，采用规则式。不仅如此，当时数学和几何学的发展以及美学观点等，都影响到园林的形式。从古希腊开始奠定了西方规则式园林的基础。

古希腊园林形式除了柱廊园之外，还有公共性的圣林、体育场与哲学家们的学园，同时还有阿多尼斯屋顶庭园。

2. 植物种植特点

（1）早期的宫廷庭园和宅园　古希腊早期的宫廷庭园中的植物有油橄榄、苹果、梨、无花果和石榴等。除果树外，还有月桂、桃金娘、牡荆等植物。早期的花园和庭园主要以实用为目的，绿篱由植物构成起隔离作用。

公元前5世纪后，庭园功能由实用性逐渐向装饰性和游乐性转化。当时的花卉种类极少，仅有蔷薇、三色堇、紫花地丁、荷兰芹、罂粟、百合、番红花、风信子等，而且布置成花圃等形式，月季到处可见，还有成片种植的夹竹桃。

柱廊园在当时古希腊城内非常盛行，在以后的罗马时代也得到了继承和发展，并影响到欧洲中世纪寺庙园林的形式。当时希腊的住宅采用四合院式的布局，当中是中庭，以后逐渐发展成四面环绕着列柱廊的庭院。早期中庭内全是铺装，随着生活的发展，中庭内种植各种花草，形成美丽的柱廊园。

阿多尼斯屋顶庭园起源于祭祀阿多尼斯的风俗,在屋顶建起阿多尼斯像,并在像的四周并排放置土罐,其中播种茴香、莴苣、大麦、小麦及其他发芽快速的植物种子。起初仅在阿多尼斯祭祀的短期内用盆栽来装饰屋顶,以后则盛行于一年四季了。

(2)公共园林 由于民主思想的活跃和公共集会等活动的频繁,公共园林开始蓬勃发展,其中首屈一指的是圣林。圣林既是祭祀的场所,又是祭奠活动时人们休息、散步、聚会的地方。古希腊人对树木怀有神圣的崇敬心理,因而在神庙外围种植树林,称为圣林。圣林所用的树木与庭园有所不同,起初多用绿荫树而不用果树,主要树种有棕榈树、槲树、悬铃木。当时只在神庙四周起围墙的作用,后来逐渐重视其观赏效果,同时逐渐种植果树。

随着群众性体育竞赛热潮的高涨,古希腊人需要有场地来进行体育锻炼,因此出现了体育场。最早的体育场是一片空地,后来在体育场内种上了洋梧桐来遮阴,从此,人们便来这里散步、集会,直至发展成公园或公共庭园。

古希腊的哲学家们喜欢在优美的公园里聚众演讲,并另辟自己的学园,园内有供散步的林荫道,种有悬铃木、齐墩果、榆树等,还有覆满攀缘植物的凉亭。

从史料中,人们也可以大致了解当时希腊园林中植物应用的情况。亚里士多德的著作记载了用芽接法繁殖蔷薇。在提奥弗拉斯特所著的《植物研究》一书中,记载了500种植物,其中还记述了蔷薇的栽培方法。当时园林中常见的植物有桃金娘、山茶、百合、紫罗兰、三色堇、石竹、勿忘我、罂粟、风信子、飞燕草、芍药、鸢尾、金鱼草、水仙、向日葵等。此外,根据雅典著名政治家西蒙(前510—前450)的建议,在雅典城的大街上种植了悬铃木作为行道树,这也是欧洲历史上最早见于记载的行道树。

(四)古罗马园林植物种植

1. 园林特点 早期的古罗马园林以实用为主要目的,包括果园、菜园和种植香料及调料植物的园地,以后逐渐加强了园林的观赏性、装饰性和娱乐性。由于气候条件和地势的特点,古罗马庄园多建在城市郊外依山临海的坡地上,将坡地辟成不同高程的台地,各层台地分别布置建筑、雕塑、喷泉、水池和树木。用栏杆、台阶、挡土墙将各层台地连接起来,使建筑同园林、雕塑、建筑小品融为一体。这为后来文艺复兴时期意大利台地园的发展奠定了基础。古罗马的宅园与希腊的柱廊园十分相似,不同的是在古罗马宅园的中庭里往往有水池、水渠,渠上架小桥,木本植物栽植在很大的陶盆或石盆中,草本植物则种在方形的花池或花坛中,在柱廊的墙面上往往绘有风景画,以增强空间的透视效果。

2. 植物种植特点 古罗马园林很重视植物造型的运用,有专门的园丁从事这项工作。开始只是将一些萌芽力较强、枝叶茂密的常绿植物修剪成篱,以后则日益发展,将植物修剪成各种几何形体、文字、图案,甚至一些复杂的牧人或动物形象,这种植物造型被称为绿色雕塑或植物雕塑(topiary)。常用的植物为黄杨、紫杉、柏树、罗汉松、杜松、迷迭香等常绿类树木。

花卉种植形式有花台、花池、花坛、专类园等。蔷薇专类园在当时较盛行,此外,还兴起了迷园的建造热潮。罗马园林中的迷园呈圆形、方形、六角形或八角形等,内有图案复杂的小径,路边往往以绿篱环绕,迂回曲折,扑朔迷离,成为园中娱乐的一部分。蔷薇园和迷园在以后欧洲园林中都曾十分流行,专类园的种类后来还有杜鹃园、鸢尾园、牡丹园等,至今仍深受人们的喜爱。

古罗马园林中常见的乔、灌木有悬铃木、白杨、山毛榉、梧桐、槭、地中海柏木、松、柏、桃金娘、夹竹桃、橡树、瑞香、月桂、黄杨等。此外罗马人还将遭雷击的树木看做是神木而倍加尊敬、崇拜。果树有时按五点式、呈梅花形或"V"形种植，起装饰作用。据记载，当时已运用芽接和劈接的嫁接技术来培育植物。

三、中世纪欧洲园林种植设计

中世纪指欧洲历史上从公元5世纪罗马帝国分裂到14世纪末文艺复兴开始前的这一段时间，历时大约1 000年，是西方历史上最黑暗的时期。这一时期的政治、经济、文化、艺术及美学思想对园林发展有着非常重要的影响，西欧（欧洲西部）受基督教文化的影响，发展了修道院园林与城堡式园林，中部受伊斯兰文化的影响，发展了伊斯兰园林。

（一）中世纪西欧园林种植设计

1. 园林概况　中世纪的西欧园林可以分为两种类型：前期以意大利为中心发展起来的寺院庭园和后期的贵族城堡庭园。

前期，由于战乱频繁，人们纷纷到宗教中寻求慰藉，教会所属的寺院较少受到干扰，教会人士的生活也相对比较稳定，他们在寺院中营造了一种安静、幽雅的环境，从而促进了寺院庭园的发展，产生了以实用为主的寺院园林。从布局上看，寺院庭园的主要部分是中庭，一般以十字形喷泉或交叉的道路为中心将中庭分为四块，四块园地上以草坪为主，点缀着果木及花卉。寺院的前庭布置比较简单，一般在硬质铺装的地面中心置放盆花或瓶饰（图2-3-5）。此外，还有专设的以实用性为主的果园、菜园及药草园等。

在贵族的城堡庭园中，随着战乱逐渐平息和受东方文化的影响，享乐思想不断增强，装饰性和游乐性的花园应运而生。此时的花园布局简单，四周是高大的围墙，中心设有喷泉或水池；低矮的围墙围合成三面开敞的龛座，地面以草地覆盖，点缀有不同的花卉和草本植物，树木则修剪成各种几何形体（图2-3-6）。此外，花园内还开辟专门的果园。

中世纪的欧洲园林，无论是寺院庭园还是城堡庭园，开始都是以实用型的果园、菜园和药草园为主，随着时局趋于稳定和生产力的不断发展，装饰性和娱乐性也日益增强，迷园和花坛是这一时期比较流行的园林局部。在有些果园中，逐渐增加了其他种类的树木，种植花卉，并设置了凉亭、喷泉等设施，形成了一种游乐园类型的园林。王公贵族们效仿波斯习惯，建造小型猎园，他们在大片的土地上围以墙垣，内种树木，放养鹿、兔以及鸟类等小型动物供狩猎游乐。

2. 园林种植设计的类型

（1）果园、菜园、药草园　寺院庭园内一般设有专门的果园、菜园及药草园等。菜园和果园的产品是寺院的重要经济来源，庭园内种植的药草主要是为了满足僧侣们卫生保健的需要。圣·高尔教堂于9世纪初建在瑞士的康斯坦斯湖畔，占地约1.7hm²，内有僧侣们日常生活的一切设施。院内设有专门的医院、僧房、药草园、菜园、果园及墓地等。在医院及医生宿舍旁有药草园，内有12个长条形畦，种植了16种草本药用植物，有的药用植物同时也具有观赏价值。墓地内整齐地种植了15种果树，周围有绿篱围绕，墓地以南则排列着18畦菜园。

此外，城堡庭园内亦设有果园，果园的四周环绕着高墙，墙上只开一扇小门与外界相通。

（2）迷园　在迷园中用大理石或者草皮铺路，以修剪的绿篱围在道路两侧，形成图案复杂的通道，以高耸的纪念柱或树木为标志的中心引导游人进入（图2-3-7）。

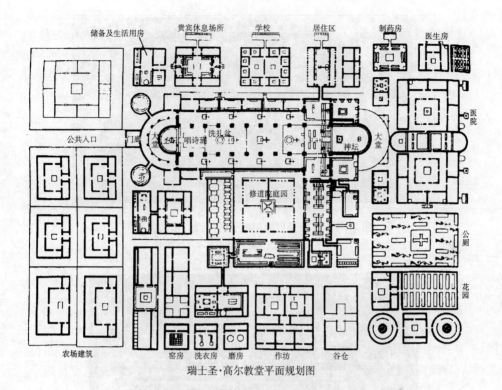

储备及生活用房 贵宾休息场所 学校 居住区 制药房 医生房

公共入口

门廊 大堂 唱诗班 洗礼盆 神坛 大堂 医院

修道院庭园

公厕

花园

农场建筑 窑房 洗衣房 磨房 作坊 谷仓

瑞士圣·高尔教堂平面规划图

修道院前庭布置简单,在硬质铺装地面上放盆花或瓶饰

图 2-3-5 修道院庭园

图 2-3-6 城堡庭院中常见的三面开敞的龛座
（《玫瑰传奇》插图）

图 2-3-7 中世纪欧洲庭园中常见的迷园

（3）花结花坛 采用低矮的绿篱组成图案式的花坛。在其空隙中填充各种颜色的碎石、土、碎砖等，形成开放型结园（open knot garden）；在其空隙中种植色彩艳丽的花卉，形成封闭型结园（closed knot garden）。同时，过去种植蔬菜的菜畦内也开始种植花卉，畦的形状由原来的长条形发展成矩形、方形、圆形、多边形等，逐渐形成了类似近代的花坛。起初的花坛一般高出地面，周围以木条、瓦块或砖块镶边，以后则与地面平齐，常设置在墙前或广场上。

（4）花架式亭廊 花架式亭廊在中世纪园林中也比较常见，廊中设座凳，廊架上覆满了蔷薇等攀缘植物（图 2-3-8）。

此外，在装饰性的花园中，树木多修剪成各种几何形体，编织的绿篱在庭园中也比较常见（图 2-3-9，图 2-3-10）。

3. 植物的种类

（1）果树类 苹果、梨、李、花楸、山楂、榛子、胡桃、月桂等。

（2）蔬菜类 胡萝卜、莳萝、甜菜、荷兰防风、香草、甘蓝、薄荷等。

（3）花卉类 蔷薇、百合等。

图 2 - 3 - 8　中世纪园林中常见的花架式亭廊　　　　　　　　图 2 - 3 - 9　编织绿篱

图 2 - 3 - 10　树木造型

（二）中世纪伊斯兰园林种植设计

1. 波斯伊斯兰园林种植设计

（1）园林特点　波斯地处荒漠的高原地区，终年干旱少雨，夏季十分炎热。公园 7 世纪初，穆罕默德（Muhammad，约 570—632）建立了疆域辽阔的阿拉伯帝国。阿拉伯人吸收了被征服民族的文明，结合当地的气候和本民族建筑及宗教特点，创造了独特的"波斯伊斯兰园林"。

从布局上看，大部分伊斯兰园林面积较小，类似建筑围合的中庭，与人的尺度十分协调。庭园大多呈矩形，最典型的布局方式是用十字形抬高的园路将庭园分为四块，园路上设有灌溉用的小沟渠。

（2）园林种植设计　波斯伊斯兰园林中常种植高大浓荫的树木，形成凉爽多荫的小气候，通过栽植绿色植物来减弱抵挡烈日（图 2 - 3 - 11）。以流水潺潺的景观为中心，构筑人间绿色的天堂。

园林中的灌溉方式，是利用沟、渠定时地将水直接灌溉到植物的根部。植物种在巨大的、有隔水层的种植池中，以确保池中的水分供植物慢慢吸收。

图 2-3-11　16 世纪，伊斯法罕（Isphahan）城中所建的"四庭园大道"

　　园林常由一系列的小型封闭院落组成，院落之间只有小门相通，有时也可通过隔墙上的栅格和花窗隐约看到相邻的院落。在并列的小庭园中，每个庭园的树木尽可能用相同的树种，以便获得稳定的构图。

图 2-3-12　阿尔罕布拉（Alhambra）宫苑夏花园喷泉林荫道

2. 西班牙伊斯兰园林种植设计

　　（1）园林特点　从 8 世纪开始，直到 15 世纪，摩尔人在伊比利亚半岛的南部创造了高度的人类文明，同时建造了许多宏伟壮丽、带有强烈伊斯兰艺术色彩的清真寺、宫殿和园林，将阿拉伯伊斯兰的"天堂"花园和希腊、罗马式中庭（Atrium）结合在一起，创造出西班牙式的伊斯兰园，并称其为"Patio"式。

　　（2）园林种植设计　西班牙的庄园多建在山坡上，将斜坡劈成一系列的台地，围以高墙，形成封闭的空间。采用单一的植物形成庭园中的植物景观特色，在墙边种上成行的大树和绿篱，形成神秘的氛围，如阿尔罕布拉宫中的桃金娘庭院和柏木庭院（图 2-3-12）。

　　园林中也常用黄杨、月桂、桃金娘等修剪成绿篱，用以分割园林形成几个部分，以条带状的绿篱形成与水渠和整体相协调的植物景观。花卉的应用多采用芳香植物，用地毯代替花园，不强调花卉的图案景观。此外，也常用攀缘植物如常春藤、葡萄及迎春等爬满凉棚。

　　西班牙人热衷园艺，早在 8 世纪，阿卜德·拉赫曼一世（Abdar-Raham I，750—788 年在位）就开始从印度、土耳其和叙利亚引种植物，如石榴、黄蔷薇、茉莉等。

　　西班牙伊斯兰园林中常用的植物有：

　　乔木和灌木：松树、柏木、柠檬、柑橘、夹竹桃、桃金娘、百里香、黄杨、月桂、茉莉、石榴、黄蔷薇、月季等。

攀缘植物：常春藤、葡萄、藤本月季等。

草本植物：熏衣草、紫罗兰、薄荷、鸢尾等。

3. 印度伊斯兰园林种植设计

（1）园林特点　印度是世界上最著名的文明古国之一。14 世纪，蒙古人入侵印度，莫卧儿王朝建立，随着伊斯兰文化的入侵，印度原有的正统园林艺术与伊斯兰文化发生了很大的碰撞，并逐渐改变其旧有形式而与伊斯兰文化融为一体，形成了印度伊斯兰园林（图 2-3-13），如著名的莫卧儿花园。印度伊斯兰园林虽然没有完全按照传统伊斯兰园林中用十字形园路和水渠将庭园分成面积相当的四个部分，并在水渠的交叉处设置水池或喷泉的传统布局模式，但在很大程度上还是延续了规则式的庭园布局，形式上往往都存在着某种关系的对称。在宏伟的宗教建筑的前庭，配置与之相协调的大尺度的园林，如印度的泰姬陵（Taj-Mahal）。

图 2-3-13　巴布尔王初次参观瓦法园，指导设计"四分区栽培地"，
两个园艺师测量路线，带设计图纸的建筑师当向导

（2）园林植物设计　庭园多以十字形的水渠或者园路将方形花园分为四块下沉花圃，种植高大茂盛的树木花卉。宫廷里的花园，一般都是小型庭园，也是伊斯兰式的。有些花圃种满一色的鲜花，并时时更换。有些成片的草地上面用白色大理石细条拼成几何图案。树木多修剪成几何形体，整齐地种植在庭园中。

印度夏季炎热，攀缘植物覆盖的凉亭比较常见，既实用又起到装饰作用。

水成为伊斯兰园林构成的重要因素，在有些面积较大的中心水池中，常栽植荷花或睡莲。

印度伊斯兰园林中常见的植物有：荷花、睡莲、蔷薇、百合等各种花卉，以及白杨、洋梧桐等各种树木。

四、文艺复兴时期园林种植设计

文艺复兴是 14～16 世纪欧洲的新兴资产阶级思想文化运动，开始于意大利，后扩大到

欧洲其他国家。文艺复兴使西方摆脱了中世纪封建制度和教会神权统治的束缚，生产力和精神上都得到了解放。这是资本主义文化的兴起，而不是奴隶制文化的复活。文艺复兴的这种思想是人文主义，它与以神为中心的封建思想相对立，肯定人是生活的创造者和享受者，要求发挥人的才智，对现实生活采取积极态度。这一指导思想反映在文学、科学、音乐、艺术、建筑、园林等各个方面。

（一）意大利台地园种植设计

意大利位于欧洲南部亚平宁半岛上，境内山地和丘陵占国土面积的 80%。夏季，在谷地和平原上既闷且热；而在山丘上，即使只有几十米的海拔高度，就迥然不同，白天有凉爽的海风，晚上也有来自山林的冷气流。这一地理、地形和气候特点，是意大利台地园形成的重要原因之一。

1. 文艺复兴初期意大利园林种植设计　文艺复兴初期意大利的园林体现了简洁的特点。选址时注意周围环境，可以远眺前景，多建在佛罗伦萨郊外风景秀丽的丘陵坡地上。多个台层相对独立，没有贯穿各台层的中轴线。建筑风格保留一些中世纪痕迹。建筑与庭园部分都比较简朴、大方，有很好的比例和尺度。喷泉、水池作为局部中心。绿丛植坛是绿篱围绕草地的做法，为常见的装饰，其图案花纹简单。

这一时期由于对植物学的浓厚兴趣，引起了对古代植物学著作的研究，同时也开展了对药用植物的研究。在此基础上产生了用于科研的植物园，如由威尼斯共和国与帕多瓦（Padua）大学共同创办的帕多瓦植物园和比萨植物园。帕多瓦植物园占地 $2hm^2$，园地呈直径84m 的圆形，分成 16 个小区，各区又分成许多几何形植床，由一属或一种植物组成。首次引进的植物有凌霄、雪松、刺槐、仙客来、迎春花以及多种竹子等。比萨植物园引种了七叶树、核桃、樟树、日本木瓜、玉兰以及鹅掌楸等。由于帕多瓦和比萨植物园的影响，在佛罗伦萨相继建了几个植物园，并且波及欧洲其他国家。

2. 文艺复兴中期意大利园林种植设计　15 世纪末，美第奇家族逐渐衰落，法兰西国王查理八世入侵佛罗伦萨。这时的英国新兴毛纺织业逐渐兴起，海外贸易转向大西洋，佛罗伦萨受到挑战渐渐失去了商业中心的地理优势，文化基础受到影响，因此，人文主义者逃离佛罗伦萨使罗马成为文艺复兴的中心地。16 世纪，罗马成为文艺复兴运动的中心。教皇尤里乌斯二世（Pape Julius Ⅱ，1443—1513）是保护人文主义者，提倡发展文化艺术事业。总之，15 世纪文艺复兴文化以佛罗伦萨为中心，由美第奇家族培育起来；16 世纪的文艺复兴则以罗马为中心，由罗马教皇创造。

16 世纪后半叶，庭园多建在郊外的山坡上，构成若干台层，形成台地园（图 2 - 3 - 14）。这时期意大利台地园的特点是：有中轴线贯穿全园；景物对称布置在中轴线两侧；各台层上常以多种理水形式或理水与雕像相结合作为局部的中心；建筑有时作为全园主景位于最高处；理水技术成熟，如水景与背景在明暗与色彩的对比，光影与音响效果（水风琴、水剧场），跌水、喷水，秘密喷泉、惊愕喷泉等；植物造景日趋复杂，将密植的常绿植物修剪成高低不一的绿篱、绿墙、绿荫剧场的舞台背景、侧幕、绿色的壁龛、洞府等。这一时期的迷园、花坛、水渠、喷泉等也日趋复杂。

3. 文艺复兴末期意大利园林种植设计　16 世纪以来，文化中心移至罗马，意大利式别墅庭园成熟。庭园文化成熟时，建筑与雕塑向巴洛克（baroque，奇异古怪）方向转化，半世纪后，即从 16 世纪末到 17 世纪庭园进入巴洛克时期。

巴洛克时期的园林追求新奇、夸张和大量的装饰。园林中的建筑物体量大，居于统率地

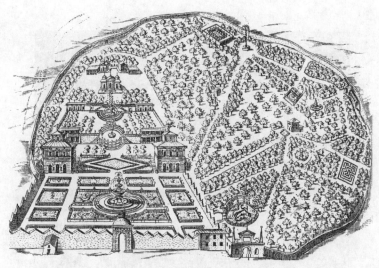

鸟瞰图

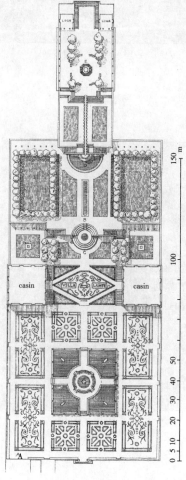

平面图

一层平台中心喷泉雕塑

二层平台

二、三层平台间圆形水池喷泉

三、四层平台连接处喷泉河神雕塑

图 2-3-14　兰特庄园

位。林荫道纵横交错，甚至应用了城市广场的三叉式林荫道。植物修剪的技巧有了发展，"绿色雕刻"的形象和绿丛植坛的花纹更复杂、更精细。绿墙如波浪起伏，修剪植坛的各式花纹曲线更多，绿色剧场（由经过修剪的高大绿篱作天幕、侧幕等的露天剧场）也很普遍。流行用绿墙、绿廊、丛林等造成空间和阴影的变化。

　　总之，意大利台地园中的植物运用是适应其避暑功能的。庄园内的植物以不同深浅的绿色为基调，尽量避免一切色彩鲜艳的花卉，在视觉上达到凉爽宜人、宁静悦目、统一协调的效果。庄园中常用的植物有：地中海柏木，又称意大利柏，树形高耸独特，是意大利园林的代表树种，往往种植在大道两旁形成林荫夹道，有时作为建筑、喷泉的背景，或组成框景；石松，冠圆如伞，与地中海柏木形成纵横及体形上的对比，往往作背景用；月桂、夹竹桃、冬青、紫杉、青冈栎、棕榈等，多成片、成丛种植，或形成树畦；月桂、紫杉、黄杨、冬青等是绿篱及绿色雕塑的主要材料；阔叶树常见的有悬铃木、榆树、七叶树等。

　　植物应用形式包括：

　　（1）修剪绿篱　在意大利台地园中，设计者将植物作为建筑材料来对待，它们实际上代替了砖、石、金属等，起着墙垣、栏杆的作用。修剪绿篱的应用达到了登峰造极的程度，除了形成绿丛植坛、迷园外，在露天剧场中也得到了广泛的应用，形成舞台背景、侧幕、入口拱门和绿色围墙等。在高大的绿墙中，还可修剪出壁龛，内设雕像。绿墙也是雕塑和喷泉的良好背景，尤其是白色大理石雕像，在绿墙的衬托下更加突出。

（2）绿色雕塑　意大利台地园中的绿色雕塑到处可见，有的呈几何形体点缀在园地角隅或道路交叉点上，有的修剪成各种人物及动物造型，且造型越来越复杂，以至有些矫揉造作之感。

（3）绿丛植坛　绿丛植坛是台地园的产物。一般以黄杨等常绿植物修剪成矮篱，在方形、长方形的园地上，组成种种图案、花纹或家族徽章、主人姓名等。作为装饰性园地，绿丛植坛一般设在低层台地上，以便居高临下清晰地欣赏其图案、造型。

（4）树畦　在规则地块上种植不加修剪的乔木形成树畦，也是台地园中常见的种植方式。树畦既有整齐的边缘，又有比较自然的树冠，常作为水池、喷泉的背景，或起到组织空间的作用。树畦又是由规则的绿丛植坛向周围自然山林的过渡部分。在文艺复兴早期的美第奇庄园中，树畦的运用就很成功。

（5）柑橘园　柑橘园是意大利园林中常见的局部，柑橘、柠檬等果树种在大型陶盆中，摆放在园地角隅或道路两旁，绿色的枝叶和金黄的果实，以及装饰效果很强的陶盆都有点缀园景的作用。由于柑橘等需要在室内过冬，因此在柑橘园内往往伴随着温室建筑。

（二）意大利台地园种植设计对其他国家的影响

1. 对法国文艺复兴时期园林种植设计的影响　法国文艺复兴初期的园林，多出自意大利造园师之手，深受意大利造园的影响，但在整体构图上逊于意大利园林。当意大利园林进入文艺复兴盛期时，法国园林中仍然保持着自己的高墙、壕沟等中世纪城堡园林的特色。谢农索城堡花园是法国典型的文艺复兴时期的花园。花园采用了对称的形式，应用了曲线式的绿篱植坛，绿篱线条单薄且缺乏控制力，植坛景观在整体上较杂乱。

维兰德里庄园中，位于第二台层游乐花园的三个方形植坛，是典型的16世纪文艺复兴园林的植坛形式。府邸旁边是"爱情花坛"，以四组花坛的图案来象征不同的爱情，这种以植坛图案来表达和暗示某种精神的手法继承了文艺复兴植坛以装饰性为主的传统。

2. 对英国文艺复兴时期园林种植设计的影响　受意大利文艺复兴建筑庭园文化的影响，从15世纪末16世纪初开始，16世纪上半叶为亨利八世时代，16世纪下半叶为伊丽莎白时代，这一世纪逐步改变了原来中世纪时期为防御需要采用封闭式园林的做法，吸取了意大利、法国的庭园样式，但结合英国情况，增加了花卉的内容。这是由于英国气候的特点，阴雨连绵的天气频繁，因此人们不能满足于仅有绿色的草地、色土、沙砾以及雕塑和瓶饰，更希望有鲜艳和明快的色调，于是以绚丽的花卉来弥补。

位于英国 Hertfordshire 的哈特菲尔德（Hatfield）府邸花园即采用了17世纪初规则花园的形式，以绿篱封闭的正方形花坛为单元，中心用修剪的植物进行强调，是典型的文艺复兴的植坛设计传统。两侧是修剪为球形的树木形成的林荫道景观，体现了巴洛克园林种植设计的倾向。

五、17世纪法国园林种植设计

法国园林艺术在17世纪下半叶形成了鲜明的特色，产生了成熟的作品，对欧洲各国有很大的影响。勒·诺特尔（Andre de Nôtre，1613—1700）是法国古典园林集大成的代表人物，他继承和发展了整体设计的布局原则，借鉴意大利造园艺术，并为适应宫廷的需要而有所创新，眼界更开阔，构思更宏伟，手法更复杂多样。他使法国造园艺术摆脱了对意大利园林的模仿，成功地以园林的形式表现了皇权至上的思想，并成为独立的流派，即勒·诺特尔式园林。代表作是孚-勒-维贡（Vaux-le-Vicomte）府邸花园（建于1656—1671）（图2-3-15）和凡尔赛宫（Versailles）园林（图2-3-16）。

图2-3-15　孚-勒-维贡府邸花园主体建筑侧面花坛

图2-3-16　凡尔赛宫苑丛林画

（一）法国勒·诺特尔式园林种植设计

1. 园林概况　勒·诺特尔式园林地形平坦，面积巨大，强调中轴线和几何构图。府邸总是构图的中心，通常建在地形的最高处，起着统率的作用。建筑前的庭院与城市中的林荫大道相衔接，其后面的花园，在规模、尺度和形式上都服从于建筑。表现在花园中主轴线明确，沿主轴线形成等级序列的构图形式；将主轴线强化为艺术构图中心，通过主轴线表达帝王的辉煌和尊严；而位于轴线两侧的林园，被切割成尺度较小的林间空间，以满足不同的功能需求。

2. 种植设计的类型

（1）林荫道　林荫道是 17 世纪法国勒·诺特尔式园林最具代表性的植物景观形式。园林中的主轴线也是采用林荫道式的线性空间形态，将花坛、水池、草坪等不同的景观元素统一为一个整体；同时，通过林荫道将城市与园林紧密地联系起来。改变了始终以园林植物为审美主体的传统观念，采用林荫道的景观形式将自然的林地控制在统一的构图之中，形成了勒·诺特尔式园林统一的背景。安德烈·莫勒（Andre Mollet）于 1651 年出版了《游乐性花园》（Le Jardin de Plaiser），安德烈·莫勒的父亲克洛德·莫勒于 1652 年出版了《论栽植和造园》（Theatre des plants et Jardinage）。两书都提倡栽植行道树，谈了林荫道的很多问题，安德烈·莫勒被称为林荫道的创始人。勒·诺特尔在凡尔赛园林的设计中，采用了大尺度的林荫道植物景观空间来统一整体构图，创造了著名的国王林荫道、水光林荫道等。国王林荫道长 330m、宽 45m，中央为 25m 宽的草坪带，两侧各有 10m 宽的园路；林荫道的两侧为树姿高大的欧洲七叶树，树下安置了 24 个大理石雕像和瓶饰，两者相互衬托，构成了一个静谧、幽远又相对开阔的空间。

（2）丛林　丛林是自然或人工栽植的大面积树木，在园林中占有主导地位。勒·诺特尔式园林中，常以丛林作为巨大的绿色背景，使丛林与周边的自然景观相互融合，将人们的视线延展到地平线，使装饰烦琐、变化无常的巴洛克风格转化为高度统一的艺术形式，表现出威严的秩序性。

在植物种植方面，法国园林中广泛采用阔叶灌木，能明显体现季节变化。一般将乡土树种集中栽植在林园中，形成茂密的丛林，边缘经过修剪，又被直线形道路限定范围，形成整齐的外观。这种丛林的尺度与巨大的宫殿、花坛相协调，形成统一的效果，而丛林内部又开辟出许多丰富多彩的小型活动空间，在统一之中又有所变化。

（3）绿墙、绿廊、绿色剧场　丛林体现的是树木的整体美，有时甚至将树木作为建筑要素来处理，布置成高墙，或构成绿色长廊，或围合成圆形的绿色剧场，或似成排的立柱，总体上像一座绿色宫殿。

绿墙：17 世纪绿墙的形式也发生了变化，不再是简单的、平直的几何绿篱，有些绿篱被修剪为波浪形或其他曲线形状，点缀一些绿球和其他绿色雕塑。加尔左尼庄园是典型的巴洛克晚期园林，庄园中采用了大量的植物修剪造型，如夸张的波浪形、各种动物形态的修剪绿篱造型和烦琐的绿篱洞窟。

绿廊：将树木进行适当修剪，构成绿色长廊，是法国古典园林中常见的形式。

绿色剧场（green amphitheater）：17 世纪，法国的王公贵族们喜欢在宫苑中举行露天演出，这时"绿色剧场"开始出现，一般以高大的、整形修剪的植物作为舞台背景，以宽阔的草坪或草坪铺设的台阶作为观众席。

（4）花坛　17 世纪法国园林中，植物景观设计的一个重大改变就是由以绿篱为主的植坛向以花卉景观为主的花坛转变。植坛的形状从正方形转变为矩形或更多的形式，并在四隅增加了各种形式的图案。植坛、水渠和喷泉等细部的线条更喜欢采用复杂的曲线，以回环的曲线为主，构图的范围进一步加大，有时将整个花园作为一幅图案进行设计。

刺绣花坛（parterre de broderie）：刺绣花坛是 17 世纪法国古典园林中最典型的花坛形式，一般用页岩碎片和染色的沙砾做刺绣图案的底子，以黄杨类的植物按刺绣图案进行修剪和栽植，在花坛中栽植花卉和草坪，形成刺绣图案。刺绣花坛一般布置在主体建筑的周围或主要轴线的两侧（图 2-3-17）。

组合花坛（parterre de compartiment）：组合花坛由涡形图案组成，以涡形为构图中心，将花带、绿篱等元素呈辐射状对称式布局。组合花坛的形状一般为正多边形，也是景观效果强烈的花坛形式。

水花坛（parterre deau）：水花坛是以喷泉、水池或者其他水景为构图中心，将草坪、花带、绿篱和树木等构成要素围绕水景组合而成的花坛。

（5）树篱　法国古典园林中常对自然式的树木进行整形式修剪，形成树篱。树篱是花坛、草坪与丛林的分界线，其形式规则而体量较大，宽度常为0.5～0.6m，高度从1m到10m以上。树篱常用的树种有黄杨、紫杉和鹅耳枥等。

（6）绿色地毯　绿色地毯（tapis vert）是勒·诺特尔式园林中典型的植物景观设计手法，一般在主体建筑前或者中轴线上设计大面积修剪整齐的草坪，烘托园林中宏大的场景。其尺度一般较大，形式以方形或长方形为主。经常采用透视学的原理，将远处的方块草地做得比较大，通过透视变化产生合乎比例的景观。

（7）专类园　主题专类植物园是勒·诺特尔式园林中常见的小林园。凡尔赛宫苑中建有一处柑橘园，园内摆放着大量的盆栽柑橘、石榴、棕榈等，富有强烈的亚热带气氛，并利用地形建造相应的温室供植物过冬。大特里阿农

图 2-3-17　具有勒·诺特尔特征的刺绣花坛

宫苑（Grand Trianon）中将一部分花园改成植物园，内有大型温室，栽种许多观赏树木；周围则是广阔的引种试验圃，鼓励进行外来植物的引种试验。枫丹白露（Fontainebleau）宫苑内建有几处专类园，弗朗索瓦一世时期，原有的迪安娜花园被改造成方格形的黄杨花坛，称为"黄杨园"。同时建有"松树园"，专门引种来自普罗旺斯的欧洲赤松。

3. 植物种类　法国勒·诺特尔式园林中常用的植物有欧洲赤松、雪松、落叶松、柏树、紫杉、黄杨、柑橘、椴树、棕榈、欧洲七叶树、悬铃木、国槐、鹅掌楸、意大利杨、山毛榉、鹅耳枥、石榴等。

（二）法国勒·诺特尔式园林时期其他国家园林的种植设计

1. 荷兰勒·诺特尔式园林的种植设计特点　荷兰人热爱花卉，他们放弃了华丽的刺绣花坛，而选择盛花花坛（parterre de pieces coupees）。花坛面积一般较小，主要以花卉作为装饰材料，以色彩艳丽的花卉和绿篱组合而形成景观。平面构图一般采用对称的几何形式，低矮的绿篱镶边将小径隐蔽其内，供人们近距离观赏花卉。

造型植物的运用在荷兰也十分流行，并且形状更加复杂，造型更加丰富，修剪得也更精致。

凉亭是园林中重要的小品设施，其上覆盖葡萄、蔷薇等攀缘植物。

常见的植物材料多以荷兰的乡土植物为主，如柑橘、黄杨、榆树、葡萄、郁金香、百合、耧斗菜等。

2. 德国勒·诺特尔式园林的种植设计特点　德国与西班牙等一些欧洲国家一样，本身

并没有自己的造园传统。其造园风格明显受法国荷兰勒·诺特尔式园林的影响，同时也受意大利风格的影响。但在造园要素的处理上，有其独特的风格。

绿荫剧场是德国园林中常见的要素，其布局紧凑，结合雕像的位置，具有很强的装饰性，同时兼有实用功能。

常见的植物材料有椴树、千斤榆、黄杨、柑橘等。

3. 俄罗斯勒·诺特尔式园林的种植设计特点　俄罗斯气候寒冷，其金碧辉煌的宫殿建筑和乡土树种为主的植物种植，使俄罗斯园林带有强烈的地方色彩和典型的俄罗斯传统风格。

俄罗斯人以越橘代替黄杨，作为植坛图案的主要材料。以乡土树种复叶槭、榆树、白桦及栎类等形成林荫道，以云杉、落叶松形成丛林。

常见的植物种类如下：组成植物图案的主要材料有越橘、桧柏、小檗，林荫树树种有栎类、复叶槭、榆树、白桦，构成丛林的植物有云杉、落叶松、槭树、醋栗、苹果、梨，蜜源植物有椴树、花楸，色叶植物有地锦。

4. 奥地利勒·诺特尔式园林的种植设计特点　奥地利人热衷收集各种植物，建有植物园及柑橘园等，并设立温室，引种外来植物。常见的园林植物有柑橘、黄杨、常春藤、葡萄、玫瑰等。

奥地利园林中的树篱也很有特色，起着组织空间的作用。树篱不仅整齐美观，而且修剪出壁龛，结合雕像布置，以深绿色的树叶作为白色大理石雕像的背景，非常醒目。

此外，绿荫剧场也是奥地利宫苑中常见的园林局部，主要作为露天演出场所。

5. 英国勒·诺特尔式园林的种植设计特点　英国的规则式园林虽然受到意大利、法国、荷兰等国的影响，但也由于其自身的地理位置、气候条件、文化背景等形成了自己的特色。英国国土面积以大面积的缓坡草地为主，树木也呈丛生状，常在草坪上进行景观营造，草坪花坛、花结花坛在园林中比较常见。

（1）草坪花坛　草坪花坛主要由修剪整齐的观赏草坪组成，形式比较简单，常以花带、修剪的绿篱植物、雕塑和瓶饰装点草坪的边缘。其四周设置有0.5～0.6m 宽的以沙石构成的小径，创造一种质朴而平淡的景观效果。

（2）花结花坛　花结花坛是英国勒·诺特尔式园林中经常采用的植物景观设计手法，一般在草坪上设置图案简洁的低矮绿篱，以色彩艳丽的花卉进行点缀。

（3）植物造型　植物造型一直是英国勒·诺特尔式园林中的主要元素。植物雕刻的造型多种多样，有圆形、方形、锥形、塔形、波浪形等，且高低不一；功能上则可作为绿篱、绿墙、拱门、壁龛、门柱等，或作为雕塑的背景、露天剧场的舞台侧幕等，也有的修剪成各种形象的绿色雕塑，起着装饰庭园的作用。

（4）拱廊　园路上常覆盖着爬满藤本植物的拱廊，称为"覆盖的步道"（covered walk），或以一排排编织成篱垣状的树木种在路旁。汉普敦宫苑中至今仍保留了一条覆盖着金莲花的长拱廊，花开时一片金黄，既可遮阴，又很美观。

（5）柑橘园、迷园　柑橘园、迷园都是园中常见的局部。迷园中央建亭或设置造型奇特的树木做标志。

（6）常见的植物种类　柑橘、紫杉、水蜡、黄杨、椴树、迷迭香、金莲花等。

6. 西班牙勒·诺特尔式园林的种植设计特点　西班牙独特的气候条件和地理特征本来并不适于建造勒·诺特尔式园林，在起伏很大的地形上很难开辟法国规则园林所特有的平缓舒展的空间，所以西班牙勒·诺特尔式园林违反了因地制宜的造园原则，其结果是从平面构图上看，西班牙勒·诺特尔式园林和法国勒·诺特尔式园林十分相似，但从立面效果上看，空间效果就大相径庭。

在西班牙炎热的气候条件下，花园中有时也种植乔木，这是意大利和法国园林中所罕见的。园林中的花坛时常处于大树的阴影之中，加上周围的水体带来的湿润，形成了非常宜人的环境空间。园林中常用的植物有柏木、柑橘、黄杨、榆树、石榴、月季、常春藤、葡萄、鸢尾等。

六、18世纪英国园林种植设计

18世纪英国自然风景园的出现，改变了欧洲由规则式园林统治长达千年的历史，这是西方园林艺术领域内的一场极为深刻的革命。

英国18世纪风景园以开阔的草地、自然式种植的树丛、蜿蜒的小径为特色。大不列颠群岛潮湿多云的气候条件，促使人们追求开朗、明快的自然风景。英国本土丘陵起伏的地形和大面积的牧场风光为园林形式提供了直接的范例，社会财富的增加为园林建设提供了物质基础。这些条件促成了独具一格的英国式园林的出现。这种园林与园外环境结合为一体，又便于利用原始地形和乡土植物，所以被各国广泛地用于城市公园，也影响了现代城市规划理论的发展。

（一）18世纪英国风景园特点及种植设计

位于利物浦东部地区的查德沃斯（Chatsworth）园，为17世纪典型的规则式园林，有明显的中轴线，侧面为坡地，布置成一片片坡地花坛，为勒·诺特尔式园林。18世纪中叶，布朗对此园进行了改造，其中一部分改成当时流行的自然风景园，特别是在种植设计方面，重点改造沼泽地，重塑地形并铺种草坪。在坡地升高的地方，改变了原来的道路，做成大片的草坪，林木采用自由式种植。

位于伦敦附近的谢菲尔德园（Sheffield Park Garden），建成于18世纪下半叶，至今已有200多年的历史，由布朗设计，总体格局是自然风景式。中心由两个湖组成，岸边种有适合沼泽地生长的柏树，高直挺拔，并配有其他多种花木，具有植物园的特色。该园是由规则

图 2-3-18　谢菲尔德园内丰富的外来树种

式转向自然风景式阶段的一个很好的实例（图 2-3-18）。

　　丘园为英国皇家植物园，位于伦敦西部泰晤士河畔，18 世纪中叶以后得到了发展。钱伯斯（William Chambers）于 1758—1759 年负责丘园工作，1757 年著《中国建筑设计》。他赞赏中国富有诗情画意的自然式园林，也喜欢意大利规则式台地花园。丘园中具有中国风格的宝塔、废墟等为园林增色不少。园内有许多古树，如欧洲七叶树、椴树、山毛榉、雪松、冷杉等，它们都占据开阔的空间，既古老又健壮。由国外引进的丰富的植物种类形成了丘园的特色，成为世界知名的植物园，中国的银杏、白皮松、珙桐、鹅掌楸等名贵树木都在丘园安家落户。丘园内的草坪管理良好，园中的开花灌木及针叶树的基部都与草地直接相连，乔木的树荫下也是草地，绿色地被成为乔、灌木及花卉的背景，在绿色的衬托下，花卉的色彩更加鲜艳、洁净。

（二）英国风景园种植设计对欧洲的影响

　　1. 对法国园林种植设计的影响　18 世纪法国启蒙主义运动受到英国理性主义的影响，其倡导人之一的卢梭大力提倡"回归大自然"，并具体提出自然风景式园林的构思设想，后在峨麦农维尔园林设计建造中得到体现。中国自然式园林对法国也有所影响，因而，该时期的法国园林被称为"英中式园林"。"英中式园林"中常有的"小村庄"，反映出田园风光画对园林情趣的影响。风景园中出现塔、桥、亭、阁之类的建筑和模仿自然形态的假山、叠石、园路和河流，迂回曲折的河流穿行于山冈和丛林之间；湖泊采用不规则的形状，驳岸处理成土坡、草地，间以天然石块。"英中式园林"虽在 18 世纪下半叶风靡一时，但在 18 世纪末就不再流行了。

　　2. 对德国园林种植设计的影响　英国自然式园林影响到德国，18 世纪下半叶德国的一些哲学家、诗人、造园家倡导崇尚自然，18 世纪 90 年代德国著名哲学家康德和席勒进一步推崇自然风景式园林。

　　位于德绍（Dessau）的沃利兹（Worlitz）园建于 18 世纪下半叶，完成于 19 世纪初，为公爵佛朗西斯（Duke Francis）所有，按照英国自然式园林设计建造。该园的总体布局为自然风景式，重点建大岛即"极乐净土"，小岛为仿建的"卢梭白杨树岛"，整体表现出一派田园风光。

七、近代园林种植设计

（一）近代园林概况

　　1. 新型园林的诞生　18 世纪末至 19 世纪初，英国的产业革命开始，给英国的社会、经济、思想、文化等方面都带来了巨大影响。此后，产业革命的浪潮波及欧洲大陆其他国家，工业开始蓬勃发展，经济迅速发展，并吸引大量移民，随之城市也开始兴盛，城市面貌发生改变，同时赋予园林全新的概念。在内容和形式方面形成了虽受传统园林影响但不同于传统园林的新型园林。

　　随着资产阶级革命爆发，欧洲君主政权覆灭，英、法等国的皇家园林有时对外开放；在意大利，兴建于文艺复兴时期的一些私人庄园定期对外开放。随着城市的发展，城市公共绿地也相继诞生，出现了真正为居民设计，供居民游乐、休息的花园甚至大型公园。

　　2. 对市民开放的公园　从 19 世纪开始，欧洲各国陆续开始建设有关城市公园，形成一种新的潮流。

　　（1）英国的公园　许多皇家园林改为对市民开放的公园，以英国伦敦市内的肯辛顿公园（Ken Sington Garden）、海德公园（Hyde Park）、绿园（Green Park）、圣·杰姆士园（St. James's Park）及摄政公园（Regent's Park）等最为著名，它们几乎连成一片，占据着市区中心最重要的地段，并且经过改造后，更适宜于大量游人的活动。

　　（2）法国的公园　19 世纪初，巴黎园林总面积仅有 100 多公顷，而且只有在园主人同意时才对公众开放。在都市扩建时，首先整治布劳涅林苑（Bois de Boulogne）与樊尚林苑（Bois de Vincennes），随后在巴黎市内建造了蒙梭公园（Park Monceaux）、苏蒙山丘公园（Park de Butteschaumouts）、蒙苏里公园（Park Montsourie）及巴加特儿公园。此外，沿城市主干道及居民拥挤的地区设置了开放式的林荫道和小游园。

　　（3）德国的公园　受英、法等国城市公园建设的影响，德国也将皇家狩猎园梯尔园（Tier Garden）向市民开放，并修建了新型的林荫道、水池、雕塑、绿色小屋及迷园等。并于 1824 年在小城马克德堡建立了德国最早的公园。

　　3. 美国城市公园　18 世纪后期，美国出现了一些经过规划而建设的城镇，有了公共园林的雏形。19 世纪，进入相对稳定时期之后，园林事业开始有所发展。这一时期，美国园林界出现了道宁（Andrew Jackson Downing，1815—1852）和奥姆斯特德（Frederick Law Olmsted，1822—1903）两位园林大师。

　　道宁崇尚英国的大地风光和乡村景色，强调师法自然的重要性，他主张给树木以充足的空间，充分发挥单株树的效果，表现其美丽的树姿及轮廓。道宁设计的新泽西州西奥伦治的卢埃伦公园成为当时郊区公园的典范。

　　奥姆斯特德认为，随着城市化加速，城市绿化日益显示其重要性，建设大型公园可使居民享受城市中的自然空间，是改善城市环境的重要措施。他认为，应该保持公园中心区的草坪和草地，游人可以观赏到不断变化的开敞景观，植物选择以乡土树种为主。

　　美国园林界将奥姆斯特德设计纽约中央公园（始建于 1854 年）的构思原则归纳为"奥姆斯特德原则"（Olmstedian Principles）。

　　4. 国家公园　国家公园（National Park）是 19 世纪诞生于美国的又一种新型园林。

　　19 世纪末，随着工业的高速发展，大规模地铺设铁路，开辟矿山，西部开发，导致森林破坏严重，动物失去栖息空间。人们逐渐意识到自然保护的重要性，并引起了政府的重视，于 1872 年建立了世界上第一个国家公园——黄石公园。建立国家公园的主要宗旨在于对未遭受人类重大干扰的特殊自然景观、天然动植物群落、有特色的地质地貌加以保护，维持其固有面貌，并在此前提下向游人开放，为人们提供在大自然中休息的环境。同时，也是认识自然、进行科普教育与研究的场所。

（二）近代园林种植设计发展

　　1. 植物种类增加　近代园林植物种类大量增加，英国风景式园林中绚丽多彩的植物，如各种颜色的杜鹃、漂亮的宿根花卉，以及月季园、鸢尾园中的花卉，多数为 19 世纪新增加的种类。

　　2. 植物的引种驯化和植物园的大量建造　植物的引种驯化和植物园的大量建造也是 19 世纪园林发展的一个趋势。

　　英国大量从中国和世界其他地方引进了众多观赏植物。原产于英国的植物种类仅 1 700 种，经过几百年的引种，至今在皇家植物园丘园中已拥有 50 000 种来自世界各地的植物。始建于 1829 年的 Westonbirt Arboretum 树木园位于英国伦敦，自 1850 年起从国外引进了大量的珍稀植物，收集了 18 000 种不同的植物。1870 年英国园林师 James McNab（1810—1879）设计丘园中的岩石园，用岩石划分出 5 442 个栽植穴，引种了大量的外来植物形成岩石园的植物景观。建于 19 世纪晚期的英国 Belsay 花园，引种了大量的杜鹃等外来植物，形成了典型的"风景园艺式"的植物景观。此后欧洲及北美各国也相继建造了规模庞大的植物园。同时，植物园内又兴起了各类专类园，如月季园、鸢尾园及岩石园、水生植物园等，大大丰富了植物园的内容。

3. 重视园林植物的配置与设计　植物种类的增加，大大丰富了园林的外貌，造园者更加重视园林中植物的应用。植物园中不仅按分类系统科学地栽种植物，而且要求按照自然生态习性配置植物。英国园林师巴莱（Sir Charles Barry，1795—1860）和帕克斯顿都重视按照生态习性配置植物，设计花园时，一般要考虑不同地势（山坡、溪谷）、不同朝向（向阳、背阴）、不同土壤及不同的气候条件，布置不同的植物，这种做法开始成为园林设计的一种新时尚。

19 世纪，园林中的植物配置已逐渐形成一个专门的学科，许多植物学家也加入造园家的行列。植物配置要符合自然生态条件的要求，植物叶、花的色彩、质地，树木的形体、轮廓等都要与环境相协调，尤其要与建筑相配合，同时还必须考虑各种植物物候期的特点，这些设计原则对现代园林的影响也是十分明显的。19 世纪晚期，英国自然风景园的风格已经成熟稳定，花卉和园林植物的栽培成为园林新的发展方向，陈列珍稀植物成为园林主要的内容。园林中着重展示花卉与树木等植物景观的组合，强调植物配置的高矮、形状、姿态、色彩和季相变化（彩图 2-3-1）。

4. 乡土树种的应用　近代园林重视乡土树种的运用，特别是公园周边的种植带。美国和英国近代园林中都大量地运用乡土植物，营造大地风光、乡村景色。

5. 孤植树的运用　美国的园林设计师道宁主张给树木以充足的空间，充分发挥单株树木的观赏效果，表现其美丽的树姿及轮廓。

6. 草坪的运用　奥姆斯特德认为，应该保持公园中心区的草坪和草地，游人可以观赏到不断变化的开敞景观，同时还可以为游人提供大面积的活动空间。

7. 设计风格　植物种植设计的风格不拘一格，规则式与自然式相结合。在建筑的周围往往按照规则式栽植一些树木、绿篱，布置花坛等，在远离主路和建筑的区域，则营造出自然的植物景观。

第四节　园林种植设计发展趋势

随着园林绿化事业的发展，国内外园林绿化出现了以下特点：建造园林的目的由生活舒适和生产需要转向维持生态系统平衡和保护自然环境；各国、各地结合当地的自然条件和文化基础，形成了具有地域特色的园林；由过去的重视文化传播、相互融合转向重视地域特色的创造；艺术形式和内容的范围扩大，走向自然；由过去的长期为上层服务逐步走向为人民大众服务等。

近年来，园林绿化对象空间主要包括室内、建筑周围、公园、道路、住宅区、工厂以及城市、郊野、国土等。立地空间的环境有亚热带、积雪寒冷带、临海地、水边地、浸水地、填海地、无土壤地、日荫地等。随着社会的发展，人类对园林绿化也有了新的需求，主要表现在以下几个方面：

（1）扩大化　各种绿化对象空间的扩大与具有绿化可能性空间的增多。

（2）多样化　通过技术开发，实现园林绿地多样的、综合的功能。

（3）美观化　要求景观美化效果与文化效果。

（4）高度化　对园林绿地功能的要求越来越高，接近理想状态。

（5）复合化　数个绿化技术间进行有机的结合，发挥其综合功能。

（6）实用化　对种植技术与养护管理技术的实用化要求。

（7）粗放化　节水型、省能源型、粗放管理型。

绿化是指运用植树造林、种花养草等环境营造的手法，从而扩大绿地面积、增加绿量的过程。它有广义与狭义之分。广义的绿化指所有的园林绿化；狭义的绿化专指通过种花养草、增加绿量的过程。可以将广义的绿化分为绿化（狭义的）、美化与绿地文化三个方面。绿化是指园林绿化的科学性和功效性，美化是指园林绿化的艺术性和审美性，绿地文化是指园林绿化的文化性与精神性。

园林绿化的功能被归纳为生态改善、休憩娱乐、景观美化、文化创造、防灾避险等的综合功能。生态改善、休憩娱乐和防灾避险主要是通过绿化阶段来达到的；而景观美化和文化创造则是分别通过美化和绿地文化阶段来达到的。

下面从绿化、美化与绿地文化三个侧面对国内外园林种植设计的发展趋势进行归纳、总结。

一、从绿化侧面看园林种植设计的发展趋势

绿化的主要目的在于增加绿地面积，提高绿量，达到改善城市生态环境的效果。人类追求的城市环境应该是"绿色城市环境"、"（夏季）冷凉城市环境"以及"潮湿城市环境"，而达到这种理想目标的唯一途径就是城市绿化。

1. 高密度空间的绿化种植设计　中、高层楼房林立的现代城市空间，正处于绿化少、土地利用过密的状态。迄今为止，城市绿化是以平面的土地为主，日荫地、强风地、水边地等绿化空间以及狭小空间的绿化，特别是建筑内部、人工基盘和建筑屋顶、墙面的绿化等，应伴随着城市立体化的各种课题，进行积极的探讨研究与施工建设（图 2-4-1）。

图 2-4-1　城市空间绿化

2. 面向老年人、残疾人的绿化种植设计　在城市公园与城市空间中，要考虑设计和配置老年人、残疾人能够利用的绿地、设施。同时，通过园艺作业与植物进行接触，不仅可为老年人、残疾人提供娱乐休憩的功能，而且在适当的指导下，具有减轻残疾人各种障碍、提供机能训练的效果。因此，对该方面的种植设计进行研究开发是很有必要的。

3. 高品质绿化树木种植设计体系的建立　通过采用公共绿化树木的品质尺寸规格标准，明确与公共需求有关的树种、树形，促进绿化树木的生产。近年来，随着国民生活水平与文化水平的提高，对绿化树木的要求已经从数量向质量以及多样化、大树化、成型化方向转化。而对以下树种的要求也日益迫切：花、叶、果实、树形等能够发挥美学特性的树种，能够承受日荫、干燥、海潮风等恶劣环境的树种，能够发挥净化大气、水质以及遮阴和省能源效果的树种，能够对人的感性发挥作用的具有个性的树种（图2-4-2）。

图2-4-2　高品质绿化树木的培育与设计体系的确立十分重要

对于这些具备新的特性的高品质树木的开发、对其高效率的种植设计手法的研究成为当前之必要。

4. 自然恢复（生态绿化）型种植设计　基于生态学基础的恢复自然生态系统和自然植被绿化的种植设计包括利用潜生植被理论进行生态与景观恢复、多（近）自然型绿化种植设计、生物生息空间营造设计、生态恢复设计、成片森林移植设计、杂木林表土撒播设计（表土种子库）与表土移植设计等。

5. 循环型绿化设计　将各种废弃材料有效利用于绿化技术体系的设计，包括植物废弃材料（修剪枝条、草坪修剪垃圾）和各种产业废弃物等的堆肥化、培土化技术，中水处理场的污泥在绿化用土中的再生技术，建设垃圾作为绿化用土的灵活运用，废弃玻璃发热化处理后（循环蛭石）在屋顶绿化人工轻量土中的应用，老化汽车轮胎在斜面保护中的应用，利用粗枝扦插进行早期树林化绿化等。

6. 水边绿化设计　根据水边的立地条件与环境条件可分为以下3类：

①岸边绿化：通常处于湿润状态之下，适宜选用喜湿性、耐湿性的植物。灌木类如八仙花，草本类如玉簪、射干、秋海棠、铃兰、囊吾、千屈菜等。

②水边绿化：与岸边相接触的水深在10～30cm的水边绿化，植物下部在水中，上部在

空中，例如香蒲、芦苇、千屈菜等。

③水面绿化：分为两类，一类为根不插入水底的水生花卉，如凤眼莲等；另一类为根部插入水底的水生花卉，如睡莲、荷花等。

7. 特殊环境的绿化设计　特殊环境是指对植物的生长极其恶劣的环境条件的总称，包括海边填海地、日荫地、盐碱地和特殊土壤地等。

8. 斜面绿化设计　斜面绿化设计包括快速树林化、混凝土表面绿化、荒废斜面的再生技术及利用乡土植物进行斜面绿化技术体系的建立等。

9. 屋顶绿化设计　根据建筑物屋顶的形态与绿化手法，可以分为屋顶造园技术（在设计承重比较大的平屋顶上营造庭园空间）、屋顶绿化技术（在斜屋顶和设计承重比较小的平屋顶上利用具有热环境改善效果的草坪、景天类进行绿化）。

10. 墙面绿化设计　可以预示，今后一定时期内将会普及与盛行墙面绿化。作为墙面绿化的代表手法有利用藤本植物进行绿化、人工基盘型绿化技术（在墙面设置类似于人工基盘的栽培基质，在其上培育植物的绿化手法）、墙面绿化装置（将墙壁作为绿化的装置，将栽植空间、培养土、绿化植物当做一个整体加工而成）（图2-4-3）、贴植（在成为绿化对象的墙面上附着一层植物，园林树木、藤本植物或者果树的枝、藤等通过诱引，呈现墙壁状）等。

图2-4-3　垂直绿化的墙体成为城市中的生物肺

特别是利用藤本植物的绿化技术，通过5～6种藤本植物进行混植，取得一定的效果。在上述人工基盘型和墙面绿化装置绿化技术中，栽植植物种类的选择成为关键。

11. 室内绿化设计　公共建筑大厅等空间的室内空气污染已经成为严重的社会问题，利用绿化技术进行室内污染空气的净化成为一个重要可行的手段。主要包括净化室内空气的绿化手法、利用乡土植物的绿化技术和室内水培绿化技术等。而对于这些绿化技术的确立还需要长期科学试验的积累。

12. 专有功能型绿化设计　通过栽植树木发挥各种功能效果的绿化设计，主要包括空间分割功能植栽设计（通过树木和绿篱发挥包围与分割的功能）、防护功能植栽设计（通过栽植防止斜面的侵蚀、崩坏，防止建筑屋顶、墙面对光、热的反射，防止噪声与恶臭等）、气候调节功能植栽设计（防风、防寒、防雪、防雾等）。此外，关于栽植植物防止楼风（加速风）是需要迫切解决的问题之一。

13. 利用植物进行环境修复设计　利用植物的潜在能力对被污染的水质、土质、空气等环境进行净化，包括水质净化技术、土壤净化技术和空气净化技术。这些绿化净化不仅对社会具有较大贡献，而且可以带来重要的商机，值得深入研究。其重点在于具有较强净化能力的绿化植物的研究，以及不仅依靠植物的净化能力，还与其他领域的技术进行结合，提高净化能力的研究。

14. 城市森林营造技术体系的建立　1920年，日本模仿自然森林成功营造了"明治神宫森林"。城市森林营造的最终目标是恢复当地原有（潜生）的自然林。利用自然（群落迁移）的力量恢复森林需要数百年的时间，但利用人工的技术方法则可以大大缩短时间，这些技术包括播种造林技术、栽植造林技术、老干扦插技术、大树移植造林技术和表土的撒播技术等。

15. 草坪设计与养护技术　今后，在草坪方面以下技术将被重视，如草坪普遍绿化设计，校园、机关单位大院的草坪化设计，草地化（自然型）设计，草坪屋顶绿化设计，在室内空间中草坪利用的扩大（室内运动场的草坪培育管理）设计等。

16. 利用花卉的绿化设计　在有些城市空间期待利用花卉进行绿化，如建筑屋顶、墙面、室内、道路、临海地、水边、日荫地等，这些空间的环境条件一般比较恶劣。此外，为了在城市绿化空间利用花卉进行景观营造，有必要进行新的花卉材料的开发。

17. 栽植基盘技术设计　从与栽植基盘建设有关的调查到土壤改良，再到管理的配套技术设计，包括调查诊断技术、栽植基盘整备技术和土壤管理技术等。

18. 粗放管理型绿化设计　为了实现养护管理的省力化，从规划设计阶段就应进行各种考虑，包括省管理型绿化植物、省管理型绿化方式和省管理型绿化资材。

随着园林绿地和绿化空间的增大，相应地就要求养护管理的省力化。例如，选择生长强健但生长速度缓慢，尽量不需要修剪整形的植物种类。此外，还有上述植物的巧妙组合等绿化方式的开发；肥效持续、可以省去施肥作业的超迟缓性肥料，或者与其他农药复合型资材等，与维护管理省力化有关资材的开发。

19. 混凝土绿化设计　在多孔质混凝土基材的空隙部分加入土壤与植物的种子，通过植

图2-4-4　已经走入城市绿化的容器绿化

物的萌发、生长对多孔质混凝土的表面进行绿化。为了使绿化混凝土具有持久性，与多孔质混凝土基材组合的植物种类的选择成为今后的研究课题。

20. 容器绿化设计　在建筑屋顶、各种人工基盘以及构造物斜面、墙面，甚至道路、城市广场等的铺装地面等，利用栽植植物的容器进行绿化设计（图 2-4-4），包括组合盆栽和绿化吊篮等。

小型容器育苗的优点在于便于育苗、便于出圃、根系完整、栽植时不用剪根；大型容器栽培的优点在于全年施工成为可能，立交桥、广场、道路两侧、屋顶、阳台等铺装上绿化成为可能；无纺布栽植容器的优点是可以埋入土中，水与养分可以通过，管理容易。

二、从美化侧面看园林种植设计的发展趋势

美化是园林绿化的艺术侧面，在满足城市绿量与改善城市生态环境的基础之上，通过视觉感知产生愉悦的效果，提高城市的舒适性。它是巧妙、灵活地运用植物，通过艺术性的种植设计，运用多样的绿化手法和形式，创造出明快的、多彩的绿化空间，达到美化城市、美化环境的艺术效果。可以将城市美化称为"城市绿化活动"和"城市花园化"。

从绿色到彩色的转变即为城市建设从初级阶段的基础绿化到由多种元素综合立体构建的景观层面，表现为景观的丰富内涵和更大的包容性，体现在植物种类上即为生物多样性。

1. 利用绚丽多姿的植物素材进行多样的种植设计　绚丽多姿的植物素材包括园艺草花、花木、彩叶彩斑（红黄叶、紫叶）植物、观叶植物、观果植物、低矮松柏类植物、地被植物、观赏禾本科植物、乡土野生草花等。利用这些多彩的植物素材可以在建筑周边、道路绿化、高速公路、公园等场所进行多样设计。

2. 宿根草花混播设计　宿根草花容易播种，可以放任生长，大面积的花卉景观效果好。有时可以将 10～30 种以上的种子进行混播，虽然一种花卉开花时间有限，但多种花卉可以不断盛开，花期可达半年之久。另外，花卉景观也随季节发生变化。

混播绿化技术使用草种的特性包括开花美丽、高度尽量在 1m 之下、能够利用种子繁殖、种子发芽率高、种子寿命较长、种子购买容易、耐瘠薄地、生长强健、环境适应性强、病虫害少和管理容易。

3. 利用乡土野生花卉的绿化设计　乡土野生花卉主要用于树林下林床花卉景观的营造。

4. 利用地被植物进行绿化设计　可以利用花朵、茎叶或果实美观的地被植物进行绿化美化设计。

5. 大面积花卉景观的种植设计　大面积种植大量的草花，在管理方面需要很多经费，应当考虑茎叶美丽的宿根草本植物、彩叶树木、低矮松柏类、地被植物的有效利用，将这些植物与草花混合应用，使草花应用面积达到最小限度，以达到节约经费的目的。

6. 特有植物景观与专类园的种植设计　各种绿化景观的表现手法有花坛、组合盆栽、立体花坛、花卉吊篮、花球等的装置；表现的植物景观有森林、树林、原野、湿原、热带、沙漠、寒带等；各种专类园有热带植物园、观赏果园、芳香植物园、蔷薇园等。

三、从文化侧面看园林种植设计的发展趋势

绿地文化是园林绿化的文化侧面。通常所说的园林应当具备"诗情画意"中的"诗情"

或者园林的"意境"即是文化的含义。园林绿地是文化的载体，文化是园林绿地的精神与内容。

1. 园林种植设计应当顺应当地的文脉　在园林绿地建设过程中必须顺应当地的风土文脉，从而使园林绿地具有民族性和地域性。园林绿地的民族性和地域性就是文化性。

例如，北京作为一个有三千多年城建史和五朝建都史的历史文化名城，不仅在城区、而且在郊区都有大量的历史文化遗存，其中又有多数本身就是古典园林。进行城郊一体化的园林建设，有利于对这些历史文化遗存进行保护，进一步优化其所处环境，是体现北京文脉特点和独有风貌特色的一项重要建设。

2. 乡土植物的种植设计与地带性植物群落的营造是绿地文化的组成部分　乡土植物是当地自然资源和当地文化的组成部分。同样，地带性植物群落也是当地资源与文化的组成部分。园林建设过程中乡土植物的利用与地带性植物群落的营造就是创造绿地文化的过程。

3. 历史性园林绿地设计与古树名木的保护应用是绿地文化的组成部分　历史性的园林绿地既与当地风土长期适应，又具有文化性。另外，古树名木也是绿地文化的组成部分。

4. 其他手法　此外，还可以利用植物的色香姿韵特征进行比拟的方法，进行绿地文化的创造与表现。

21世纪是"环境的世纪"、"绿色的世纪"。今后，对于绿化设计的要求将更加多样化。根据这种多样化的要求，为了在城市中营造绿色环境以及保护城市自然环境，不仅要传承传统的绿化设计手法，还要研究开发新的绿化设计手法。

这样，在绿化的基础上，才能达到园林绿化的生态改善、景观美化、休憩娱乐、文化创造与防灾避险等综合功能。

第三章

园林植物的分类、分布与选择

园林种植设计是以园林植物为主要素材、以营造园林空间为目的的设计过程，也可以说园林种植设计就是对园林植物的设计。如果没有充分了解和掌握园林植物的相关知识，就很难对园林植物空间进行得心应手的设计，更谈不上设计出独具匠心的园林艺术作品。

本章首先介绍了园林花卉的生活型分类、园林树木的实用性分类、园林植物的生态习性分类以及园艺植物的实用性分类；其次，介绍了园林植物的原产地和我国植被的分布；最后，讨论了园林植物种类选择的原则。

第一节 园林植物的分类

园林植物种类繁多，分类方法多样。研究园林植物分类的目的在于通过研究园林植物的种和品种的分类、命名、地理分布和栽培历史等，为合理地进行园林种植设计提供理论依据和植物素材。总体上来说，园林植物有两个分类体系：一是科学分类法，即用植物学专业术语描述其性状特点并用统一的拉丁学名命名；二是实用分类法，参考植物学特征，以园林应用为主进行分类。实用分类法虽然不像植物系统分类法那样严谨，但在园林植物研究、栽培以及园林利用上具有较大的实用价值。本节着重介绍园林花卉的生活型分类、园林树木的实用分类、园林植物的生态习性分类以及在今后园林绿地建设中将会越来越重要的园艺植物的实用分类。

一、园林花卉的生活型分类

全世界观赏植物数量达 8 000 多种（不包括高山植物和野生草花），大多集中于兰科、菊科、百合科、蔷薇科、唇形科、罂粟科、鸢尾科、毛茛科、天南星科、豆、仙人掌科、景天科和石蒜科等。原产我国的观赏植物，包括观赏乔木 20 属 350 余种、观赏灌木 60 多属 2 400 多种、观赏藤本 20 余属 220 多种、草本宿根花卉 30 属 1 900 多种、草本球根花卉 7 属 80 多种、草本一二年生花卉 6 属 200 余种。我国目前栽培的观赏植物约 130 科 500 多种，其中主要栽培的有 50 余种。

由于对某一特定的综合环境条件的长期适应，不同的观赏植物在形状、大小、分枝等方面都表现出相似的特征。将具有相同外貌特征的不同种观赏植物称为一个生活型。依据生活型，园林花卉可分为以下9个类型。

（一）一二年生花卉

一年生花卉（春播草花）是指在一个生长季内完成生活史的草本花卉。其耐寒性差，耐高温能力强，夏季生长良好，冬季来临遇霜枯死，多属于短日照花卉（彩图3-1-1）。二年生花卉（秋播草花）是指在两个生长季内完成生活史的草本花卉。其耐寒性较强，耐高温能力差，秋季播种，以小苗状态越冬，翌年春夏开花、结实，夏季枯死，多为长日照花卉（彩图3-1-2）。在生产上，根据栽培环境的不同，一二年生花卉可分为露地类和温室类。

1. 一二年生露地类　常见的有翠菊、鸡冠花、一串红、金鱼草、毛地黄、金盏菊、百日草、万寿菊、孔雀草、雏菊、麦秆菊、三色堇、紫罗兰、凤仙花、石竹、桂竹香、霞草、虾钳草属、红叶苋属、矮牵牛、旱金莲、长春花、美女樱、飞燕草、风铃草属、送春花、花环菊、波斯菊、蛇目菊、藿香蓟属、虞美人、花菱草、月见草属、香雪球、牵牛花属、茑萝属、银边翠、地肤、三色苋、千日红、锦葵、紫茉莉、半支莲、风船葛、红花菜豆、五色椒、含羞草、高雪轮、红花等。

2. 一二年生温室类　常见的有瓜叶菊、报春花属、蒲包花、彩叶草、香豌豆、蛾蝶花、智利喇叭花、猴面花、半边莲属等。

（二）宿根花卉

宿根花卉是指个体寿命超过两年，可连续生长，多次开花、结实，且地下根系或地下茎形态正常，不发生变态的一类多年生草本花卉（图3-1-1，彩图3-1-3）。依花卉叶性的不同，宿根花卉又可分为常绿类和落叶类。

1. 落叶宿根类　常见的有菊花、芍药、鸢尾属、耧斗菜属、蜀葵、紫菀、蓍属、落新妇属、乌头属、金鸡菊属、铁线莲属、荷包牡丹属、翠雀属、宿根天人菊、玉簪属、萱草属、向日葵属、火炬花属、剪秋罗属、美国薄荷属、福禄考属、随意草、吊钟柳属、罂粟属、桔梗、金光菊属、石碱花、景天属、沙参属、银莲花属、芦竹属、射干属、宝塔花、蒲苇、风铃草属、松果菊、泽兰属、羽扇豆、蛇鞭菊、亚麻属、薄荷属、白头翁属、一枝黄花属、唐松草属、香堇等。

图3-1-1　宿根草花落新妇

2. 常绿宿根类　常见的有君子兰属、非洲菊、香石竹、花烛属、鹤望兰、四季秋海棠、虎尾兰、蜘蛛抱蛋、吊兰、百子莲、豆瓣绿、万年青、花叶万年青、紫背万年青、羞凤梨属、非洲紫苣苔、麦冬、吉祥草、海芋、伞莎草、吊竹梅、竹芋、肖竹芋、紫露草等。

（三）球根花卉

球根花卉是指植株地下部分变态膨大，有的在地下形成球状物或块状物，大量储藏养分的多年生草本花卉。根据球根的来源和形态可分为鳞茎、球茎、根茎、块根、块茎等 5 类。

1. 鳞茎类　鳞茎为茎变态而成，呈圆盘状的鳞茎盘。其上着生多数肉质膨大的鳞叶，整体球状，根据外侧有无膜质鳞片包被分为有膜鳞茎和无膜鳞茎。常见的有膜鳞茎类花卉有郁金香（彩图 3-1-4）、风信子、葡萄风信子、西班牙鸢尾、英国鸢尾、水仙、朱顶红、文殊兰、石蒜、葱兰、韭兰、绵枣儿等。无膜鳞茎类花卉有百合属、贝母属、大百合属等。

2. 球茎类　地下肥大的营养储藏器官是地下茎的变态，肥大成球状。其上茎节明显，有发达的顶芽和侧芽。常见的球茎类花卉有唐菖蒲、小苍兰、番红花、秋水仙、观音兰等。

3. 块茎类　块茎由地下根状茎顶端膨大而成。其上节不明显，且不能直接生根。常见的块茎类花卉有菊芋、花叶芋、仙客来、大岩桐、球根秋海棠等。

4. 根茎类　根茎是横卧地下、节间伸长、外形似根的变态茎。形态上与根有明显的区别，其上有明显的节、节间、芽和叶痕。常见的根茎类花卉有美人蕉、马蹄莲、铃兰、姜花、六出花、荷花、睡莲等。

5. 块根类　块根由不定根或侧根膨大成块状，只在根冠处生芽，不能形成不定芽。常见的块根类花卉有大丽花、花毛茛、银莲花属等。

（四）兰科花卉

兰科植物共有 20 000 余种，因其具有相似的形态特征及生态习性，可采用近似的栽培和繁殖方法，特将兰科花卉单独列为一类。兰科花卉为多年生草本，地生或附生。多数属都具有假鳞茎，假鳞茎中含有大量的养分和水分。依其生态习性不同，可分为地生兰类（国兰）和附生兰（热带兰）类。

1. 地生兰类　常见的种类有春兰、蕙兰、建兰、墨兰、寒兰、杓兰（图 3-1-2）等。

2. 附生兰类　常见的种类有石斛、卡特兰、文心兰、万带兰属、蝴蝶兰、兜兰属、虎头兰等。

图 3-1-2　云南高山中野生的黄花杓兰

（五）蕨类植物

蕨类植物种类繁多，全球共约 12 000 种，分布广泛，其中以热带和亚热带为分布中心。我国是世界上蕨类植物最丰富的国家之一，目前已知有 2 400 余种，其中半数以上为中国特有种和特有属。多分布于西南和长江以南各地，尤以西南地区最为丰富。作为花卉栽培的常见种类有铁线蕨、长尾铁线蕨、团羽铁线蕨、肾蕨、长叶肾蕨、蜈蚣草、鹿角蕨、重裂鹿角蕨、观音莲座蕨、金毛狗蕨、杪椤、巢蕨、崖姜、卷柏、翠云草、贯众等。

（六）仙人掌及多浆植物

仙人掌及多浆植物是茎、叶肥厚多汁，具有发达的储水组织，抗干旱、抗高温能力很强的一类植物。在园艺上，这一类植物生态特殊，种类繁多，体态清雅而奇特，花色艳丽而多姿，具有很高的观赏价值（图 3-1-3）。通常包括仙人掌科、番杏科、景天科、大戟科、菊科、百合科、凤梨科、龙舌兰科、鸭跖草科、牻牛儿苗科、马齿苋科等。

图 3-1-3　北京植物园大温室中的金琥

1. 仙人掌科植物　常见的有金琥、仙人球、仙人掌、令箭荷花、山影拳、蟹爪兰、仙人指、昙花、量天尺、木麒麟（叶仙人掌）等。

2. 多浆植物　常见的有绿玉树（光棍树）、玉树（燕子掌）、神刀、青锁龙、八宝景天、玉米石、瓦松、松鼠尾、长寿花、宝石花、垂盆草、芦荟、鲨鱼掌、条纹十二卷、龙舌兰、虎尾兰、生石花、佛手掌、霸王鞭、红彩云阁、绿铃、泥鳅掌、落地生根、仙人笔等。

（七）水生花卉

水生花卉是指在水中和沼泽地生长的花卉，一般耐旱性弱，生长期间要求有大量水分存在或有饱和的土壤湿度和空气湿度，它们的根、茎和叶内多有通气组织，通过气腔从外界吸收氧气，以供应根系正常生长。水生花卉根据生态习性的不同可分为四类，即挺水花卉、浮叶花卉、漂浮花卉和沉水花卉。

1. 挺水花卉　根部生长于水下泥土中，茎叶大部分生长在水面以上的空气中的花卉，如荷花（彩图 3-1-5）、千屈菜、石菖蒲、水菖蒲、芦苇、慈姑、玉蝉花、香蒲、泽泻、花叶芦竹、水葱、鸭舌草、雨久花、旱伞草等。

2. 浮叶花卉　根部生长在水下泥土中，仅叶和花等浮在水面上的花卉，如睡莲（图 3-

1-4)、王莲、莼菜、芡实、菱（图3-1-5)、萍蓬草等。

图3-1-4 浮叶植物睡莲

图3-1-5 浮叶植物菱

3. 漂浮花卉 植物体完全自由地漂浮在水面上的花卉，如水鳖、荇菜（莕菜）、满江红、浮萍、凤眼莲、大漂（图3-1-6）等。

4. 沉水花卉 根部生长于水下土壤中，茎叶部分完全生长于水中的花卉（植物），如金鱼藻、茨藻属、苦草、水蕹菜等。

（八）草坪及地被植物

草坪植物是指园林中覆盖地面的低矮的禾草类植物，多属于多年生草本植物，并以禾本科和莎草科植物为主（彩图3-1-6）。地被植物一般指低矮的植物群体，用于覆盖地面，不仅包括草本和蕨类植物，也包含小灌木和藤本植物。草坪草也属地被植物，但通常另列一类。

图 3-1-6　漂浮植物大漂

1. 草坪植物　按地区的适应性分类，草坪植物有适宜温暖地区（长江流域及以南地区）的，如结缕草、细叶结缕草、中华结缕草、狗牙根、地毯草、假俭草、野牛草、竹节草、多花黑麦草、田野黑麦草、鸭茅、早熟禾等；有适宜寒冷地区的（华北、东北、西北），如柔毛剪股颖、细弱剪股颖、巨序剪股颖、草原看麦娘、细叶早熟禾、加拿大早熟禾、异穗薹草、扁穗莎草、羊胡子草、紫羊茅、梯牧草、偃麦草、狼针草、羊草、冰草等。

2. 地被植物　园林中常见的地被植物有白车轴草（白三叶）、鸡眼草、葛藤、多变小冠花、紫苜蓿、直立黄芪、马蹄金、百脉根、二月兰、百里香、铺地柏、虎耳草、蛇莓、细叶沿阶草、蓝雪花、红叶老鹳草、匍枝筋骨草、萱草属、玉簪属、丛生福禄考、铃兰、矮虎杖、斑叶羊角芹、海石竹等。

（九）木本花卉

花朵具有观赏价值的树木类（图 3-1-7，彩图 3-1-7）。根据生态习性的不同，木本

图 3-1-7　落叶花木'碧桃'

花卉大体分为落叶、常绿两大类。

1. 落叶类 常见的有梅、牡丹、月季、黄蔷薇、玫瑰、木香、黄刺玫、樱花、'碧桃'、榆叶梅、木瓜、贴梗海棠、棣棠、东北珍珠梅、绣线菊属、白鹃梅、紫丁香、紫荆、石榴、木槿、溲疏属、结香、连翘、金钟、迎春、紫藤、锦带花、凌霄、爬山虎、五叶地锦等。

2. 常绿类 常见的有杜鹃、桂花、山茶、一品红、叶子花、八仙花、含笑属、米兰、栀子、金柑、杨梅、九里香、茉莉花、扶桑、白兰花、南天竹、变叶木、瑞香、菩提树、印度橡皮树、红桑、狗尾红、黄蝉、火棘、珊瑚树、八角金盘、夹竹桃、巴西铁、苏铁、富贵竹（百合竹）、棕竹、短穗鱼尾葵、散尾葵、棕榈、蒲葵、袖珍椰子、红背桂、肉桂、月桂、六月雪、红花檵木、马缨丹、素馨、龙船花、鸭嘴花、虾夷花、朱蕉属、凤尾兰、龟背竹、绿萝、瓶儿花、倒挂金钟、天竺葵、常春藤属、络石等。

二、园林树木的实用性分类

园林树木的实用性分类方法有生长类型分类法、观赏特性分类法、园林用途分类法等。

（一）生长类型分类法

园林树木依照生长类型可分为以下几类：

1. 乔木类 树体高大，高度通常为 6m 至几十米，具有明显的高大主干。又可依其高度分为：伟乔，高度在 30m 以上；大乔，高度为 21～30m；中乔，高度为 11～20m；小乔，高度为 6～10m。

2. 灌木类 树体矮小，通常在 6m 以下，主干低矮。

3. 丛木类 树体矮小，干茎自地面呈多数生出而无明显的主干。

4. 藤木类 通过缠绕和攀附他物而向上生长的木本植物。其高度往往取决于所攀附花架、墙垣、篱笆等的高度（彩图 3-1-8）。

5. 匍地类 干、枝等均匍地生长，与地面接触部分可生出不定根而扩大占地范围，如铺地柏等。

（二）观赏特性分类法

园林树木依照观赏特性可分为以下几类：

1. 形木类 主要用于观赏树形的一类树木，如日本金松、水杉、新疆杨、银杏等。

2. 叶木类 主要用于观赏树叶的一类树木，如鸡爪槭、马褂木、黄栌、桃叶珊瑚、八角金盘等。

3. 花木类 主要用于观赏花（序）的一类树木，如珙桐（鸽子树）（图 3-1-8）、合欢、木槿、梅花等。

4. 果木类 主要用于观赏果实的一类树木，如石榴、苹果、木瓜、猕猴桃、金银木等。

5. 干枝类 主要用于观赏枝干的一类树木，如白桦、山桃、白皮松、红瑞木等。

6. 根木类 主要用于观赏露出地表的根系的一类树木，如落羽杉、榕树等。

（三）园林用途分类法

根据用途和应用方式，可以将园林树木分为庭荫树、行道树、园景树（孤赏树）、花灌木、绿篱树、木质藤本植物、木本类地被植物和抗污染树种等多类。

1. 庭荫树 在园林中以遮阴为主要目的而种植的树木。一般多是树冠较大、绿荫较浓的落叶乔木，在冬季落叶后不会遮挡阳光。

图 3-1-8　珙桐（鸽子树）

主要有梧桐、七叶树、槐树、榉树、银杏、栾树、榕树、朴树、榔榆、樟树等。

2. 行道树　种植在道路两旁进行遮阴并具有一定景观效果的树木。一般来说，遮阴效果好的落叶或常绿乔木均可作为行道树，但是由于道路旁小环境条件比较恶劣，所以树木必须具有很强的抗污染能力，而且还需要具有耐修剪、主干挺直、分枝点高等特点。

主要有悬铃木属、槐树、椴树、樟树、银杏、七叶树、鹅掌楸、榕树、毛白杨、元宝枫、银桦等。还有一些可供观花的行道树种，如栾树、合欢、毛泡桐、木棉、凤凰木、羊蹄甲、蓝花楹等。

3. 园景树（孤赏树）　一般是作为园林中局部区域的中心景观，所以对树种的树形或姿态，花、果、叶色等特性均有较高要求。

主要有南洋杉、日本金松、金钱松、雪松、灯台树、龙柏、云杉、冷杉、紫杉、紫叶李、龙爪槐等。

4. 花木类　通常是指具有美丽花朵或者艳丽果实的灌木或小乔木。这种树木在园林绿地中应用十分广泛，它可以将高大乔木与地面之间加以很好的过渡，也可以为草坪或者湖池周围加以镶边景观，另外还有很多种类可以单独布置成为专类园。

观花的花灌木有梅花、碧桃、榆叶梅、樱花、海棠花、黄刺玫、月季、白鹃梅、绣线菊属、山茶花、锦带花、丁香、木槿、杜鹃花、夹竹桃、扶桑、木芙蓉、紫薇、连翘、迎春、金丝桃、醉鱼草、溲疏、太平花等。

观果的有枸骨、火棘、小檗、金银木、山楂、南天竹、紫珠、接骨木、雪果等。

5. 藤木类　具有细长茎蔓的木质藤本植物。它们有些可以直接吸附在墙壁垂直面上攀缘生长，有些需要依附其他支架攀缘或垂挂。由于它们垂直生长，占用面积小，成为各种棚架、凉廊、栅栏等不可缺少的垂直绿化材料。为提高绿化质量、丰富与美化植物立面景观层次发挥极其重要的作用。

常用的藤木有紫藤、凌霄、络石、爬山虎、胶东卫矛、常春藤、薜荔、葡萄、南蛇藤、金银花、山荞麦、木香、叶子花、素馨、炮仗花、大花老鸦嘴等。

6. 绿篱树种　绿篱是园林中一种植物种植形式，一般成行密植，修剪得比较规整。可以起到限定空间范围和防范的作用，也可以用作空间分割、引导视线以及作为主景的背景画面（图 3 - 1 - 9）。

图 3 - 1 - 9　欧式建筑的绿篱

用作绿篱的一般都是常绿树种，需要具有耐修剪、多分枝和生长缓慢的特性，如圆柏、侧柏、杜松、黄杨、大叶黄杨、女贞、小蜡、珊瑚树等。也有一些绿篱树种不加过多修整，而以观赏花果、姿形为主，如小檗、贴梗海棠、黄刺玫、珍珠梅、太平花、栀子花、扶桑、木槿、枸橘等。

7. 地被植物　对裸露地面或者斜坡进行绿化覆盖地表的低矮、匍匐的灌木或者藤木。地被植物可以防尘、降温增湿，还可以加固护坡、防止水土流失、美化景观。

主要有铺地柏、偃柏、砂地柏、平枝枸子、箬竹、倭竹、菲白竹、络石、常春藤、金银花、美国地锦、薜荔等。使用这类植物时尽量不要遮阴，并且不能践踏，也不宜使用过多。

8. 抗污染树种　在工业化现象愈演愈重的今天，抗污染树种由于对烟尘和有害气体具有较强的抗性，有些甚至可以吸收一些有害气体，起到净化空气环境的作用，而在工厂、矿区以及污染严重的街道绿化中得到广泛的应用。

适于北方地区的有构树、皂荚、榆树、槐树、刺槐、桑树、栾树、合欢、山桃、银杏、侧柏、圆柏、白皮松、柽柳、紫穗槐、连翘、木槿、紫薇、紫藤、爬山虎、美国地锦等。

适于长江流域的有悬铃木、梧桐、楝树、朴树、女贞、棕榈、樟树、广玉兰等。

适于华南地区的有木麻黄、台湾相思、银桦、石栗、榕树、高山榕、盆架树、蒲葵、马缨丹等。

三、园林植物的生态习性分类

植物生长环境中的温度、水分、光照、土壤、空气等因子都对植物的生长发育产生重要的生态作用。一种植物长期生长在某种环境里，受到特定环境条件的影响，就形成了对某些特定生态因子的适应与需要，这就是植物的生态习性，如仙人掌类植物耐旱而不耐寒。有相似生态习性和生态适应性的植物则属于同一个植物生态类型，如水生植物、旱生植物、阳性植物、盐生植物等。

植物的生态习性与生态类型是园林种植设计的理论基础。

（一）温度

温度是对植物极为重要的生态因子之一。温度的变化直接影响植物的光合作用、呼吸作用、蒸腾作用等生理过程。每种植物的生长都有最低、最适、最高温度，称为温度三基点。

另外，温度的季节性变化会形成植物景观丰富的季相变化。

依照植物对温度的要求可分为以下几类：

1. 耐寒植物　耐寒植物多原产于高纬度地区或高海拔地区，耐寒而不耐热，冬季能忍受−10℃或更低的气温而不受害，在我国西北、华北及东北南部能露地安全越冬。如榆叶梅、牡丹、丁香属、锦带花、珍珠梅、黄刺玫、贝母、芍药、荷包牡丹、雪莲花、龙胆属、荷兰菊、桂竹香等。

2. 喜凉植物　喜凉植物在冷凉气候下生长良好，稍耐寒而不耐严寒，但也不耐高温，一般在−5℃左右不受冻害，在我国江淮及北部的偏南地区能露地越冬。如梅花、桃、蜡梅、菊花、紫罗兰、萱草、三色堇、雏菊、落新妇等。

3. 中温植物　中温植物一般耐轻微短期霜冻，在我国长江领域以南大部分地区能露地越冬。如苏铁、山茶、桂花、栀子、含笑、杜鹃、金鱼草、报春花等。

4. 喜温植物　性喜温暖而不耐霜冻。一经霜冻，轻则枝叶坏死，重则全株死亡。一般在5℃以上能安全越冬，在我国长江流域以南部分地区及华南能安全越冬。如茉莉、鸡蛋花、叶子花、白兰花、嘉兰、含羞草、瓜叶菊、非洲菊、蒲包花等。

5. 耐热植物　耐热植物多原产于热带或亚热带，喜温暖而能耐40℃或以上的高温，但极不耐寒，在10℃甚至15℃以下便不能适应（图3-1-10），我国福建、广东、广西、海南、台湾大部分地区及西南少数民族地区能露地安全越冬。如番木瓜、红桑、米兰、扶桑、变叶木、竹芋、芭蕉属、凤梨科、仙人掌科、天南星科等。

图3-1-10　广州白云山风景区内的部分耐热植物

（二）水分

水分是植物体的重要组成部分。一般植物体含水量为60%～80%，有的甚至高达90%

以上。植物对营养物质的吸收和运输，以及光合、呼吸、蒸腾等生理过程，都必须在水分的参与下才能进行。水是植物生存的物质条件，也是影响植物形态结构、生长发育、繁殖及种子传播等重要的生态因子。因此，水可直接影响植物能否健康生长，能否形成多种特殊的植物景观效果。

某一地区的年降雨量、降雨频度、强度及分配情况均直接影响植物的生长与景观。处于不同降水地带或气候区内的城市，其植物群落分布各不相同，进行城市绿地规划时必须注意本地区的气候特点，特别是湿度和水分的状况。

由水分因子起主导作用而形成的植物生态类型主要有以下几种：

1. 旱生植物　在干旱的环境中能长期忍受干旱而正常生长发育的植物类型。旱生植物多见于雨量稀少的荒漠地区或干燥的低草原上。

2. 中生植物　大多数植物属于这种类型，不能忍受过干或过湿的条件。而由于植物本身的差异，对干与湿的忍耐能力也有较大差异。耐旱力极强的种类具有旱生性状的倾向，耐湿力极强的种类则具有湿生植物性状的倾向。以中生植物中的木本植物为例，油松、侧柏、牡荆、酸枣等有很强的耐旱性，而如桑树、旱柳、乌桕、紫穗槐等则具有很高的耐水湿能力，但仍然以在中生环境下生长最佳。

3. 湿生植物　需生长在潮湿的环境中，若在干燥或中生的环境下则生长不良或死亡。据实际的生态环境可以分为以下两种类型：

（1）阳性湿生植物　生在于阳光充足，土壤水分接近饱和或仅有短时期较干的地区的湿生植物。例如沼泽化草甸、河湖沿岸低地生长的鸢尾、半支莲、落羽杉、池杉、水松等。

（2）阴性湿生植物　生长在光线不足、空气湿度较高、土壤潮湿环境下的湿生植物。如热带雨林中或亚热带季雨林中、下层的许多种类。

（3）水生植物　水生植物的分类参考本章的相关内容。

（三）光照

光合作用是植物与光最本质的联系。光照度、光质以及日照时间的长短都会影响植物的生长和发育。由于植物群落对光的吸收、反射和透射作用，群落内的光照度、光质和日照时间都会发生变化，而且这些变化与植物种类、群落的结构相关。另外，随着季节的更替，植物群落内的光照特性也会产生季节性变化。

根据植物对光照度的要求关系，可将植物分为三种生态类型：

1. 阳性植物　在全日照条件下生长良好而无法在荫蔽条件下生活的植物。例如落叶松属、松属（华山松、红松除外）、水杉、桦木属、桉属、杨属、柳属、栎属的多种树木、臭椿、乌桕，以及草原、沙漠及旷野中的多种草本植物。

2. 阴性植物　在较弱的光照条件下比在全日照条件下生长更好的植物。包括众多生长在潮湿、阴暗密林中的草本植物，如人参、三七、秋海棠属的多种植物。木本植物中很少有典型的阴性植物而多为耐阴植物，这点与草本植物不同。

3. 中性植物（耐阴植物）　在充足的阳光下生长最好，但亦有不同程度的耐阴能力。中性植物包括偏阳性的与偏阴性的植物种类。例如榆属、朴属、榉属等为中性偏阳；木荷、圆柏、七叶树、元宝枫等为中性稍耐阴；冷杉属、云杉属、铁杉属、红豆杉属、杜英、常春藤、山茶、枸骨、杜鹃、忍冬、罗汉松、紫楠、棣棠等均属中性而耐阴力较强的种类（图3-1-11）。

在自然界的植物群落组成中，可以看到明显的乔木层、灌木层、地被层。各层植物所处

图 3-1-11　树荫下的植物配置

的光照条件不同，从而形成了植物对光的不同生态习性。光辐射透过林冠层时，大部分被林冠所吸收，因此，群落内有效的光辐射远远低于群落外。因此针对群落内的光照特点，在进行植物配置时，上层应选阳性喜光树种，下层应选耐阴性较强或阴性植物种类。

（四）土壤

土壤为植物提供根系生长的场所，提供植物需要的水分、养分。土壤化学性状与物理性状的差异直接影响植物的生长发育。

根据我国土壤酸碱性情况，可将土壤分成五级：pH<5 为强酸性，pH 5～6.5 为酸性，pH 6.5～7.5 为中性，pH 7.5～8.5 为碱性，pH>8.5 为强碱性。

1. 依植物对土壤酸度的要求

（1）酸性土植物　在酸性土壤上生长最好的植物种类，最适土壤 pH 在 6.5 以下。如杜鹃、山茶、油茶、马尾松、石楠、油桐、吊钟花、马醉木、栀子花及大多数棕榈科植物等。

（2）中性土植物　在中性土壤上生长最佳的植物种类，最适土壤 pH 在 6.5～7.5 之间。大多数花草树木均属此类。

（3）碱性土植物　在碱性土壤上生长最好的种类，最适土壤 pH 在 7.5 以上。例如柽柳、紫穗槐、沙棘、沙枣（桂香枣）、杠柳等。

上述三类植物中，每类中不同种类也有不同的适应性范围和特点，故又可将植物对土壤酸碱性的反应按更严格的要求分为五类，即需酸植物（只能生长在强酸性土壤上，即使在中性土上也会死亡），需酸耐碱植物（在强酸性土中生长良好，在弱碱性土上生长不良但不会死亡），需碱耐酸植物（在碱性土上生长最好，在酸性土上生长不良但又不会死亡），需碱植物（只能生长于碱性土中，在酸性土中会死亡）及偏酸偏碱植物（既能生长于酸性土中又能生长于碱性土中，但是在中性土壤中则较少见）。

2. 依植物在盐碱土上生长发育的类型

（1）喜盐植物　对一般植物而言，土壤含盐量超过 0.6％ 即生长不良，但喜盐植物却可在 1％ 甚至超过 6％ 的 NaCl 浓度的土壤中生长。旱生喜盐植物主要分布于内陆的干旱盐土地区；湿生喜盐植物主要分布于沿海海滨地带，如长叶盐蓬等。

（2）**抗盐植物** 分布于旱地或湿地的种类，它们很少吸收土壤中的盐类，如田菁、盐地风毛菊。

（3）**耐盐植物** 分布于旱地或湿地的类型，它们从土壤中吸收盐分，但是不会在体内积累。如柽柳、大米草、二色补血草等。

（4）**碱土植物** 能适应 pH8.5 以上且属性极差的土壤条件，如一些藜科、苋科植物。

3. 土壤物理性状 土壤物理性状主要指土壤的机械组成。对植物而言，理想的土壤是"疏松，有机质丰富，保水、保肥力强，有团粒结构的壤土"。但是城市土壤的物理性质具有极大的特殊性：①土壤质地差，城市土壤含有大量建筑垃圾，如其含量高于 30%，则保水性降低，不利于根系生长；②土壤紧实，城市内人口流量大，人踩车压，增加土壤密度，降低土壤透水和保水能力，造成土壤内孔隙度降低，土壤通气不良，抑制植物根系的伸长生长，使根系上移。

一般来说土壤中空气含量占土壤总容积 10% 以上，根系才能生长良好，而被踩踏紧密的土壤中，空气含量仅占土壤总容积的 2%～4.8%。人踩车压还增加了土壤硬度，一般人流影响土壤深度为 3～10cm，车辆影响深度 30～35cm，机械反复碾压的建筑区影响深度可达 1m 以上。经调查，油松、白皮松、银杏、元宝枫在土壤硬度 1～5kgf/cm^2 时根系多，5～8kgf/cm^2 时根系较多，15kgf/cm^2 时根系较少，大于 15kgf/cm^2 时根系极少。刺槐在 0.9～8kgf/cm^2 时根系多，8～12kgf/cm^2 时根系较多，12～22kgf/cm^2 时根系较少，大于 22kgf/cm^2 时，根系已经无法穿透，毛根死亡，菌根减少。

（五）空气

空气中 CO_2 和 O_2 都是植物光合作用的主要原料和物质条件，这两种气体的浓度直接影响植物的生长与开花状况，增加空气中 CO_2 含量则大大提高植物光合作用效率，因此在植物的养护栽培中有的应用 CO_2 发生器等。

空气中还常含有植物分泌的挥发性物质，其中有些能影响其他植物的生长，如铃兰花朵的芳香能使丁香萎蔫。

随着工业的发展，工厂排放的有毒气体无论在种类和数量上都愈来愈多，给人类健康和植物生长都带来了严重的影响。美国在 1970 年 1 年内向大气排放的有害气体和粉尘就达 $2.64×10^8$ t，平均每人 1t。我国某些城市"三废"排放非常严重。尤其是油漆厂、染化厂等有机化工厂中一些苯酚、醚化合物的排放，对植物和人体造成巨大影响，在这些大气污染物、排放物相对集中的区域宜选用具有相应抗性的植物。

依据抗污染能力可以将植物划分为以下几类：

1. 抗烟及有毒气体的园林植物 通过植物本身对各种污染物的吸收、积累和代谢作用，能达到分解有毒物质、减轻污染的目的。如吸收 SO_2 能力较强的有柳杉、女贞、油橄榄、垂柳、臭椿、山楂、板栗、夹竹桃、丁香、珊瑚树等。吸收氟化物能力较强的有垂柳、杨属、刺槐、拐枣、油茶等。

2. 抗粉尘的园林植物 植物叶表面的绒毛、皱纹以及分泌的油脂等可以阻挡、吸附和黏着粉尘。如刺楸、榆树、木槿、广玉兰、大叶黄杨、臭椿、构树、桑树、夹竹桃等。

3. 卫生保健的园林植物 有些植物可分泌挥发性物质，如杀菌素等可以杀死细菌，有效减少大气中的菌量。如银杏、红豆杉属、松属、三尖杉属、桉属、柏科、樟科、芍药科、苏铁科等。

风对植物有利的生态作用表现在帮助授粉和传播种子等，但是台风、焚风、海潮风、冬春的旱风、高山强劲的大风等则会对植物的生长造成伤害，如海潮风常将海中的盐分带到植物体上，可能造成植物死亡，因此在海边进行植物配置应选择红楠、山茶、黑松、大叶黄杨、大叶胡颓子、柽柳等抗海潮风的种类。再如北方地区早春的干风是植物枝梢干枯的主要原因，由于土壤温度还没提高，根部没有恢复吸收机能，干风使枝梢失水枯死。高山强劲的大风能够形成风景独特的高山景观，如高山垫状植被、形态奇特的迎客松等。

（六）生物

生物因子包括动物、植物和微生物。自然界中每一种生物都不是孤立存在的，而是与其他生物发生复杂的相互关系。同一自然环境中的生物体不是偶然相处，而是经过漫长的进化过程相互适应的结果。这种生物间的相互关系不仅存在于生物种之间，也存在于同种生物的不同个体之间。

在园林种植设计中，往往对生物因子不重视，实际上了解生物间的相互关系，对园林种植设计的合理配置和管理，增加生物多样性，提高生态系统的稳定性，都具有十分重要的意义。详细内容参见第六章。

四、园艺植物的实用性分类

随着园林绿化事业的发展与园林绿化内容的扩大，果树类与蔬菜类植物越来越多地作为园林植物应用。果树类植物的花、果、树形以及蔬菜类植物的叶、花、果实等都具有很高的观赏价值。因此，可以说现在的园艺植物基本上都可以应用于园林绿化（图3-1-12）。

图3-1-12　果树类与花卉类混合栽植

园艺植物种类繁多，特性各异。据统计，全世界果树（含野生果树）大约有60科2 800多种，其中较重要的果树有300多种，主要栽培种有近70种；蔬菜约有30余科200余种，我国栽培的蔬菜有100多种，其中普遍栽培的有40～50种。

园艺植物分类的方法多种多样，在此主要参考实用分类法体系，按照园艺植物的栽培利用特性、生物学特性等进行分类。通常是按照利用特性等将园艺植物分为果树植物、蔬菜植物，在各类植物中再按照生物学特性、栽培利用特性进行分类。如根据果树的食用器官分为仁果类果树、核果类果树等；将蔬菜植物分为叶菜类、根菜类等。

（一）果树的分类

日本的田中长三郎博士在《果树分类学》一书中记载的果树种类（包括原生种、栽培种、砧木和野生种）多达 2 792 种，另有 110 个变种，分属 134 科 659 属，其中落叶果树有 18 科 140 种（变种）。主要栽培的果树约 70 种。我国的果树种类据初步统计，有 59 科 158 属 670 余种。我国栽培的果树 280 种，其中裸子植物 3 科 5 种，被子植物 45 科 275 种。其中以蔷薇科、芸香科、葡萄科、鼠李科、无患子科、桑科种类居多，经济价值也较高。

在生产和商业上，常根据果实的构造及果树的栽培学特性进行分类，即果树栽培学分类，将果树分为以下 11 类。

1. 仁果类果树　仁果类主要食用部分为花托，心皮形成果心，包着种子，或种子在花托顶端。常见的种类有：

（1）落叶类　如苹果（图 3-1-13）、花红、海棠果、山荆子、白梨、沙梨、秋子梨、西洋梨、杜梨、新疆梨、麻梨、豆梨、褐梨、榲桲（木梨）、山楂等。

图 3-1-13　国外的苹果观光园

（2）常绿类　如枇杷。

2. 核果类果树　核果类主要食用部分为果皮，包括外果皮、中果皮和内果皮，内果皮有时质地坚硬，形成果核，包着种子，有时整个果皮均为肉质，直接包着种子。常见种类如下：

（1）落叶类　如桃、杏、李、梅、樱桃等。

（2）常绿类　如杧果、橄榄、乌榄、油橄榄、杨梅、鳄梨、海枣、余甘子、人面子、神秘果等。

3. 浆果类果树　浆果类果实多汁或肉质，种子多数，分散于果肉中，或种子少数而较大，为果肉所包围。根据果肉含水量分为两类：一为多汁浆果，果实含水分较多，种子小而多数，分散于果肉中；一为肉质浆果，果肉含水较少，肉质或粉质，种子少数或多数。常见种类如下：

（1）落叶类　如美洲葡萄、欧洲葡萄、醋栗、美洲醋栗、欧洲醋栗、欧洲黑穗醋栗、果桑、鸡桑、黑桑、无花果、石榴、中华猕猴桃、美味猕猴桃、树莓等。

（2）常绿类　如杨桃、蒲桃、连雾、人心果、西番莲、番石榴、红毛丹、费约果（南美棯）、番荔枝、山竹子、番木瓜、越橘、火龙果、香蕉等。

4. 坚（壳）果类果树　坚果类主要食用部分为种子，含水分较少，多含淀粉或脂肪。常见种类如下：

（1）落叶类　如核桃、铁核桃、山核桃、薄壳山核桃、板栗、日本栗、欧洲栗、阿月浑子、银杏、扁桃、榛等。

（2）常绿类　如腰果、椰子、槟榔、澳洲坚果、巴西坚果（巴西栗）、香榧、榴莲、红松等。

5. 柿枣类果树　柿枣类常见的落叶果树有柿（图 3-1-14）、君迁子、油柿、枣、酸枣、沙枣等。

图 3-1-14　园林中硕果累累的柿子

6. 柑果类果树　柑果类果皮厚薄不一，外果皮有多数油胞，中果皮呈海绵状，内果皮形成瓤囊，内有多数汁胞和种子，主要食用部分为汁胞或整个瓤囊。常见种类有枳、枳椇、圆金柑、柠檬、柚、葡萄柚、甜橙、酸橙、宽皮橘等。

7. 荔果类果树　荔果类主要食用部分为假种皮，果皮肉质或壳质，平滑或有突疣或肉刺。常见种类有荔枝、龙眼、红毛丹、韶子、木奶果等。

8. 荚果类果树　荚果类果实食用部分为肉质的中果皮，外果皮壳质，内果皮革质，包着种子，如酸豆、角豆树、苹婆等。

9. 聚复果类果树　聚复果类果实由多花或多心皮组成，形成多花或多心皮果。常见种类有：

（1）落叶类　如果桑、无花果等。

（2）常绿类　如菠萝、木菠萝、面包果、番荔枝、刺果番荔枝、圆滑番荔枝、牛心番荔枝等。

10. 藤本及蔓生类果树

（1）落叶类　葡萄属、猕猴桃属等。

（2）常绿类　西番莲、南胡颓子、火龙果等。

11. 多年生草本类果树

（1）落叶类　如草莓、醋栗。

（2）常绿类　如香蕉、菠萝。

（二）蔬菜的分类

栽培的蔬菜类绝大多数属于种子植物，并以双子叶植物为主。主要栽培的双子叶植物蔬菜有 17 科 82 种（部分稀有特种蔬菜未包括在内），以豆科（17 种）、葫芦科（12 种）、十字花科（11 种）、菊科（9 种）、伞形科（7 种）和茄科（6 种）为主。单子叶植物蔬菜有 8 科 29 种，其中最多的是百合科（13 种）。低等植物蔬菜主要是真菌门的伞菌科（4 种）和木耳科（2 种）。

在生产和商业流通领域，根据农业生物学分类法，以蔬菜生长发育对环境条件及栽培技术的要求作为分类的依据，可将蔬菜植物分为以下 12 类。

1. 根菜类蔬菜　根菜类蔬菜以肥大的肉质直根为食用产品，多为二年生植物，少数为一年与多年生植物。目前栽培的主要根菜类蔬菜如下：

（1）十字花科　如萝卜、芜菁、芜菁甘蓝、根用芥菜（大头菜）、辣根等。

（2）伞形科　如胡萝卜、根芹菜、美洲防风等。

（3）菊科　如牛蒡、菊牛蒡、婆罗门参等。

（4）藜科　如根甜菜。

2. 白菜类蔬菜　白菜类蔬菜在世界上种类多、分布广、应用普遍，多为十字花科二年生植物，第一年形成产品器官，第二年开花结子（图 3-1-15）。可分为白菜、甘蓝和芥菜三类。

图 3-1-15　既可用于食用又可用于观赏的叶菜类

（1）白菜类　包括白菜亚种和大白菜亚种。如普通白菜、塌菜、菜薹、紫菜薹、薹菜、分蘖菜、散叶大白菜、半结球大白菜、花心大白菜、结球大白菜等。

（2）甘蓝类　如结球甘蓝、球茎甘蓝、抱子甘蓝、芥蓝、花椰菜、青花菜等。

（3）芥菜类　包括叶用芥菜和茎用芥菜。如大叶芥、花叶芥、雪里蕻、包心芥菜等。

3. 绿叶类蔬菜　绿叶蔬菜种类繁多，主要以幼嫩叶片、叶柄和嫩茎为产品。如菠菜、叶甜菜、芹菜、芫荽、茴香、茎用莴苣、叶用莴苣、茼蒿、蕹菜、苋菜、冬寒菜、豆瓣菜、白落葵、红落葵、紫背天葵、番杏、荠菜、菜苜蓿（金花菜）、薄荷、紫苏、蒲公英等。

4. 葱蒜类蔬菜　葱蒜类蔬菜也称鳞茎类蔬菜，属于香辛类蔬菜，都是百合科的二年生植物，一般采用种子繁殖或无性繁殖。如洋葱、大葱、分葱、细香葱、胡葱、大蒜、大头蒜、韭菜、韭葱及薤白等。

5. 茄果类蔬菜　茄果类蔬菜是指以浆果为主要实用器官的一年生或多年生茄科蔬菜（图3-1-16），如番茄属的普通番茄、樱桃番茄、直立番茄、大叶番茄，辣椒属的辣椒、甜椒，茄属的茄子和香瓜茄，酸浆属的酸浆，树番茄属的树番茄，以及枸杞属的枸杞等。

图3-1-16　用于观赏的茄子和朝天椒

6. 瓜类蔬菜　瓜类蔬菜是指葫芦科植物中以果实为食用器官的栽培种群，为一年生或多年生蔓性草本植物，共9个属15个种及2个变种（彩图3-1-9）。如甜瓜属、南瓜属、西瓜属、冬瓜属、丝瓜属、苦瓜属、葫芦属、佛手瓜属、栝楼属等。

（1）甜瓜属　如黄瓜、甜瓜及越瓜（菜瓜）等。

（2）西瓜属　如西瓜。

（3）南瓜属　如南瓜（中国南瓜）、笋瓜（印度南瓜）、西葫芦（美洲南瓜）、灰子南瓜（墨西哥南瓜）、黑子南瓜等。

（4）冬瓜属　如冬瓜、节瓜等。

（5）葫芦属　如瓠瓜、瓠子、长颈葫芦等。

（6）丝瓜属　如普通丝瓜、有棱丝瓜等。

（7）苦瓜属　如苦瓜。

（8）佛手瓜属　如佛手瓜。

（9）栝楼属　如蛇瓜。

7. 豆类蔬菜　豆类蔬菜属豆科一年生或二年生草本植物，是以嫩荚果、嫩豆粒及豆芽等供食用的蔬菜，在我国栽培历史悠久，种类多，分布广。栽培较为普遍的有菜豆、豇豆、菜用大豆、豌豆、蚕豆、扁豆、刀豆、矮刀豆、四棱豆、绿豆等。

8. 薯芋类蔬菜　薯芋类蔬菜以淀粉含量比较高的地下变态器官（块茎、根茎、球茎和块根）供食用。我国栽培的薯芋类蔬菜种类十分丰富，共10个科12个属。根据其对温度条件的要求，薯芋类蔬菜分为两类：一类喜冷凉气候，如马铃薯、菊芋、草石蚕（螺丝菜）、甘薯等；另一类喜温暖气候，如生姜、芋头、普通山药、田薯、魔芋属、葛属等。

9. 水生蔬菜　水生蔬菜是指在湖荡、池塘、沼泽地、浅水水田及浅海区等水域环境中栽培的蔬菜。我国的水生蔬菜种类很多，根据水分环境的不同，分为淡水蔬菜和海生蔬菜两大类。

（1）淡水蔬菜　如莲藕、茭白、慈姑、荸荠、芡实、水芹、菱角、莼菜、蒲菜（香蒲）、水芋、水蕹菜（水花生）、豆瓣菜等。

（2）海生蔬菜　如海带、坛紫菜、条斑紫菜、甘紫菜、裙带菜、鹿角菜、石花菜、石莼、浒苔、条浒苔、礁膜、江蓠、海萝、海蒿子、羊栖菜、北美海蓬子等。

10. 食用菌类蔬菜　食用菌是供人类食用的大型真菌，通称蘑菇。我国的大型真菌资源丰富，其中有食用价值的约 700 种，现在主要栽培的有普通蘑菇、口蘑、草菇、平菇（糙皮侧耳）、香菇、木耳、银耳（白木耳）、金针菇、滑菇、猴头菇、竹荪等。

11. 多年生蔬菜　多年生蔬菜是指一次种植，可多年采收的草本和木本蔬菜植物。多年生蔬菜种类繁多，起源和分布差异较大。在我国广泛栽培的多年生草本蔬菜有金针菜、石刁柏、百合、芦蒿（蒌蒿）、食用大黄、马兰、蕨菜、朝鲜蓟、霸王花、辣根、款冬、菊花等，木本蔬菜有香椿、枸杞、竹笋等。其中，我国竹笋可食用的竹类有 200 多种，在生产上广泛栽培的有毛竹、早竹、雷竹、麻竹、甜竹、大头典竹、绿竹。

12. 芽菜类蔬菜　芽菜类蔬菜主要是指以豆类、萝卜、香椿等植物的种子为播种材料，在无土或有土的栽培条件下，短期培育至胚轴充分伸长、子叶展开、真叶显露，以其幼嫩的芽苗作为产品的一类蔬菜。张德纯等将芽菜的定义扩展为："凡利用作物种子、根茎、枝条等繁殖材料，在黑暗、弱光条件下直接生产出可供食用的芽苗、芽球、嫩芽、幼茎或幼梢，均可称为芽类蔬菜。"到目前为止，已被开发报道的可作为芽菜利用的种类资源，主要是一些普通的蔬菜作物和少数粮食作物、油料作物及野生蔬菜。主要种类如下：①豆科的大豆（黄豆、青豆、黑豆）、赤豆、豌豆、绿豆、蚕豆、紫花苜蓿及花生等；②十字花科的萝卜、芥菜、芜菁、芥蓝、白芥及独行菜等；③菊科的茼蒿、向日葵、苦荬菜、苣荬菜、蒲公英、菊花脑（菊花菜）、马兰头花等；④楝科的香椿；⑤旋花科的蕹菜；⑥唇形科的紫苏；⑦蓼科的荞麦、苦荞麦；⑧亚麻科的胡麻；⑨芝麻科的芝麻；⑩其他还有姜芽、竹笋、蒲菜、枸杞头、花椒芽等。

第二节　园林植物的分布

园林植物原产地与植被分布对园林种植设计中植物的正确选择与植物景观的营造具有十分重要的意义，是园林植物种类区域规划和"适地适树"的理论基础。

一、园林植物的原产地

各种植物均有其原产地及一定的分布区，这主要由植物对环境的要求与适应性及历史、地理因素所决定。园林植物原产地或分布区的环境包括气候、地理、土壤、生物及历史诸方面，其中以气候条件，主要是水分与温度状况起主导作用。按照不同的气候类型划分，园林植物包括以下 7 种类型：

1. 中国气候型（大陆东岸气候型）　本区气候特点是冬季寒冷，夏季炎热，雨季多集中在夏季。我国大部、日本、北美东部、巴西南部、大洋洲东南部、非洲东南部属于中国气候型区域。根据冬季气温的高低又分为温暖型和冷凉型。

（1）温暖型（低纬度地区）　包括中国长江以南及日本西南部、北美东南部、巴西南部、大洋洲东部及非洲东南角附近的地区。本区是部分喜温暖的一年生花卉、球根花卉及不耐寒宿根、木本花卉的自然分布中心。

主要有原产中国的珙桐、海棠花、扶桑、石竹、南天竹、百合属、报春属、凤仙属；原产中国和日本的石蒜属、山茶属、杜鹃属；原产巴西南部的矮牵牛、美女樱、半支莲、一串红；原产北美洲东部的福禄考、天人菊、马利筋；原产非洲东部的非洲菊、松叶菊、马蹄莲、唐菖蒲；原产美国南部的待宵草、银边翠。

（2）冷凉型（冬凉亚型，高纬度地区）　包括中国华北、东北南部及日本东北部、北美洲东北部等地区。本区是耐寒宿根、木本花卉的自然分布中心。

如原产中国的紫藤、丁香、含笑、菊花、芍药、荷包牡丹、落新妇、翠菊、二色补血草、翠雀花；原产北美洲东部的荷兰菊、金光菊、花毛茛、假龙头花属、吊钟柳属。

2. 欧洲气候型（大陆西岸气候型）　本区气候特点是冬暖夏凉，雨水四季都有。欧洲气候型的地区包括欧洲大部，北美洲西海岸中部，南美洲西南角及新西兰南部。本区是较耐寒一二年生花卉及部分宿根花卉的自然分布中心。

代表种类有三色堇、雏菊、勿忘草、香豌豆、紫罗兰、霞草、宿根亚麻、香葵、铃兰、毛地黄、耧斗菜等。

3. 地中海气候型　本区气候特点是冬不冷，夏不热；夏季少雨，为干燥期。地中海气候型的地区包括地中海沿岸、南非好望角附近，大洋洲东南和西南部，南美洲智利中部，北美洲加利福尼亚等。本区由于夏季干燥，故形成了夏季休眠的秋植球根花卉的自然分布中心。

代表种类有水仙属、郁金香、风信子、小苍兰、网球花、葡萄风信子、银莲花、金鱼草、金盏菊、锥花丝石竹、紫罗兰等。

4. 墨西哥气候型（热带高原气候型）　本区气候特点是四季如春，温差小，四季有雨或集中于夏季。墨西哥气候型的地区包括墨西哥高原及南美洲安第斯山脉、非洲中部高山区、中国云南等地。本区是不耐寒、喜凉爽的一年生花卉、春植球根花卉及温室花木类的自然分布中心。

代表种类有百日草、波斯菊、万寿菊、旱金莲、藿香蓟、大丽花、晚香玉、球根秋海棠、一品红、鸡蛋花等。

5. 热带气候型　本区气候特点是周年高温，温差小；雨量丰富，但不均匀。热带气候型的地区包括亚洲、非洲、大洋洲、中美洲及南美洲的热带地区。本区是一年生花卉、温室宿根、春植球根及温室木本花卉的自然分布中心。

如鸡冠花、彩叶草、凤仙花、茑萝、紫茉莉、长春花、牵牛花、蟆叶秋海棠、美人蕉、朱顶红属、大岩桐属、竹芋科、凤梨科等。

6. 沙漠气候型　本区气候特点是周年少雨。沙漠气候型的地区包括阿拉伯及非洲、大洋洲和南北美洲等的沙漠地区。本区是仙人掌及多浆植物的自然分布中心。

常见观赏植物有仙人掌属、龙舌兰属、芦荟属、十二卷属、伽蓝菜属等。

7. 寒带气候型　本区气候特点是冬季长而寒冷，夏季短而凉爽，植物生长期短。寒带气候型的地区包括寒带地区和高山地区，故形成耐寒性植物及高山植物的分布中心。

如雪莲花、细叶百合、点地梅属、绿绒蒿属、龙胆属等。

二、中国植被分布

中国疆土辽阔，约占亚洲总面积的 1/4，跨越从热带到寒温带的各个气候带，自然条件十分复杂，植被类型十分丰富，区域差异显著。以下的分区方案是根据 2001 年宋永昌著的《植被生态学》一书综合 1959 年自然分区委员会和 1960 年侯学煜的方案以及 1980 年《中国植被》的方案而成的（图 3-2-1），分区单位和系统从上而下分别是：

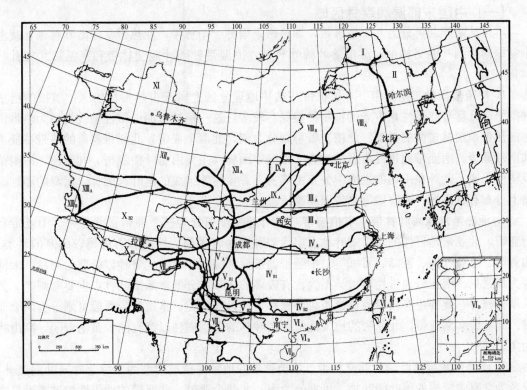

图 3-2-1　中国植被分区图

Ⅰ. 寒温带针叶林区　Ⅱ. 温带针叶树、落叶阔叶树混交林区　Ⅲ. 暖温带落叶阔叶林区：ⅢA. 北落叶阔叶林带；ⅢB. 南落叶阔叶林带　Ⅳ. 东部亚热带常绿阔叶林区：ⅣA. 过渡性常绿阔叶林带；ⅣB. 典型常绿阔叶林带：ⅣB1.典型常绿阔叶林带北亚带，ⅣB2. 典型常绿阔叶林带南亚带　Ⅴ. 西部亚热带常绿阔叶林（旱性）区：ⅤA. 北常绿阔叶林带；ⅤB. 南常绿阔叶林带：ⅤB1. 南常绿阔叶林带北亚带，ⅤB2. 南常绿阔叶林南亚带　Ⅵ. 东部热带季雨林、雨林区：ⅥA. 过渡性热带林带；ⅥB. 典型热带林带　Ⅶ. 西部热带季雨林、雨林区　Ⅷ. 温带草原区：ⅧA. 森林草原带；ⅧB. 典型草原带　Ⅸ. 暖温带草原区：ⅨA. 森林草原带；ⅨB. 典型草原带　Ⅹ. 高寒草甸和草原区：ⅩA. 高寒森林草甸带；ⅩB. 高寒草原带：ⅩB1. 高寒草原南亚带，ⅩB2. 高寒草原北亚带　Ⅺ. 温带荒漠区　Ⅻ. 暖温带荒漠区：ⅫA. 半荒漠、荒漠带；ⅫB. 荒漠裸露荒漠带　ⅩⅢ. 高寒荒漠区：ⅩⅢA. 高寒半荒漠、荒漠带；ⅩⅢB. 高寒荒漠带

（引自侯学煜，1985）

　　植被区域（vegetation region）：划分的依据是由一级生活型区分的植被型组以及与其相关的气候特征。全国区分为 3 大区域：①中国东部湿润森林区域；②中国西北部干旱草原荒漠区域；③青藏高原高寒植被区域。

　　植被带（vegetation zone）：根据地带性的植被类型或者气候顶级及其相关的衍生群落和区域内的其他演替顶级所构成的生物群区，将中国东部划分为 6 个植被带，西北部划分为

4个植被带，青藏高原划分为4个植被带。

植被亚带（vegetation subzone）：在植被带内，由于南北向的光照变化或水热差异而表现出植被型或植被亚型的差异，则可划分为植被亚带。

植被省（vegetation province, vegetation domain）：在植被带或亚带内，由于内部的气候条件，尤其是地貌条件所造成的差异，可根据占优势的中级植被分类单位划分植被省。

植被小区（vegetation district）：在植被省中根据占优势的低级植被分类单位进行的次级划分。

（一）中国东部湿润森林区域

本区从南到北可分为6个植被带，即热带季雨林、雨林带，亚热带常绿阔叶林带，暖温带常绿落叶阔叶混交林带，温带落叶阔叶林带，凉温带针阔叶混交林带和寒温带北方针叶林带。

1. 热带季雨林、雨林带　本植被带在植物地理分区上属于古热带植物区，植被的组成种类繁多且富有热带性，古老的植物种类保存较多。这一植被带的地带性植被类型为热带雨林向热带季雨林过渡的类型。此植被带可划分为南、北两个亚带。北亚带群落的热带特征不如南部显著。南亚带地带性典型植被为半常绿季雨林，主要由小叶白颜树、九丁树、海南茶豆树所组成。此外在干热的生境中分布由鸡占、香须树等组成的落叶季雨林。南海的珊瑚礁岛上分布有麻风桐、海岸桐等热带珊瑚礁植被。

2. 亚热带常绿阔叶林带　本植被带东段可进一步划分为三个亚带：北亚带、中亚带和南亚带。北亚带地带性的常绿阔叶林上层优势种多为青冈属、栲属和石栎属较耐寒的种类，如青冈、小叶青冈、苦槠、石栎等。中亚带地带性常绿阔叶林的优势种以栲属的栲树、米槠等为最常见。南亚带地带性植被类型为含有较多的热带成分的常绿阔叶林，主要有刺栲、黄果厚壳桂等，此外还有较多的桃金娘科、楝科、桑科等种类。本植被带西段可划分为两个亚带：北亚带和南亚带。北亚带的地带性常绿阔叶林的上层树种以滇青冈、黄毛青冈、高山栲为主。

3. 暖温带常绿落叶阔叶混交林带　本植被带的地带性植被类型为常绿落叶阔叶混交林，或者为含有常绿树的落叶阔叶林。可划分为南、北两个亚带。北亚带的地带性植被类型是含有亚热带成分的落叶阔叶林，主要组成树种为栓皮栎、麻栎等。南亚带的地带性植被类型是常绿落叶阔叶混交林或含有常绿树种的落叶阔叶林，落叶树种除麻栎、栓皮栎外，还有白栎、黄檀、化香等，常绿树种多为青冈、苦槠、女贞等。

4. 温带落叶阔叶林带　本植被带也划分为南、北两个亚带。北亚带的地带性落叶阔叶林中辽东栎成为北亚带西部群落的优势种。南亚带的落叶阔叶林中栓皮栎成为西部群落的优势种，而东部则以麻栎为代表。竹林的零星分布也是南亚带区别于北亚带的一个特征。

5. 凉温带针阔叶混交林带　本植被带的地带性植被类型为温性针阔叶混交林。针叶树种主要是红松，还有沙冷杉以及少量的紫杉，阔叶树种有紫椴、水曲柳、花曲柳等。本植被带可划分为南、北两个亚带。北亚带的针阔混交林中存在有较多的东西伯利亚成分，如兴安落叶松、鱼鳞云杉等；南亚带的混交林中则以长白及温带成分为主，长白落叶松、千金榆可作为其标志种。在混交林区的东北部，分布着大面积的沼泽和沼泽化草甸，优势植物为小叶章、多种薹草和丛桦等。

6. 寒温带北方针叶林带　本植被带以兴安岭落叶松林又称明亮针叶林为地带性植被。本植被带的区系成分以东西伯利亚植物为主，如兴安岭落叶松、白桦等组成群落的优势种，同时也受东北植物区系以及蒙古植物区系的影响，前者如蒙古栎、山杨等，后者如羊草、兔毛蒿等。

（二）中国西部草原荒漠区域

中国西部草原荒漠区地处内陆腹地，本区根据大地貌所联系的气候条件，自东向西分为4个植被带，即温带森林草原带、温带草原带、温带草原荒漠带和温带荒漠带。

7. 温带森林草原带　本植被带是森林和草原镶嵌分布。北部大兴安岭西麓多为白桦和山杨，在沙地上有樟子松，松辽平原以及黄土高原上多为蒙古栎、辽东栎、油松等。草原分布面积很广，大兴安岭西麓以及松辽平原外围主要为羊草草原和贝加尔针茅草原；松辽平原上还分布有大针茅和克氏针茅草原；冀北山地及黄土高原的草原种类中以长芒草最为典型。在水分较多的地点分布有草甸甚至沼泽化草甸。

8. 温带草原带　我国温带草原是欧亚草原带的一个组成部分。自西向东植物区系背景不同，组成种类也存在差异。在北部的内蒙古高原上大面积分布着大针茅和克氏针茅，局部还可见羊草草原，黄土高原中东部广泛分布的是长芒草草原，在草原带内的湖盆洼地以及河谷地区分布有各类草甸，在沙地上则有沙生植被。

9. 温带草原荒漠带　本植被带的地带性植被类型为荒漠草原和各类草原化荒漠。前者如短花针茅草原、戈壁针茅草原、沙生针茅草原等，其中常混生有红沙、盐生草、木霸王等荒漠成分；后者如红沙荒漠、盐爪爪荒漠、珍珠猪毛菜荒漠、合头草等，群落中含有针茅等许多草原成分。

10. 温带荒漠带　本植被带的地带性植被类型主要是荒漠，广泛分布的是由超旱生灌木、半灌木以及小乔木构成的荒漠群落，最常见的是红沙荒漠和珍珠猪毛菜荒漠。

（三）青藏高原高寒植被区域

为了强调高原植被发生学上的一致性和特殊性，将青藏高原划分为独立的高原植被区域，并从东南向西北划分为4个植被带，即高原东南部山地寒温性针叶林带、高原东部高寒灌丛草甸带、高原中部高寒草原带和高原西北部高寒荒漠带。

11. 高原东南山地寒温性针叶林带　本区具有明显的植被垂直分布带谱。在3 000～3 600m以下的干热河谷，植被普遍以具刺的旱生的白刺花灌丛为主；3 000m以上，主要植被类型为以冷杉林、云杉林及圆柏林组成的山地寒温性针叶林。在北纬30°以南的南部地区，3 000～4 000m山坡上还分布有川滇高山栎林和黄背栎林。高原边缘的山地下部及雅鲁藏布江大拐弯以北，还可见到以壳斗科为主的常绿阔叶林。寒温性针叶林的上限一般为4 000～4 200m（有些地方可达4 400m）。林线以上是小叶型的高山杜鹃灌丛和高山草甸。在4 700m至雪线分布有流石滩稀疏植物群落。

12. 高原东部高寒灌丛草甸带　本植被带的地带性植被类型为高寒灌丛和高寒草甸，在高寒灌丛的种类组成中以落叶灌木金露梅和高山柳以及常绿灌木高山杜鹃和狭叶鲜卑花等为主。在高寒草甸中以亚高山成分的多种嵩草为主，其中伴生有不少中国—喜马拉雅成分和北极—高山成分以及青藏高原特有成分。

13. 高原中部高寒草原带　本植被带的地带性植被类型为高寒草原，其组成仍以针茅属为主，其中分布最广的是紫花针茅，为帕米尔—西藏高原成分，其次还有羽柱针茅，亦为青藏高原所特有。嵩草属在构成高寒草原中也有较大的作用。

14. 高原西北部高寒荒漠带　本植被带为世界上最高的一片高寒荒漠，主要的组成种类为垫状驼绒藜和西藏亚菊，群落都比较低矮。本带南部谷地地区广泛分布的是温性山地荒漠和草原化荒漠植被，主要组成成分为驼绒藜、灌木亚菊等亚洲中部荒漠成分，以及沙生针茅、短花针茅等亚洲中部草原成分。

第三节 园林植物种类选择

进行园林种植设计时，首先要对园林植物种类进行选择。在选择园林植物时，应该做到符合目的性、适地适树性、地方特色性、种类多样性、环境抗逆性、生长繁殖性、短期长期性、可施工性、低维护管理性、市场供应性等。

1. 符合目的性 园林植物选择的首要条件便是符合种植的目的性和功能性（彩图 3-3-1）。

园林绿地具有生态改善、景观美化、休憩娱乐、文化创造、防灾避险等五大功能。有的园林绿地具有上述功能中的某一项，有的具有以上功能中的两项以上，综合性园林绿地则具有上述所有功能，因此，不同功能的园林绿地应选择不同的植物种类。

以生态改善为主体的园林绿地应选择树大荫浓、绿量高的植物种类；以景观美化为主体的园林绿地应选择或树形美、或叶簇美、或枝干美、或花果美的植物种类；以休憩娱乐为主体的园林绿地应选择适于营造休憩娱乐环境的植物种类；以文化创造为主体的园林绿地应选择古树名木或者具有文化性的植物种类；以防灾避险中的防为主体的园林绿地应选择不易燃烧、耐燃烧的植物种类。对于具有综合功能性的园林绿地则要根据不同功能的分区选择不同的植物种类。

2. 适地适树性 园林绿化应根据当地的立地条件，因地制宜地选择适生植物种类。

当地的自然植被以及代偿植被的构成种类最适于当地的自然环境与人文环境，这些种类被称为乡土植物（彩图 3-3-2）。选择植物时，一般以乡土植物为主，也可适当选用一些引种驯化成功的外来优良种类，经过长期的栽培驯化，它们已经适应该地的环境条件。环境适应性强的植物，一般情况下生育良好，对病虫害的抗性也强。

此外应在充分考虑当地的土壤条件、小气候条件及环境污染状况等情况下确定群落种类组成。

3. 地方特色性 在很多情况下，应用乡土树种具有明显的优点：它们能同当地的景色相协调，而且有助于使新的规划设计表现出当地的特色。在实际应用中，乡土树种比外来树种更适应当地条件。

地区性的乡土树种是体现园林地方特色的最好材料。如我国华南地区的美丽异木棉（彩图 3-3-3）、凤凰木、蒲葵、芭蕉、羊蹄甲、榕树等热带植物与东北地区的云杉、冷杉、杜松、落叶松、桦树等寒带植物，不论是生态习性还是季相景观表现，都有很大的差异，各有自己的景观特色。这种因自然条件形成的地方性特征，是园林植物自然美的表现。

在城市中，无论在古城还是新城，植物总是可以记载一个城市的历史，见证一个城市的发展历程，向世人传播她的文化，也可以像建筑物、雕塑那样成为城市文明的标志。例如杭州城中的三秋桂子、十里荷风，苏州光福的香雪海，北京香山的红叶，洛阳的牡丹，平阴的玫瑰，还有各地的市树、市花等。这种因人文历史条件形成的地方性特征，是园林植物人文美的表现。

4. 种类多样性（生物多样性） 植物是城市生态系统中改善生态环境的重要因子，植物物种的丰富度直接影响着人类生活的环境质量。丰富的植物种类不仅是群落多样性的基础，同时也是创造多姿多彩的园林景观的基础。它在增强群落的抗逆性和韧性、保持群落稳定性及避免有害生物入侵的同时，还能够满足人们不同的审美要求。只有多样性的植物种类，才能构建不同生态功能的植物群落，更好地发挥植物群落的景观效果和生态效果。

因此，园林绿化在选择优良的乡土树种作为骨干树种的基础上，应积极引入易于栽培的新种类，驯化观赏价值较高的野生植物，以丰富园林植物种类，形成色彩丰富、多种多样的园林植物景观。

5. 环境抗逆性　随着城市的发展，园林绿化的对象地越来越多样化、复杂化，例如街道边角、建筑周围、海边、道路两侧、立交桥下、机关厂矿大院等。这些地方土壤环境条件恶劣，阻碍植物生长的因素多。这些因素在植物栽植之前应尽量给以改良，但多数情况之下是难以避免的。解决问题的最有效方法之一便是选择抗逆性强的植物种类。

植物的环境抗逆性有耐阴性、耐旱性、耐湿性、耐海潮风、耐大气污染性、耐寒性等，应当在充分了解各种植物抗逆特性的基础上，进行适当选择。

6. 生长繁殖性　植物的生长繁殖性包括植物的增高生长、增粗生长、萌芽力、繁殖力等。根据园林绿化目的不同，对这些性质的要求也不同。如厂矿绿化和道路绿化等以环境保护为目的的种植设计，一般要求树木具有旺盛的增高生长与增粗生长；但以庭园美化为目的的种植设计并不特别要求树木的增高生长与增粗生长。此外，栽植于分界处或者以遮蔽为目的设计的绿篱，则要选择萌芽力强的树种。

以环境保护为目的的种植设计，在栽植之后不需要人工管理，任其自然生长，这就要求植物有很强的自我繁殖能力。繁殖能力包括从开花、结实到繁殖，如竹子可利用地下茎来进行繁殖。即使没有人为管理也可进行自我繁殖，并进行植被的自然更新，这类植物多为当地自然植被的构成种。

园林绿化尽量有效地利用自然所具有的力量，灵活地运用植物的生长繁殖能力。

7. 短期长期性　园林植物是有生命的有机体，在进行植物选择时应考虑到植物景观效果的发展性和变化性，处理好短期目标与长期目标的相互关系，将速生树与慢长树进行合理搭配。

速生树种如杨、柳等生长迅速，能在短期内发挥效果，但往往三四十年就开始衰老，需要及时更新和补充，否则就要影响绿化效果；慢长树如柏、银杏等，短期内不能形成良好的景观效果，需要在三四十年后才能见效，但寿命可达百年以上。

进行园林绿化时，不能单一地选择速生树或慢长树，而要将二者进行合理搭配。为早日发挥绿化效果，以速生树为主，搭配一部分慢长树，尽快实现普遍绿化。当速生树种长到一定程度以致影响慢长树生长时，可去掉速生树，留下慢长树，完成绿化面貌的合理过渡（图3-3-1）。

长江流域的速生树种有：马尾松、落羽杉、池杉、杉木、檫木、英桐、法桐、美桐、珊瑚朴、枫杨、江南桤木、木荷、梧桐、响叶杨、小叶杨、垂柳、野茉莉、山合欢、喜树、灯台树、重阳木、油桐、乌桕、无患子、三角枫、南酸枣、臭椿、苦楝、白蜡、泡桐（白花泡桐）、香果树、拐枣、银鹊树、湿地松、火炬松、水杉、红楠、黄山栾、山桐子、楸树、梓树、香椿、毛竹、鹅掌楸、扶芳藤、黄樟、枫香、柽柳、楝木、爬山虎、刺槐、雪松、桑树、无花果、葛藤、漆树、杜英、华东楠、蓝果树等。

长江流域的慢生树种有：银杏、金钱松、刺柏、罗汉松、粗榧、日本扁柏、广玉兰、朴树、珊瑚树、小叶朴、糙叶树、青檀、苦槠、青冈、红豆树、黄檀、丝棉木、冬青、雀舌黄

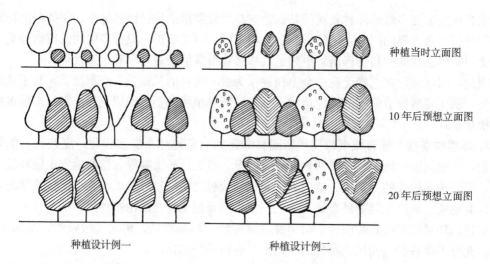

种植当时立面图

10年后预想立面图

20年后预想立面图

种植设计例一　　　　　　　种植设计例二

图3-3-1　在考虑短期长期性的基础上进行种植设计，
并随着植物的生长进行相应的间伐管理

杨、鸡爪槭、女贞、小蜡、紫楠、南方红豆杉、金缕梅、榔榆、榉树、卫矛、黄连木、日本五针松、山核桃、栓皮栎、南天竹、枇杷、石楠、木瓜、七叶树、紫薇、柊树等。

　　黄河流域的速生树种有：构树、枫杨、刺槐、山杨、毛白杨、小叶杨、旱柳、合欢、山合欢、盐肤木、白蜡、毛泡桐（紫花泡桐）、楸树、梓树、香椿、加杨、扶芳藤、榆树、柽柳、紫穗槐、爬山虎、刺楸、雪松、胡桃、桑树、珍珠梅、葛藤、紫藤、火炬树、漆树、文冠果、糠椴、沙枣、沙棘、日本落叶松、珊瑚朴、翅果油树等。

　　黄河流域的慢生树种有：银杏、青檀、辽东栎、皂荚、枣、七叶树、黄连木、流苏、白皮松、侧柏、圆柏、玉兰、紫玉兰、国槐、卫矛、丝棉木、瓜子黄杨、六道木、栓皮栎、木瓜、杜梨、紫薇、白杆、青杆、朴树等。

　　8. 可施工性　植物有移植容易和困难的种类，亦即植物的耐移植能力不同，同种植物不同生长阶段其耐移植能力也不同。一般来讲，苗木容易移植，壮年树以后难以移植，但个别树种正好相反。此外，同一树种由于所处地区不同，移植的难易也有差别。例如，东北红豆杉在暖地移植极其困难，但在寒冷地区比较容易。

　　移植时期因树种不同而不同，有的全年皆可进行移植，有的只能在一年之中极短时期内移植。另外，在移植时期有的需要对枝叶进行修剪，有的需要进行卷干保护。

　　一般来说，移植容易、成活率高的树种，具有较强的可施工性（图3-3-2）。

　　9. 低维护管理性　园林绿地的主体是活着的园林植物，所以园林绿地建成之后需进行必要的维护管理。不需要进行施肥、灌溉、

图3-3-2　易于移植是可施工性中
最重要的内容之一

防寒等措施，而且很少发生病虫害的植物，维护管理简单。这类植物中一般以当地自然植被的构成种居多，同时具有较强的环境适应性与繁殖性（彩图3-3-4）。

基本上不需要修剪，徒长枝等不会使树形发生变化以及病虫害较少的植物种类属于低维护管理性植物。

10. 市场供应性 苗木生产量大、在市场上容易购买到、便于运输的种类，其供给性好。同时，作为行道树和绿篱用的树种，能够大量购买到相同规格的苗木成为其必要条件。特别是行道树，病枯树出现时需立即进行更换补植，在苗圃中预备苗木是重要的措施之一。

第四章

园林植物的文化要素

在人类漫长的历史发展过程中，植物与人的关系十分密切，植物对人类的生活具有极其重要的价值。除此之外，植物本身就是重要的风景资源，是自然山水不可分割的部分。植物往往是构成园林景观的主体或观赏的主题。

第一节　中国植物与人关系的发展历程

我国人与植物关系的发展历程可以人为地分为原始崇拜、神格化、人格化以及物质化四个时期（图4-1-1）。

历程	原始崇拜(拜物教)→	神格化(神仙思想)→	人格化(天人合一)→	物质化(科学认识)
时代	原始时代	秦汉时期为主	始于魏晋南北朝	始于封建社会后期
主体对象	原始先民	从庶民到天子	以隐逸文人为主	全体民众
表现形式	陶瓷表面 植物纹刻	神树类、社坛植树、 祭祀植树	传统花木的人格化	对花木进行改良、欣赏，成为园 林植物材料

图4-1-1　我国人与植物关系的发展历程

一、植物的原始崇拜

先民在采食植物种实的长期过程中，产生了对植物的原始崇拜，进而形成了原始种植业，即原始农业。植物的原始崇拜和原始农业发展的结果，形成了对植物的爱好风习，即观赏风习。而先民最初欣赏的植物种类无疑是那些可以解决饥饿问题的食用植物。

先民们对植物最初的爱好风习表现在将植物的茎、叶、种实部分或者全株的纹样雕刻在原始陶器上。如我国出土的五六千年之前河姆渡文化遗址的原始艺术品上表现植物题材的方式有三种：一是成行出现的谷粒纹，即陶器上常见的锥刺排列成一行、两行或三行的稻谷花纹；二是枝实相连的稻穗纹，有的穗枝略偏一旁，似做扬花状，有的整束沉甸下垂分向两边，像已进入待割的成熟期；三是禾叶纹装饰，常见的是陶口沿上勾连成行的连环叶芽图案，还有四叶纹、五叶纹和不规则叶纹等。除了河姆渡遗址外（图4-1-2），在仰韶、马家窑和青莲岗等文化遗址中，也可见到大量的绘有植物纹样的彩陶。其中有些植物图案有夸张的表现，表明原始人类对于赖以生存的植物，已具有敏锐的观察能力。

二、植物的神格化时期

在先民的原始崇拜中，林木因具有同山川相似的神性而成为人们祭祀的对象，且占有重要的位置。此时不论天子、诸侯、大夫、百姓，必各自立"社"以奉神祇，而"社"通常的标志即是"社树"、"社林"。"社树"、"社林"作为土神乃至祖先神的象征，在上古社会中具有崇高的地位。

在当时的昆仑神话中，已有关于神木的

图4-1-2 浙江余姚河姆渡文化遗址
出土的陶器断片

记载（图4-1-3）。因为有了林木，"西王母"和"黄帝"居住的昆仑山中的"瑶池"和"悬圃"就成了更加美妙的神圣境地。例如，《淮南子·墬形训》记载："昆仑山上有增城，九重。上有木禾，其修五寻，珠树、玉树、璇树、不死树在其西，沙棠、琅玕在其东，绛树在其南，碧树、瑶树在其北。"

随着昆仑神话的东传和神仙思想的勃兴，产生了渤海仙山中也生长着"珠玕"仙树的传说。例如《列子·汤问》载曰："渤海之东……其中有五山焉，一曰岱舆，二曰员峤，三曰方壶，四曰瀛洲，五曰蓬莱……其上台观皆金玉，其上禽兽皆纯缟。珠玕之树皆丛生，华实皆有滋味，食之不老不死。"

到了汉代，"神木"、"仙树"发展成了"扶桑树"。进而又由"扶桑树"演变为"桃都树"和"桃树"。

图4-1-3 武氏祠画像石中描述的神树

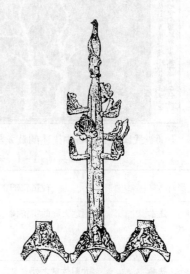

图4-1-4 河南省济源泗涧沟汉墓
出土的桃都树

除在当时的文献中有关于"神木"、"仙树"的记载外，在我国出土的文物中，也发现有陶制的"桃都树"。如1969年11月18日，在河南省济源泗涧沟汉墓的发掘过程中，在墓人前室的北部、紧靠门的西边，挖掘出土了桃都树的树枝和树叶；天鸡出土于前室的东北部，通高0.63m（图4-1-4）。由此可见，当时崇拜桃都树之风已较盛行。

在内蒙古自治区和林格尔汉墓后室木棺前的壁画中绘有一株枝叶繁茂的巨大桂树，这显然是幻想通过具有神性的树而使墓主的灵魂升入天国。陕西勉县红庙出土的东汉铜树，树身远比底座的山峦高大得多，山峦与树枝间遍布灵怪、鸟兽、人物和车马等。许多文献中所记载的神木，如《神异经》中所记载之"梨"、《西河旧事》中所记载之"仙树"、《海外北经》中所记载之"三桑"、"寻木"等，皆以高大为其美学标准，这主要是通过树体的高大和枝叶的繁茂，来寄托树木的神性和先民对林木的崇拜。

除了崇拜林木之外，先民还崇拜某些草类，如将天南星科的菖蒲当作神草。《本草·菖蒲》载曰："典术云：尧时天降精于庭为韭，感百阴之气为菖蒲，故曰：尧韭。方士隐为水剑，因叶形也。"

人们在崇拜的同时，还赋予菖蒲以人格化，将农历四月十四日定为菖蒲的生日，"四月十四日，菖蒲生日，修剪根叶，积梅水以滋养之，则青翠易生，尤堪清目。"正是由于菖蒲的神性，加之具有较高的观赏价值，一直成为我国重要的观赏植物和盆景植物。

我国秦汉时期前后的神树（草）类有建木、扶桑、扶木、桃都、桃、桑、连理木（图4-1-5，图4-1-6）、嘉禾和朱草等（表4-1-1）。

图4-1-5　武氏祠画像石中描述的黄龙与连理木　　　图4-1-6　武氏祠画像石中描述的连理木

表4-1-1　我国秦汉时期前后的神树（草）类

神树（草）类	神格化的含义	文献出处
建木	到达天际的宇宙树	《山海经·海内南经》 《山海经·海内经》 《淮南子·墬形训》
扶桑	太阳休息之处 东方的圣木	《山海经·海内东经》 《淮南子·天文训》

（续）

神树（草）类	神格化的含义	文献出处
扶木	太阳休息之处 东方的圣木	《山海经·大荒东经》 发掘出土的画像石
桃都		《淮南子·墬形训》 《玄中记》
桃	辟邪除妖之树	《神农本草经·下经》 《论衡·订鬼》
桑		《淮本经》
连理木	祥瑞之树	《晋书·元帝纪》
	善德之树	《金石索》
	象征爱情之树	《孔雀东南飞》
嘉禾	庆贺之草	《论衡·讲瑞》 《东观汉记》
朱草		《大戴礼》 《宋书·符瑞志上》

三、传统花木的人格化时期

我国文化博大精深，在儒、佛、道三大源流中，以孔孟为代表的儒家学说影响最大，在中国文化中占主导地位。园林植物的联想意义多受儒家文化的影响。而且，在这种价值观念支配下，古人往往将自身的价值取向比拟在花木身上，形成了中国古典园林植物的人格化。

（一）传统花木人格化的渊源

我国古代文人爱用花虫鸟兽的特性来比拟人们自身的某种社会品性，实际上这是文人将自身的思想品格投射到自然界的各种植物上，导致了人性的自然化和自然的人格化，从而使代表这些植物的名词产生了丰富的联想意义。

园主特别是那些官场失意、隐影于朝外的士大夫，常根据自身爱好，选取适于观赏、吟诵的植物，配置在园林中适当的位置，依照植物时序季相的变化，四时八节邀约知心好友欣赏吟咏。文人名士的诗词文章，将植物人格化，赋以性格风韵，使它们成为崇高品格的象征（图 4-1-7）。如屈原的颂橘、颂菊，周敦颐的爱莲，王徽之的爱竹等。

从植物景观来看，魏晋以前的《诗经》、《楚辞》、《汉赋》中涉及植物者，多为只言片语，言简意赅，涉及植物本身及其栽植位置，极少联系到人文精神的情与景。以汉代司马相如所著《上林赋》与《子虚赋》而言，尽管列举了大量的植物名称及其栽植地点，但也较少涉及诗情与画意。

在此之前有关植物的描写尽管较少，但《诗经》、《楚辞》、《汉赋》也是将大自然植物引入文学诗词的一个源流，是开启诗画文学艺术中描绘植物题材的一扇门窗。哲学家们对自然美的观赏往往和人的伦理道德互渗在一起。对于花木的比德，孔子曾说过："岁寒，然后知松柏之后凋也"（《论语·子罕》）；荀子也有"芷兰生于深林，非以无人而不芳"（《荀子·宥坐》）。这是从人的伦理道德观点去看待自然景物，将自然景象看做是人的精神品质的对应

图 4-1-7　南京西善桥发掘出土的南朝墓中的竹林七贤拼镶砖画

物。此外，《楚辞》中也大量运用比兴手法，如"善鸟香草，以配忠贞"（王逸《离骚序》），这种同形同构的审美欣赏，影响深远。《楚辞》中如屈原的《橘颂》，以橘的风格自喻，更是少有的以植物比喻人格的精彩篇章。

　　自从魏晋形成自然山水园以及隋唐时期由秦汉建筑宫苑发展到山水宫苑之后，诗情画意也开始逐步写入园林。到了唐代，茂草树木被广泛用于比喻君子之德。宋代以后，随着梅、兰、竹、菊花鸟画的发展，园林中的花木就更多富有比德的审美价值。此外，中国古典园林广泛选用和种植具有高雅品位、能够为文人借景抒情的花木。由此园林的花木不仅具有一般自然风景的意义，而且还被赋予不同的品格，具有人格化的意义，园林景观也拥有了情感、文化和推理的内涵。

（二）传统花木人格化的道德取向

　　中华文化是一种伦理道德型文明，特别注意修身养性，认为"格物、致知、正心、诚意、修身、齐家、治国、平天下"是每个读书人报效国家的必经之路，传统儒学为文人士大夫建立了一整套道德价值体系，如坚贞、刚毅、淡泊、谦逊、洁身自爱等，每一种品质都可以找到相应植物作代表，如松之坚贞、柏之刚毅、梅之淡泊、竹之谦逊、荷之高洁等。

　　明代文学家程敏政作《岁寒三友图赋》，颂松、竹、梅为"岁寒三友"。松、竹、梅最能表现中华民族的文化气质，松显苍劲，竹透清逸，梅为冷艳，千百年来因其有着高贵的品质而被人们广为称颂，象征顽强的性格和斗争精神。梅、兰、竹、菊为清华其外、淡泊其中、不作媚世之态的"四君子"，象征了文人高尚的道德情操。

　　明代薛瑄在其《友竹轩记》论述道："又取草木之香清秀异可爱者，以寓其好。若骚客之兰，陶潜之菊，周子之莲，林逋之梅，虽所取不同，而各为所适之志则一也。况竹之为物，直而不曲，劲而不凋，而又锵鸣风雨，声闻于远，有如直谅多闻之德，以之为友，则耳目所接，心志所适，为益其可一二数也。"

　　正是通过花木的人格化，花木在人们心目中的价值得到了提升。

四、植物的物质化时期

在我国，植物与人关系的主要内容是人们将植物当做物质资料进行科学的认识，并逐渐掌握其自然规律进行栽培生产，为人们的生活提供保障。

自隋统一中国后，出现了隋唐时期的封建经济和科学文化的繁荣昌盛。宋代在盛唐的基础上，农业、手工业、医药及文化方面日益发展。该时期由于医药学、农学和园艺学的发展，积累的植物学知识更加丰富，地区性的植物专著和园艺专谱大量出现，形成了中国植物学的极盛时期。元代我国在农学与林学方面也有了长足的进步。

明代的植物学著作有了大的发展，前期有我国历史上第一部救荒专著《救荒本草》问世，中期有影响世界的植物学、药物学巨著《本草纲目》诞生于世。

清代特别是康熙、乾隆年间比较重视自然科学的发展，康熙四十七年（1708）编纂完成了有关经济植物的巨著《广群芳谱》，乾隆七年（1742）完成了有关农业的重要著作《授时通考》，道光二十八年（1848）代表着中国传统植物研究最高水平的巨著《植物名实图考》出版。

以上对我国人与植物关系的发展历程进行了回顾，揭示了我国人与植物关系的发展规律，这几个阶段既有先后顺序，也有相互穿插。

第二节　中国传统园林植物人格化的途径与形式

一、中国传统园林植物人格化的途径

我国传统植物人格化大体上产生于以下七条途径。

1. 由季节产生的寓意

梅花（早春）→"魁"。

梅花、杨柳、玉兰（春天）→"春的使者"。

杏花（春天）→"科举合格"。

荼蘼（也作酴醾，蔷薇科的悬钩子蔷薇，晚春至初夏）→"终了"。

菊花（秋天）→"不屈"。

茶梅、水仙、蜡梅（严冬）→"节操"。

松、竹、梅、月季（四季开花性）→"贞节"、"不老不死"、"不变"、"永远光荣"。

柑橘类（四季常绿性）→"大人物"。

2. 由色彩产生的寓意

柑橘（花白色）→"高洁"。

菊花（黄色）→"天子之位"。

芙蓉（锦葵科的木芙蓉，花色千变万化）→"醉态"。

3. 由形状、氛围产生的寓意

牡丹（花容）→"富贵（富有与地位）"、"花王"。

芍药（花容仅次于牡丹）→"宰相、大臣"。

竹子（竹秆有节）→"节度"。

石榴、山椒（种子）→"多产"。

荔枝（圆的果实）→"圆满"。

灵芝（形状如如意）→"如意（顺心如意）"。

并蒂花（花蒂相连）→"爱情"。

瓜类（瓜藤上的瓜接三连四）→"子孙繁荣"、"万代"。

4. 由性质产生的寓意

松、竹、梅、菊（耐寒性）→"贞节"、"不屈"、"君子（高德之人）"。

杨柳（枝条的弹性）→"归还"。

竹子（与大地很强的结合力）→"团结力"。

柑橘类（不可靠近的刺）→"独立不羁"。

玫瑰（有刺）→"危险"。

竹子（爆竹的声响）→"辟邪"。

5. 由药效、气味、芳香产生的寓意

梅、桃、杏、木瓜（果实的酸味）→"授子"、"安产"。

松、菊、灵芝（药效）→"长寿"。

兰（药效）→"授子"。

兰（香气）→"友情"。

柑橘类（香气）→"贵人"。

莲子的胚芽（有苦味）→"苦恋"。

6. 由谐音产生的寓意

兰（lán，兰＝láng，郎）→"男性、夫"。

柑橘（jú，橘＝jí，吉）→"吉（幸运）"。

荷花（hé，荷＝héhé，和合）→"和合"。

莲花（lián，莲＝lián，怜）→"恋人"。

桂花（guì，桂＝guì，贵）→"高贵"。

荔子（荔枝的果实；lìzi，荔子＝lìzǐ，立子）→"授子"。

芙蓉（fúróng，芙蓉＝fūróng，夫容）→"夫的姿形"。

7. 由神话、传说、民谣产生的寓意

水仙、兰花→"夫妇爱"。

竹子（竹报平安）→"来自故乡的平安信"。

芍药→"宰相、大臣"。

桃、菊→"不死、长寿"。

桂花→"高升"。

连理枝→"男女、夫妻爱情"。

从以上我国植物寓意的来源途径来看，可以总结如下：①植物的寓意除与花有关系之外，还与果实有关，如梅、桃等；②植物寓意多来自谐音；③"不老不死"、"财运兴隆"、"子孙繁荣"等是中国人最大的愿望，这些多体现在植物的寓意之中。

二、中国传统园林植物人格化的形式

我国传统花木人格化的形式包括品第分类，文人交花为友、以花为客，我国的花神等内容。

（一）花木的品第分类

在我国传统文化价值观念支配下，古代文人往往将自身的价值取向比拟在花木身上，并将花木分成帝王、宰相、君子、师长、朋友、仆人的地位等级，以对花木的品格高下、色姿特征进行划分。

1. 传统花木的"九品九命"分类　宋代张翊，长安人，因乱南下，即以品评花卉自娱，其所著《花经》代表了当时一般人士对花卉爱好的风习。《花经》的具体内容如下：

翊好学多思致，世本长安，因乱南来，尝戏造《花经》，以九品九命升降次第之，时服其尤当。

一品九命：兰，牡丹，蜡梅，酴醾（荼蘼），紫风流（即瑞香）。

二品八命：琼花，蕙，岩桂，茉莉，含笑。

三品七命：芍药，莲，檐葡（栀子），丁香，碧桃，垂丝海棠，千叶桃。

四品六命：菊，杏，辛夷（紫玉兰），豆蔻（草果药），后庭（鸡冠花的一种），忘忧（萱草），樱桃，林檎（花红、沙果），梅。

五品五命：杨花，月红，梨花，千叶李，桃花，石榴。

六品四命：聚八仙（八仙花），金沙（单瓣月季的一种），宝相（扶桑花），紫薇，凌霄，海棠。

七品三命：散花（供佛所用花），真珠（接骨草），粉团（紫茉莉），郁李，蔷薇，米囊（罂粟），木瓜，山茶，迎春，玫瑰，金灯，木笔，金凤（凤仙花），夜合，踯躅，金钱，锦带，石蝉。

八品二命：杜鹃，大清（蓼蓝），滴露（甘露子），刺桐，木兰，鸡冠，锦被堆（蔷薇）。

九品一命：芙蓉，牵牛，木槿，葵，胡葵，鼓子，石竹，金莲。

2. 传统花木的地位等级分类　明代万历丁巳（1617）刊行的《花史左编》由王路编撰而成。王路生平有花癖，在山中经营草堂，种花栽竹，辑录各种花木的品目、故事以及栽种方法等，著成此书。全书分为二十四卷，每卷为一部，其中的"花之辨"部剖析一花数名、一花数色以及异瓣、果实、异味、异产、栽培异法；"花之候"部讲述花的培养、寒暑、朝暮、春秋、年月日时的变化；"花之宜"部记载栽培、浇灌、维护、珍惜等；"花之忌"部列举各花的病害、虫害和疗法。

该书第一卷的"花之品"一节采用以拟人化为主的手法对各种花木进行了等级、品味的分类：花王、花后、花相、花魁、花妖、花男、花妾、花客、花友、花鹤、花鼠、花鸾、豪杰、隐逸、富贵、风流、夫妇、神仙、君子、美人、状元、大夫、王者香、晚节香、冰玉姿等内容。

此外，在我国传统花木人格化中，不仅对各种种类进行品第分类，还把各种种也进行地位等级的分级，例如在该书"牡丹品"一节中对牡丹品种分级如下：姚黄为王、魏红为妃、九嫔、世妇、御妻、花师傅、花彤史、花命归、花嬖幸、花近属、花疏属、花戚里、花外屏、花宫闱、花丛脞、花君子、花小人、花亨泰、花屯难等。

（二）文人交花为友、以花为客

在传统花木人格化中，文人还把自己与花木放在同一地位，交花为友，以花为客。这在宋代龚明之《中吴纪闻》卷四"花客诗、花十二客"、宋代姚宽《西溪丛语》卷上"花三十客"以及明代都卬《三余赘笔》"十友十二客"等文献中皆有记载（图4-2-1）。

龚明之《中吴纪闻》卷四"花客诗"中记载道："张敏叔尝以牡丹为赏客，梅为清客，菊为寿客，瑞香为佳客，丁香为素客，兰为幽客，莲为静客，酴醾为雅客，桂为仙客，蔷薇为野客，茉莉为远客，芍药为近客。各赋一诗，吴中至今传播。"

《三柳轩杂识》中记载："花名十客，世以为雅戏，姚氏《丛语》演为三十客，其中有未当者，暇日因易其一二，且复得二十客，并著之，以寓独贤之意。牡丹为贵客，梅为清客，兰为幽客，桃为夭客，杏为艳客，莲为净客，桂为岩客，海棠为蜀客，踯躅为山客，梨为淡客，瑞香为闺客，木芙蓉为醉客，菊为寿客，酴醾为才客，蜡梅为寒客，琼花为仙客，素馨为韵客，丁香为情客，葵为忠客，含笑为佞客，杨花为狂客，玫瑰为刺客，月桂为疑客，木槿为时客，石榴为村客，鼓子花为田客，曼陀罗为恶客，孤灯为穷客，

棠梨为鬼客，棣棠为俗客，木笔为书客。以上见姚氏。芍药为娇客，凤仙为羽客，紫薇为高调客，水仙为雅客，杜鹃为仙客，萱草为欢客，橘花为隽客，栀子为禅客，来禽（林檎）为靓客，山矾为幽客，楝花为晚客，菖蒲为隐客，枇杷为粗客，玉绣球为巾客，茉莉为狎客，月丹为豪客，菱花为水客，李花为俗客，凌霄花为势客，迎春为僭客。以上新添。"

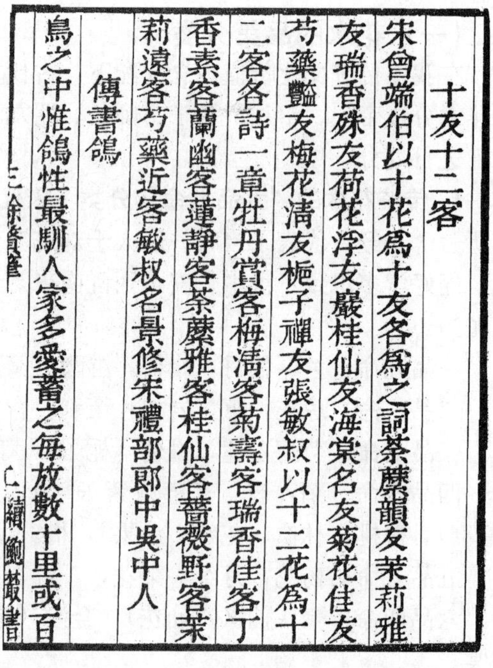

图右侧竖排文字（图4-2-1《三余赘笔》内容）：

> 十友十二客
>
> 朱曾端伯以十花爲十友各爲之詞荼蘼韻友茉莉雅友瑞香殊友荷花浮友巖桂仙友海棠名友菊花友茉莉雅芍藥豔友梅花清友栀子禪友張敏叔以十二花爲十二客各詩一章牡丹賞客梅清客菊壽客瑞香佳客丁香素客蘭幽客蓮靜客茶蘼雅客桂仙客薔薇野客茉莉遠客芍藥近客敏叔名景修朱禮部郎中吳中人
>
> 傳書鸽
>
> 鳥之中惟鹡性最馴人家多愛蒏之每放数十里或百

图4-2-1　明代都卬《三余赘笔》

（三）中国的花神

花神为司管花木之神。在我国历史上，把非常爱好某种花木、与该种花木关系密切的名人比喻为花神（图4-2-2）。此外，我国还有在花木著名栽培地修建花神庙的习惯（图4-2-3）。

图4-2-2　描绘各位花神向玉皇大帝祝寿的《花仙上寿图》

（清代年画）

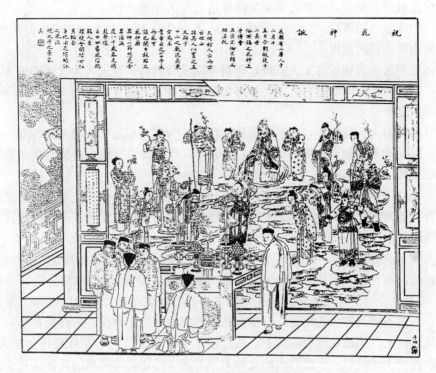

图 4 - 2 - 3　花神庙内部盛况
(摘自清代吴友如《点石斋画报》)

1. 花神　清代末期苏州的养间翁根据民间传说，将花神根据月份（农历）整理如下：

正月：梅花神为林和靖，梅花女神为梅妃。

二月：杏花神为董奉，梨花女神为谢道韫。

三月：桃花神为东方朔，桃花女神为息夫人。

四月：芍药神为韩琦，蔷薇女神为丽娟。

五月：石榴花神为张骞，石榴花女神为石醋醋。

六月：荷花神为周茂叔，荷花女神为西施。

七月：秋葵花神为鲍明远，玉簪女神为李夫人。

八月：桂花神为郤诜，桂花女神为嫦娥。

九月：菊花神为陶渊明，茱萸女神为贾佩兰。

十月：芙蓉花神为石曼卿，芙蓉女神为飞鸾、轻凤。

十一月：山茶花神为石崇，山茶女神为杨贵妃。

十二月：蜡梅花神为苏东坡、黄山谷，水仙女神为洛神。

2. 众花神简介

正月：林和靖为宋代文人隐士，以"梅妻鹤子"著称于世；梅花女神为梅妃。

二月：董奉为三国时代吴国之名医；谢道韫为东晋时代的才女。

三月：东方朔为汉武帝之伺臣；息夫人为春秋时代息侯的夫人，死后葬于桃花山，被誉为桃花夫人。

四月：韩琦为北宋名臣；丽娟为汉武帝宠爱的妃子，被誉为蔷薇之精。

五月：张骞受汉武帝之命，出使西域，并从安石国带回石榴；石醋醋为唐代殷成式《酉阳杂俎》中记载的石榴精，是将石榴果实酸味进行拟人化的产物。

六月：周茂叔（周敦颐）为宋代清廉文人，著有《爱莲说》；西施为春秋时代越国美女，最喜食被称为西施藕的莲根。

七月：鲍明远为南朝宋的文人官僚，著有咏颂秋葵的诗；李夫人为汉武帝的夫人。

八月：郤诜为晋代博学直言之士，被誉为俗界之桂（与月上之桂相对）；嫦娥为射日神话中弓手羿的妻子。

九月：陶渊明为西晋隐士，以爱菊著称；贾佩兰为汉高祖爱妃戚夫人的侍女。

十月：石曼卿为北宋真宗朝的大学士，名延年，字曼卿；飞鸾、轻凤为唐敬宗宠爱的后宫美女，被誉为一对红芙蓉。

十一月：石崇为晋代官僚，大富豪，庭园周围遍植红山茶；杨贵妃为唐玄宗之爱妃。

十二月：苏东坡、黄山谷都为宋代文人；洛神传说是伏羲之女死于洛水而封神的，被喻为水仙之美的象征。

晚清大学者俞樾（曲园）在其《十二月花神议》中对上述养间翁的花神说进行了补充与修正。如正月的梅花神、梅花女神分别为何逊（南朝梁之爱梅家）、寿阳公主（南朝宋武帝的女儿）；二月兰花神为屈原，杏花女神为阮文姬；三月桃花神为刘晨、阮肇；四月牡丹花神为李白；五月石榴花神为孔绍安，石榴女花神为安德王之妃李氏；六月荷花神为王俭，荷花女神为晁采；七月鸡冠花神为陈后主；八月桂花女神为徐贤妃；九月菊花女神为左贵嫔；十一月山茶花神为汤显祖；十二月水仙女神为梁玉清。但还是养间翁的花神说更受到人们的认可并广为流传。

第三节　中国传统园林植物人格化的具体表现

中国传统园林植物人格化的产生大体上有七条途径，但在欣赏植物美时，主要可以归纳为以下两种状态：第一，由植物的形体、色彩、芳香和声响等刺激人们的各个感觉器官，由此而得到的一种感知的美；第二，由植物的形态、习性等特点触发人们丰富的联想，从而获得一种超越存在的美的感受。当植物的形态特征、生物学特性或生态习性等符合人的审美要求时，被赋予许多美好的愿望，成为人的思想情感、道德情操、敬仰崇拜的寄寓物，甚至植物的气味、味道、色彩等都会通过人的嗅觉、味觉、视觉而引起综合的感觉联想，产生对某种植物的好恶情结，从而形成吉祥礼仪植物、民俗风情植物、象征表意植物等，亦即传统植物的人格化。

概括而言，人们对于各种植物的看法态度以及各种植物所具有的比喻意义和象征意义是该民族植物文化的基本内容。植物文化体现了民族文化中有关道德情操、民族精神、生活态度、美学理想等多方面的内容，反映了该民族的社会文化背景和心理文化特点。

以下按照春、夏、秋、冬四季以及其他类对我国部分传统植物的人格化表现形式进行介绍。

一、春 季 类

（一）东风第一枝——梅花

梅原产我国，属于蔷薇科李属植物，品种极多。与松、竹一样，栽培、鉴赏的历史悠久。她花姿秀雅，风韵迷人，品格高尚，节操凝重；耐严寒，报早春，有清香；当寒冬尚未离去，而春天又未到时，梅花先百花而开，被誉为"花魁"。

梅花在严寒冬季绽放，色洁香清，常常用来象征高雅纯洁。梅花是岁寒三友之一、雪中四君子之一（迎春、玉梅、水仙、山茶），中国人喜欢赏梅、艺梅、咏梅，有"一树梅花万首诗"之说。在我国还形成了独特的鉴赏法：梅花贵稀不贵繁，贵老不贵嫩，贵瘦不贵肥，贵含不贵开。中国人还从梅花在风雪中盛开的事实领悟到先苦后甜的人生经验，"宝剑锋从磨砺出，梅花香自苦寒来"。

南朝时咏梅选材的角度不拘一格，然侧重于图形写貌，主要摹写梅花为众芳之先，映雪冲寒，枝叶色香等方面的形象和特征，并以此与女性的生活、情感、形象相联系，以梅花之香丽拟佳人之娇美，因春花之零落，感韶华之流逝。南朝陆凯《赠范晔》："折梅逢驿使，寄与陇头人，江南无所有，聊赠一枝春。"此处以梅花指代春天（图4-3-1）。

图4-3-1　折梅逢驿使（版画）

图4-3-2　宋代诗人林和靖的
"梅妻鹤子"

张九龄的《庭梅咏》："芳意何能早，孤荣亦自危。更怜花蒂弱，不受岁寒移。朝雪那相妒，阴风已屡吹。馨香虽尚尔，飘荡复谁知。"一方面以雪妒风欺强调外在环境的压力，另一方面又指出梅花"不受岁寒移"的品性，这是对自我刚正不阿的人格气节明确的比兴寄托。

杜甫之后对梅花的认识有所深入，诗人们不仅仅停留在梅花外在的花枝色形上，更着眼于其整体气质与品格。梅花冒寒遇雪、早芳早零不只是令人感伤，诗人们开始从梅花与寒风、霜雪、冷月、寒水、修竹的比照交映中感受梅花色白香清的物色特征及其独特的美感，调动各种手法渲染描写梅花的寒素美、冷艳美。诗人开始以佳人作比展示梅花高洁的品格。诗人还不断抬高梅在花卉中的地位，从梅花寂寞野处、抗寒早芳等特征演绎其高尚的意义，从而使梅花意象逐步具有了人格情操的象征意蕴。这主要通过梅花同桃、李等花卉草木比较以凸现其精神品位。

宋代诗人林逋（林和靖）爱梅成癖，在居处山上栽种了许多梅树，又养了鹤，以梅、鹤为伴，人称"梅妻鹤子"（图 4-3-2）。他善诗，曾作《山园小梅》诗二首，其中第二首中有绝句云："疏影横斜水清浅，暗香浮动月黄昏。"人称此为古代咏梅的绝唱，诗中将梅花的姿态和暗香表达得极为完美。说明他长年观察梅的习性，对梅的熟悉到了炉火纯青的地步。

南宋卢梅坡《雪梅》诗曰："有梅无雪不精神，有雪无诗俗了人。日暮诗成天又雪，与梅并作十分春。"在中国文人的眼中，梅花也是一种具有"标格清逸"精神属性美的花木。宋代范成大说它："梅以韵胜，以格高。"正由于梅花具有雅逸美的精神属性，因此最受文人雅士的喜爱。最为突出的是宋代张镃的"花荣宠凡六条"："为烟尘不染，为铃索护持，为除地镜净落瓣不淄，为王公旦夕留盼，为诗人阁笔评量，为妙妓淡妆雅歌。"按此标准，赏梅就格外超尘了。宋代佚名《锦绣万花谷》中有："曾端伯以梅花为'清友'"。陆游诗中，"无意苦争春，一任群芳妒"，赞赏梅花不畏强暴的素质及虚心奉献的精神。陆游咏梅重在咏梅花的香气迷人："当年走马锦城西，曾为梅花醉似泥。二十里中香不断，青羊宫到浣花溪。"陆游词中的"零落成泥碾作尘，只有香如故"表示其自尊白爱、高洁清雅的情操。

元代杨维桢赞其"万花敢向雪中出，一树独先天下春"。将梅花那种不惧严寒、不怕艰险、乐观向上的精神表现得淋漓尽致。

明代徐徕《梅花记》中有："或谓其风韵独胜，或谓其神形俱清，或谓其标格秀雅，或谓其节操凝固。"文中之风韵为风度韵致，神形为神气形态，标格为风范，节操为气节操守，凝固为不变之意。

梅花花开五瓣正符"五福"之义，人称"梅开五福"。加上初春开花，象征否极泰来，吉祥幸福，所以梅花深受国人喜爱。

（二）空谷幽香——兰

中国兰花生于深山空谷之中，花小而香，叶窄而长，色清而淡，其貌远不如牡丹的绚丽多彩，却显示出一种高雅而矜持的风格。用来比喻清高雅洁、不入俗流的君子最为合适。

孔子在《孔子家语·在厄》中说道："芝兰生于深林，不以无人而不芳；君子修道立德，不谓穷困而改节。"故后人认为兰花是花中君子，常用兰花比喻品行高洁的人。《说文解字》曰："兰，香草也。"用兰之芳香和长在深林之属性，来比照人的修道立德，这是很自然的事。

关于兰花之品性，《群芳谱》中叙述甚详："兰幽香清远，馥郁袭衣，弥旬不歇。"常开于春初，虽冰雪之后，高深自如，故江南以兰为香祖。又云兰无偶，称为第一香。正如清代康熙帝的《咏幽兰》："婀娜花姿碧叶长，风来难隐谷中香。不因纫取堪为佩，纵使无人亦自芳。"象征人的淡泊名利、不作媚世之态的高尚品德。

兰花象征友谊，同心的语言称为"兰言"，结拜弟兄称为"义结金兰"。

中国古代还用"兰芝"、"芝兰"、"兰孙桂子"、"兰桂"来美称别人的子弟。

（三）杨柳依依——柳树

在中国传统文化中，垂柳因有很强的环境适应能力，成为生命力的象征。"柳"与"留"谐音，"柳"也就成为寄寓留恋、依恋的情感载体，自此折柳送别成为朋友分别时的惯例。柳也是家庭和家乡的象征。《诗经》中记载："昔我往矣，杨柳依依；今我来思，雨雪霏霏。"唐代诗人刘禹锡有《杨柳枝词九首》，如第八首最后两句诗："长安陌上无穷树，唯有垂杨管别离。"刘禹锡《柳枝词》："清江一曲柳千条，二十年前旧板桥。曾与美人桥上别，恨无消息到今朝。"描述了故地重游，忆当年离别情景，怀念故人，欲说还休的一种情感。此外，《雍录》载："汉世凡出函、潼，必自灞陵始，故赠行者于此折柳相送。"李白《忆秦娥》词云："箫声咽，秦娥梦断秦楼月。秦楼月，年年柳色，灞陵伤别……"其中便提到灞陵折柳送别的习俗。

晋代陶渊明不愿为五斗米折腰，辞官后回乡下隐居，门前栽五棵柳树，纵情丘壑吟诗作赋，于是柳树与隐逸联系在一起，后世将回乡隐居的车马费称为"柳径之资"。唐代大诗人王维因随永王叛乱被朝廷革除功名永不叙用，于是他"门前学种先生柳，路旁时卖故侯瓜"（《老将行》），"复值接舆醉，狂歌五柳前"（《赠裴秀才迪》）。这些伤时咏怀的诗歌，在漫长的岁月中反过来又熏陶中国人的文化审美心理，形成一种思维定式。

此外，柳还有如下的象征之意：春秋鲁国有展禽者，身行惠德，人称"圣之和者"，家有柳树故号柳下惠。柳于是与惠德并称。

（四）王母娘娘的仙果——桃

桃象征义气和长寿。前者出自《三国演义》中刘备、关羽、张飞桃园结义的故事，李白在《赠汪伦》中写道："桃花潭水深千尺，不及汪伦送我情"，这里桃花是友情的象征。后者的桃象征长寿，出自神话中王母娘娘用蟠桃祝寿的故事。

据道教传说，桃木能驱邪辟秽，于是人们在桃木上雕刻各种各样的门神，挂在大门两侧驱邪辟秽，世称"春桃"或"桃符"。"春桃"还寓示着桃花与春天的紧密关系，历史上有很多描写春桃的诗句，如"竹外桃花三两枝，春江水暖鸭先知"，"正是春光最盛时，桃花枝映李花枝"，"东园三月雨兼风，桃李飘香扫地空"，"双飞燕子几时回，夹岸桃花蘸水开"，"桃花桃叶乱纷纷，花绽新红叶凝碧"，"啼鸟有时能劝客，小桃无赖已撩人"，这些咏桃诗强化了人们对桃花的联想能力，丰富了桃花的象征意义。

桃李一起也指代门生，如《新唐书·狄仁杰传》中"狄仁杰荐张柬之、桓彦范为名臣"，曰："桃李悉在公门。"桃李喻所荐之士，今称入门弟子，为"桃李遍天下"之意。

（五）及第花缘起——杏花

杏是古人倍加珍重的。《庄子·渔父》中"孔子游缁帷之林，休坐于杏坛之上，弟子读书，孔子弦歌鼓琴。"杏成了讲学圣地的同义词。罗愿《尔雅翼》中："五果之义，春之果莫先于梅，夏之果莫先于杏……寝庙必有荐，而此五果适于其时。故特取之。"杏成了夏祠之圣果。

自《太平广记》记述"董奉杏成林"的故事后，杏又成了活命之果。

（六）荣华富贵——牡丹

牡丹花朵硕大重瓣，绚丽多彩，有"富贵花"之称，体现了雍容华贵的风韵，成为富贵、繁荣昌盛的象征。

自唐代李正封的名句"国色朝酣酒，天香夜染衣"，牡丹便被称为"国色天香"，历来作为富贵荣华、兴旺发达的吉祥物。牡丹与芙蓉、牡丹与长春花表示"富贵长春"；牡丹与海棠象征"光耀门庭"；牡丹与桃表示"长寿、富贵和荣誉"；牡丹与水仙是"神仙富贵"的隐语；牡丹与松树、寿石又是"富贵、荣誉与长寿"的象征；牡丹还常代表春天，与荷花、菊花、梅花等画在一起，象征四季。

（七）英雄之树——木棉

木棉树树姿挺直高大，树叶水平排空开展，树冠庞大整齐，花色红艳如火，叶片肥厚而大，先花后叶，春季盛花叶，如华灯万盏，映影于蔚蓝色的天空中，显示出一种气宇轩昂的文官武将的英雄风格。

《浪淘沙》词如此描写木棉树的风姿："木棉树英雄，南国风情。年年花发照天红，两翼排空横枝展，未云何虹？世纪新来急，燕舞莺歌。众木群芳竞相争，傲寒先发雄姿现，独放豪情。"

（八）此物最相思——红豆

红豆又名相思豆，象征着爱情和思念，语出王维《相思》："红豆生南国，春来发几枝。愿君多采撷，此物最相思。"《红楼梦》中"红豆词"云："滴不尽相思血泪抛红豆，开不完春柳春花满画楼"，以红豆比喻别离情人相思之泪。

二、夏 季 类

（一）花中神仙——海棠

海棠花姿潇洒，自古就是雅俗共赏的名花，有"花中神仙"之誉，历代文人墨客题咏不绝。宋代陈思《海棠谱序》曰："梅花占于春前，牡丹殿于春后，骚人墨客特注意焉！独海棠一种，丰姿艳质，固不在二花下。"陈思将海棠与"韵胜"、"格高"的梅花和号称"花王"的牡丹相并论，足证对其看重之甚！陆游也十分喜爱海棠，他作《海棠歌》道："碧鸡海棠天下绝，枝枝似染猩猩血。蜀姬艳妆肯让人，花前顿觉无颜色。扁舟东下八千里，桃李真成仆奴尔。若使海棠根可移，扬州芍药应羞死。"苏东坡也为之倾倒："东风袅袅泛崇光，香雾霏霏月桂廊。只恐夜深花睡去，高烧银烛照红妆。"

（二）长春不老——月季

月季的花期很长，诗人称颂它是"此花无日不春风"（杨万里），"一年长占四时春"（苏轼），"仙家栏槛长春"（赵师侠）。因此，月季被作为长寿、新春、婚礼等的吉祥物，在"四季平安"、"长春白头"等祝语图画中出现。

（三）出淤泥而不染——荷花

荷花"出淤泥而不染，濯清涟而不妖，中通外直，不蔓不枝"，被认为是不与恶势力同流合污的"花中君子"。"可以嗅清香而析酲，可以玩芳华而自逸"，是颇具雅逸精神美的花卉。

荷花除了能够在污浊的环境中保持自己纯真的本性外，还具有亭亭玉立、飘然欲仙的外貌和沁人心脾、香透碧天的芬芳特性，被人们认为是廉洁朴素、出淤泥而不染的品质象征。

古人对荷钟爱倍加，唐代孟浩然赞荷花是："看取莲花净，方知不染心。"杨万里的咏荷诗："毕竟西湖六月中，风光不与四时同。接天莲叶无穷碧，映日荷花别样红。"宋代周敦颐《爱莲说》更把荷花"比德"于

图 4-3-3　周敦颐（茂叔）爱莲
（江苏地方剪纸）

君子，"香远溢清"成为其品格特征（图4-3-3）。

荷花出淤泥而不染的特性，正是君子洁身自好品格的写照，造园植莲，即是显示园主的精神境界。

荷花有一珍贵的多花型品种，一梗上二花托，形成二花共柄称"并蒂莲"，是婚姻美满幸福的象征。

此外，荷花为佛教的象征，为佛土神圣洁净之物，是智慧与清净的象征。

（四）婚姻美满——合欢

合欢的偶数羽状复叶感夜性强，入夜小叶成对相互合拢，清晨张开，似夫妻同眠，因此引申出新婚美满之意。古六礼纳采中有合欢铃，还有合欢被、合欢杯等婚礼用品，而婚礼中新婚夫妇各执一端的锦带称为"合欢梁"。

（五）藤蔓绵延——葫芦

葫芦为藤本植物，藤蔓绵延，结实累累，子粒繁多，中国人视做象征子孙繁盛的吉祥植物。枝"蔓"与"万"谐音，寓意万代绵长。民俗传统认为葫芦吉祥而辟邪气。端午节有民间门上插桃枝挂葫芦的习俗。

（六）仕途升迁——紫薇

紫薇是古时星座名，为帝王之座。西晋为避灾而广种紫薇，唐时以紫薇命名官职，加之紫薇花期长，人常将其与仕途升迁联系。欧阳修被罢官后有写紫薇花"相看两寂寞，孤咏聊自慰"之句，白居易也有"紫薇花对紫薇郎"的感叹。

三、秋　季　类

（一）蟾宫折桂——桂花

桂花别名木樨、岩桂，在长期的历史发展进程中，桂花形成了深厚的文化内涵和鲜明的民族特色。

历代文人对桂花的吟咏很多，特别是自魏晋以来，与桂花有关的诗词歌赋不断涌现。南朝梁诗人范云在《咏桂》诗中写道："南中有八树，繁华无四时。不识风霜苦，安知零落期。"白居易在杭州、苏州任刺史期间，写有《东城桂》诗三首，其中有一首为："子堕本从天竺寺，根盘今在阖闾城。当时应逐南风落，落向人间取次生。"宋朝诗词名家亦竭力赞美桂花的色、香、味与品格、韵致。李清照的"暗淡轻黄体性柔，情疏迹远只香留。何须浅碧深红色，自是花中第一流"。朱熹的"亭亭岩下桂，岁晚独芬芳。叶密千层绿，花开万点黄"等。这些诗句都突出地描述了桂花独特的姿态、风韵和魅力，更为桂花在园林中的应用增添了无穷

图4-3-4　月中女神嫦娥、玉兔与桂花
（清代版画《月宫图》）

的寓意。

　　此外，人们还将桂树和"出类拔萃"、"荣誉"联系在一起。古人用桂枝编冠戴饰，叫"桂冠"。中国封建社会举人若考中了状元，人们便形容为"蟾宫折桂"，喻指夺得第一名。我国人民常将桂花与中秋圆月联系在一起，产生了许多脍炙人口的神话传说，如"嫦娥奔月"、"吴刚伐桂"等（图4-3-4）。

（二）百子同室——石榴

　　石榴原名"安石榴"，枝干虬曲，枝横条斜，疏密相间，苍老遒劲，叶片碧绿，繁花锦簇，果形奇特，色彩各异，可谓园林观赏之佳品，自古以来就是深受人们喜爱的绿化树种。

　　历朝历代，皇宫御苑，无不以栽植石榴以取其"花繁果盛，富贵荣华"之意。石榴子粒丰满，古代作为多子多孙、家道兴旺的象征（图4-3-5）。

图4-3-5　榴开百子，子孙满堂
（清代年画）

　　"榴孕百子，千房同膜，千子如一"象征团结和睦的民族大团结。石榴作为富贵吉祥、喜庆祥和的美好象征，早已孕育到中华文化之中。

（三）独放晚秋——菊

　　菊花性耐寒霜，晚秋仍独放芳香，这种不随群草枯荣的品格为人们所推崇和乐道。

　　菊花可称是全民族的花，不论智愚莫不知悉菊花。上自先秦，下迄近代，总是歌颂其雅洁，特别是魏晋时期，不愧为爱菊的朝代，诗人们无不以咏菊为雅举。

　　唐代元稹《菊花》诗赞曰："秋丛绕舍似陶家，遍绕篱边日渐斜。不是花中偏爱菊，此花开尽更无花。"任何事物只有具有独立的个性才更有魅力。菊花的魅力从百花枯后而荣这

图4-3-6　陶渊明爱菊

一点表现出来。而菊花又是那么健美，气味又是如此清香，甚至在花叶凋残后，它的枯干仍然香气不衰，这正是百花无法比拟的独到之处。

菊花为花中隐士，陶渊明不为五斗米折腰的傲岸骨气和菊花"拒寒色不移"的品性已经交融为一（图4-3-6）。陶渊明诗曰："芳菊开林耀，青松冠岩列。怀此贞秀姿，卓为霜下杰。"赞赏菊花不畏风霜恶劣环境的君子品格（图4-3-7，图4-3-8）。

图4-3-7　重阳节赏菊（版画）
（摘自明代西湖居士《诗赋盟》）

图4-3-8　宋代绣菊花帘轴
（现存台北故宫博物院）

陆放翁就陶潜《归去来辞》中"三径就荒，松菊犹存"句，赋诗作解，进一步总结了菊花的"性格"。诗云："菊花如端人，独立凌冰霜。名纪先秦书，功标列仙方。纷纷零落中，见此数枝黄。高情守幽节，大节凛介刚。乃知渊明意，不为泛酒觞。折嗅三叹息，岁晚弥芬芳。"褒奖颂咏之词不可胜数，独不见有贬语者，可见菊之精神，犹民族之灵魂！

（四）睦邻重情——枣树

枣具有极好的"比德"内涵。《汉书·王吉传》载："始吉少时学问，居长安。东家有大枣树垂吉庭中。吉妇取枣以啖吉，吉后知之，乃去妇。东家闻而欲伐其树，邻里共止之。因固请吉令还妇。"传记了王吉之清、王吉之睦邻重情，赞扬了枣树之德。

（五）增年益寿——茱萸

茱萸气味香烈，农历九月九日前后成熟，色赤红，民俗以此日插茱萸，做茱萸囊，以此辟邪。《群芳谱》云："九月九日，折茱萸戴首，可辟恶，除鬼魅。"《太平御览》引《杂五行志》说宅旁种茱萸树可"增年益寿，除患病"。《花镜》也说"井侧河边，宜种此树，叶落其中，人饮是水，永无瘟疫"。

图吉祥，汉代锦缎有"茱萸锦"、刺绣有"茱萸绣"。中国的重阳节（农历九月九日民俗集会）也称为"茱萸会"。

（六）大丈夫之树——橘

屈原作《橘颂》，以橘之"深固难徙"、"横而不流"喻热爱祖国，不愿迁离故土，不愿随波逐流的高尚情操。

四、冬 季 类

（一）岁寒三友之首——松

自古以来，松就一直是高人逸士的代表，被列为"岁寒三友"之首。中国人常说"岁不寒，无以知松柏；事不难，无以见君子"。这里很清楚地将松、柏的耐寒特性比德于君子的坚强性格。松柏那种富贵不淫、贫贱不移、迎风傲雪、凌冬不凋的品质和顽强的生命力，被看做是生命、精神永驻的象征。于是在后世的文学、绘画艺术中松柏成了人们托物言志的重要载体，成为人们美好品质的象征（图4-3-9）。

此外，由于松树的针叶虽经寒冬仍呈绿色而不落，加上几百年甚至上千年的松树很多，尽管高寿却又四季常青，令人油然而生敬意。因此，人们常常将松树与长寿联系在一起，比如"松柏延年"就表达了祝寿祈福时的美好祝愿，故有"福如东海长流水，寿比南山不老松"、"松龄鹤寿"之说。过去家家户户喜欢挂"松鹤同寿"的年画，表达了中国人祈求吉祥长寿的愿望。

图4-3-9　园林中的赤松（日本京都天龙寺）

（二）高节人相重，虚心世所知——竹

竹子是一种具有雅逸精神美的植物，素为中国古代文人看重。竹子高耸挺拔，质地坚硬，中空有节，它的特点容易使人联想起高风亮节和谦逊好学的品质，特别适合文人士大夫的雅致情趣。古代文人刘岩夫更以竹比做人的"刚柔忠义，谦常贤德"的八德精神。竹与松、梅并誉为"岁寒三友"，和梅、兰、菊被尊称为"四君子"。扬州个园是因竹子的叶形似"个"字而得名，在园中遍植竹，以示主人清逸高雅、虚心有节、刚直不阿的品格。

竹之人格意蕴的形成也经历了一个漫长的发展过程。从有文字记载起，即有竹的记载，《易经》、《书经》、《诗经》等古籍中都有关于竹的记述，晋代戴凯之还著有《竹谱》一书。考古发现，在距今5 000年前的良渚文化遗址发现了丰富的竹器利用资料和大量的竹制器物。

魏晋时代，文人与竹的故事也很多。如王羲之在《兰亭集序》中写道："有崇山峻岭，茂林修竹。"而古人喜爱竹子的极多，喜爱的程度令人惊叹。王羲之的儿子王徽之（字子猷）一天也离不开竹。《世说新语》所记：王子猷尝暂寄人空宅住，便令种竹。或问："暂住何烦尔？"王啸咏良久，直指竹曰："何可一日无此君？"说明他对竹的喜爱到了如痴如醉的境界。

白居易在《养竹记》中写道："竹本固，固以树德；竹性直，直以立身；竹心空，空以体道；竹节贞，贞以立志。"对竹子的特性作了高度评价。白居易《池上竹下作》"水能性淡为吾友，竹解心虚是我师"即表现出竹子中空代表人要虚心请教，竹子有节代表人要有节操。

苏轼在《于潜僧绿筠轩》中将竹子的雅逸美说到了极致："宁可食无肉，不可居无竹。无肉令人瘦，无竹令人俗。"将有竹与无竹提高到雅与俗之分，可以说是苏轼对竹子雅逸精神的最大挖掘，并为以后所有文人所公认。苏轼爱竹亦画竹，文曰："梅寒而秀，竹瘦而寿，石丑而文。"诗人称为"三益"，并创立了以竹、石为主题的画体。

清康熙说："玩芝兰则爱德行，睹松竹则思贞操，临清流则贵廉洁，览蔓草则贱贪秽，此亦古人因物而比兴，不可不知。"郑板桥一生咏竹画竹，留下了很多咏竹佳句，"咬定青山不放松，立根原在破岩中。千磨万击还坚劲，任尔东西南北风。"高度赞扬了竹子不畏逆境、蒸蒸日上的秉性。我国古代画家不仅画竹，还结合其他素材创立各种竹子画体。

所以，人们常常将竹子青翠如洗的色泽，摇曳婆娑的姿态，萧萧秋声的音韵，倩影映窗的意境入诗入画，并在古典园林种植设计中广泛应用，成为欣赏主题。

竹除被视为春天的象征之外，还有象征子孙兴旺之意，同时竹子还是佛教教义的象征。

（三）与雪斗寒——山茶

山茶多品种共栽，花期可延续两三个月之久。在众多的咏山茶诗中，大致可分为两类：一类是欣赏她的冒寒而花，繁荣了寂寞的冬季；另一类是赞誉她具有牡丹的鲜艳，梅花的风骨。因此，许多诗人对这两特点大加赞赏。

宋代梅尧臣的五古《山茶树子赠李廷老》中前四句道："南国有嘉树，华若赤玉杯。曾无冬春改，常冒霰雪开。"明代沈周说："雪后无颜色，凌寒见此花。"可见山茶是初春的花，春寒料峭中足以与雪斗寒，劲意似松柏，丰富了冬春的园林景观。

（四）万年常青——万年青

万年青叶似碧玉，红果累累如珠，有"利剑护珠"之说。万年青摆放堂案或窗前茶几上，在冬日里映着充足的阳光，为祥瑞、长寿的征兆（图4-3-10）。中国画

图4-3-10　宋人画万年青
（现存台北故宫博物院）

和织物图案中常用万年青形象。因此，《花镜》云："吴中人家多用之，造屋易居，行聘治圹，小儿初生，一切喜事，无不用之，以为祥瑞口号。"

五、其 他 类

（一）凤凰所栖——梧桐

梧桐被古人看做祥瑞之物。晋·郭璞《梧桐赞》说得明白："桐寔嘉木，凤凰所栖，爰伐琴瑟，八音克谐。"故有"桐能召凤"之说，成为圣雅之植物。

此外，因为"桐"与"同"谐音，常常作为吉祥图案与其他物体配合，如与喜鹊配合，组成"同喜"的图案。

（二）故乡——桑梓

桑梓隐指故乡等，《诗经·小雅·小弁》中有："维桑与梓，必恭敬止。"朱熹《诗集传》云："桑、梓二木，古者五亩之宅，树之墙下，以遗子孙，给蚕食、具器用者也。"后世称故乡为"桑梓"本此。

（三）高贵之树——槐、楸

槐与楸是黄河流域的乡土树种，在我国的文化传统中都有其相应的记载。《朱子语类》中有："国朝殿庭，惟植槐楸"。《全唐诗话》中："槐花黄，举子忙"。所以，槐与楸是高贵、文化的象征。

（四）救荒之树——榆

榆是火之源（《邹子》"春取榆柳之火"），也就是文明的源泉，榆又是生命的保障，是须臾不能离开的。《新唐书·阳城传》中："阳城隐中条山，尝绝粮，岁饥，屏迹不过邻里，屑榆为粥，讲论不辍。"

（五）比德之树——樟

《南史·王俭传》清楚地表述了樟与贤者、与人才相比拟的观点。其中写道："俭幼笃学，手不释卷，丹阳尹袁粲闻其名，及见之曰：宰相之门也，栝、柏、豫章（豫，今之枕木也；章，今之樟木也），虽小已有栋梁气，终当任人家国事。"可见樟与栝（圆柏）、柏（侧柏），都是理想的比德树木。在"以儒化民"的儒文化圈中，园中选用富有文化内涵的植物作为造景材料，是文化需要，是"化民"的需要，值得颂扬、倡导。

（六）延年益寿之草——菖蒲

菖蒲为多年生草本植物，多为野生，但也适于宅旁种植。民俗认为菖蒲其花主贵，其味使人延年益寿。菖蒲在民俗中广为喜用，被视为辟邪的吉祥草木。

综上所述，中国古典园林中似乎每一种植物都具有人的风骨和品德，就连最不起眼的小草也被用来比喻平凡而生命力顽强的小人物。花木已被人格化，成为中国文化中的人格象征，花品、树品就是人品。古往今来，人们无数次地咏叹松、竹、梅、兰、荷、菊等，实际上是以花木喻人或自喻，借咏花木以咏人，赋予植物某些"性格"属性。造园造景应用植物材料时，势必联系这些文化现象。

第四节　中国传统园林植物的代表性图案和纹饰

传统园林植物的图案和纹饰是我国园林植物文化的重要组成部分，对于园林设计构思、园林种植设计以及园林植物景观的营造等都具有重要参考价值。本节按照植物种类对我国传统园林植物的代表性图案和纹饰进行介绍。

一、单种植物的代表性图案和纹饰

（一）梅花

1. 喜报春光（喜报早春）　梅枝上站有鸣叫的喜鹊。梅花开于冬春交接之际，喜鹊立于梅花枝上鸣叫，寓意冬去春来。

2. 喜上眉梢 梅的枝梢上站有喜鹊。"梅梢"与"眉梢"谐音。

3. 竹报三多，梅献五福 以爆竹的"爆"与"报"同音，竹叶多生成三字形状的特征，寓意喜报多子、多福、多寿（三多）。以梅花呈五瓣形，象征五福捧寿。

（二）牡丹

1. 丹凤戏牡丹 牡丹有花王之意，凤凰为百鸟之王，以盛开的牡丹与飞翔的彩凤相组合，象征富贵荣华和吉利祥瑞（图4-4-1）。

图4-4-1 丹凤戏牡丹

2. 富贵寿考 牡丹与寿字（或松、寿石）。牡丹又称富贵花。寿考，年高、长寿之意。《诗经·大雅·棫朴》："周王寿考。"笺云："文王是时九十余矣，故云寿考。"如果牡丹与柏，则题为"富贵百龄"或"百年富贵"。

3. 富贵平安 牡丹插花瓶中，旁边配置苹果。"苹"、"瓶"谐音"平"（图4-4-2）。

又牡丹与竹。竹寓意平安。《神异经·西荒经》曰："西方深山中有人焉……名曰山臊，其声自叫。人尝以竹著火中，爆烞而出，臊皆惊惮。"后来新年家家户户放爆竹，即是去魔迎来平安的意思。

牡丹瓶插或牡丹与竹，皆象征富贵平安。

4. 功名富贵 牡丹花与雄鸡。雄鸡即公鸡，"公"谐音"功"；且公鸡打鸣报天明，"鸣"谐音"名"。寓功名富贵之意。

5. 正午牡丹 牡丹与猫。北宋沈括《梦溪笔谈》载："欧阳公尝得一古画牡丹丛，其下有一猫，未知其精粗。丞相正肃吴公与欧公姻家，一见，曰：'此正午牡丹也。何以明之？其花披哆而色燥，此日中时花也。猫眼黑睛如线，此正午猫眼也。有带露花，则房敛而色泽。猫眼早暮则睛圆，日渐中狭长，正午则如一线耳。'"正午乃阳气最旺之时辰。正午满开的牡丹，象征富贵全盛。

图4-4-2 花开富贵图
（山东地方年画）

6. 富贵耄耋 牡丹、猫和蝴蝶。牡丹寓意富贵，"猫"、"蝶"谐音"耄耋"。耄，《礼记·曲礼》："八十、九十曰耄。"《盐铁论·孝养》："七十曰耄。"耋，《诗经·秦风·车邻》："逝者其耋。"《毛传》："耋，老也。八十曰耋。"耄耋意味着长寿。

（三）桃

1. 蟠桃果熟三千岁 西王母神话中的蟠桃园中的蟠桃三千年结一次果，故桃又称仙桃、寿桃。以桃中结蟠桃，寓万寿无疆、颐养天年之意。

2. 麻姑献寿 麻姑仙女与小童捧桃相伴。《神仙传》云，东汉桓帝时，仙人王远（字方平）降于徒弟蔡经家，召麻姑至，年十八九，顶上作髻，余发散垂至腰，甚美，然手爪似鸟。蔡经见之忽自念："背大痒时，得此爪以爬背，当佳。"不料此念头立即让王远和麻姑两位仙人知晓，遭了一顿鞭责。另传三月三日王母诞辰时，开设蟠桃会，上、中八洞神仙齐至祝寿。百花、牡丹、芍药、海棠四仙子采花，特邀麻姑同往。麻姑乃在绛珠河畔以灵芝酿酒，献于王母，欢宴歌舞。世俗以赠送麻姑像用于妇女做寿（图4-4-3）。

图4-4-3　麻姑献寿　　　　　　　　图4-4-4　东方朔捐桃

3. 东方朔捧桃（东方朔偷桃）　东方朔捐有梗蟠桃乘云而行。东方朔，平原厌次（今山东惠民）人。《汉武故事》曰："东郡送一短人……召东方朔问。朔至，呼短人曰：'巨灵，汝何忽叛来，阿母还未？'短人不对，因指朔谓上曰：'王母种桃，三千年一作子，此儿不良，已三过偷之矣'。"东方朔捧桃，寓意长寿（图4-4-4）。

4. 嵩山百寿　以太湖石、桃、萱草、松柏相配。嵩山为五岳中的中岳，据传是仙人栖居的灵场。太湖石，产自江苏太湖，以皱、瘦、透特点闻名，雅称寿石。萱草，古人称忘忧草。"松"、"嵩"同音，"柏"、"百"同音。皆寓意长寿。

（四）石榴

1. 榴开百子　豁子石榴，或加一男童。《北史·魏收传》载："（齐）安德王廷宗纳赵郡李祖收女为妃。后帝幸李宅宴，而妃母宋氏荐二石榴于帝前，问诸人莫知其意，帝投之。收曰：'石榴房中多子。王新婚，妃母欲子孙众多。'帝大喜。"后世以榴开百子象征多子多孙（图4-4-5）。

2. 金衣百子　石榴与黄莺。黄莺雄鸟羽毛金黄色，如身披金衣一般，故古代借黄莺金羽与石榴多子的特点，寓官居高位、身披金袍、百子围膝的吉祥之意。

图4-4-5　榴开得子

（山东年画）

（五）荷花

1. 并蒂同心　莲藕上一茎开双花。寓意夫妻和睦，同偕到老（图4-4-6）。

2. 和合如意　荷花、盒子及如意（如灵芝）。"荷"、"盒"与"合"谐音。

图 4 - 4 - 6　2008 年夏北京植物园中盛开的并蒂莲

3. 一品清廉　浪花上莲花盛开。古代意为官居一品宰相时，也要从政廉洁奉公。《楚辞·招魂》第一句曰："朕幼清以廉洁兮。""青莲"与"清廉"谐音，寓意为官清正，如莲花出淤泥而不染。

4. 一路连科　莲花与一只白鹭。"一路连科"为古代科举时的吉祥语。图案借"鹭"与"路"、"莲"与"连"谐音，祈盼考生连续得中乡试、会试及殿试，寓意连科高中，顺利吉祥。

5. 八吉祥（佛八宝）　法螺、法轮、宝伞、白盖（幢）、莲花、宝瓶、金鱼、盘长（吉祥结），佛家常以此八件器物象征吉利祥瑞。

（六）月季花

1. 四季长春　以四合如意形为轮廓，内置枝叶繁茂的月季花组成，借四合如意的"四"和月季花的"季"，象征四季长春、花繁叶茂、前程似锦之意。

2. 万寿长春　在长春（月季）花里配上篆体的"万"字和"寿"字。《履园丛话》载："（嘉庆）二十二年十二月，圆明园接秀山房落成，又有旨命两淮盐政承办紫檀窗棂二百余扇，鸠工一千余人。其窗皆高九尺二寸。又多宝架三座，高一丈二尺；地罩三座，高一丈二尺，俱用周制。其花样曰万寿长春，曰九秋同庆，曰福增贵子，曰寿献兰孙。诸名色皆上所亲颁。"说明当时此图案已非常流行。

3. 四季平安　花瓶里插月季花。"瓶"谐音"平"，月季花月月开花，寓四季安好太平之意（图 4 - 4 - 7）。

（七）菊花

1. 松菊犹存（松菊延年）　松与菊。陶渊明《归去来兮辞》："三径就荒，松菊犹存。"历经严寒，而松菊后凋。寓延年不老之意（图 4 - 4 - 8）。

2. 杞菊延年　枸杞与菊花。《本草纲目》中记枸杞之果为

图 4 - 4 - 7　把四季开花的花卉插于一个花瓶中，寓意"四季平安"

壮阳之药，补肾益精。寓意延寿。菊花亦可入药。古代盛传食菊花可长寿。

3. 寿居耄耋　寿石、菊、猫和蝴蝶。寿石寓意寿，"菊"与"居"、"猫"与"耄"、"蝶"与"耋"谐音，合为"寿居耄耋"。象征长寿。

4. 菊寿平安　将菊花插于花瓶之中，寓意菊寿平安（图4-4-9）。

5. 安居乐业　鹌鹑、菊花和落叶枫树。"鹌"与"安"、"菊"与"居"、"落叶"（枫树）与"乐业"谐音，合为"安居乐业"。《汉书·货殖列传》："各安其居而乐其业。"意为安于所居，乐其本业，人们安定地生活，愉快地工作。

图4-4-8　松菊犹存

图4-4-9　菊寿平安
（河北剪纸）

6. 举家欢乐〔全家福〕　菊花与黄雀。"菊"与"举"、"黄"与"欢"谐音。寓意阖家团圆快乐。

7. 官居一品　菊花与蝈蝈。"蝈儿"与"官儿"、"菊"与"居"谐音，封建社会常以此象征高官厚禄。

（八）水仙花

1. 代代寿仙　绶带鸟（或代代花）、寿石（或桃）和水仙。"带"与"代"、"绶"与"寿"谐音。寿石（或桃）寓意寿。水仙与寿仙之"仙"为同一字。为长寿者祝福。

2. 天仙寿芝　天竹、水仙、灵芝和寿石。寓意长寿。

3. 群仙祝寿　水仙数株、竹子和寿石。数株水仙寓意群仙，"竹"与"祝"谐音。寿石字头为"寿"。

（九）迎春花

迎春降福　迎春花开于初春，飞翔的蝙蝠的"蝠"谐音"福"，寓新春伊始、春回大地、福满人间之意。

（十）杏花

杏林春宴　古代科举进士考试时，正值每年农历二月杏花盛开，故杏花又称及第花。及第后，天子按惯例要赐宴庆贺。"燕"与"宴"谐音且义通，寓金榜题名、早赴春宴之意。

（十一）鸡冠花

鸡群鹤立（鹤立鸡群）　鸡冠花与仙鹤。寓意人生经过艰苦的努力奋斗，在事业上会取得成功，独树一帜。

（十二）桂花

1. 福增贵子　飘香桂子与飞翔的蝙蝠。"蝠"与"福"、"桂子"与"贵子"谐音。

2. 攀桂图　儿童攀折桂树枝。《晋书·郤诜传》载："武帝于东堂会送，问诜曰：'卿自以为何如？'诜对曰：'臣举贤良对策，为天下第一，犹桂林之一枝，昆山之片玉。'"宋叶梦得《避暑录话》卷下："世以登科为折枝，此谓郤诜对策东堂，自云桂林一枝也，自唐以来用之。"古代象征科举应试、蟾宫折桂、金榜高中。

（十三）芙蓉花

一路荣华　芙蓉花与一只鹭鸶。"鹭"与"路"、"蓉"与"荣"、"花"与"华"谐音。

（十四）山茶花

春光长寿　山茶花与绶带鸟。山茶，冬春开花，寓意春光。"绶"与"寿"谐音，寓意长寿。

二、两种以上植物的代表性图案和纹饰

（一）牡丹、桃花

长命富贵（富贵神仙）　牡丹、桃花和寿石。桃、寿石寓意长寿。牡丹寓意富贵。又唐·高蟾《下第后上永崇高侍郎》诗："天上碧桃和露种，日边红杏倚云栽。"人称碧桃花为神仙花。此图案又称"富贵神仙"（或画作牡丹与水仙）。

（二）牡丹、海棠

满堂富贵　牡丹与海棠。"棠"与"堂"谐音。寓意满堂富贵。

（三）荷花、海棠

河清海晏　荷花、海棠和燕子。"荷"与"河"、"燕"与"晏"谐音。海棠与海晏之"海"为同一字。河，指黄河。《拾遗记》有"黄河千年一清"之说，黄河水清则圣人要出世。晏，平静。唐·郑锡《日中有王字赋》："河清海晏，时和岁丰。"河清海晏，寓意天下太平吉祥。

（四）桃、石榴

福寿三多　桃、豁子石榴和佛手。《庄子·天地》记有华封人献给尧的颂辞："使圣人寿"，"使圣人富"，"使圣人多男子"。桃寓寿。佛手，"佛"与"富"、"福"谐音，寓福。石榴寓多子。三者纹样合称三多，象征多福多寿多子（三多）（图4-4-10）。

（五）兰花、桂花

兰桂齐芳（兰桂腾芳、桂子兰孙）　兰花与桂花。《晋书·谢安传》中"譬如芝兰玉树，欲使其生于庭阶耳"，以芝兰喻优秀子弟。五代燕山人窦禹钧的五子被称为五桂。兰桂齐芳寓意子孙昌盛显达。

（六）芙蓉花、桂花

夫荣妻贵　芙蓉花与桂花。"芙蓉"与"夫荣"、"桂"与"贵"谐音。《仪礼》曰："夫尊于朝，妻贵于室矣。"带有浓厚的封建色彩。旧时妇女用品应用较多。

图 4 - 4 - 10　《三多九如图》，石榴寓多子，佛手寓多福

(清代年画)

（七）桂花、桃花（或桃子）

贵寿无极　桂花与桃花（或桃子）。"桂"与"贵"谐音。桃寓意寿。

（八）山茶花、梅花

新韶如意　花瓶中插山茶花、梅花、松等，旁边配以灵芝、柿子、百合等。花瓶与灵芝寓意"平安如意"。百合与柿子及灵芝寓意"百事如意"。山茶花、梅花、松等寓意新春。

（九）梅花、水仙

仙壶集庆（仙壶淑景）　梅花、水仙、松插于花瓶中，旁边配以灵芝、萝卜等。仙壶指方壶，古代传说中的仙山。《列子·汤问》："渤海之东，不知几亿万里，有大壑焉……其中有五山焉……三曰方壶。"花瓶、水仙寓意仙壶，松、梅、灵芝等寓意集庆。

（十）牡丹、荷花、菊花、梅花

春安夏泰、秋吉冬祥　以春牡丹、夏荷花、秋菊花、冬梅花四季花卉，代表春夏秋冬，象征安泰吉祥。

第五节　中国传统园林植物文化性（意境美）的营造

造园时，如果从古典审美意识出发，引经据典地将植物景观都做成"比德"型景观，那就未免过于单调肃穆，缺乏情趣。所以，园主常根据自身的爱好，选取适于观赏、吟诵的植物，配置在园中适宜的位置，依照植物时序季相的变化，可以四时八节地邀约知友，欣赏唱和，雅趣逸情，与园景相互辉映，使人陶醉。或沉湎于思乡忆友的柔情，或面对花容叶色发出优美的赞叹，或激起对社会事物的感慨，甚至引发出对人生哲理的联想与感慨，反映出园林植物景观的诗情画意。因此，"以诗情画意写入园林"是中国园林的一个特色，也是中国园林的一种优秀传统。

一、古典园林植物配置的意境

意境就是通过意象的深化而构成心境应合、神形兼备的艺术境界，也就是主、客观情景交融的艺术境界。植物作为构成风景园林的重要因素，在中国古典园林之中更是创造了其独有的艺术意境。游人徜徉园中，在赏心悦目之时会产生心中之又一境界，即意境。

所谓"一花一草见精神"，使园林花木神形兼备，立志高远，并以此作为园林及景点的主题意境，如"药圃"、"个园"、"香草居"、"香洲"等，俯拾皆是。"闻木樨香轩"、"荔隐山房"、"小山丛桂轩"等园林意境取自禅宗公案故事，宋代黄庭坚将木樨的香味作为悟禅的契机，"木樨香"成为三教教门中的常用典故，周敦颐《爱莲说》中莲花的高情韵致与佛学的因缘联系起来构成了"远香堂"、"濂溪乐处"等园林景点的意境。

园林景点题名往往取自古诗文，植物配置符合景点主题，创造园林意境，如拙政园"劝耕亭"旁几枝芦苇摇曳，给人以乡野之感。圆明园的"武陵春色"依陶渊明的《桃花源记》艺术意境为造景依据，曲折的溪流和湖泊将四周环水的岛屿分成形状不同的三块，创造出幽僻、深邃的意境，具有山林隐逸之意。至于以植物为观赏主题的景点，都配置相应的植物，圆明园"杏花春馆"环植文杏，春深花发，烂然如霞；避暑山庄"梨花伴月"则有梨花万株；拙政园"十八曼陀罗花馆"植山茶花十八株；网师园"殿春簃"种芍药等。

许多中国古典园林都有自己的主题，而这些主题往往都是富有诗的意境的，对意境的追求有助于启发人的联想，以加强其感染力。

二、文人诗词中的植物意境

历代诗人绝大多数都爱借用植物或叙事、或写景、或抒情、或隐喻、或阐述哲理，这些诗词歌赋蕴含着中国古代文人们的精神寄托，从中也可领会到古典园林植物配置的一些手法。

植物虽是客观的存在，但对于植物的认识与评价有赖于对植物观察的精粗、认识的深浅，想象的浪漫与否，以及语言表达艺术的高低。由于欣赏者主观条件（如个性、学识、修养、地位、情绪、环境、时间等诸多因素）的差异，同一植物也常常会产生极不相同的认识与评价。下面以白居易、李清照的诗词和芭蕉的实例来介绍文人诗词中的植物意境。

（一）白居易诗中的植物意境

白居易号称"唐代造园家"，他以植物为素材谱写的诗数以百计。如在传颂千古的《长恨歌》中，就有精彩的描绘植物景观、抒发感伤之情的诗句："归来池苑皆依旧，太液芙蓉未映柳。芙蓉如面柳如眉，对此如何不泪垂。春风桃李花开日，秋雨梧桐夜落时。西宫南内多秋草，落叶满阶红不扫。"

又如《代迎春花招刘郎中》一诗："幸与松筠相近栽，不随桃李一时开。杏园岂敢妨君去，未有花时且看来。"从这首诗中看出植物的搭配关系及其季相景观。在冬末春初之时，迎春花与松、竹相配首先开放，接着是桃花、李花次第开放，待桃李花落以后，又可去杏园里看杏花。白居易写植物景观往往还着眼于大自然，如"绕郭荷花三十里，拂城松树一千株"，"万株松树青山上，十里沙堤明月中"。

而其借落叶悲秋、感怀故人送别之情的诗句最为生动的是："岁晚无花空有叶，风吹满地千重叠。踏叶悲秋复忆春，池边树下重殷勤。今朝一酌临寒水，此地三回别故人。"

白居易观察植物细致、深刻、通俗而又具浪漫气氛，如他的《赋得古草原送别》是儿童都朗朗上口的佳作："离离原上草，一岁一枯荣。野火烧不尽，春风吹又生。远芳侵古道，晴翠接荒城。又送王孙去，萋萋满别情。"首先是描写草的形态，辽阔的草原上，野草的青翠和芳香，接着写草原荣枯变换的时序规律。然后又从草原与古道、荒城的关系角度描绘出综合的草原景观。最后点出野草具有顽强的生命力，新生事物不可战胜，而真诚的友谊也是永恒的。至于他那"乱花渐欲迷人眼，浅草才能没马蹄"，则更具有一种绿杨荫里的浪漫气氛。无怪草坪受人喜爱，往往使人心胸开阔，看到希望的激情，这些都是植物景观的美丽，也是诗词艺术的魅力。

（二）李清照词中的植物意境

被誉为"一代词宗"的宋代词人李清照，对植物景观的描写更为细致，而且独具特色，从中可以找到植物的配置方法，提高对植物景观的欣赏水平。如她的《如梦令》词："昨夜雨疏风骤，浓睡不消残酒。试问卷帘人，却道海棠依旧。知否，知否？应是绿肥红瘦。"从这首词中可以了解到她的院子里种有海棠花，她一醒来就问侍女（卷帘人）昨晚刮了一夜大风，还下了点小雨，"海棠花怎么样了？"当侍女漫不经心地回答："还那样！"女主人却不同意她的看法，"不对吧，应该是叶子茂盛而花却被吹落了许多吧！"在这短短的 33 个字中，先不论其意之深，其词的短而曲，或蕴藏着的情愫，单从词文来看，首先说明其卧室旁的院落里栽植了海棠，否则怎会知道昨夜的"雨疏风骤"？其次，对风雨后的海棠，用了拟人化的描写手法，"绿肥红瘦"。一种自然的风雨摧残背后，是否还有更多的寓意，则是画外之意、词外之情，各有所释，但词中确实描写了风雨过后海棠的生动形象，勾画出卧室外院落的植物景观。

李清照对荷花的描写也有其独到之处。正如她的《如梦令》词："常记溪亭日暮，沉醉不知归路。兴尽晚回舟，误入藕花深处。争渡，争渡，惊起一滩鸥鹭。"这是一首描写荷塘全景的词：在灰暗的暮色中，一群少女玩得累了，她们划着小船，在一片荷塘里嬉笑地寻找着回家的路，她们的嬉笑声与急速的欸乃声，惊起了荷塘边的一群鸥鹭飞到池塘的上空。在这 33 个字的词中，对荷花并无描写，却运用了物外之象——人物、船只、飞禽、暮色、声响，从时空、动静的对比中展示出一幅十分生动活泼、体现荷塘野趣的植物风景画。

李清照对于桂花则是有偏爱的，她认为桂花的花小而色淡，形柔但有香，虽不及桃李的色艳妆浓，但凭她的香味和轻盈的形态，也称得上第一流的花了，甚至在她盛开的秋天，连梅花和菊花也要感到羞愧和妒忌了（见《鹧鸪天》）。而在另一首词《摊破浣溪沙》中，更将桂花形容如黄金揉破了的金光闪闪的花瓣，而叶子有如玉石一样层层叠叠："揉破黄金万点轻，剪成碧玉叶层层"，表现一种高尚的人品。相比之下，梅花的重蕊匋匋反倒有些俗气，丁香的花蕾密密麻麻集结在一起也显得有些粗劣了："梅蕊重重何俗甚，丁香千结苦粗生。"最后又写出桂花虽然以其香气引起人们千里梦的思念情怀，但它不懂得情，并不能为人解愁。这又是从拟人化的浪漫思想回到了现实的沉思之中。

（三）芭蕉的不同欣赏情趣

芭蕉是一种常绿草本植物，原产于热带亚洲，在我国广东、广西、福建、台湾及四川、云南等省（区）都生长茂盛，江南亦可生长。

芭蕉的形态最特别之处是叶大、茎密，最长的叶可达 2～3m，宽有 50～70cm，高可达 5～10m，成丛如团，故可用以分隔空间，或作为遮挡、衬托建筑物的屏障。

芭蕉叶大，叶脉呈横纹平行状，很有特色，再加上叶色嫩绿、明亮，叶心卷曲，显示一种平安而清雅的气质，故在江南一带，多种于窗前，可供人细赏，亦谓"书窗左右，不可无此君"。有古诗为证：

其一，杨万里诗句："骨相玲珑透入窗，花头倒挂紫荷香。绕身无数青罗扇，风不来时也自凉。"主要描写芭蕉的形态特性，整体的姿态是"骨相玲珑"绕身如扇；而其香风如荷，似乎总为窗中人送来阵阵凉风。

其二，乔湜诗句："绿云当窗翻，清音满廊庑。风雨送秋寒，中心不言苦。"主要写风雨中的芭蕉，有"绿云"与"清音"的动感，风吹叶片如绿云，雨打芭蕉生清音，绘形绘色地展示"风雨芭蕉"的图景。最后一句点出了芭蕉的生理特征：尽管有风雨的浸淫，但它第二年仍能茁壮地生长。因为它是多年生草本，旧叶落了，来年仍能长出，寓意着她的坚强。

其三，李清照词："窗前谁种芭蕉树，阴满中庭，阴满中庭。叶叶心心，舒卷有余情。伤心枕上三更雨，点滴霖霪，点滴霖霪。愁损北人，不惯起来听！"词的前段写景：窗前的芭蕉叶大，荫满庭院，而其形态则是"叶舒而心卷"，好像一封书札已被风吹展，但中心部分仍然卷曲着，"内情"还是保留着的。后段则鲜明地表达了作者被迫南逃江南的思乡之苦，因那没完没了的夜雨滴在芭蕉叶上的声音而产生的深重愁情。这也是芭蕉的形美，引了大自然之象——雨，而构成"夜雨芭蕉"的愁美之一例。

人生活在屋子里，总不免眼望窗外，而窗外种芭蕉，就自然会因芭蕉本身的美，而及物外之象，如日之影而能荫满中庭，如风之吹而有蕉叶舒展之态，如雨之滴而有清音之声。这些叶是自然之物，而日影及风雨是自然之象，构成了自然之景，而产生了观赏者心中之情，这也是"情景交融"的自然美的过程。

当然，芭蕉的美既可以产生"窗趣"，亦可配置成林以产生阴凉的"蕉林弈趣"，还可栽植于小径之旁构成一种"蕉叶拂衣袖，低头觅径行"的野趣。芭蕉所形成的园林意境，也是和诗画相连的。故观赏树木不同于一般的树木，它自有其美学的特征。而园林空间也不同于一般的空间，它应有其自然美的特色，而这首先体现于其植物景观。

三、古典园林植物文化性（意境美）的营造手法

中国古典园林植物配置意境的表现手法，是通过眼前具体景象而暗示出更为深广的幽美境界，即所谓景有尽而意无穷。诸多因素都会改变空间的意境并深深地影响到人的感受，这是古典园林植物意境美营造的困难之处，同样也使营造手法更趋丰富多彩。

（一）通过视觉、听觉、嗅觉等来表现意境美

中国古典园林不只是一种视觉艺术，还涉及听觉、嗅觉等感官。例如拙政园中的听雨轩，就是借雨打芭蕉而产生的声响效果来渲染雨景气氛的。又如，留听阁也是以观赏雨景为主，建筑东南两侧均临水池，池中遍植荷莲，留听阁即取意于李商隐"留得残荷听雨声"的诗句。借风声也能产生某种意境，例如承德离宫中的"万壑松风"建筑群，就是借风掠松林而发出的涛声而得名的。

如果说万壑松风、听雨轩、留听阁等主要是借古松、芭蕉、残荷等在风吹雨打的条件下所产生的声响效果而给人以不同的艺术感受的话，那么还有一些花木则是通过嗅觉等其他途径来表现意境之美的。例如，留园中的"闻木樨香"，拙政园中的"雪香云蔚"和"香远溢清"等景观，都是因桂花、梅花、荷花等的香气袭人而得名的。

（二）通过季相变化来表现意境美

春夏秋冬等时令变化、雨雪阴晴等气候变化都会改变空间的意境并深深影响到人的感受，而这些因素往往都是借助于花木植物为媒介而间接发挥作用。陆游曾有"花气袭人知骤暖"的诗句，表明各种花木的生长、盛开或凋谢常因时令的变化而更迭（如夏日的荷花、金莲，秋天的桂菊，寒冬的蜡梅）。因而，各色花木的盛开凋谢，便不期而然地反映出季节和

时令的变化，这些在古典园林中都能化为诗的意境而深深地感染着人。

（三）意境美表现的固定程式

在中国传统园林的植物景观中，由于植物一定的形态特征与生态习性，或观赏者对它的主观认识，而形成一些既定的或俗成的程式，如栽梅绕屋、院广梧桐、槐荫当庭、堤弯宜柳等。南方庭园喜在墙前植芭蕉、棕竹及观赏竹类，以求"粉墙为纸，植物为绘"的效果，江南园林更有"无竹不美"之说。

古人在植物配置中更注意到不同种类、品种的植物个性，即植物的生物学特性、姿色形态及神态特性，并总结了多种常见观赏植物的配置方法，可以说这是对自隋唐以来开始萌芽的文人园林中植物配置方法的总结。以下按春夏秋冬四季季相顺序介绍：

1. 春景　桃花妖艳，宜植于山庄、别墅的山坳或小桥、溪涧之旁，与柳树配置，桃红柳绿，相互辉映，更显出桃花明媚如霞的风采；杏花开得很繁茂，宜植于屋角墙头或疏林亭榭之旁；梨花具有一种冷韵的气质，李花表示一种洁白纯清之美，宜植于安静的庭院或花圃之中，早晚观之，或以美酒清茗在其中接待朋友；紫荆花开得很繁荣，花期也长，宜栽在竹篱或花坞之旁；海棠花显得很娇美，宜植于大厅、雕墙之旁，或以碧纱为屏障，并点起（银制的）蜡烛灯，或凭栏，或斜靠床缘而赏之（彩图4-5-1）；牡丹、芍药的姿色都很艳丽，宜砌台欣赏，旁边配以奇石小品，并有竹林做背景，远近相映。

2. 夏景　石榴花红艳，葵花灿烂，宜植于粉墙绿窗之旁，每当月白风清之夏夜，可闻其香；荷花柔嫩如肤，宜种在近水阁、轩堂等建筑的向南水面中，游人能享受到微风送来的阵阵荷香，又可欣赏到荷叶晨露的水珠；藤萝花叶掩映，梧桐与翠竹表现一种清幽，宜植于深院或孤亭之旁，可引来飞鸟的幽鸣；棣棠的花如一缕缕黄金，宜丛植；蔷薇则可作为锦绣似的屏障，宜做高的花墙，或立架赏之。

3. 秋景　菊花情操高尚，宜植于简朴的茅舍清斋之旁，亦可植于溪边，其带露的花蕊缤纷，可谓秀色可餐；桂花以香胜，宜植于高台大厅之旁，凉风飘忽桂花香，或抚琴弹奏于其旁，或吟诗歌唱于树下，产生一种神往落魄、飘然若仙的意境（彩图4-5-2）；芙蓉花美丽而恬静，宜植于初冬的江边或深秋的池沼；芦花如雪飞，枫叶成丹林，宜高楼远眺。

4. 冬景　水仙、兰花的品格高逸，宜以瓷盆配石成景，置于卧室的窗牖之旁，早晚可领略其芬芳的风韵；梅花、蜡梅标清、飘逸，宜植于疏篱、竹坞或

图4-5-1　蜡梅花径

曲栏、暖阁之旁，冬春之际，红花与黄白色花相间，古干横枝，令人陶醉（图4-5-1）；松柏苍劲，突兀嶙峋，宜植于峭壁奇峰，以显其坚忍不拔、耐风抗寒的风骨。

（四）竹类与桂花的造景实例

1. 竹类的造景实例　竹子诗词、竹子绘画和竹景艺术相互渗透，相互融合，使竹景充满诗情画意，形成意境美、画境美，使游客在赏竹中获得崇高的审美感。竹景既有自然美的"形"，又有灵魂美的"意"，具有"形"和"意"相结合的美妙意境。竹景耐人寻味，意味

无穷，百看不厌，在园林中被广泛应用，有竹径、竹林、竹坡、竹溪、竹坞、竹园、竹轩、竹亭廊等。以竹文化为主题的景石、匾额起画龙点睛的作用，提醒、诱导游人领悟竹子"清高、气节、坚贞"的优秀品格，深化了园林意境的内涵。

中国古典园林竹子造景的历史悠久，现存的江南古典园林中有不少竹子造景的成功范例，如留园的"碧梧栖凤"、拙政园的"海棠春坞"、网师园的"竹外一枝轩"、沧浪亭的"倚玉轩"以及个园的"春山"等。有关竹子造景艺术手法的代表著作有明代计成的《园冶》、文震亨的《长物志》以及清代李渔的《一家言》（又名《闲情偶寄》）等。在陈继儒的《岩栖幽事》和《太平清话》、林有麟的《素园石谱》、屠隆的《考盘余录》和《山斋清闲供笺》、沈复的《浮生六记》、李斗的《扬州画舫录》中也收录有一些片断。

现代园林中竹子的应用也非常广泛。北京紫竹院公园的"八宜轩"位于青莲岛上，前临一池荷花，背依万竿修竹，景色怡人。"八宜轩"的立意就是将诗情画意写入园林景点中，其楹联"雨雪风霜竹盖翠，诗画书印景怡人"，取意于四种世态竹景和关于竹子的诗、画、书、印的竹文化。有人通过竹径通幽，入轩小憩，对景品味楹联，顿生一种盎然的情怀。位于昆明世博园花园大道右侧的竹园，依山傍水，宛如徐徐展开的长条幅画卷。青翠的竹林随地形而起伏，远远望去层峦叠嶂，虚实相间，其影调、色泽依季节和目光的转移而变幻。碑、廊、亭、榭等散布园中，石径相连，竹径通幽，清风摇翠，凉气顿生，诗情画意尽在其间。

从古至今，竹子在园林艺术中就有着极为重要的地位，月照有清影，风吹有清声，雨涤有清韵，霜凝有清光，雪染有清趣。以竹造园，竹因园而茂，园因竹而影；以竹造景，竹因景而活，园因景而显。以竹造园，不管是纷披疏落竹影的画意，不管是以竹造景、借景、障景，或是用竹点景、框景、移景，都能组成如诗如画的美景，且风格多种多样。如竹篱夹道、竹径通幽、竹亭闲逸、竹圃缀雅、竹园留春、竹外怡红、竹水相依等景观，无不遍及中国园林。北魏时期，洛阳众多私家园林，相继出现了"莫不桃李夏绿，竹柏冬青"的景象。崇竹爱竹、乐竹忘形的"竹林七贤"更加提倡竹子造景。尤其是唐宋时期，我国文化艺术空前繁荣，促进了造园兴盛，竹子造园随之步入鼎盛时期，有名的如王维的"辋川别业"、杜甫的"杜甫草堂"、苏轼的"东坡园"等。明清时期，竹子造园首推江南园林。苏州的拙政园"梧竹幽居"、"竹径通幽"、"竹廊扶翠"等景观为多数园林所借鉴。特别是清代圆明园"天然图画"，以万竿翠竹为"五富堂"造景，呈现出"竿竿清欲滴，个个绿生凉"的竹园景观。其中"湘妃竹"在"天然图画"中造就了令人陶醉的景观，成为竹子在东方艺术情调中的杰作。至于当代的浙江安吉公园、北京的紫竹院、成都的望江公园等园以竹胜、景以竹异，更多地展现出竹荫、竹声、竹韵、竹影、竹趣等的异彩。

在中国园林中采用竹子造景，可见竹子的魅力所在，竹能与自然景观融为一体，在庭院布局、园林空间、建筑周围环境的处理上有显著的效果，易形成优雅惬意的景观，令人赏心悦目。竹在园林配置中主要有以下几种手法：

（1）竹径通幽 "竹径通幽"是竹子在园林应用中最常见的造景手法。竹径的特色是四季常青，形美色翠，幽深宁静，表现出一种高雅、潇洒的气质，有诗云："负郭依山一径深，万竿如束翠沉沉。"计成在《园冶》中勾勒的理想景观是："梧荫匝地，槐荫当庭；插柳沿堤，栽梅绕屋；结茅竹里，浚一派之长源，障锦山屏，列千寻之耸翠，虽由人作，宛自天开。"竹林中搭一茅屋，养心畅情。同时在《园冶》之"相地篇"中多次提及竹林景观。"园说"中也有"竹坞寻幽，醉心即是。轩楹高爽，窗户虚邻；纳千顷之汪洋，收四时之烂漫。"

这种竹径的特点是"幽"和"曲",可增加园林的含蓄性,又以优美流畅的动感,引发游人探幽访胜的心情,也可产生宁静、幽深的意境。如杭州三潭印月的"曲径通幽"竹径两旁临水,长约50m,宽1.5m。竹种以刚竹为主,高2.5m左右,游人漫步小径,感觉清静幽闭。沿小径两侧是十大功劳绿篱,沿阶草镶边,刚竹林外围配置了乌桕和重阳木,形成富有季相变化的人工群落。竹径在平面处理上采取了三种曲度,两端曲度大,中间曲度小,站在一端看不到另一端,使人感到含蓄深邃,感受"庭院深深,深几许?"的园林意境。竹径的尽头豁然开朗,展现出一片开敞虚旷的草坪,营造出奥旷交替的园林审美空间。

竹径通幽包括竹林的静观和动观两方面。关于竹林的静观,最负盛名者当属"辋川别业"的"竹里馆",诗人"独坐幽篁里,弹琴复长啸。深林人不知,明月来相照",尽情享受竹林的静观之美。《园冶》中的"结茅竹里"也属此类,掩映于竹林深处的茅屋既是赏景的佳处,又极富返璞归真的野趣。竹林的动观处理则主要体现在曲径通幽的动态空间序列,竹林小径为求含蓄深邃,常忌直求曲、忌宽求窄。《园冶》强调曲径,如"蹊径盘而长"、"不妨偏径,顿置婉转"等。中国古典园林"竹径通幽"的典范之作当属杭州西湖小瀛洲。

(2)移竹当窗　"移竹当窗"的本义是窗前种竹,也特指竹子景观的框景处理,通过各式取景框欣赏竹景,恰似一幅图画嵌于框中。框景的手法最早见于《一家言》,李渔在"居室部""窗栏"一节中指出:"借画"。"移竹当窗"的手法将彼空间的景物引入此空间,具有空间渗透的作用,有助于增加园林空间的层次感。

《园冶》对"移竹当窗"的深远意境有精辟论述:"移竹当窗,分梨为院,溶溶月色,瑟瑟风声;静扰一榻琴书,动涵半轮秋水,清气觉来几席,凡尘顿远襟怀"。"移竹当窗"以窗外竹景为画心,几竿修竹顿生万顷竹林之画意,"见其物小而蕴大,有须弥芥子之义,尽日坐观,不忍合牖"(李渔《一家言》"居室部"),起到小中见大、壶中天地的效果。同时由于隔着一重层次,空间的相互渗透产生幽远的意境。

"移竹当窗"形成的框景画面不是静止不变的,随着欣赏者位置的变动,竹子景观随之处于相对的变化之中,这与西方近代建筑理论所推崇的"流动空间"学说不谋而合。倘若连续设置若干窗口,游人通过一系列窗口欣赏窗外竹景,随着视点的移动,竹景时隐时现,忽明忽暗,画面呈现一定的连续性,具有明显的韵律节奏感。

关于取景框的形式,《园冶》中讲"制式新番,裁除旧套"。"移竹当窗"的取景框除窗洞外,还包括各式门洞、漏窗及其他建筑围合空间,如由挂落、美人靠和柱围合而成的取景框。从虚实关系上讲,窗洞门洞为虚,白粉墙壁为实,漏窗介于两者之间,可看做半虚半实的要素,起过渡与调和的作用。杭州西湖小瀛洲的园墙辟有漏窗,透过图案精美的漏窗欣赏粉墙外竹林,若隐若现,虚实相生,增大了景深,丰富了园林空间的层次感。

唐代白居易的竹窗之作:"开窗不糊纸,种竹不依行。意取北檐下,窗与竹相当。绕屋声渐渐,逼人色苍苍。烟通杳霭气,月透玲珑光。"说明在窗前种竹,应采取自然式,不是一行行,而要一丛丛,或是二三枝,耐阴的可种于朝北的窗前。微风吹拂竹叶发出渐渐之声,飘来清香之气,夜晚月光照耀着,而有玲珑苍翠之倩影,这意境是何等的幽雅。

(3)粉墙竹影　"粉墙竹影"指将竹子配置于白粉墙壁组合成景的艺术手法,恰似以白壁粉墙为纸、婆娑竹影为绘的墨竹图。由于江南园林的墙垣多为白粉墙壁,故该艺术手法应用广泛。"粉墙竹影"是传统绘画艺术写意手法在竹子造景中的体现。"藉以粉壁为纸,仿古人笔意……植黄山松柏、古梅、美竹,收之圆窗,宛然镜游也"(《园冶》"掇山")。白粉墙壁前几竿修竹,竹子在白色背景的衬托下益显青翠,同时细腻光滑的竹秆极易与平整光洁的白粉墙壁通过微差取得质感上的协调统一。倘若适当点缀几方山石，则使画更加古朴雅致。

（4）竹石成景 竹石小品是中国古典园林中最常见的景观之一，指竹子与奇峰怪石通过艺术构图组合成景。受唐宋竹石画体的影响，竹石小品常布置在廊隅墙角，通过与竹石的情感交流，使人在有限的空间里感受自然万物的勃勃生机。现代大园林中有起伏的丘陵山脉，小园林中也不乏假山。山体若覆盖了千姿百态的竹子，不仅随地呈现层林叠翠的植物景观，而且丰富的空间层次将山上的建筑和道路掩映在绿荫之中，有"群山郁苍、群木荟蔚、空亭翼然、吐纳云气"的景象和"山重水复疑无路，柳暗花明又一村"的境界；若用于小园林的假山中，则可形成竹石之景，其情状类似盆景，是园林中障景、框景、漏景的构景材料。

（5）水边伴竹 园林植物不但可净化水面，还可活跃水中倒影，丰富水面空间和色彩，是水面与陆地的融合媒介。清清秀秀的竹子，性喜阴凉，若生长在水边，形态更是清新可人，其"疏影横斜水清浅"自不会逊色于梅。竹叶的声响和水声涓涓更增添幽静风凉之感。驳岸曲折自然、参差错落，迎春、箬竹、芦苇等植物穿插点缀其间，虚实相间，既丰富了空间层次，又增添了自然情趣。

（6）楼竹相辉 苏东坡曾写道："宁可食无肉，不可居无竹。无肉使人瘦，无竹使人俗。"园林建筑如有竹子作点缀，便如秀美的山林有了玉瀑清泉；如以竹林为背景，则绿荫披拂，倩影摇曳，似静似动，疑为仙境。竹子与建筑配合，既可用竹子的绿色色调衬托以红、白、黄为主的建筑色彩，又可以竹子的自然形态和质感"软化"由人工硬质材料构成的规则式建筑形体，刚柔相济；同时还可使建筑若隐若现，形成"竹里登楼人不知，花间问路鸟先知"的景象。

古典园林竹子造景的艺术手法是一个有机整体，不是相互割裂的关系，如竹石小品置于白粉墙前即成"粉墙竹影"，用之于取景框则是"移竹当窗"。分析古典园林竹子造景艺术手法是为了更好地进行现代园林竹景设计，"竹径通幽"、"竹石成景"依然适用于现代园林植物景观设计，"移竹当窗"、"粉墙竹影"则主要适合于面积较小的园林空间，如宾馆内外庭园、盆景园等园中园。在风景竹林旅游地和其他城市园林空间中，亦可根据总体布局的需要营造一些"移竹当窗"、"粉墙竹影"的竹子景观。总之，对古典园林竹子造景艺术的手法的借鉴应因地制宜、景到随机。

中国竹文化源远流长，有关竹子的诗词绘画、历史典故构成了竹子造景丰富的人文景观资源，竹子造景可通过题咏、匾额、楹联、名人故居、雕塑以及竹韵景石等艺术手法渲染竹文化，使自然景观与人文景观完美结合，营造充满诗情画意的园林意境。

2. 桂花的造景实例 桂花为木樨科木樨属常绿树种，是我国传统的观赏花木和芳香树种，其形、色、香、韵俱佳，是在园林造景中广泛运用的植物材料。西汉时期中国园林就与桂花结缘，至明清时期桂花成为私家园林造园的主要材料，近现代更是被发扬光大，在江南地区甚至到了无园不桂的程度。在我国古典园林中，将桂花植于窗前、院中、角隅、路旁、溪畔、池边、岩际等，与各种地形、建筑、山石相结合构成传统的园林桂花景观，丰富园林空间。

我国旧时的庭院常将玉兰、海棠、迎春、牡丹、桂花五种传统名花一同栽植在庭前，以取"玉堂春富贵"之意。"双桂当庭"或"双桂留芳"等对植方式也是我国古典园林中常见的配置手法。

以桂花为名的景点或主景则以江南园林最为著名。留园内的"闻木樨香轩"，秋日丹桂盛开，芬芳四溢，香沁心脾。沧浪亭的"清香馆"，取李商隐"殷勤莫使清香透，牢合金鱼锁桂丛"诗句而名，馆前种植桂花，秋天丹桂吐蕊，清香满溢，境界幽静。网师园中的主要建筑"小山丛桂轩"，周围以桂花为主，配以玉兰、梧桐、青枫等植物。另外，藕园的"樨廊"、"储香馆"，怡园的"金粟亭"，扬州个园的"桂厅"等都是以桂花为主要造景要素的景点。

随着时代的不断发展，桂花已经有了更多的造景方式，也越来越多地应用于现代园林中。利用桂花造景主要有以下三种形式：

（1）独立造景　将桂花孤植在空旷的平地、山坡或草坪上，作为空旷地上的主景，以体现其个体的姿态美；或者将桂花分别按一定的轴线左右对植或列植，桂林市不少街道都栽植桂花做行道树，四季常青，满城秀色，每到秋季便幽香四溢，为城市景观增色不少；还可以桂花群植，形成整体的桂花景观，体现桂花的整体美与和谐美。杭州花港观鱼公园西里湖边的大草坪中央就布置了一个由桂花树群环抱而成的闭合空间，从而使整体空间具有多重性，不仅满足了游人不同的心理需要，而且打破了大片草坪所导致的单调感。

（2）组合造景　与其他树木配置造景，组成具有丰富的林貌和季相变化的植物景观。桂花四季常绿，与其他植物配置时，一般作为背景树种或基调树种。在确定桂花的搭配植物时，应考虑两者的协调关系，包括对土壤条件、光照、温度、水分及养分的要求；搭配植物的枝、叶、花、果要求能够补充和提高桂花的景观色彩。杭州西湖风景区的平湖秋月、三潭印月等景区多用桂花做西湖秋景的主干树种，突出秋夜赏月的意境和闻香效果。苏州网师园殿春簃以一棵白皮松、两株桂花作为数丛芍药的背景树，再加上一棵紫藤及数株夹竹桃、梅、竹、芭蕉、南天竹等植物，便营造出四季如画的优美景色。武汉东湖风景区鲁迅广场及九女墩景点选用桂花与雪松、南天竹等植物搭配，不仅营造出了庄严的气氛，而且景观变化丰富，使纪念性与休憩、集散的需要得以统一。

（3）专题布置　在色泽、品种、树形、体量上加以选拔相配，运用现代园林造景手法科学组织观赏桂花的形式美要素，结合必要的人文景观，创造出深远的园林意境，全面展示桂花姿态美、嗅觉美与品质美，集自然景观与人文景观于一体，取得良好的观赏效果。同时还可以作为桂花的科普教育场所。苏州市桂花公园就是一座以桂花为特色的专类公园，位于苏州城内东南隅，公园内收集的桂花品种已有 50 多个，约占目前桂花品种的 1/3，包括'金'桂、'银'桂、'九龙'桂等，全国桂花约 7 000 株。

桂花的栽培历史悠久，具有丰富的文化内涵，非常符合东方园林的审美特色，而且其品种繁多，不论形体大小都能产生丰满生动的景观效果，可以根据造景的需要自由选择搭配。随着城市文化生活水平的不断提高，人们越来越追求诗情画意的生活空间，追求美的享受。我国有着丰富的桂花资源，又有深厚的桂文化底蕴，只要将桂花巧妙地运用于园林景观，就可以创造出生动如画的景观效果。

以上几种意境表现手法应巧妙应用，而且不应拘泥于此。在选择树种或栽植位置时，要重视其内在的实质要求，或其艺术构图的规律，而不是局限于某几种既定的植物种类。如大叶柳并没有飘柔的柳条，但耐水湿，在水边栽植有一种明显的向水性，也显示出与水的亲和力。其他如乌桕、槭树类，虽无柳之"柔情"，但也可生长于水边。秋天叶红，染红了水面，也不失为配置堤湾的树种。

第六节　东西方园林植物寓意的差别

园林是表达人与自然联系的一种直接手段，它融合了自然元素和人工痕迹。无论园林风格如何迥异，植物都是一种必不可少的共性元素，在园林中占据着重要的位置。在中西方园林中，植物同样受这两种完全不同体系的文化观、哲学观的影响。因此，中国园林和西方园林对植物的处理方式，乃至植物在园林中的作用，甚至植物的含义都有很大的不同，在中西方园林中体现着不同的审美价值。

一、东西方偏爱的植物不同

园林艺术发展至今，中西方园林有过多次的交流和融合，但仍保留着各自的特色。重"意"是中国传统审美观的特点，所以园林植物往往成为托物言志的载体，荷花"出淤泥而不染，濯清涟而不妖"作为高洁人品的象征通常是园林植物的主题。中国尊崇菊花，称其为谦谦君子。而英国人讨厌菊花，认为它是报丧的花。中国人、印度人认为荷花出于淤泥而不染，是"圣洁之花"；而与中国一衣带水的日本却认为它是不洁之物。欧洲人通常用柏树布置庭园，而在中国只有在陵园墓地才常见到它。种种差别不胜枚举。

同一植物，在一种文化里有丰富的联想意义，而在另一种文化里却缺乏相应的联想。众所周知，牡丹、梅花、荷花、菊花、兰花、桂花、松树、柏树、竹、柳等是中国的传统名花名树，从古到今一直深受喜爱和重视。在汉语中，这些花木的比喻意义和象征意义最为丰富，有关这些花木的神话传说以及成语俗语也最多。可以说，这些花木的文化色彩最浓，最能反映民族文化背景，是中国植物文化的核心和代表。

而西方对中国所重视的这些花木却没有什么特殊的感觉，他们所重视的是玫瑰、百合、郁金香、紫罗兰、栎树、棕榈、橄榄、桂树等。在西方，这些花木具有特定的比喻意义和象征意义，文化色彩最浓。玫瑰象征爱情、幸福和美好，百合花比喻纯洁的人或洁白的东西，

栎树象征勇敢坚强，棕榈象征胜利，橄榄枝是和平的象征，桂树象征着胜利、成功或荣誉（图4-6-1）。西方民族以玫瑰、百合、郁金香、紫罗兰为女子之名，而汉民族则以牡丹、荷花、菊花、桂花为女子之名，这种取名上的差异也从一个角度反映了花木在东西方民族中所具有的不同地位。

同样，西方许多植物有其独特的联想意义，而汉语中却没有。例如，百合花状如喇叭，通常呈白色，每到夜晚叶片成双成对地闭合，中国人称为夜百合，往往用它象征夫妻恩爱、琴瑟和鸣；而在西方白色的百合花是童贞、贞操和纯洁的象征，并无爱情的联想。

黄水仙是一种普通的花，英美文化中象征欢乐。英美诗人常用它来描写春光和欢乐，英国湖畔派诗人华兹华斯也写过一首《咏水仙》的诗，他把黄灿灿的水仙比做璀璨的群星、激滟的波光。

图4-6-1　少女与花卉
(Wenzel Hollar，1607—1677)

在西方，白杨是脆弱、软弱、胆怯的象征，这与中国人心目中对白杨的崇敬之情截然不同。俄罗斯人不喜欢白杨，认为耶稣被犹大出卖后就被吊死在白杨树上。

橡树是俄罗斯人最尊敬的树种之一。旧时一切重要的仪式都是在橡树下进行，并用橡树枝条修饰供品。橡树象征男人，象征力量。这一形象为当代诗人所接受并应用到作品中。

花楸在中国鲜为人知，而在俄罗斯却随处可见。花楸五月开花，秋天结果，红果绿叶。冬天的花楸，一串串红艳艳的果实犹如熠熠生辉的红宝石，娇美迷人。在俄罗斯花楸被称为"爱情树"，在民间创作中代表美丽多情的女子，但这种爱情往往是苦涩的，甚至是有情无缘的。俄罗斯东正教认为花楸是苦树，它的树枝不能进教堂，不能用于宗教仪式。在文学作品中，常与凄苦、悲伤等词语搭配。

白桦树是俄罗斯人最钟情的神圣之树。她常常出现在远方游子的思乡梦中，是故土和祖国的象征。白桦树在俄罗斯人眼中也是春天和爱情的信使，是民间创作中常用的形象性词语，它可以喻指姑娘、腼腆的新娘、苗条的少女，也可喻指少妇或母亲。

丁香曾被称为"俄罗斯贵族之花"，因为她开在贵族庄园。丁香在明媚的五月开放，是春天、欢乐、爱情的象征。在民间有用丁香花来卜算爱情和幸福的说法，丁香花瓣一般有四瓣，如果遇到五瓣，就可以获得爱情和幸福；如果遇到三瓣，则代表不幸。丁香又象征着忧伤和离别，这可能与其紫色和易枯有关。

二、东西方感情的表达方式不同

以花木喻人和以花木代言，是东西方植物文化最重要的区别。汉民族注重以花木喻人，即用花木的自然属性（形态、习性等）来比喻人的社会属性（品德、精神等）。人们常说的"岁寒三友"（松、竹、梅）和"四君子"（梅、兰、竹、菊）就是典型的例子。似乎每一种花木都具有人的风骨和品德，就连最不起眼的小草也被用来比喻平凡而生命力顽强的小人物。总之，花木已被人格化，并成为中国文化中的人格象征，花品、树品就是人品。古往今来，人们无数次地咏叹松、竹、梅、兰、荷、菊等，实际上是以花木喻人或自喻，借咏花木以咏人。

西方有送花的习俗，他们习惯和注重的是以花代言，即用一种花木代表一个特定的意义，用花木来表示自己所要表达的意思。据研究，西方民族各种花木都有特定的含义，几种花木组合又有特定意义，已形成了系统的花语。如单瓣石竹表示纯洁的爱，勿忘草表示真正的爱，荷花表示疏远了的爱，黑色杨树表示勇气胆量，白杨树表示机遇、时机，雪松表示忠诚守信，仙人掌表示热心，紫藤表示欢迎，雏菊表示天真单纯，黄色水仙表示敬意和问候，红菊花、橡树叶、野丁香和睡莲组合表示"我爱诚实谦逊、勇敢和纯洁的心灵"等。

西方常借互赠花木来传情达意。例如，如果朋友发生摩擦，一方送去榛表示"希望和解"，另一方回送红色天竺葵，表示"得到安慰"。这样，两人之间的隔阂就烟消云散了。如果友人遇到困难挫折，送一束菟丝子和冬青告诉他：只要多动脑筋，你一定能克服困难，因为菟丝子表示"多思"，冬青表示"克服困难"等。以上举例虽然有限，但西方民族丰富多彩之花语已可见一斑。

需要说明的是，西方虽也不乏以花木喻人之例，但远不及中国那么丰富；而中国文化尽管也有以花木代言的现象，特别是近年来随着送花风气的兴起，以花代言的花语有所发展，但并不广泛，也不系统，不能与西方相比。因此，可以肯定地说，以花喻人是东方植物文化的主流和代表，而以花木代言则是西方植物文化的主流和代表。

三、东西方植物的联想对象不同

东方将花木与性别相联系，而西方将花木与神相联系，这是东西方植物文化的又一差别，亦是各自的文化背景所决定的。在东方，花木与人的性别有着密切关系，具体来说，花与女性相联系，而树则与男性相联系。人们认为女性与花有许多相似之处，因此常用花来比喻女性。

首先，人们用花来比喻女性的容貌体态，漂亮女子常被比做国色天香的牡丹、亭亭玉立的荷花、淡雅的梨花、艳丽的桃花等，用"杏脸桃腮"、"人面桃花"、"芙蓉如面柳如眉"、"梨花一枝春带雨"来形容和描写，女子打扮得漂亮曰"花枝招展"，善于交际的女子被称为"交际花"，学校中最漂亮的女生被称为"校花"等。

其次，人们用花来比喻女子的遭际命运。花的明艳动人是短暂的，这与女性青春易逝、红颜易老的特点相似；花儿娇嫩，难以经受风霜雨雪的摧残，这又与女性柔弱、不堪遭受命运的打击有相通之处，故而人们往往借叹花以叹女子，而女性亦常借花自叹自怜。李清照的"帘卷西风，人比黄花瘦"、"满地黄花堆积，憔悴损，如今有谁堪摘"，林黛玉的"明媚鲜妍能几时，一朝飘泊难寻觅"、"一朝春尽红颜老，花落人亡两不知"等，就是其中的典型，名为叹花，实则叹人。《红楼梦》中把宝钗比做雍容华贵的牡丹，黛玉比做风露清愁的芙蓉（荷花），李纨比做清幽的梅花，都是根据各自的容貌体态、性格身世来设喻的，其中有深刻的寓意。正因女性与花有诸多相似之处，因而花即女性，女性即花，这是再自然不过的事。在中国，以花为名是女性的专利，名叫"牡丹、梅花、荷花、红梅、春兰、秋菊"等的女子，多得难以计数。另外，从古到今，从神话传说到拟人表演，凡花仙必是女子。这些都反映了花与女性的联系。

另一方面，树木则与男性相联系。树木高大、伟岸、挺拔，经得起风雨，耐得住严寒，这与男性高大健壮、勇敢顽强的特点相似，因此树被视为男性的象征。汉族男子常以松、柏、桦、杨、榛、榕、楠、桐、槐、椿、柳、竹等树木为名，描写和赞扬男性也常将其比做高大挺拔的树木。中国神话传说及童话中的树木总是以男性的形象（树爷爷、树公公）出现，如《西游记》中唐僧在荆棘岭路遇的几个树精全是男性：十八公（松）、孤直公（柏）、凌空子（桧）、拂云叟（竹）。然而相比起来，花与女性的联系比树与男性的联系更为鲜明和复杂。

在西方，花木与性别的联系不明显。男性一般不以树木为名，把男性比做树木的现象很少。女性虽有以花为名的，但用作人名的花只有很少几种，如玫瑰、紫罗兰、茉莉、迷迭香花、郁金香、雏菊等；用花来比喻女性的现象有，但很少，且只限于比喻女子的容貌。花木在西方与神联系在一起，它们被用来象征希腊神话中的神。如桂树象征阿波罗（Apollo，太阳神），百合象征神后朱诺（Juno）或圣母玛丽亚（the Blessed Vingin Mary），长春花象征维纳斯（Venus，爱和美的女神），水仙花或罂粟花象征谷物女神色列斯（Ceres），栎树象征主神朱庇特（Jupiter），柏树象征阴间之神普路托（Pluto），岩薄荷象征黛安娜（Diana，月亮和狩猎女神），橄榄枝象征智慧女神密涅瓦（Minerva），藤象征酒神巴克斯（Bacchus）……由花木与神的联系不难看出西方植物文化与古希腊文化、宗教文化的关系。

四、东西方植物寓意形成的因素不同

东西方民族所重视的花木不同，这是其自然环境、气候条件及历史文化差异的反映。

1. 民族审美心理不同　西方文化是一种科技理性文明，英美人很少用自然植物比拟人的思想品格，进行道德化描写，他们倾向于用植物象征人的某种自然属性而非社会属性，如英美人用桃、玫瑰、雏菊比喻年轻貌美的女子，令人想起女性红嫩的脸庞，没有任何道德评判。

2. 民族文学传统不同　古老的中华大地与源远流长的华夏文明孕育出了以牡丹、梅花、松树为代表的植物文化，而西方民族以玫瑰、百合、栎树为代表的植物文化则是古希腊、古罗马文化以及西方宗教文化影响的结果。在希腊神话中，玫瑰是司美与爱的女神阿佛洛狄忒（Aphrodite）（即罗马神话中的维纳斯）从海水中诞生时，由她身上的泡沫变成的。于是，在古希腊、古罗马乃至整个欧洲，玫瑰就成了爱与美的象征。桂树象征胜利和荣誉也源于古希腊，而橄榄枝的象征意义则出自《圣经·旧约》中诺亚方舟的故事。总之，西方不少植物的象征意义都与古希腊古罗马文化、西方宗教文化有关。

在现代园林中，对自然和生态的要求使得我们不得不对园林植物加以更多的关注，人们审美趣味的不断提高也要求我们更加严谨地对待园林风格。探讨古典园林的植物艺术特色，比较中西方的审美差异，可以促使我们在保留原有历史风格的基础上，赋予时代的内容，以符合现代社会的需要，这是对我国优良文化传统的继承和发扬，也是对西方园林文化的理解和吸收。

第五章

园林植物的自然要素

园林空间与景观主要是通过植物材料的正确运用来规划、设计和营造的，植物是构成园林空间与景观的主要材料。园林空间和景观的营造是通过植物的鉴赏要素，特别是植物形态、色彩等的处理、搭配来实现的。

园林植物的自然要素包括植物的形态、色彩、芳香、体量、肌理、质感和声音等。植物各部位各具其特别之美，或以"花"胜，或以"叶"称，或以"果"名，或以构成"茂林"，或以植为"浓荫"，故为园林种植时，应根据植物主要自然要素及实际情况，分别配置，以供观赏。

植物的自然要素犹如音乐中的音符，绘画中的色彩、线条、形体，是一种情感表现的语言。植物通过这些特殊的语言向人们诉说着、表现着自己，变幻出一幅幅美丽动人的画面，激发起人们的审美热情。有的植物组群不仅能给人以美感，甚至能产生震撼人心的力量。作为一名园林设计者，就要努力去理解、去体会这些语言符号，研究能够产生美感的植物景观的内在规律，设计出符合人的心理、生理需求的植物景观。因此，对园林植物自然要素的学习正是对这些特殊语言符号的学习。

第一节　园林植物的形态

一、园林花卉的形态

（一）根据株高分类

根据植株高度，可以将园林花卉分为高类、中高类、中低类和低类：高类高度为 1.0m 以上，有的甚至超过 2.0m；中高类高度为 0.5～1.0m；中低类高度为 0.2～0.5m；低类高度为 0.2m 以下（图 5-1-1）。

对于草本植物材料的关注多集中于花部（各个单花与花序）的形状、色彩、大小等，很少关注叶部（叶、茎、叶群等）。而叶部与花部合在一起共同构成草本花卉的株形，因此，对由花部和叶部构成的株形进行综合考虑，这对草本花卉的性状认识是十分必要的。

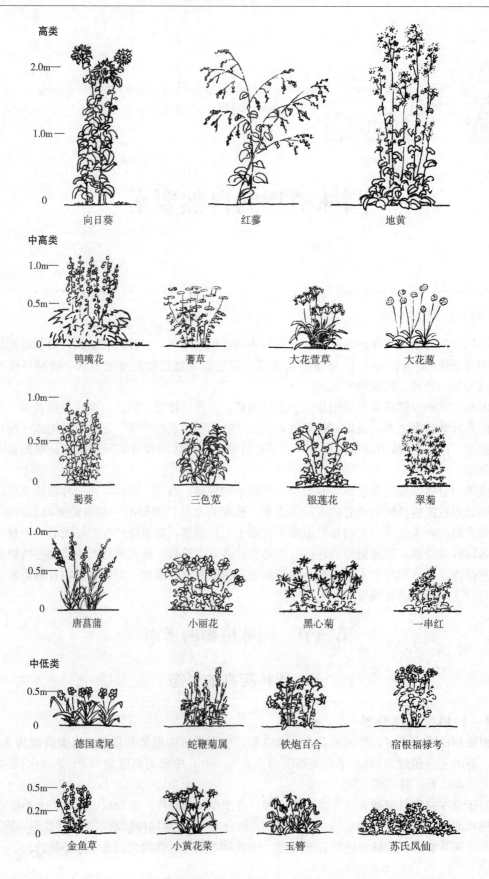

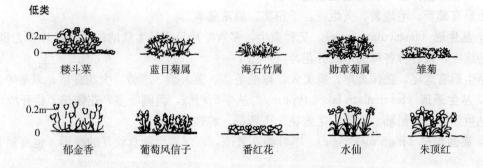

低类

耧斗菜　　蓝目菊属　　海石竹属　　勋章菊属　　雏菊

郁金香　　葡萄风信子　　番红花　　水仙　　朱顶红

图 5-1-1 园林花卉的高度与株形

从种植设计的角度来看，了解草本花卉的株形对草花景观的设计和营造也是非常重要的。

（二）根据株形分类

园林花卉株形具有以下类型（图 5-1-2）：

1. 波浪形（wave type）　植株匍匐于地表，对地面进行全面覆盖的株形，基本上从株丛外围看不到叶片。分小波浪形和大波浪形。

小波浪形有海石竹属、雏菊、美女樱、香雪球、番红花、葡萄风信子、蒲公英、丛生福禄考、地毯赛亚麻、雪光花等。

大波浪形有非洲菊、蓝猪耳、勋章菊属、蓝目菊属等。

2. 山形（mount type）　植株茎叶呈驼峰状繁茂生长，花覆盖了株丛表面的株形，基本上看不到叶片。小驼峰状为低山形，大驼峰状为高山形。

低山形有软毛矢车菊、苏氏凤仙、万寿菊、彩叶草、藿香蓟、地被菊、三色堇、郁金香、八宝景天、金盏菊、葡萄风信子、朱顶红等。

高山形有紫茉莉、南非菊、大丽花、小菊、天竺葵、一串红、二月兰、凤仙花、肿柄菊、金鱼草、耧斗菜等。

3. 伞形（umbrella type）　茎叶集中于植株上部，在一定高度处着生花序，花盛开后呈伞形。茎叶的形状、色彩都成为观赏的对象。

伞形有旋覆花、黑心菊、金鸡菊、蓍草等。

4. 圆筒形（big column type）　茎叶繁茂并着生于低矮的植株上部，只上部开花的株形。花量与叶量的比例因种类不同而不同。

圆筒形有宿根福禄考、波斯菊、矢车菊、卷丹、铁炮百合等。

5. 矛形（lance type）　茎叶呈现直立状繁茂生长，从上部开始在相当于高度的1/2～2/3处花群着生并呈

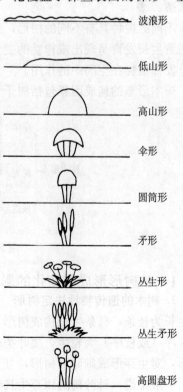

波浪形

低山形

高山形

伞形

圆筒形

矛形

丛生形

丛生矛形

高圆盘形

图 5-1-2 园林花卉株形类型

矛状。从植株整体看，花量远远超过叶量。

矛形有蜀葵、毛地黄、火炬花、千屈菜、唐菖蒲等。

6. 丛生形（fasciculate type）　又称束生，多数叶片呈现丛生状的株形，叶片多为剑形、线形的细叶，以各种各样的形式开花。

丛生形有鸢尾、德国鸢尾、虞美人、球根毛茛、美人蕉、玉簪、大花萱草、翠菊等。

7. 丛生矛形（fasciculate lance type）　与丛生形相似，但阔叶多，花如长矛状开放。

丛生矛形有老鼠簕、地黄、毛蕊花、飞燕草、蛇鞭菊等。

8. 高圆盘形（high disk type）　茎叶细高繁茂，顶部着生圆盘状花的株形，也有矮化的品种。

高圆盘形有向日葵等。

除上述株形之外，还有其他多种株形，应用时应灵活掌握。

二、园林树木的形态

不同的树木各具形态，呈现不同的姿态美。挺直的树干有一种豪壮雄伟的形象，横亘曲折的树干有一种盘结迂回的形象，倒悬下垂的树干有一种凌空倾泻的形象，双株连理的树干有一种顾盼生姿的形象。如梅花，"以曲为美，直则无姿；以欹为美，正则无景；以疏为美，密则无态"；柳树洒落有致，"微风拂来，垂柳依依"。

在园林空间设计中，植物的总体形态即树形是构景的基本要素之一。不同形状的树木经过妥善的配置和安排，可以产生韵律感、层次感等多种艺术组景的效果，可以表达和深化空间意蕴。

不同的树种具有不同的树形，这主要由树木的遗传特性所决定，但它并非终生不变，它会随着生长发育呈现出规律性的变化。设计者必须掌握这些规律，对其变化充分了解，才能充分发挥植物在空间中的作用。

树木形态的构成因素包括树干、树冠、根盘等部分（图 5-1-3）。

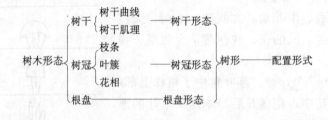

图 5-1-3　树木形态的构成部分

（一）树形形成与变化的影响因素

1. 树木的遗传特性决定树形　遗传特性决定了树木的芽序（芽的排列顺序）。树木的芽体生长为枝条，枝条生长构成树形。特别是顶芽生长势决定了树形。一般来说，针叶类树木的芽序（或枝序）为轮生，阔叶类树木的芽序（或枝序）为对生或互生。轮生芽形成圆锥形树形，对生芽形成阔卵形树形，互生芽形成卵形树形。

一般来说，针叶树的顶芽生长势强，上部生长处于绝对优势，树干直立，树冠成为圆锥形（彩图 5-1-1）。与此相对，阔叶树侧芽的生长势强，侧方生长占优势，枝条横向伸展，树冠多为卵形或者阔卵形（彩图5-1-2）。

2. 不同生长时期的树形变化　树木的增高生长随着树龄的增加而逐渐减慢、停止，树形也随之发生相应变化。幼龄树的树形多为细高圆锥形，随着树龄的增加，侧枝生长旺盛，树冠冠幅增大。进入老龄之后，上方生长完全停止，变为扩张的树形。其中雪松树形的这种变化过程表现得较为明显（彩图5-1-3），而梧桐、厚朴、樟树、榉树、苦槠等较能维持常态。

随着树龄的增加，一是横向生长增加，另一是"枝序角（枝条自主干分歧的角度）"增大。这样就会出现枝条由斜上向生长变为水平生长，再由水平生长变为斜下向生长，最终出现老年树形（图5-1-4）。

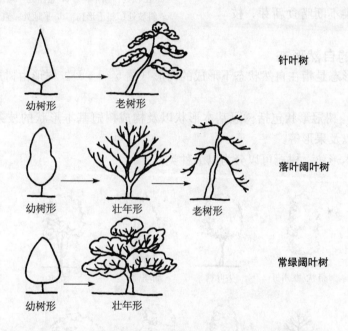

针叶树

幼树形　　→　　老树形

落叶阔叶树

幼树形　　→　　壮年形　　→　　老树形

常绿阔叶树

幼树形　　→　　壮年形

图5-1-4　各类树木随着树龄的增加树形产生相应的变化

枝序角不仅随着树龄的生长出现增大的趋势，也会因日照及栽培方法的不同，而随之变化。按树木生长的规律，其生长情况的变化趋向如下：

（1）枝展的水平长度　愈向树干下部，而愈增加。

（2）枝展的垂直长度　愈向树干下部，而愈减少。

一般枝序角为10°～90°，普通在30°～40°之间，其中最小者为钻天杨，最大者为雪松、南洋杉、灯台树、木棉等，它们常会大于90°。

3. 树木的生长环境影响树形　树木为了最大限度地进行光合作用而形成某种树形。

在周围没有其他树木、不存在竞争关系的情况下，为了最大限度地利用阳光，增加枝叶量是最有效的方法，比起上方垂直生长来，横向生长量更大，树形多成为卵形。如孤赏树。

而与其他树木存在竞争关系的树林内的树木，为了接受到更多的阳光，一般优先上方生长，枝叶量集中于树干上部，下部的枝条多枯落。此外，在周围存在竞争关系的情况下，树木为了竞争到更多的阳光，树枝多伸向有阳光的一侧。因此，一般来说，生长于林缘的树木，其枝条多伸向林外一侧。

除了光照之外，树形还受风、雪等环境因素的影响而发生变化。栽植在海潮风强的海岸地带的树木，枝条的伸长偏重在下风侧而形成旗形树，在风更强的地方，树木只能形成风吹式灌木（图5-1-5）。

4. 人为因素、生物因素对树形的影响　人为活动如砍伐、修剪等，以及动物对树木幼芽、枝叶的啃食等，都会对树形产生影响。山村周围山坡上多低矮的"小老头"树，就是由于放养的家畜类不断啃食新芽、枝叶而形成的。

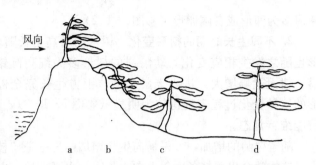

风向→

图5-1-5　不同生长环境造成树形的不同
a. 山顶处：旗形树　b. 悬崖处：悬崖形树
c. 斜坡处：斜干形树　d. 平地处：直干形树

（二）树木的自然形态

树木的自然形态是指在自然状态下形成的树形（图5-1-6）。树形由树冠、树干和根盘组成。

1. 树冠形状　树冠形状包括树冠基本形状以及构成树冠基本形状的枝条形态、叶片形态与叶簇、花相以及果形等。

（1）**树冠基本形状**　树冠可以分为以下种类：

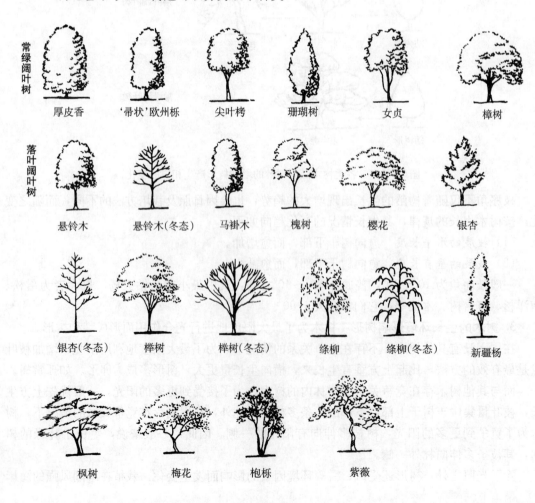

常绿阔叶树

厚皮香　'帚状'欧州栎　尖叶栲　珊瑚树　女贞　樟树

落叶阔叶树

悬铃木　悬铃木（冬态）　马褂木　槐树　樱花　银杏

银杏（冬态）　榉树　榉树（冬态）　绦柳　绦柳（冬态）　新疆杨

枫树　梅花　枹栎　紫薇

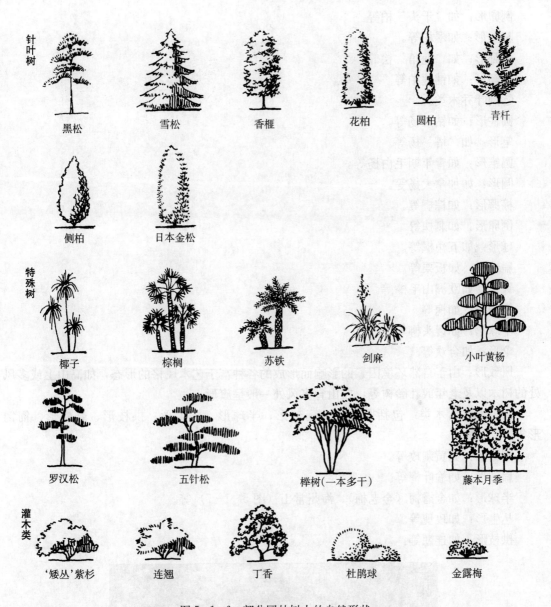

图 5-1-6　部分园林树木的自然形状

①针叶乔木类：包括圆柱形、尖塔形、圆锥形、广卵形、卵圆形、盘伞形、虬龙形等。

圆柱形（彩图 5-1-4）：如杜松、'塔'柏等。

尖塔形：如雪松、日本扁柏等。

圆锥形：如香柏、柳杉等。

广卵形：如圆柏、侧柏等。

卵圆形：如粗榧等。

盘伞形（彩图 5-1-5）：如老年期黑松、老年期马尾松等。

虬龙形：如生长于高山风口处的老年期油松等。

②针叶灌木类：包括密球形、倒卵形、丛生形、偃卧形、匍匐形等。

密球形：如球柏等。

倒卵形：如'千头'柏等。

丛生形：如翠柏等。

偃卧形：如'鹿角'桧等。

匍匐形：如铺地柏等。

③阔叶乔木类

圆柱形：如钻天杨等。

笔形：如'塔'杨等。

圆锥形：如青年期毛白杨等。

圆形：如加拿大杨等。

棕榈形：如棕榈等。

倒卵形：如刺槐等。

球形：如五角枫等。

扁球形：如板栗等。

钟形：如欧洲山毛榉等。

倒钟形：如槐等。

半球形：如馒头柳等。

伞形：如合欢等。

风致形：由于自然环境因素的影响而形成的各种富于艺术风格的形态，如高山上或多风处的树木以及老年或壮龄树等，在山脊多风处一般呈旗形。

④灌木及丛木类：包括圆球形、扁球形、半球形、丛生形、拱枝形、悬崖形、匍匐形等。

圆球形：如黄刺玫等。

扁球形：如榆叶梅等。

半球形：如金露梅（金老梅）、海州常山（图5-1-7）等。

丛生形：如玫瑰等。

拱枝形：如连翘等。

图5-1-7　半球形的海州常山

悬崖形：如生于高山岩石缝隙中的松树等。

匍匐形：如平枝栒子（铺地蜈蚣）等。

⑤藤木类（攀缘类）：如紫藤等。

⑥其他类型：除上述类型之外，还有一些树木的枝条具有特殊的生长习性，对树形姿态及艺术效果起着较大的影响作用。常见的有两种类型：

垂枝形：如垂柳、龙爪槐等。

龙枝形：如龙爪柳、龙爪枣等。

总的来说，在乔木中，凡具有尖塔状及圆锥状树形者，多有严肃端庄的效果；具有柱状狭窄树冠者，多有高耸静谧的效果；具有圆钝、钟形树冠者，多有雄伟浑厚的效果；而一些垂枝类型，常形成幽雅、和平的气氛（图 5-1-8）。

在灌木、丛木中，呈团簇丛生的，多有朴素、浑实之感，最宜用在树木群丛的外缘，或装点草坪、路缘及屋基；呈拱形及悬崖状的，多有潇洒的姿态，宜供点景用，或适当配置在自然山石旁；一些匍匐生长的，常形成平面或坡面的绿色被覆物，宜作地被植物用。此外，还有许多种类可用作岩石园配置。

至于各式各样的风致形，因其别具风格，常有特定的情趣，故需认真对待，用在恰当的地点和场合，使之充分发挥其特殊的美化作用。

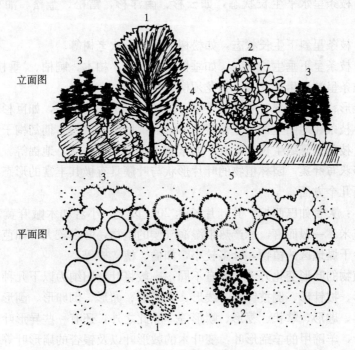

图 5-1-8　多种树形的组合
1. 七叶树　2. 青冈栎　3. 赤松　4. 三角枫　5. 杜鹃花球

（2）枝条形态　枝条是树冠的构成者，在树木整体形态中占有重要位置。在冬季落叶之后更显其美妙，因此在日本有"寒树美"之称。树木枝条的分枝、数量、长短及枝序等因种类、生长环境以及树龄不同而有所不同（图 5-1-9）。

①向上形：枝条呈向上生长状态，如钻天杨、侧柏等。

②斜上形：枝条呈斜上生长状态，如榉树等。

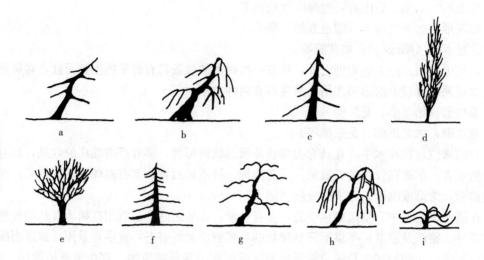

图 5-1-9　园林树木枝条形态
a. 向下形　b. 向下形　c. 斜下形　d. 向上形
e. 斜上形　f. 水平形　g. 波形　h. 下垂形　i. 下垂向上形

　　③水平形：枝条呈水平生长状态，如云杉、南洋杉、雪松、金松、油杉、凤凰木、木棉等。

　　④斜下形：枝条呈斜下生长状态，如松树古木、合欢老树等。

　　⑤下垂形：枝条呈下垂生长状态，如垂柳、龙爪槐、柏木、刺柏、'垂枝'桑等。

　　⑥波形：枝条呈波形生长状态，如龙须柳、柿等。

　　⑦下垂向上形：枝条基部、中部朝下垂、顶部朝上抬起的状态，如巨杉等。

　　⑧匍匐形：枝条在地面呈匍匐生长状态者，如铺地柏、偃松、匍匐栒子、平枝栒子等。

　　⑨攀缘形：枝条呈攀缘生长状态者，如紫藤、木香、野蔷薇、地锦等。

　　（3）叶片形状与叶簇　园林植物的叶片形状与叶簇具有极其丰富的形态。叶的观赏特性一般着重在以下几个方面。

　　①叶的大小：大者如巴西棕，其叶片长达 20m 以上，小者如木贼麻黄、柽柳、侧柏等的叶片仅长几毫米。一般而言，原产热带湿润气候的植物，叶多较大，如芭蕉、椰子、棕榈等；而原产寒冷干燥地区的植物，叶多较小，如榆、槐、槭等。

　　②叶形：植物的叶形变化万千，各有不同，一般将叶形归纳为以下几种：

　　单叶：针形、披针形、倒披针形、线形、心脏形、卵形、倒卵形、圆形、椭圆形、广椭圆形、长椭圆形、匙形、掌状、菱形、鳞形等。除此之外，还有一些异形叶，如鹅掌楸的鹅掌形或马褂形叶，羊蹄甲的羊蹄形叶，变叶木的戟形叶以及银杏的扇形叶等。

　　复叶：依其形状可分为羽状、掌状和单身复叶 3 种。

　　叶片不同的形状和大小具有不同的观赏特性。如棕榈、蒲葵、椰子、龟背竹等均具有热带情调，大型的掌状叶给人以素朴的感觉，大型的羽状叶给人以轻快、洒脱的感觉。

　　产于温带的鸡爪槭的叶片形成轻快的气氛；产于温带的合欢与产于亚热带及热带的凤凰木，因叶形相似都会产生轻盈秀丽的效果。

　　③叶簇：叶簇是由枝叶构成的群体，又称枝片，特别是树木进入壮年、老年期后，不同树木显现出不同形状的叶簇，成为园林树木重要的观赏特征（图 5-1-10）。

球形　　　　波形　　　　小波形　　　　块形　　　　立面形　　　　扭曲形

图 5-1-10　园林树木叶簇的形状

根据叶簇的形状可分为以下几类：

球形：如厚皮香、小叶黄杨、柳杉等。

波形：松类、罗汉松等。

小波形：扁柏类。

块形：如樟树、栎类等。

立面形：侧柏等。

扭曲形：'龙'柏等。

（4）花相　花序的形式很重要，虽然有些植物的单朵花很小，但排成庞大的花序后，比大花种类更加美观。例如小花溇疏的花虽小，却比大花溇疏更具观赏价值。因此，开花树木的观赏效果，不仅由花朵或花序本身的形貌、色彩、香气而定，而且还与其在树体上的分布、叶簇的陪衬关系以及着花枝条的生长习性密切相关。花或花序着生在树冠上的整体形态称为"花相"。

根据开花时叶簇的有无，园林树木的花相可分为两种形式：一为纯式，一为衬式。前者开花时叶片尚未展开，亦即先花后叶型；后者展叶后开花，亦即花叶同放型，全树花叶相衬。现将树木的不同花相分述如下：

①独生花相：本类较少，形状奇特，如苏铁（图 5-1-11，图 5-1-12）。

图 5-1-11　苏铁的雄花序　　　　　　　　　图 5-1-12　苏铁的雌花序

②线条花相：花排列于小枝上，形成长形的花枝。由于枝条生长习性不同，花枝表现的形式各异，有的呈拱状花枝，有的呈直立剑状花枝，或略短曲如尾状等。本类花相大多枝条稀疏，个性突出。纯式线条花相有连翘（图 5-1-13）、金钟花等；衬式线条花相有珍珠绣线菊、三裂绣线菊、棣棠等。

③星散花相：花朵或花序数较少，且散布于全树冠各部。衬式星散花相的外貌是在绿色的树冠底色上，零星散布着一些花朵，有丽而不艳、秀而不媚之效，如鹅掌楸、白兰花等。

图 5-1-13　连翘线条花相

纯式星散花相种类较多，花数少而分布稀疏，花感不强烈，但亦疏落有致，若于其后配置绿树背景，则可形成与衬式花相类似的观赏效果。

④团簇花相：花朵或花序大而多，就全树而言，花感较强烈，但每朵花或花序的花簇仍能充分表现其特色。纯式团簇花相有玉兰、木兰等。衬式团簇花相有木绣球、八仙花、华北紫丁香（彩图 5-1-6）、夹竹桃、月季、瑞香等。

⑤覆被花相：花或花序着生于树冠的表层，形成覆伞状。属于本花相的树种，纯式覆被花相有毛泡桐等，衬式覆被花相有广玉兰、七叶树、栾树、杜鹃花（彩图 5-1-7）、紫薇等。

⑥密满花相：花或花序密生全树各小枝上，使树冠形成一个整体的大花团，花感最为强烈。纯式密满花相有梅花、樱花（图 5-1-14）、榆叶梅、毛樱桃等。衬式密满花相有火棘等。

图 5-1-14　樱花密满花相

图 5-1-15　秤锤树的果实

⑦干生花相：花着生于茎干上，本花相种类不多，大多产于热带湿润地区。如槟榔、枣椰、鱼尾葵（彩图 5-1-8）、变色山槟椰、木菠萝、可可等。华中、华北地区的紫荆亦能于较粗老的茎干上开花，但难以与典型的干生花相相比。

（5）果形　一般果实的形状以奇、巨、丰为准。所谓"奇"，乃指形状奇异有趣。如铜钱树的果实形似铜币；红皮象耳豆的荚果弯曲，两端浑圆而相接，犹如象耳一般；腊肠树的果实好比香肠；秤锤树的果实如秤锤一样（图 5-1-15）；紫珠的果实宛若许多紫色小珍珠。其他还有像气球、元宝、串铃的，其大如斗、小如豆的等。所谓"巨"，乃指单体的果型较大，如柚；或果虽小而鲜艳、果穗较大，如接骨木，可收到引人注目之效。所谓"丰"，乃就全树而言，无论单果或果穗，均应有一定的丰盛数量，才能获得较好的观赏效果。

2. 树干形态　由于树木种类、生长环境、树龄以及人为等因素的影响，树干形成了各种不同的姿态（图 5-1-16）。

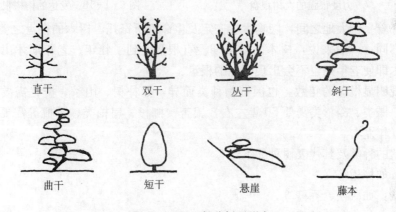

直干　　　双干　　　丛干　　　斜干

曲干　　　短干　　　悬崖　　　藤本

图 5-1-16　部分树干形态

①直干形：树干亭亭直立如烛状，如钻天杨、水杉、落羽杉、梧桐、毛泡桐、竹类等。
②双干形：两个树干自下部分歧而相生，如西府海棠常双干而生。
③丛干形：由根际处萌发多数树干，呈丛生状，如'千头'赤松（彩图 5-1-9）。
④斜干形：树干倾斜而生者，如生长于水边的垂柳。
⑤曲干形：树干弯曲者，如龙爪枣。
⑥悬崖形：树梢屈曲、伸展达于根部，如生长于悬崖峭壁处的树木。
⑦半悬崖形：树梢屈曲、伸展达于树干中部，如生长于悬崖峭壁处的树木。
⑧卧干形：树干呈现横卧状，如横卧水面之上的松树（彩图 5-1-10）、柳树等。
⑨露根形：根际部分粗大并露出地面，如榕树的根盘。
⑩卧干露根形：树干横卧并露根。
⑪旗形：仅于树干一侧着生枝条，多为生长于高山强风处、海边的树木。
⑫伞形：树干呈伞形。

另外，树木中也有以多干为美者，如南天竹、八角金盘、棕竹、苏铁、芭蕉等，分干愈多，而益增其姿态之美。

3. 根盘形态

（1）根盘形态　根脚是树木根部露出地面的部分，表现了树木紧密抱附大地的生活状态，具有很高的观赏价值（图 5-1-17，图 5-1-18）。人们已将此观赏特性应用于园林美化及盆景桩景的培养中。

图 5-1-17　力度很强的大树根盘　　　　　图 5-1-18　发达的榕树根盘

　　树木根部着生于大地之间，隐喻生活安定及生命有所寄托。树木的根盘之美，因树种和树龄不同而不同。一般来说，树木的幼年期没有根盘，到了壮年、老年期才出现明显的根盘。有的树木即使老年期也不会出现明显的根盘。

　　树木出现明显根盘的年数，也因植物种类而异，如朴树、山茶、樱花需要 40 年左右，榉树、合欢、槭类、冷杉类需要 50 年左右，银杏、柳杉、扁柏类、香榧等需要 70 年左右，松类需要 100 年左右。

　　根盘形状的种类及其代表树种如下：

　　①帚状：如樟树等。

　　②隆起状：如黑松、香椿等。

　　③洞窟状：如梅、苦槠等。

　　④条纹状：如无患子、七叶树等。

　　⑤瘤涡状：如朴树、榉树、山茶等。

　　此外，由于自然环境、树龄以及植物生长特性的不同，还会形成一些具有特殊观赏价值的根盘形态。例如，在湿地中生长的落羽杉、池杉等，树干基部可形成板状根，自水平根系上向地面上伸出筒状的呼吸根，特称为"膝根"；在热带、亚热带地区的一些树木常生长出巨大的板根；也有一些树木具有气生根，可以形成密生如林、绵延如索的景象，甚为壮观。

　　（2）根系形态　树木的根系分为主根、侧根、气生根、附着根等。根据根系向地下伸展的状态又可分为浅根型、中间型、深根型三类。

　　树木根部伸展状态与树木生长环境的立地条件具有紧密的关系，即使同一树种也会随着表层土深度、土壤硬度、土壤水分以及地形等的不同而发达程度不尽相同。

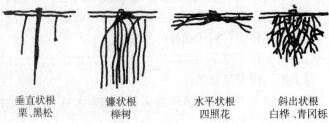

垂直状根　　　　镰状根　　　　水平状根　　　　斜出状根
栗、黑松　　　　榉树　　　　　四照花　　　　　白桦、青冈栎

图 5-1-19　根系形态

　　虽然大多数树木的根系生长于地下，不能成为植物景观的组成部分，但它对于正确地进行种植设计、施工以及养护管理等都十分重要。

一般来讲，缺少直根、侧根水平发达的浅根系和细根密生的根系移植容易，但易于倒伏，不适合种植于强风环境；直根系等移植比较困难（图5-1-19）。

（三）树木的人工形态

在人为修剪加工之下形成的树形为人工树形，亦即人工形态。根据形成的原因与树形的形状，人工形态可以分为规则式（整形式）树形和半规则（半自然）式树形。

1. 规则式树形 规则式园林中的整形树木，有的是建筑物的组成部分，有的则起到代替雕塑的作用（图5-1-20），可以分为3种类型：

| 圆锥形 | 圆形 | 方形 | 动物形 | 其他物体造型 |

图5-1-20 常见规则式人工树形

（1）**几何形体** 将树木修剪成球体、圆柱体、锥体、立方体以及其他复杂的几何形体（图5-1-21）。这些几何形体的树木常用于花坛中央。有时利用一对几何形体的树木，强调建筑物或园林入口，或者模拟门柱。此外，在规则式的铺装广场、观赏草坪上，也常应用几何形体的树木加以装饰。

图5-1-21 西方规则式园林中的圆锥形树形

（2）**动物形体** 园林中的树木整形常模拟动物雕像，将树木修剪成孔雀、狮子、鸽子等动物形象。一般布置在花坛的中央、中轴线两侧的通道上以及建筑物或园林的入口（图5-1-22）。尤其是动物园，用动物雕像来装饰动物展览馆的入口，具有一种独特的风格。在儿童公园，树木的动物整形如果能和童话结合起来，能激起儿童的浓厚兴趣和想象。

图 5-1-22　生产各种动物造型树木的苗圃

（3）**建筑形体**　在园林中，常选用常绿树木进行整形，使之成为建筑物的组成部分。最常见的是绿门及各种形式的绿墙，有时直接将树木修剪成亭子的形状，有时整形后的树木成为纪念性建筑的组成部分（图 5-1-23，图 5-1-24）。

图 5-1-23　利用树木造型而成的牌楼

由树木修剪成的绿屏，常作为绿化剧场舞台的背景，用绿屏排列成舞台中羽幕的形式，以组织绿化剧场的舞台空间，而演员可以从羽幕间进出。也可用羽幕的形式组织园林的规则式封闭空间，而游人又可穿行。在某一视点上可以透景，在另一视点上则成为封闭的空间。

2. 半规则（半自然）式树形　在仿照自然树形的基础上，由人工修剪、加工而成的树形，处于自然式与规则式之间（图 5-1-25）。根据园林树木的修剪整形部位以及萌发部位的不同，可将半规则式树形分为以下类型：

（1）**树干整形式**　对树干进行短截处理，促使新枝条萌发形成树干的树形。

图 5-1-24　利用紫薇盘扎造型而成的花瓶

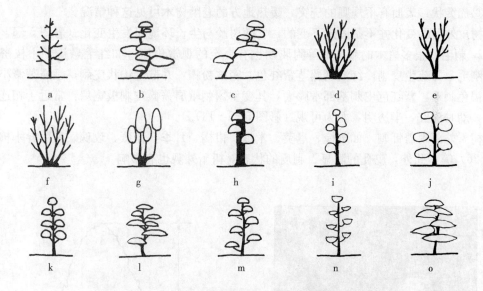

图 5-1-25　半规则（半自然）式树形

a. 直干形　b. 曲干形　c. 斜干形　d. 丛生形　e. 双干形　f. 一本多干形

g. 低干多枝形　h. 贴干球状枝片形　i. 短枝球状枝片形　j. 长枝球状枝片形　k. 半球状枝片形

l. 贝状枝片形　m. 台阶状枝片形　n. 牡丹花状枝片形　o. 波状枝片形

（2）萌芽整形式　对主枝进行短截处理，促使萌发新枝条而形成的树形。

（3）叶簇整形式　对枝条进行修剪后促使萌发，由新的叶簇形成的树形。

（4）矮化整形式　对树木整体进行矮化整形后形成的低矮树形。

（5）参差整形式　将树木枝条缩剪成为参差不等的树形。

（6）花架整形式　藤本树木攀附于花架而形成的树形。

（四）树木枝干的肌理

园林树木枝干的肌理是指枝干表皮的粗细程度，可以分为树皮与枝干刺毛两部分。

1. 树皮　树干表皮主要有以下种类：

①光滑状：表面平滑无裂，如柠檬桉、紫薇、山茶、无患子、木瓜、梧桐、玉兰、山桃、厚朴、白桦、桉树、榔榆、番石榴等。许多青年期树木的树皮呈平滑状，典型者如胡桃幼树等。

②粗糙状：表面既不平滑，又无较深沟纹，而呈不规则脱落粗糙状，如云杉、风桦、榆树、毛泡桐、香椿及多数针叶树等。

③剥落而呈龟甲状：如松类。

④纤维状：如柳杉、水杉、桉树（彩图5-1-11）等。

⑤斑驳状：如木瓜、紫薇、山茶、白皮松（彩图5-1-12）、悬铃木、灯台树等。

⑥横纹状：表面呈浅而细的横纹状，如山桃、桃、樱花、白桦等。

⑦片裂状：表面呈不规则的片状剥落，如白皮松、悬铃木、木瓜、榔榆等。

⑧丝裂状：表面呈纵而薄的丝状脱落，如青年期的柏类。

⑨纵裂状：表面呈不规则的纵条状或近人字状的浅裂，多数树种均属本类。

⑩纵沟状：表面纵裂较深，呈纵条或近人字状的深沟，如老年的胡桃、板栗等。

⑪长方裂纹状：表面呈长方形裂纹，如柿、君迁子等。

⑫疣突状：表面有不规则的疣突，暖热地方的老龄树木可见这种情况。

树皮外形的变化并不是固定不变的，它随树龄与生长环境而发生变化（彩图5-1-13）。

2. 刺毛　很多树木的刺、毛等附属物也有一定的观赏价值。如红毛悬钩子小枝密生红褐色刚毛，并疏生皮刺；红泡刺藤茎紫红色，密被粉霜，并散生钩状皮刺；峨眉蔷薇小枝密被红褐色刺毛，紫红色皮刺基部常膨大，其变型翅刺峨眉蔷薇皮刺极宽扁，常近于相连而呈翅状，幼时深红，半透明，尤为可观（彩图5-1-14）。

树干外部附着针刺，如刺槐、皂荚、木瓜、柑橘、月季、蔷薇、玫瑰、美丽异木棉（图5-1-26）等。此外，皮孔的隐显、剥皮的状态对树干外观也有影响。

图 5-1-26　美丽异木棉树干部的皮刺

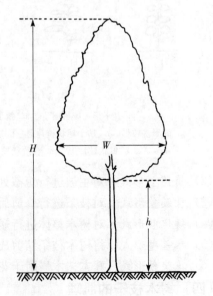

图 5-1-27　园林树木的体量

（五）园林树木的体量

在园林绿地建设中，常用以下几个定量指标来衡量园林树木的体量（图 5-1-27）。

1. 树高（H）　树高指从根部地表到树冠最上端的垂直高度，但不包括徒长枝。苏铁、椰子类等则规定除去枝叶，只计主干高度，因为这些树木的叶片很大，容易弯曲，其顶端的高度不固定。棕榈、丝兰则不同，因为树叶直立，所以用树叶顶端的高度表示。紫藤类的蔓生植物，规定用攀缘的尺寸（棚架）表示，棚架就是指从地面到紫藤架顶端的距离。

2. 冠幅（W）　冠幅有两种测定方法：一种是树冠扁平时，取最大幅度和最小幅度的平均值；另一种是从树木的表面所见到的幅度。无论哪种都不包括徒长枝。树木为球形时，以树冠的直径来表示。

3. 干周（G）　干周用于表示树干的粗壮程度，简称周长，即指离地面 120cm 处主干的圆周长。为了正确表示树木的粗壮程度，最好在表示干周的同时，表示出目测的直径（D）。目测直径，当主干断面扁平时，从垂直的两个方向测量，取其平均值。

4. 枝下高（h）　从树冠的最下枝（对构成树冠有用的活树枝）到地表的垂直高度。这种枝下高的规定，仅在庭荫树和行道树等情况下才适用。

第二节　园林植物的色彩

园林植物具有季相变化。在园林植物的季相变化中，最重要的是植物色彩的变化，包括叶色、花色、果色及干、枝色等。

一、叶　色

植物美最主要表现在植物的叶色。大部分植物的叶片是绿色的，但植物叶片的绿色在色度上有深浅不同，在色调上也有明暗、偏色之异。这种色度和色调的不同随着一年四季的变化而不同。此外，也有一些植物的叶片呈现出红色、黄色或者花色等色彩，并随着季节而变化。垂柳初发叶时由黄绿逐渐变为淡绿，夏秋季为浓绿。春季银杏和乌桕的叶子为绿色，到了秋季则银杏叶为黄色，乌桕叶为红色，鸡爪槭叶子在春天先红后绿，到秋季又变成红色。这些色叶树木随季节的不同变化复杂的色彩，只要种植设计者掌握了其生物学特性，灵活运用色彩变化的规律，实现科学的种植设计是完全可行的。

（一）绿色叶类

绿色虽属叶片的基本颜色，但详细观察则有嫩绿、浅绿、鲜绿、浓绿、黄绿、赤绿、褐绿、蓝绿、墨绿、亮绿、暗绿等差别。将不同绿色的树木搭配在一起，能形成美妙的色感。

例如，在暗绿色针叶树丛前，配置黄绿色树冠，会形成满树黄花的效果。现以叶色的浓淡为代表，举例如下：

1. 淡绿或中绿色叶类　如柳、槭、樱花、悬铃木、白兰花、鹅掌楸、玉兰、紫藤、泡桐、竹、芭蕉、朴、榉、紫薇、梅、桃、木兰、七叶树、刺槐、胡枝子、水杉、落羽松、落叶松、金钱松等。

2. 浓绿或深绿色叶类　如油松、雪松、圆柏、侧柏、云杉、青杆、柳杉、椤树、冬青、女贞、厚皮香、黄葛树、榕、八角金盘、山茶、桃叶珊瑚、栀子、黄杨、广玉兰、枸骨、夹竹桃、枇杷、南天竹、桂花、棕榈、棕竹、槐、榕、毛白杨、构树等。

树叶绿色程度与光线的关系很大，树叶受光充分时色浅，反之色深，光泽亮的叶片，其绿色感较光泽弱者深，如茶花与桂花的叶片为同一绿色度，但感觉前者较后者深。这是因为见光部分有反射作用，在亮光的对比下，加强了暗色部分的对比，所以显得暗。而无光泽的叶片则对比不强烈，显得浅。总之，植物生长的外环境对叶片的绿色度可能有影响，但不同树种本身的绿色叶片原有色度则是基本的、稳定的，为了景观配置的需要，现将叶片的绿色度分为以下四级（表5-2-1）。

表 5-2-1　叶片绿色度分级表

色度级别	色调	类别及代表树种
一	淡绿	落叶树的春天叶色，如柳树
二	浅绿	阔叶落叶树的叶色，如悬铃木
三	深绿	阔叶常绿树的叶色，如香樟
四	暗绿	针叶树的叶色，如桧柏

（二）特殊叶色类

特殊叶色类包括变色叶类、常色叶类、双色叶类以及斑色叶类。

1. 变色叶类（表5-2-2）

（1）**春色叶类**　春季新发的嫩叶有显著不同颜色的统称为春色叶树。春色叶树中尤以红色者引人注目，如七叶树、臭椿、香椿（紫红）、五角枫、香樟、山麻杆等。此外，垂枝榆等的黄绿色新叶也娇嫩清新，令人赏心悦目（彩图5-2-1）。

（2）**秋色叶类**　秋季叶子有显著变化的树种，均称为秋色叶树，这类树木在园林种植设计中非常重要（图5-2-1）。例如在我国北方每于深秋观赏黄栌红叶，而南方则以枫香、乌桕的红叶著称。在欧美的秋色叶中红槲、桦类等最为夺目，而在日本则以槭树最为普遍（彩图5-2-2）。

①秋叶呈红色或紫红色者：如鸡爪槭、元宝枫、茶条槭、糖槭、枫香、爬山虎、美国地锦、小檗、樱花、漆树、盐肤木、野漆树、黄连木、柿、黄栌、南天竹、花楸、乌桕、红槲、石楠、丝棉木、扶芳藤、山楂、樟、榉、杜鹃花、七叶树、四照花、野鸦椿、火炬树、接骨木等。

②秋叶呈黄色或黄褐色者：如银杏、白蜡、鹅掌楸、加杨、白杨、赤杨、柳、梧桐、榆、槐、白桦、无患子、复叶槭、紫荆、紫藤、栾树、麻栎、栓皮栎、悬铃木、胡桃、水杉、落叶松、落羽松、金钱松、紫薇、菩提树、刺楸、厚朴、榉、灯台树、玉铃花、石榴、棣棠、杜鹃花类等。

以上仅显示秋叶的一般变化，在红与黄中，又可细分为许多类别。

2. 常色叶类　有些树的变种或变型，其叶常年均成异色，称为常色叶树。如全年树冠呈紫色的有'紫叶'小檗、'紫叶'李、'紫叶'桃等；全年叶均为金黄色的有'金叶'鸡爪槭、'金叶'雪松、'金叶'圆柏、金叶女贞等。

3. 双色叶类　有些树种叶背与叶表的颜色显著不同，在微风中就形成特殊的闪烁变化的效果，这类树种称为双色叶树。如银白杨、胡颓子、栓皮栎、红背桂等。

4. 斑色叶类　树叶上具有其他颜色的斑点或花纹。如金心大叶黄杨、银边大叶黄杨、桃叶珊瑚、变叶木等。近年来，斑色叶类植物在园林中的应用有增加的趋势（彩图5-2-3）。

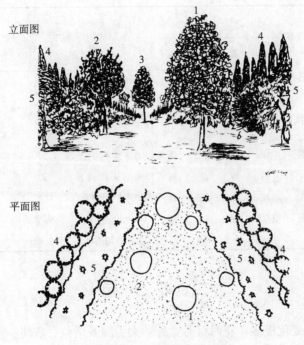

立面图

平面图

图 5 - 2 - 1　秋色叶树木配置

1. 马褂木　2. 三角枫　3. 枫香　4. 日本柳杉　5. 火炬树

表 5 - 2 - 2　南北方最常见的色叶树种

树种名	叶形特征	叶　色				红（黄）叶期	红（黄）叶天数	应用地区
		春	夏	秋	冬			
银杏	单叶扇形、长枝上互生、短枝上簇生	绿	绿	黄	落	10 月中至 11 月初	18d 左右	北自沈阳，南至广州
槲	互生、倒卵形	绿	绿	黄褐	落	10 月中至 10 月下	18d 左右	东北、华北、西北、华东、华中及西南地区
楸	对生、三角状卵形	绿	绿	黄	落	10 月上旬至 11 月初	20d 左右	黄河流域
元宝枫	对生、掌状五裂	绿	绿	红、黄	落	10 月下旬至 11 月上	21	黄河流域、东北、内蒙古、江苏、安徽
柿	互生、椭圆形	绿	绿	暗红	落	10 月中至 10 月下	16	黄河流域、长江流域
黄栌	互生、圆形	绿	绿	大红	落	10 月中至 11 月上	21	华北、西北、西南
火炬树	互生、奇数羽状复叶	绿	绿	鲜红	落	10 月中至 11 月上	20d 左右	东北、华北、西北
白蜡	对生、奇羽复叶	绿	绿	黄	落	10 月中至 10 月下	14	东北、华北、西北至长江流域
黄连木	互生、偶羽复叶	绿	绿	黄	落	10 月中至 11 月中	20	黄河流域至华南、西南地区
地锦	互生广卵形、三裂	绿	绿	橙红	落	10 月上至 10 月下	21	东北南部至华南、西南地区
无患子	互生、偶数羽状复叶	绿	绿	黄	落	11 月上至 12 月初	25～30	长江流域及其以南地区

（续）

树种名	叶形特征	叶　色				红（黄）叶期	红（黄）叶天数	应用地区
		春	夏	秋	冬			
重阳木	互生、三出复叶	绿	绿	棕红	落	10 月中至 11 月中	30	秦岭、淮河以南至两广北部
枫香	互生、掌状三裂	绿	绿	红黄	落	11 月至 12 月初	30	秦岭及淮河以南，至华南、西南各地
三角枫	对生、掌状三裂	绿	绿	黄红	落	10 月下至 12 月上	20	长江流域
乌桕	互生、菱形	绿	绿	红	落	10 月下至 12 月上	20	秦岭、淮河流域及其以南
红枫	对生、掌状裂	红	红	红	落	12 月上旬落叶	三季	长江流域
鸡爪槭	对生、掌状浅裂	棕红	绿	红	落	12 月上旬落叶	两季	长江流域
'紫叶'李	互生、卵形	深红	深红	深红	落	12 月中旬落叶	三季	华北及其以南地区

二、花　色

园林树木的花色变化极多，花时群芳竞秀，大为园景增色。现将一些基本花色的园林植物列举如下。

（一）白色系花

1. 春季　落叶树种如白玉兰、李、梅、碧桃、油桐、泡桐、厚朴、白牡丹、秤锤树、山矾、大花溲疏、白鹃梅、笑靥花、珍珠花、鸡麻、稠李、山荆子、白梨、杜梨、白花紫荆、刺槐、珙桐、文冠果、厚壳树、白丁香、接骨木、木本绣球、天女花、野茉莉、玉铃花、白檀、太平花、山梅花、溲疏、麻叶绣线菊、三裂绣线菊、野珠兰、野蔷薇、山楂、花楸、水榆花楸、苹果、毛梾、四照花、省沽油、七叶树、流苏、楸树、六道木、金银木、荚蒾、天目琼花、木香、金银花、月季等。

常绿树种如山茶、马醉木、含笑、火棘、石楠、石斑木、檵木、木荷、照山白、美丽马醉木、海桐、金樱子、络石等。

2. 夏季　落叶树种如银薇、北京丁香、暴马丁香、珍珠梅、圆锥八仙花、玉铃花、阴绣球、野蔷薇、白花石榴、白木槿、海州常山、东陵八仙花、八角枫、金银花、木香、大叶醉鱼草。

常绿树种如栀子、照山白、乌饭树、女贞、六月雪、白花夹竹桃、虎刺、猴欢喜、广玉兰、杜英、白兰花、八角金盘、叶子花、金樱子、硕苞蔷薇等。

3. 秋季　落叶树种如白木槿、木芙蓉、白花醉鱼草、大叶醉鱼草等。

常绿树种如茶、枇杷、茶梅、八角金盘、桂花、胡颓子、虎刺、白花夹竹桃、叶子花等。

4. 冬季　落叶树种如梅、白花醉鱼草等。

常绿树种如山茶、茶梅、枇杷等。

（二）红色系花（粉色、红色等）

1. 春季　落叶树种如郁李（粉）、樱花（粉）、木瓜海棠（粉）、木瓜（粉）、毛樱桃（粉）、海棠花（粉）、杏（粉）、山桃（粉）、粉花绣线菊（粉）、柳叶绣线菊（粉）、山杏

（粉）、麦李（粉）、猬实（粉）、平枝枸子（粉）、榆叶梅（粉）、大山樱（粉）、野蔷薇（粉、红）、梅（粉、红）、贴梗海棠（粉、红）、锦带（粉、红）、碧桃（粉、红）、牡丹（粉、红等）、垂丝海棠（红）、映山红（红）、满山红（红）、木棉（红）、灯笼花（肉红）、月季（各种）等。

常绿树种如鹿角杜鹃（粉）、山茶（粉、红）、茶梅（粉、红）、马缨花（红）、火焰树（红）、悬铃花（红）、炮仗花（红）等。

2. 夏季　落叶树种如合欢（粉）、糯米条（粉）、柽柳（粉）、粉花绣线菊（粉）、柳叶绣线菊（粉）、阴绣球（粉）、野蔷薇（粉、红）、紫薇（粉、红）、木槿（粉、红）、石榴（红）、凌霄、凤凰木（红）、臭牡丹（玫瑰红）、美蕊花（红）、月季（各种）等。

常绿树种如夹竹桃（粉）、叶子花（粉、红）、扶桑（红）、红鸡蛋花（红）、悬铃花（红）等。

3. 秋季　落叶树种如糯米条（粉）、木芙蓉（粉、红）、臭牡丹（玫瑰红）、月季（各种）等。

常绿树种如夹竹桃（粉、红）、叶子花（粉、红）、茶梅（粉、红）、扶桑（红）、悬铃花（红）等。

4. 冬季　落叶树种如梅（粉、红）等。

常绿树种如山茶（粉、红）、茶梅（粉、红）、叶子花（粉、红）、悬铃花（红）等。

（三）黄色系花

1. 春季（图 5-2-2）　落叶树种如蜡梅、迎春、羊踯躅、连翘、香茶藨子、探春、

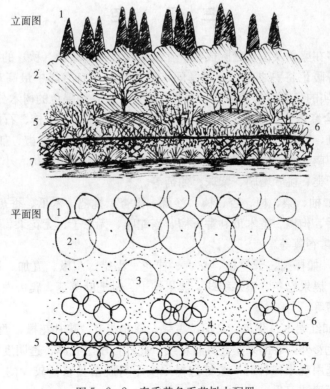

图 5-2-2　春季黄色系花树木配置
1. 日本柳杉　2. 白桦　3. 山茱萸　4. 蜡梅　5. 结香　6. 连翘　7. 迎春

山茱萸、黄牡丹、蜡瓣花、报春刺玫、梓树、云实、月季、鱼鳔槐、锦鸡儿、金钟、金雀儿、金缕梅、结香、黄蔷薇、黄栌、黄刺玫、华茶藨、棣棠、黄木香、金合欢、黄槐等。

常绿树种如金花茶、南迎春、金丝梅、台湾相思、大叶相思、银荆等。

2. 夏季　落叶树种如月季、金露梅、探春、栾树、山合欢、黄槐等。

常绿树种如金丝桃、金丝梅、厚皮香、黄花夹竹桃、黄蝉、软枝黄蝉、黄鸡蛋花等。

3. 秋季　落叶树种如月季、黄槐、双荚决明等。

常绿树种如金桂、金花茶、黄花夹竹桃等。

4. 冬季　落叶树种如蜡梅、金缕梅、双荚决明等。

常绿树种如金花茶、银荆等。

（四）蓝色系花

1. 春季　落叶树种如紫丁香、蓝荆子、紫荆、毛泡桐、紫藤、紫穗槐、苦楝、芫花等。

常绿树种如常春油麻藤、长春蔓、鸳鸯茉莉、假连翘等。

2. 夏季　落叶树种如大叶醉鱼草、醉鱼草、荆条、蓝花楹、紫珠、莸、阴绣球、紫穗槐、木本香薷、薄皮木等。

常绿树种如假连翘、野牡丹等。

3. 秋季　落叶树种如大叶醉鱼草、蓝花楹、木本香薷等。

常绿树种如假连翘、鸳鸯茉莉等。

4. 冬季　常绿树种如假连翘等。

三、果　色

树木的果实多在盛夏及凉秋之际成熟，在浓绿（夏）及黄绿（秋）的冷色系统中，有红紫及淡红、黄色等暖色将熟之果，点缀其间，成为园林与自然界中最高观赏景观之一（图5-2-3）。植物果实的色彩以红紫为贵，而黄次之。现将各种果色的树木分列如下：

1. 红色果（含紫色）　如桃、李、柿、杨梅、苹果、荔枝、山楂、石榴、丝棉木、大叶黄杨、卫矛、花红、栾树、荚蒾、虎刺、樱桃、枸杞、火棘、竹叶椒、郁李、欧李、枸骨、毛樱桃、珊瑚树、南天竹、朱砂根、紫金牛、广玉兰、花楸、榆叶梅、小檗类、金银木（彩图5-2-4）、枸子类、桃叶珊瑚、紫珠、葡萄等。

2. 黄色果　如柚、梨、梅、杏、楝、沙棘、银杏、枇杷、木瓜、香蕉、金柑、圆金柑、柠檬、甜橙、佛手、枸橘、番木瓜、番石榴、南蛇藤、无患子、无花果、瓶兰花、垂丝海棠（彩图5-2-5）、常春藤等。

3. 蓝黑色果　如樟树、天竺桂、女贞、桂花、小蜡、刺楸、五加、鼠李、君迁子、金银花、小叶女贞、黑果忍冬、黑果绣球、黑果枸子、枇杷叶荚蒾、爬山虎、蚝猪刺、十大功劳、蓝靛果、白檀等。

4. 白色果　如红瑞木、芫花、乌桕、雪果、湖北花楸、陕甘花楸、西康花楸等。

除上述基本色彩外，有的果实还具有花纹。此外，由于光泽、透明度等不同，又有许多细微的变化。在选用观果树种时，最好选择果实不易脱落且浆汁较少的，既能保证长期观赏，又能保证地面清洁卫生。

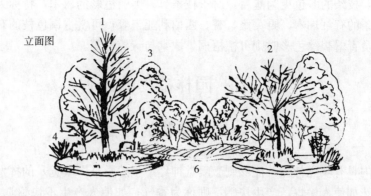

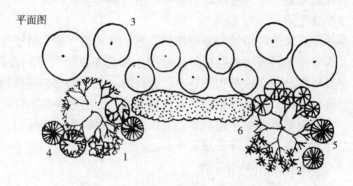

图 5-2-3 具有美丽果实的树木配置

1. 银杏 2. 女贞 3. 珊瑚树 4. 胡颓子 5. 海州常山 6. 南天竹

四、干、枝色

树木枝干色彩除一般的褐色和淡黑色之外，还有不少异色者。

（一）干色

树干的皮色对美化配置起着重要的作用。例如，在街道上用白色树干的树种，可产生极好的美化及拓宽范围的效果。进行丛植配景时，也要注意树干颜色之间的搭配。现将干皮有显著颜色的树种举例如下：

1. 白色或灰白色者 如白桦、白皮松、毛白杨、胡桃、柠檬桉内皮等，特别是白千层的树干近乎白色，十分雅致（彩图 5-2-6）。

2. 绿色者 如梧桐、桃叶珊瑚、棣棠、竹、青榨槭等。

3. 红色者 如红瑞木、日本四照花、欧洲山茱萸等。

4. 红褐色者 如马尾松、杉、赤松、紫薇、番石榴、山桃、红桦（纸皮桦）等。

5. 紫色者 如紫竹、斑竹等。

6. 黄色者 如黄枯竹、金竹等。

7. 呈斑驳色彩者 如黄金间碧玉竹、碧玉镶黄金竹等。

树干色彩与光线有密切的关系，朝夕晦明及细雨薄雾之际，色彩变化，尤臻奇特。

（二）枝色

树木的枝条除因其生长习性而直接影响树形外，它的颜色亦具有一定的观赏价值。尤其是深秋叶落后，枝条的颜色更为醒目。对于枝条具有美丽色彩的树木，特称为观枝树种。常见观赏红色枝条的有红瑞木、野蔷薇、杏、西伯利亚杏等；可赏古铜色枝的有山桃、白桦小枝等；冬季欲赏青翠碧绿色彩时则可植梧桐、棣棠与青榨槭等。

第三节　园林植物的芳香

一、园林植物的芳香

人的鼻腔内具有嗅觉神经，能够刺激嗅觉神经产生感觉（即嗅觉）的挥发物质，称为气味或气息。气味如使人愉悦，产生快感，则称为香气；如使人产生不快感觉，则称为臭气。园林植物的芳香不仅能创造一个清香幽幽的园林，给人嗅觉享受，而且其所散发出来的香气还具有一定的医疗保健作用。

香气是由精油挥发而来的，精油可分布在根、茎、叶、花、果、种子等器官内，如山苍子、八角茴香以及许多伞形科植物如芫荽等，精油主要分布在果实中；菖蒲属、旋覆花属、鸢尾属等，精油主要集中分布在根部和块茎内；樟科的一些种和松柏科植物，则以茎干中含量最高；香叶天竺葵、薄荷、香茅等则以叶中含量最多。因植物种类不同，精油在各器官内的分布差别很大，一般分布最多的是花与果，其次是叶，再次为茎。所以，园林植物的芳香不仅指众人熟知的花香，还包括枝叶香和果香等。

1. 花香　大部分园林植物都具有花香。

（1）乔木类　梅花、玉兰、白兰花、黄兰、广玉兰、望春玉兰、山玉兰、天女花、毛泡桐、稠李、女贞、暴马丁香、桂花、木荷、刺槐、香花槐、银鹊树、厚皮香等。

（2）灌木类　夜合花、海桐、北京丁香、珊瑚树、栀子花、含笑、九里香、玫瑰、香水月季、瑞香、结香、茉莉、糯米条、香荚蒾、米兰、蜡梅、蜡瓣花、金缕梅、大叶醉鱼草、互叶醉鱼草、白花醉鱼草、华北紫丁香、波斯丁香、欧洲丁香、茶梅、金合欢、荆条、木本夜来香、香茶藨子等。

（3）藤本及攀缘类　木香、素馨花、金银花、紫藤、金樱子、香莓、野蔷薇、藤金合欢等。

（4）草本类　兰花、百合、铃兰、萱草、玉簪、水仙、姜花、留兰香、罗勒、藿香、紫苏、香薷、紫荆芥、迷迭香、鼠尾草、百里香、熏衣草、灵香草、月见草、待宵草、地被菊、香雪球、紫罗兰、羽扇豆、石菖蒲、缬草、麝香石竹等。

2. 枝叶香

（1）木本类　香椿、樟树、阴香、黄檗、侧柏、月桂、花椒、香柏、肉桂、八角、桉树、蓝桉、柠檬桉等。

（2）草本类　龙蒿、薄荷、香叶薯、香叶天竺葵等。

3. 果香　果香的植物较多，例如木瓜、贴梗海棠、柚子、香蕉等。

二、园林植物的芳香在园林中的应用

我国早在盛唐时期，植物香熏就成为一门艺术，后来传入日本，成为日本"香道"的起源。《神农本草经》等医学专著有"闻香治病"的记载，清代张山雷在《本草正义》中也谈到玫瑰等芳香植物的一些疗效。12～14世纪，欧洲人就在屋前燃烧芳香植物来躲避瘟疫。现代科学研究发现，芳香植物的医疗保健作用主要体现在预防和治疗疾病、改善心境和情绪两个方面：香气成分通过血液循环运至身体各处，和人体内的化学成分产生反应，影响激素分泌和代谢，进而影响生理功能。如茶树精油能增进白血球制造，加强人体的免疫功能，帮助抵抗各种病菌、病毒的攻击等。香气还可以影响神经系统，当香气传到大脑的嗅觉区，就会引起神经系统产生反应，甚至影响神经化学物质的释出，从而对人的心理产生很大影响。如熏衣草的香气进入人体后，可以帮助消除脑部疲劳，安定情绪，舒缓紧张的神经系统。

香味是"植物之灵魂"，在园林植物的自然要素中最具特色。很多芳香植物的香味都具有深厚的文化底蕴，能给园林带来独特的韵味和意境。早春赏梅，可体验到"遥知不是雪，为有暗香来"的梅花香气之浓烈，"若非一番寒彻骨，哪得梅花扑鼻香"的梅花香气之珍贵，还有"暗香浮动月黄昏"之意境。夏日走近荷塘，除了欣赏荷花的"朝日艳且鲜"，更能体会"香乱舞衣风"、"一缕香萦烛"的荷花清香，荷风送香气，清香满堂。到了金秋，"月中有客曾分种，世上无花敢斗香"的桂花异香袭人，在数里之外就能感受到"桂子月中落，天香云外飘"，十分幽雅。还有含笑、栀子花、茉莉花、玫瑰花等，都是色、香、姿俱全的佳品。清香可怡情，浓香则醉人。中国古典园林注重意境美创造，主张运用植物时"重于香而轻于色"，以芳香

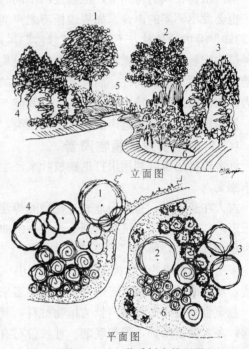

图5-3-1 芳香树木的配置
1. 厚朴 2. 辛夷 3. 月桂 4. 桂花 5. 金银木 6. 月季

植物来提升园林的文化底蕴（图5-3-1）。如我国园林中有许多景点就是由植物的芳香而得名的，如"闻木樨香"、"香雪海"、"雪香云蔚"、"远香溢清"、"暗香阁"、"藕香榭"等。芳香植物的应用，使园林从形态美自然地上升到了意境美，体现了中华民族的文化特质和中国园林的文化特色。不少城市园林中还专门建有芳香植物园。

第四节　园林植物的声音

植物还可用来表现风雨声，借听天籁之音。利用大自然的风雨与花草树木的巧妙配合，更能生动地表现风雨声响的魅力，使空间感觉千变万化，使人更真实地感受到园林植物所表现的自然美的意境。

（一）由风引发的植物声音

许多植物在风力作用下会发出悦耳的声响。在中国古典园林中，园主人常选用一些既能表现其品格，又能欣赏到风过枝叶发出动人声响的植物来装点自己的庭园，而松、竹则最为常见。

自古以来，人们就有"听松"之嗜。南朝齐梁陶弘景极爱听松，《南史·陶弘景传》中

有："特爱松风，庭院皆植松，每闻其响，必欣然为乐。"拙政园中的松风亭，亭中匾额上书"听松风处"，即来自此。松树在该景点的欣赏并不受季节限制，夏季松声响起，会有一丝凉意；秋季风要大一些，也可以欣赏，但不如夏季来得惬意。如果说苏州私家园林中听松风处为小家碧玉的话，那么承德避暑山庄的"万壑松风"一景则是大家闺秀，"长松数百，掩映周回"，西、北两面群山叠翠，近处则古松参天，每当风掠松林，便送出阵阵松涛之声，有"云卷千峰色，泉和万籁吟"之意境。明代李东阳有"不爱松色奇，只听松声好"之诗句。

不同植物在风的作用下，能够发出不同的声响；不同形态和不同类型的叶片相互碰撞摩擦，也会发出不同的声音。如果说松涛之声汹涌澎湃，那么竹林之声则萧瑟优美。沧浪亭中"翠玲珑"旁的绿竹林，不时发出"沙沙"风声，反衬出环境的清静，隔离了园外的喧闹声。这种植物配置所创造的意境正符合在动荡时局中的士子们追求稳定和谐的社会生活，也再现了他们对理想人生的向往。而大叶植物在风的作用下，则常会产生音响的效果，杨属植物中的大多数均属此类，特别是响叶杨，以其能产生音响而命名。

常用做与风共同塑造声景的植物有松类、竹类、杨柳类等。

（二）由雨引发的植物声音

许多植物还可以利用雨打植物枝叶来产生声响，雨声淅沥，常有一种"雨来有清韵"的音乐感受。

古人在造园时，有意识地通过在亭阁等建筑旁栽种荷花、芭蕉等花木，借来雨滴淅沥的音乐声响，为我所用。杭州西湖十景之一的曲院风荷，就以欣赏荷叶受风吹雨打发声清雅这种声景为其特色，所谓"千点荷声先报雨"。韩愈十分欣赏荷叶的音响美："从今有雨君须记，来听萧萧打叶声。"刘颁也有类似诗句："东风忽起垂杨舞，更作荷心万点声。"高雅的意境，淡泊的情趣，吸引着四方游客纷至沓来。

芭蕉也是常用做塑造声景的植物材料，其叶硕大如伞，秀色可餐。雨打芭蕉，如同山泉泻落，令人涤荡胸怀，浮想联翩。杜牧曾写有"芭蕉为雨移，故向窗前种。怜渠点滴声，留得归乡梦"的诗句；白居易也曾写有"隔窗知夜雨，芭蕉先有声"的诗句。苏州拙政园东南角筑有听雨轩，轩旁种有芭蕉，其轩名取"雨打芭蕉淅沥沥"的诗意，描绘出"雨夜芭蕉，似杂鲛人之泣泪"的意境。宋代诗人杨万里的《芭蕉雨》："芭蕉得雨便欣然，终夜作声清更妍。细声巧学蝇触纸，大声锵若山落泉。三点五点俱可听，万籁不生秋夕静。"十分细腻地描绘了秋夜眠听雨打苗蓬的全过程：从细雨到暴雨，从雨后屋檐滴雨到万籁俱寂，芭蕉与雨之间的相互作用组成了一章动听的交响乐，这是芭蕉在庭院绿化中所独具的音乐功能。古人如此钟爱芭蕉，也就不足为奇了（彩图5-4-1）。

竹林、梧桐也常与雨滴塑造出不同意境的声音景观。将几种植物相互搭配，则可以在不同季节欣赏到不同意境的声景。五代时南唐诗人李中有诗曰："听雨入秋竹，留僧覆旧棋。"宋代诗人杨万里《秋雨叹》："蕉叶半黄荷叶碧，两家秋雨一家声。"现代苏州园艺名家周瘦鹃《芭蕉》："芭蕉叶上潇潇雨，梦里犹闻碎玉声。"这里芭蕉、翠竹、荷叶都有，无论春夏秋冬，只要是雨夜，由于雨落在不同的植物上，加上听雨人的心态各异，自能听到各具情趣的雨声，境界绝妙，别有韵味。竹叶和硕大的蕉叶、荷叶，使雨声异常清晰。

常用做与雨共同塑造声景的植物有芭蕉、竹类、梧桐、荷花等。

（三）植物自身发出的声音

有的植物自身能够发出声音，塑造声景。最为典型的当属竹类植物，在雨季，竹子常以惊人的速度生长，其生长速度可以达到每天半米，在夜深人静时便会听到竹子拔节的声音。

第六章

园林种植设计的生态学原理与手法

国外风景园林经历了从 gardening、landscape architecture 到 earth-scape planning 的发展过程，我国园林经历了从私家庭园、城市公共绿地到区域与国土的生态和景观的统一规划的发展过程。与此相适应，园林植物景观也经历了从植物与其他园林要素的配置、植物与植物之间的配置，种植设计，走向植物景观规划设计。表现在内容与形式上，即是由传统园林中对植物与植物景观的文化性、艺术性的重视，逐渐转移到对植物景观生态性的重视上来。

随着园林绿化事业的发展以及生态园林建设日益受到重视，纵观园林种植设计在国内外的发展历程，我们认为，现代园林种植设计应当遵循的生态学原则与理论有植物群落理论、潜生植被理论、植物与植物之间的相互关系、生物多样性原理、适地适树原则以及乡土植物应用等。

第一节 生态学、景观生态学的相关概念

一、生态学的相关概念

（一）生态学的定义

生态学（ecology）的直接含义是有关研究"住所"或"栖息"场所的科学。自然界中的任何一种生物都有其特定的生存环境，所以早期生态学的含义是指研究生物有机体与其周围环境之间相互关系的科学，这一认识被称为经典定义。现代生态学的含义是指研究生态系统的结构、功能及其发生发展的进化规律与调控生态平衡机理的科学。生态学的一般规律可从种群、群落、生态系统和人与环境的关系四个方面加以说明。

（二）生态学的相关概念

1. 种群 种群（population）是指在一定地域中同种个体组成的集合体。种群生态学就是以种群为研究对象，研究种群大小、结构、分布、繁殖、行为、迁移以及在时间和空间上的分布动态规律和调节机制的学科。

2. 群落 生活在同一地域内的生物是多种多样的，大小、形态和生理特征有显著不同，但它们相互之间并不孤立存在，而是有组织、有规律、有机地结合在一起成为松散的集合

体，这就是生物群落（community）。

3. 生态系统　生态系统（ecosystem）是指在一定的时空范围内，由生物因素与环境因素相互作用、相互影响所构成的综合体。其中的"生"是指生物，"态"指的是生物所居住的环境。按照在系统中的功能，生物又可分为生产者、消费者和分解者。生态系统中的环境因素主要包括光、大气、水分、土壤及营养物质等。

4. 食物链　自然界任何一种生物的存在都不是孤立的，它们之间有相互依存（补充）和相互克制的复杂关系。最主要的是直接的食物营养关系，例如植物是植食性动物的食物，后者又是肉食性动物的食物，它们一环扣一环构成链索，即食物链（food chain）。有的几个链索相互联结，因此，任何一个链环发生变化，必然影响相邻的链环，甚至牵动整体。

5. 生态位　一个有机体的生态位（niche）是指它在环境中所占据的位置，包括它所处的条件、利用的资源以及出现在那里的时间。

6. 演替　生态演替（succession）被界定为一个自然群落的物种组成中连续的、单方向的、有序的改变。群落的这一系列演替过程被称为演替系列（sere），并结束于顶极群落（climax community）。早期的演替阶段为先锋种，以低生物量及低养分水平为特征。当演替前进时，群落复杂性增加，常在中期演替阶段达到顶峰。一个中期群落以高生物量、高水平的有机养分和高物种多样性为特征。

7. 生态过渡带　生态过渡带（ecotone）是指两个或多个不同群落之间的狭窄的相当明显的过渡带，这样的边界群落一般是物种丰富的。生态过渡带常自然地产生，例如陆地和水体的交界带。生态过渡带对园林工作者十分重要，因为园林建设很多是在生态过渡带上进行，有时还要规划设计出生态过渡带。

8. 生物多样性　生物多样性（biodiversity）是指生物及其组成的系统的总体多样性和变异性。

二、景观生态学的相关概念与基本原理

（一）景观生态学的定义

景观生态学（landscape ecology）是一门新兴的学科，以景观为研究对象，通过物质流、能量流、信息流与价值流在地球表层的传输和交换，通过生物与非生物以及人类之间的相互作用与转化，运用生态系统原理和系统方法研究景观的结构和功能、景观动态化以及相互作用的机理，研究景观的美化方向、优化结构、合理利用和保护，及景观规划与管理的一门宏观生态学科。

（二）景观生态学的相关概念

1. 景观　景观（landscape）是一个由许多复杂要素相联系而构成的系统。

2. 景观的三大特征

（1）构造性　特殊的生态系统，或者现存的"要素空间"相互之间的空间关系，特别是由与生态系统的大小、形状、数量、种类、配置相关的种、物质、能量的分布来决定。

（2）机能性　通过生态系统之间的物质和能量流动的作用，由系统内的种的构成来决定。

（3）发展性　景观内的构成要素与生态系统都是处于发展变化的。

3. 斑块　斑块（patch）是指依赖于尺度的与周围环境（基底）在性质或外观上不同的

空间实体。斑块的种类包括：

　　（1）**干扰斑块**　耕作放弃地、未利用宅地、荒地、塑料大棚等。

　　（2）**残存斑块**　树林、水田、菜地、果园、水边地等。

　　（3）**外来斑块**　各种营造公园、苗圃、绿地、植物园等。

　　（4）**疑似斑块**　校园、操场、广场、设施附带绿地等。

　　4. 廊道　廊道（corridor）是线形或带状的景观生态系统空间类型。廊道具有五种功能：栖息地功能（habitat function）、管道性功能（conduit function）、过滤功能（filter function）、源的功能（source function）、库的功能（sink function）。廊道的结构有线形廊道、带形廊道、河道廊道。

　　5. 基质　景观由若干类型的景观要素组成，其中基质（matrix）是面积最大、连通性最好的景观类型。因此，在景观功能上起着重要作用，影响着能量流、物质流和物种流。

　　6. 景观格局　景观格局是景观要素的空间布局，这些要素一般是指相对均质的生态系统，如水体、森林斑块、农田斑块、建成区等。

　　7. 斑块—廊道—基质构造模式　斑块、廊道和基质是景观生态学用来解释景观结构的基本模式，普遍适用于各类景观，包括荒漠、森林、农业、草原、郊区和建成区景观。景观中任意一点或是落在某一斑块内，或是落在廊道内，或是在作为背景的基质内。

（三）园林绿地规划设计模式的基本原理

1. 关于斑块的基本原理（图 6-1-1）

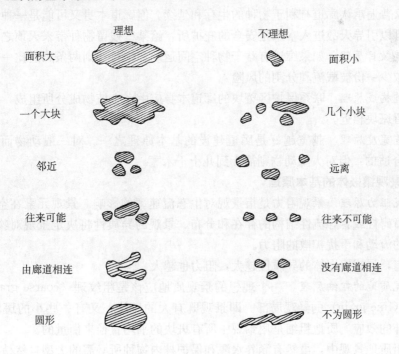

图 6-1-1　关于斑块的基本原理

(Diamond, 1975)

　　（1）**斑块尺度原理**　大型斑块可以比小型斑块承载更多的物种，特别是一些特有物种只有可能在大型斑块的核心区存在。对某一物种而言，大斑块更有能力持续和保存基因的多样性。

相对而言，小斑块则不利于林内种的生存，不利于物种多样性的保护，不能维持大型动物的延续。但小斑块可能成为某些物种逃避天敌的避难所，因为小斑块的资源有限，不足以吸引某些大型捕食动物，从而使某些小型动物种幸免于难。同时，小斑块占地小，可以出现在农田或建成区景观中，具有跳板（stepping stone）的作用。

（2）斑块数目原理　减少一个自然斑块，就意味着失去一个栖息地，从而减少景观及物种的多样性和某一物种的种群数量。增加一个自然斑块，则意味着增加一个可替代的避难所，增加一份保险。

一般而言，2 个大型的自然斑块是保护某一物种所必需的最低斑块数目，4~5 个同类型斑块则对维护物种的长期健康与安全具有较好的作用。

（3）斑块形状原理　一个能满足多种生态功能需要的斑块的理想形状应该包含一个较大的核心区和一些有导流作用及能与外界发生相互作用的边缘触须和触角。

圆形斑块可最大限度地减少边缘圈的面积，从而最大限度地提高核心区的面积比，使外界的干扰尽可能小，有利于林内物种的生存。但圆形斑块不利于同外界交流。

（4）斑块位置原理　一个孤立的斑块内物种消亡的可能性远比一个与大陆（种源）相邻或相连的斑块大得多。与种源相邻的斑块其中的物种灭绝之后，更有可能被来自相邻斑块的同种个体占领，从而使物种整体上得以延续。

2. 关于廊道的基本原理

（1）廊道连续性原理　连续相对孤立的景观元素之间的线形结构称为廊道。生态学家和保护生物学家普遍承认廊道有利于物种的生存和延续。但廊道本身又可能是一种危险的景观结构，它也可以引导天敌进入本来是安全的庇护所，给某些残留物种带来灭顶之灾。

（2）廊道数目原理　如果廊道有益于物种空间运动和维持，则两条廊道比一条要好，多一条廊道就减少一份被截流和分割的风险。

（3）廊道构成原理　联系保护区斑块的廊道本身应由乡土植物成分所组成，并与作为保护对象的残留斑块相近。

（4）廊道宽度原理　越宽越好是廊道建设的基本原理之一。对一般动物而言，宽 1~2km 是比较合适的，但对大型动物则需十到几十千米宽。

3. 关于景观镶嵌体的基本原理

（1）景观阻力原理　景观阻力是指景观对生态流速率的影响。景观元素在空间的分布，特别是某些障碍性或者导流性结构的存在和分布、景观的异质性将决定景观对物种的运动，物质、能量的流动和干扰扩散的阻力。

一般而言，景观镶嵌体的异质性越大，阻力也越大。

（2）景观质地的粗细原理　一个理想的景观质地应该是粗纹理（coarse grain）中夹杂一些细纹理（fine grain）的景观局部。即景观既有大的斑块，又有一些小的斑块，两者在功能上有互补的效应。质地粗细是用景观中所有斑块的平均直径来衡量的。

在一个粗质地景观中，虽然有涵养水源和保护林内物种所必需的大型自然植被镶嵌，或集约化的大型工业、农业生产区和建成斑块，但粗质地景观的多样性还不够，不利于某些需要两个以上生境的物种的存在。

相反，细质地景观不可能有林内物种所必需的核心区，在尺度上可以与邻近景观局部构成对比而增强多样性，但在整体景观尺度上则缺乏多样性，而使景观趋于单调。

4. 园林绿地规划格局原则

（1）不可替代格局　园林绿地规划中作为第一优先考虑保护或建成的格局是：几个大型自然植被斑块作为水源涵养所必需的自然地；有足够宽的廊道用以保护水系和满足物种空间运动的需要；在开发区或建成区有一些小的自然斑块和廊道，用以保证景观的异质性。以上几条应作为任何园林绿地规划的一个基础格局。

（2）最优景观格局　"集聚间有离析（aggregate-with-outliers）"被认为是生态意义上最优的景观格局。这一模式（原理）强调规划师应将土地利用分类集聚，并在发展区和建成区内保留小的自然斑块，同时沿主要的自然边界地带分布一些人类活动的"飞地"。这一模式有七个方面的景观生态学意义：①保留了生态学上具有不可替代意义的大型自然植被斑块，用以涵养水源，保护稀有生物；②景观质地满足大间小的原则；③风险分担；④遗传多样性得以维持；⑤形成边界过渡带，减少边界阻力；⑥小型斑块的优势得以发挥；⑦有自然植被廊道利于物种的空间运动，在小尺度上形成的道路交通网满足人类活动的需要。

所以，集聚间有离析的景观格局有许多生态优越性，同时能满足人类活动的需要。包括边界地带的"飞地"可为城市居民提供游憩度假和隐居机会；在细质地的景观局部是就业、居住和商业活动的集中地；高效的交通廊道连接建成区和作为生产和资源基地的大型斑块。这一理想景观格局又能提供丰富的视觉空间。这一模式同样适用于任何类型的绿地，从干旱荒漠到森林景观，到城市和农田景观。

园林种植设计必须遵循生态学和景观生态学原理，在以人为本的思想指导下，在城市及其郊野的区域范围内，营造生态健全、景观优美、继承历史文脉、反映时代精神、实现人与自然和谐共存的自然生态系统。建设多层次、多结构、多功能的植物群落，修复和重建生态系统，使其良性循环，保护生物多样性，谋求可持续发展，达到园林绿地的生态改善、景观美化、休憩娱乐、文化创造以及防灾避险等综合功能。

第二节　植物群落理论

一、植物群落概论

在自然界中，植物极少单独存在，总是聚集成群生长，即以群落形式存在。植物群落并不是植物个体简单的拼凑，而是一个有规律的组合。一方面，群居在一起的植物之间存在着极其复杂的相互关系，这种相互关系包括生存空间的竞争，各植物对光能的利用，对土壤水分和矿质营养的利用，植物分泌物的影响，以及植物之间附生、寄生和共生关系等。另一方面，群居在一起的植物在受到周围环境因素影响的同时，又作为一个整体对周围环境产生一定的作用，如调节气候、减弱风沙和污染物的危害等，并在群落内部形成特有的有利于植物生长发育的生态环境。

（一）植物群落的基本特征

任何植物群落都是由生长在一定地区内并适应该地区环境条件的植物个体所组成的，有着其固有的结构特征，并随着时间的推移而变化发展。在环境条件不同的地区，植物群落的组成成分、结构关系、外貌及发展过程都随之不同。可以说，一定的环境条件对应一定的植物群落，例如亚热带分布常绿阔叶林，而温带主要分布针阔混交林。从上述定义中，可知一个植物群落具有下列基本特征：

（1）具有一定的种类组成　每个群落都是由一定的植物、动物、微生物种群组成的。因此，种类组成是区别不同群落的首要特征。一个群落中种类成分的多少及每个物种个体的数量是度量群落多样性的基础。

（2）具有一定的外貌　一个群落中的植物个体，分别具有不同高度和密度，从而决定了群落的外部形态，如森林灌丛或草地灌丛的类型。

（3）具有一定的群落结构　植物群落除本身具有一定的种类组成外，还具有一系列结构特点，包括形态结构、生态结构与营养结构。例如生活型组成、种的分布格局、成层性、季相、捕食者和被食者的关系等。

（4）形成群落环境　植物群落对其居住环境产生重大影响，并形成群落环境。如森林中的林地与周围裸地就有很大不同，包括光照、温度、湿度与土壤等都经过了生物的改造。即使生物种非常稀疏的荒漠群落，其土壤等环境条件也有明显改变。

（5）不同物种之间相互影响　植物群落中的物种和谐共处，有序共存。不同的物种之间相互作用，相互依赖，相互选择，相互适应，从而构成一个有机整体。

（6）具有一定的动态特征　植物群落是生态系统中具有生命的部分，生命的特征是运动，群落亦如此，其运动形式包括季节动态、年际动态、演替与演化等。

（7）具有一定的分布范围　任一植物群落分布在特定地段或特定生境上，不同群落的生境和分布范围不同，无论从全球范围或区域角度看，不同植物群落都是按照一定的规律分布的。

（8）群落的边界特征　在自然条件下，有些植物群落具有明显的边界，有的则处于连续变化中。前者见于环境梯度变化较陡或突然中断的情形，如地势陡峭山地的垂直带；后者见于环境梯度连续缓慢变化的情形。但多数情况下，不同群落之间都存在过渡带，称为群落交错区，并导致明显的边缘效应。

（二）植物群落的组成

任何群落都是由一定生物种所组成的，每种生物都具有其结构和功能上的独特性，它们对周围的生态环境各有一定要求和反应，它们在群落中处于不同的地位并发挥不同的作用，即它们的生态位是不相同的，但群落中所有种彼此相互依赖、相互作用而共同生活在一起，构成一个有机整体。组成生物群落的种类成分是形成群落的结构基础，群落中的种类组成是一个群落的重要特征。

群落中的物种组成和环境条件密切相关，环境条件的丰富与否对群落种类数目有很大影响，生物种类越丰富，生物个体间的关系越复杂，群落产生的生态效益也越大。植物种类的多寡对群落外貌有很大影响，例如单一树种构成的纯林常表现出色相相同、高度一致，而多种树木生长在一起则表现出较丰富的色彩变化，而且在群落空间轮廓、线条上富于变化。对植物群落种类组成进行调查时，常用下列指标描述：

1. 优势度　在一个植物群落中，并非所有的植物种类具有相等的重要性，只有少数几个种因其个体数量多、投影盖度大、生物量高、体积较大、生活能力较强，不仅决定着整个群落的外形和结构，而且在能量代谢上起主导作用。一般用优势度或重要值作为某物种重要程度的指标，而优势度和重要值又根据该物种的多度、盖度、频度和生物量等指标确定，这些指标值越大，表示其优势度或重要值越高，在群落中的作用就越大。群落中优势度大的物种即为群落中的优势种，群落的不同层次可以有各自的优势种，如森林群落中，乔木层、灌木层、草本层和地被层分别存在各自的优势种，其中优势层的优势种（此处为乔木层）常称为建群种，它决定着群落的内部结构和生境，是群落中最重要的种。群落中优势度较小的物种一般称为附属种，附属种尽管也参加群落的建设，但对群落内部的环境影响较小，如多数森林群落中的草本植物。建群种在群落中具有最重要的意义，在自然群落中，常用建群种命名群落，如红松林即是由建群种红松与其他树种组成的森林群落。

2. 多度　多度是表示某物种在群落中的个体数目。植物群落中植物种间的个体数量对比关系，可以通过各个种的多度来确定。多度的统计方法通常有两种：一种是个体的直接计算法，另一种是目测估计法。直接计算法是在一定面积的样地中，直接点数各种群的个体数目，然后计算某种植物与同一生活型的全部植物个体数目的比例，由此可求得群落中不同物种的多度。目测估计法是按预先确定的多度等级来估计单位面积上个体的多少。

3. 密度　密度是指单位面积上的植物株数。在规则分布的情况下，密度与株距平方成反比，但在集中分布情况下则不一定如此。一般对乔木、灌木和丛生草本以植株或株丛计数，根茎植物以地上枝数计算。样地内某一物种的个体数占全部物种个体数的百分比称为相对密度。

4. 盖度　盖度是指植物地上部分垂直投影面积占样地面积的百分比，即投影盖度。森林群落常用郁闭度来表示乔木层的盖度，如郁闭度为 0.8 表示树冠投影占 8/10。当郁闭度为 $1.0\sim0.9$ 时为高度郁闭，$0.8\sim0.7$ 时为中度郁闭，$0.6\sim0.5$ 时为弱度郁闭，$0.4\sim0.3$ 时为极弱度郁闭，$0.2\sim0.1$ 时为疏林。一个群落郁闭度的大小直接影响群落内的生态条件，对下层植物的种类、数量、生长发育有很大的影响。需要注意的是，郁闭度不同于透光度，透光度一般用群落或树冠内的光照度与露天的进行比较，它不仅决定于群落的郁闭度，还决定于植物枝叶的茂密程度。

5. 频度　频度即某物种在调查范围内出现的频率，反映物种分布的均匀性。常按包含该种个体的样方数占全部样方数的百分比来计算。物种的频度与多度有关，但二者常表现不一致，多度反映物种个体的数量，频度反映个体分布的格局。物种分布格局主要有三种形式，即均匀分布、随机分布和集群分布。

6. 生物量　生物量是指某一时间单位面积有机物质的总重量。生物量反映物种对资源的利用情况，生物量越大，对资源的利用越充分。在进行生物量调查时可分物种、生活型或整个群落进行。

（三）植物群落的外貌与生活型

1. 群落的外貌与季相　群落外貌是指植物群落的外部形态，它是群落中生物与生物之间、生物与环境之间相互作用的综合反映。群落的外貌是认识植物群落的基础，也是区分不同植被类型的主要标志，如森林、草原和荒漠等，又如针叶林、落叶阔叶林、常绿阔叶林和热带雨林等，主要是根据外貌区别开来的。

植物群落的外貌主要决定于群落占优势的生活型和层片结构。例如对针叶树群落而言，其优势种为云杉时，则形成尖峭突立的外围线条；若优势种为低矮的偃柏时，则形成一片贴伏地面、宛若波涛起伏的外貌。现代园林建设中，常在大面积的草地上植以稀疏的林丛，构成疏林草地景观，既有开阔的视野，又有比较丰富的层次结构、色彩变化。

群落外貌常随时间的推移而发生周期性的变化。随着气候季节性交替，群落呈现不同的外貌，这就是群落的季相。群落的季相是植物群落适应环境条件的一种表现形式，其主要标志是群落主要层的物候变化。一般在温带地区四季分明，群落的季相也特别显著。

2. 生活型　生活型是植物对外界环境适应的外部表现形式，同一生活型的植物种不但体态相似，而且其适应特点也是相似的。一个自然或半自然的群落，一般是由多种生活型的植物组成，这些植物的外在形态就构成了群落的外貌。

3. 层片 层片是植物群落内同一生活型植物的组合。层片作为群落的结构单元是在群落产生和发展过程中逐步形成的。一般来讲，层片具有下述特征：属于同一层片的植物是同一生活型类别。但同一生活型的植物其个体数量相当多，而且相互之间存在着一定的联系时才能组成层片；每一个层片在群落中都具有一定的小环境，不同层片小环境相互作用的结果构成群落环境；每一个层片在群落中都占据着一定的空间和时间，而且层片形成植物群落不同的结构特征。

4. 叶面积指数 衡量一个群落叶量的多少，常用叶面积指数，它表示总的叶面积与单位土地面积的比例，它是群落结构的一个重要指标，并与群落的功能有直接关系。叶面积指数与该群落的光能利用效率有直接关系。

近年来，常用"绿量"来衡量园林植物群落的叶量，作为判断园林绿地发挥生态效益大小的主要依据，调查绿量时根据树冠或林冠所占据的三维体积来度量，实际上叶面积指数能更准确地反映绿量。

（四）植物群落的垂直结构与水平结构

1. 群落的垂直结构 群落的垂直结构主要指群落分层现象。每一种植物群落都有一定的垂直结构层次。对森林群落而言，可分为乔木层、灌木层、草本植物层及地被物层等基本层次。由于每一层次所处高度不同，构成的植物种也不一样，其形态外貌特征因而亦不相同。有些植物群落只有一层，如荒漠地区植物群落，而热带雨林伸入空中近百米高，层次可达六七层。一般来讲，温带阔叶林的地上成层现象最为明显，寒温带针叶林的成层结构简单，而热带森林的成层结构最复杂。一般层次越多，植物群落结构越复杂，表现出来的外貌色相特征也越丰富。植物群落除了地上部分有成层现象外，其地下部分植物根系由于分布深度不同，也有成层现象。

自然群落成层结构是自然选择的结果，它显著提高了植物利用环境资源的能力。在发育成熟的森林中，上层乔木可以充分利用阳光，而林冠下为那些能有效利用弱光的灌木所占据。穿过乔木层的光，有时仅占到树冠全光照的1/10。但林下灌木层却能利用这些微弱的、光谱组成已被改变了的光。在灌木层下的草本层能够利用更微弱的光，草本层往下还有更耐阴的苔藓层。

在城市地区的防护林中，乔、灌、草相搭配，有多层次的林带，其防护效果比单层林好，而且群落层次丰富，其景观效果也更好。

2. 群落的水平结构 群落的水平结构是指群落的配置状况或水平格局，其形成与构成群落的成员的分布状况有关。对由相同的植物种构成的大种群而言，植物个体水平的分布有三种类型：随机型、均匀型和集群型。随机分布是指每个种在种群中各个点上出现的机会是相等的，并且某一个体的存在不会影响其他个体的分布，随机分布比较少见；均匀型分布是个体间保持一定的均匀间距，其形成的主要原因是种群内个体竞争，例如森林植物为竞争阳光和土壤中的营养物而形成较为均匀的分布，均匀分布在自然界不多见，在人工栽培群落中最为常见；集群分布是最常见的分布类型，种群个体成群、成簇、成块、斑点状密集分布，但各群大多呈随机分布。

在自然群落中集群分布形成的原因是：植物传播种子或进行无性繁殖时是以母株为扩散中心；环境资源分布的不均匀性，如局部地形的微起伏和土壤条件的局部差异；种间相互作用。

二、自然植物群落的动态特征

由于各种植物个体都有其生命周期，由个体组成的群落也随着时间推移，处于不断变化发展中。植物群落的变化发展过程，一方面受植物之间相互关系的直接或间接影响，另一方面又受外界环境条件的影响，而且由于植物群落的生命活动会改变环境因素，变化了的环境又会反过来影响植物群落的生长发育，从而使得植物群落内的各种相互关系和变化发展演替过程极为复杂。对城市植物栽培群体而言，由于其生存的环境不完全同于自然环境条件，并且受人为定向栽培管理的制约，使得群体的生长发育与自然群落有很大差别。在实际工作中，不能完全等同对待。

（一）自然植物群落的形成

在自然界，植物群落的形成可以从裸露地面开始，也可以从已有的一个群落中开始。但任何一个群落在形成过程中，至少要有植物的传播、定居、竞争以及相对平衡的各种条件和作用。一个群落的形成过程有以下三个阶段：

1. 迁移　植物繁殖体传播到新生长地的过程。迁移不仅是群落形成的首要条件，也是群落变化和演替的重要基础。

2. 定居　繁殖体迁移到新的地点后即进入定居过程。定居包括萌发、生长、繁殖三个环节。定居能否成功，首先决定于种子的发芽率与发芽条件，如繁殖体所处生境中的水、温、气等因子的适宜与否以及稳定程度；其次幼苗生长状况、水肥供给条件、温度高低变化、动物影响等都直接关系到幼苗能否健康成长。此外，定居地的生境能够满足该物种各发育阶段的生态要求，该物种才能正常繁殖完成定居过程。

3. 竞争　随着已定居植物个体的增长、繁殖，以及不同物种数量的不断增加，必然导致对环境资源的竞争。在竞争过程中，有的物种定居下来，并且得到了繁殖的机会，而另一些物种则被排斥，结果是最适者生存。

竞争能力决定于个体或种的适应性和生长速度。不同种类的生态学特性不同，对同一生境的适应必定有差异，因此，在一定地段中只能有最适应的一种或几种生存，其他种即使能在此生境发芽生长，也只能是短暂的，最终必将被排斥掉。

（二）自然植物群落的发育

处于某一发展阶段的植物群落有其一定的外貌结构特征。随着群落的变化发展，这些外貌结构特征也在变化发展。实际上，我们所看到的每一个具体的植物群落，都是处于动态变化过程中的一个瞬间。一般根据群落的外貌结构特征和生态因子的相互关系，可以将植物群落的生长发育分为三个时期：群落形成期→群落发展稳定期→群落衰老期。

在一个群落的发育过程中，群落不断对内部环境进行改造（如群落内郁闭度增加影响光照和温湿度，植物枯枝落叶层加厚影响土壤温度和腐殖质的形成，土壤质地发生变化等）。起初，这种改造作用对该群落的发育是有利的，逐渐使群落趋于稳定，达到鼎盛状态，但随着时间推移，被群落改变了的环境条件逐渐对它本身产生不利影响，表现为建群种生长势逐渐减弱，缺乏更新能力。同时，一批新的植物侵入和定居，并且生长旺盛。到这一时期，植物种类成分又出现一种混杂现象，群落结构和生态环境特点也逐渐发生变化，原来群落逐渐衰老，进入到发育末期，同时新的群落开始形成，进入到发育初期，即群落开始发生演替。

（三）自然植物群落的演替

一个群落被另一个群落所替代的过程即为群落的演替，主要表现在随着时间的推移，群落优势种发生变化，从而引起群落的种类组成、结构特点等发生变化（表6-2-1）。演替中不同群落顺序演替的总过程称为演替系列。群落的演替是一种普遍现象，只是多数演替进行得非常缓慢，不易引起注意，可以说，任何一个植物群落都处在演替系列的某一阶段上。随着演替的进行，群落结构从简单到复杂，物种从少到多，种间关系从不平衡到平衡，由不稳定向稳定发展，植物群落与生态环境之间的关系也趋向协调、稳定，最后使群落达到一个相对较长的稳定平衡状态，即所谓的群落发展的"顶极阶段"，在这一阶段，植物群落的组成、结构不会发生大的变化，稳定性高，抗干扰能力强，所发挥的生态功能也最强。不同地区的地带性植被是最稳定的，其原生植物群落即处在此阶段。

表6-2-1　植物群落随着时间推移的动态变化规律

时间尺度	动　态　变　化
日（每日）	植被构成种类个体的每日变化节奏
季节	开花、结果等特定种类（个体）的动态、生育阶段，伴随着外形变化的抗性变化
年度	植物群落的种类组成、构造动态的生长变化
约4年	伴随着动物种类与食物资源的变化而出现小规模的动态变化
约10年	由于气候变化导致群落生产量、种子生产与景观的变化
60～70年	伴随着年数的增加引起植被的世代更替
数百年	伴随着植被群落的发育成熟而出现动态变化
600～700年	小规模进化的产生，自然环境的变化
数千年	植物相发生变化

总之，在植物种植设计中，要通过对植物群落生长发育和演替的逐步了解，掌握其变化规律，改造自然群落，引导其向植物种植设计需要的方向发展；对于栽培群体，在规划设计之初，要预见其发展，保证群体具有较长期的稳定性。有关植物群落的问题是相当复杂的，在实际工作中，应在充分掌握种间关系和群落演替等生物学规律的基础上，进而满足防护、美化和生产要求。

三、园林种植设计中的植物群落类型

生态园林具有美化城市环境、改善城市生态条件的共性。但每一种类型的生态园林往往都具有一定的或具体的生态功能和侧重面，一般可分为五种类型，即观赏型、环保型、保健型、文化环境型、知识娱乐型。植物群落是多种植物的有机结合体，具有一定的垂直结构和水平结构。这些具有不同功能和用途的生态园林在植物群落的组成与结构上有不同的要求和特征。

1. 观赏型人工植物群落　观赏型人工植物群落将景观、生态和人的心理、生理感受进行综合研究。按照美学法则的原理，建立人工植物群落，意与形统一，注意情景交融。

2. 环保型人工植物群落　环保型人工植物群落是为少受或免受来自自然的或人为的灾害而建立的，以保护城乡环境、促进生态平衡为目的的植物群落，对大环境的绿化有重要的现实意义。大力提倡抗污植物的应用，并对其进行合理有效的植物配置，以期做出更优秀的设计方案。

3. 保健型人工植物群落　某些植物具有增强体质、防止疾病或治疗疾病的能力，这种植物群落就是保健型生态群落。其核心是探索人工植物群落中植物相互作用后的自然保健效益，创造具有强身健体功能的新型园林绿化结构形态。

4. 文化环境型人工植物群落　特定的文化环境要求通过各种植物配置使园林绿化具有相应的文化环境气氛，形成不同风格的文化环境型人工植物群落。从而使人们产生各种主观感情与宏观环境之间的景观意识现象，即所谓"情景交融"，是人们感官接受植物群落传递的文化气息，使人们产生感情，引起共鸣和联想。配置中要注意运用植物材料创造环境气氛；运用植物进行意境创造；运用大块面、大手笔进行布局，使特定的文化环境更加完整；运用乡土树种，创造体现本地风格的植物景观。

不同的植物材料，运用其不同特征、不同组合、不同布局则会产生不同景观效果和环境气氛。如常绿的松科和柏科植物成群种植在一起，创造出庄严、肃穆的气氛（图6-2-1）；高低不同的棕榈与凤尾丝兰组合在一起，则给人以热带风光的感受；开阔的疏林草地，给人以开朗舒适、自由的感觉；高大的水杉、广玉兰则给人以蓬勃向上的感觉。因此，了解和掌握植物的不同特性，是做好文化环境型人工植物群落设计的一个重要方面。

图6-2-1　松科与柏科植物的配置

5. 知识娱乐型人工植物群落　植物群落营造在内容上丰富多彩，新颖别致，趣味性强，使寓教于乐的文化娱乐生态园林发挥优势，获得较好的经济效益，在增强对国内外游客的吸引力、带动地区发展、提高投资环境的价值等方面都具有重要的影响。

第三节　潜生植被理论

一、潜生植被理论在园林绿化中的应用

潜生植被理论即研究当地自然植被群落的规律，参照当地固有的植被群落进行绿化。遵

循该理论栽种植被，即使养护管理粗放，植被依然可以非常稳定地生长。如果在园林绿化中栽植数量众多的外来种，有时会导致严重的生物入侵问题，有时因管理跟不上，外来树种很快被具有生长优势的乡土植物群落所替代，这种现象是人力难以改变的。

根据生态学演替理论，群落演替是分阶段性的，在演替过程中，演替前期群落是演替后期群落的基础，并为后期群落提供适宜的环境条件，经过若干阶段群落的替代，最后达到一个稳定的顶极群落，也即形成适应当地大气候环境条件的地带性植被（潜生植被）。达到顶级群落需要相当长的时间，植被恢复要做的就是在顺应自然发展规律的基础上，人为地为植被演替创造所需条件，节省达到顶级群落所需时间。

位于日本东京代代木的明治神宫，是90年前的一项绿化工程。当时人们根据东京武藏野丘陵潜生植被选择树种，按照自然群落比例进行栽植，现在，已经形成郁郁葱葱的城市森林景观。因为这里是人工营造的乡土植被群落，所以，现有的林相景观经过500～1 000年也会保持下去。

二、利用潜生植被理论进行植被重建的方法与步骤

顶极群落是一个稳定的群落，与当地的气候、地形、土壤等环境因子相适应。这种由裸地开始的自然演替到顶极群落的过程需要很长时间，有时可能要数百年，但是如果通过人工措施提供组成顶极群落优势种所需的条件，就有可能大大缩短演替时间。

日本横滨国立大学教授宫胁昭博士在日本植被调查与研究方面作出了贡献，并在植被恢复方面进行了研究与实践，提出了自己的体系，被称为宫胁法。

宫胁法采用改造土壤、控制水分条件、收集当地的乡土树种种类、用营养钵育苗等措施，在较短时间内建立适应当地气候的、稳定的顶极群落类型（图6-3-1）。

三、日本淡路岛"故乡之森"营造的具体技术与方法

（一）生态恢复地概况

从1963年开始到1994年的31年间，有关部门为了通过填海建设位于大阪湾中的关西国际机场，从兵库县淡路岛北部的

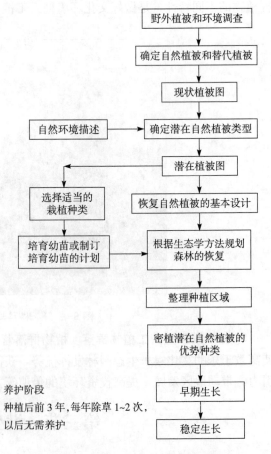

养护阶段
种植后前3年，每年除草1~2次，
以后无需养护

图6-3-1　生态恢复植被重建的流程示意图

淡路町与东浦町的滩山地区（北纬34.5°，东经135°）139hm² 的山林斜坡地挖走土石1亿m³，结果形成了坡度35°、标高从20～105m、最大坡长160m、面积12hm² 的大面积陡坡土

石采挖场。这种地形与周边的自然风貌及海岸地带景观极不协调。

为了恢复该地的生态与景观，兵库县于 1993 年开始规划并准备申报建立国营明石公园。公园建设的基本理念为"人与自然的交流"和"人与人的交流"，建设的目标为"具有国际交流机能与海洋性娱乐机能的公园"，主要建设项目为：①土石采挖场的生态与景观恢复绿化；②包括滩川河在内的公园建设；③海岸线的亲水化处理与公共海洋设施的建设；④与近邻的明石大桥以及日法友好纪念塔在景观方面有机呼应。竣工后于 2000 年在现场举办了国际园艺博览会，而后作为国有公园对外开放（图 6-3-2）。下面仅对土石采挖场的生态与景观恢复绿化即"故乡之森"的营造技术与手法进行说明。

图 6-3-2　规划鸟瞰图（虚线内为恢复现场）

（二）绿化技术的试验研究

场地的基本条件为：①年平均气温为 15℃，年降水量为 1 168mm，整体上为濑户内海气候特有的温暖湿润区域；②离海岸只有 400m，绿化植物易受海潮风的危害；③虽然斜坡上部为风化的沙壤土，但整体上为硬质的岩盘地面；④地层为花岗闪绿岩、辉长岩等深成岩类，土壤 pH8.0～8.7，碱性。以上这些条件非常不利于绿化工程的进行与植物的生长。因此，主管部门在 1993 年先后召开了 4 次"岩盘斜面地绿化研讨会"，同时召开了 4 次"绿化行动计划策定委员会议"，研究了绿化目标，设定了具体的绿化方案。并从 1994 年 2 月开始，先在部分斜坡地进行了植物栽植技术、绿化树种、相关辅助技术等试验。试验分为长期绿化试验（按照计划进行）与短期绿化试验（一年之内得出试验结果）（表 6-3-1）。

表 6-3-1　短期绿化技术试验的内容与结果

绿化方法	项　目	试验内容	试验结果
（压力泵）喷附人工土壤种植法	台阶状分割	成活率	为了确保具有保水力、保肥力的土层，采用大型台阶形状（台阶下部宽度为 50cm）
	人工土壤厚度	成活率	厚度 7cm 时死亡率高，厚度 12cm 时成本高，最终采用 10cm

（续）

绿化方法	项　目	试验内容	试验结果
网坑种植法	种植网坑内的客土厚度	客土厚度 20～30cm 的营养钵苗的成活率	虽然客土层厚度不同结果差异不明显，为了尽量保证有效土层，种植网坑内采用客土厚度为 30cm
以上两种绿化方法的共同试验	绿化方法的选择	是否可以进行台阶状分割	软质岩层Ⅰ、Ⅱ采用喷附人工土壤法，中软质岩层采用网坑种植法
	营养钵苗植物种类	不同树种的成活率	山赤杨：死亡率太高，不用；山枇杷：苗木搜集困难，不用；合欢：代替山赤杨，增加土壤肥力；朴树：适应当地环境，生长快速。根据试验结果，决定栽植以下 10 种：乌岗栎、杨梅、红楠、小叶交让木、天竺桂、春榆、朴树、黑松、枹栎、合欢
	营养钵苗规格	苗木的品质	10.5cm 口径的营养钵苗的地上部与地下部生长均衡，选用高 0.3m、口径 10.5cm 的营养钵苗
	营养钵苗的种植密度	密度大小对成活率的影响	为了确保早期绿量，喷附人工土壤法的最大密度为 3 株／m²、网坑种植法为 4 株／m²
	表面覆盖	对绿化的影响	为了减少土壤水分蒸发、防止杂草滋生，全部进行稻草覆盖
	浇水	对绿化的影响	为了促进生长、防止干燥而安置浇灌系统，但为了保障水的有效利用采取地埋式灌溉系统

（三）绿化用客土的试验研究

1. 客土种类的决定　对于场地绿化所用客土要求如下：①具有较好的土质，并且可挖土方量大；②具有良好的理化性质，特别是 pH 不会对树木的生长产生影响；③采挖、运输等便于进行。

为了决定绿化客土采挖地，1994 年 3 月对场地邻近区域的 10 个候选地的土壤进行了取样调查与分析。分析的项目有：①关于土壤物理性质的分析，包括粒径分析、饱和透水系数（cm/s）分析（土壤的通气透水性指标）、有效水含量（l/m³）分析（土壤的保水性指标）；②关于土壤化学性质与有害性的分析，包括盐基置换容量（cmol/kg）（土壤的保肥力指标）、柳田式简易土壤指标（土壤的肥沃度、化学障碍性有无等的指标）。

根据上述客土条件与分析试验结果，最后决定选择距离场地 25km 的洲本市安乎町作为客土采挖地。该处为沙壤土，1995 年、1996 年可开挖优质客土 20 万 m³，可通过陆路车辆等运输。

2. 客土改良材料的决定　将绿化用客土分为表层土与下层土，分别进行客土改良材料的试验研究。

表层土的改良目标在于改善吸收根的生长环境，从而提高保水力与维持透水性效果，促进土壤的团粒构造和提高保肥力，保障有机物的供给。试验项目为饱和透水系数、有效水含量和盐基置换容量。

下层土主要考虑支持根的生育改良，预防土壤板结，保证土壤通透性，提高保水性，保证多孔质材料的供给。试验项目为饱和透水系数、有效水含量。

通过以上试验研究，得出了表层土与下层土进行改良的配比方案。

表层土的改良方案 1：原土 75％＋珍珠岩 15％＋特制泥炭 10％，改良后 1m³ 种植土壤的成本为 3 680 日元（按时价折合人民币约 294 元）。

表层土的改良方案 2：原土 80％＋特制泥炭 20％，改良后 1 m³ 种植土壤的成本为 3 760 日元（按时价折合人民币约 300 元）。

对于下层土，硬质流纹岩、珍珠岩与陶粒具有同样的改良效果，可以混用。

（四）根据潜在植被理论进行树种规划设计

绿化树种规划的方针：①以当地景观与植被构成为主的乡土群落为复原目标；②早期形成绿量的速生树种的落叶树（先驱种）与远期形成景观的常绿树按一定比例搭配。

通过调查周围的自然植被发现，在贫瘠、土薄、干燥的斜坡立地条件下，生长发育着稳定的乌岗栎—杨梅常绿阔叶林群落。在选择绿化树种时，首先选用了远期构成树林群落的树种乌岗栎、杨梅、红楠、小叶交让木、天竺桂；其次选用了速生树种黑松、朴树、枹栎、合欢、春榆，利用这些速生树种确保绿化初期的绿量，并为慢生树种提供夏季遮阴，树种规划按照植被迁移的两个阶段进行营造（表 6-3-2）。并根据对周围自然植被林缘树种的调查研究，在林地边缘选择栽植海桐、伞形花石斑木、胡颓子、日本毛女贞等树种。

表 6-3-2　恢复地绿化树种规划

树种类别	树种	搭配比例（％）
目标景观构成种 （56％）	乌岗栎	20.0
	杨梅	15.0
	红楠	9.0
	小叶交让木	7.0
	天竺桂	5.0
早期绿量确保种 （44％）	春榆	4.0
	朴树	18.0
	黑松	14.0
	枹栎	4.0
	合欢	4.0

（五）工程实施

根据绿化技术试验与客土试验的结果，于 1994 年 10 月开始进行绿化工程，采用了以下三种方法：

1. 喷附人工土壤种植法　对于岩盘有风化的地方，利用重型机械将斜坡地整成台阶状，高度为 30cm。利用强力水泵喷射附着 10cm 厚的团粒土后，种植高度为 0.3m 的营养钵苗（图 6-3-3，图 6-3-4，图 6-3-5，图 6-3-6）。

2. 金属网坑种植法　对于岩盘较硬、挖掘台阶十分困难的地方，将金属丝网做成蜂窝状，然后用钢筋固定在岩盘上，填入 30cm 深的改良土，种植营养钵苗（图 6-3-7，图 6-3-8，图 6-3-9，图 6-3-10）。

3. 纺织材料网坑种植法　因为金属丝网坑法成本高，将裁成 30cm 宽的纺织材料做成蜂窝状，然后用钢筋固定在岩盘上，填入改良土之后种植营养钵苗（图 6-3-11，图 6-3-12）。

（六）生态与景观恢复的短期效果

在整个绿化区域内共设定了 25 个观测区所，定期对设定区所的所有树木的成活率与生长状况进行了统计调查（表 6-3-3）。

图 6-3-3　喷附团粒土

图 6-3-4　种植营养钵苗

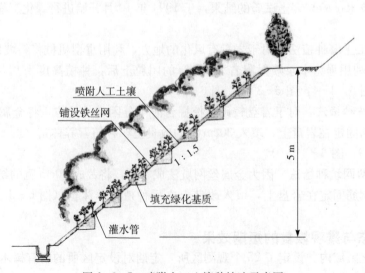

图 6-3-5　喷附人工土壤种植法示意图

图 6-3-6　绿化后第 5 年（1998）的景观

图 6-3-7　金属网坑种植法

图 6-3-8　种植营养钵苗

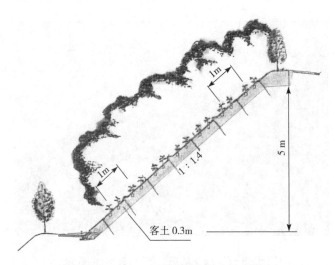

图 6 - 3 - 9　金属网坑种植法示意图

图 6 - 3 - 10　绿化后第 5 年（1998）的景观

图 6 - 3 - 11　纺织材料网坑种植法

图 6 - 3 - 12　种植营养钵苗

1. 成活率　栽植后定点定期测定了成活率，分别为 97.4%（1995 年 7 月）、94.2%（1995 年 10 月）、91.4%（1996 年 7 月）、86.6%（1996 年 10 月）、86.5%（1997 年 7 月）、84.1%（1997 年 10 月）。随着时间的推移，成活率在降低的同时逐渐趋于稳定。

2. 生长状况　落叶树的生长速度比常绿树要快，逐渐起到了确保早期绿量和遮阴的作用。

表 6 - 3 - 3　成活率与生长状况

项　目	时　间						
	1994 - 10 （施工当时）	1995 - 7	1995 - 10	1996 - 7	1996 - 10	1997 - 7	1997 - 10
成活率（%）	100	97.4	94.2	91.4	86.6	86.5	84.1
材积量（cm³）	13	29.5	179.6	414.8	798.7	1 688.3	2 389.3
树高（cm）	40	48.7	72.6	98.3	129.7	161.6	185.4

3. 绿化效果与生物多样性　从绿化效果来看，如果采取传统的绿化方法需要 30 年以上时间，若采取完全放任，任植物自由萌发与自由生长则需要数百年时间，而采取这种生态恢

图 6 - 3 - 13　生态恢复林地内的游览台阶

复绿化方法，仅需 4～5 年时间，即与其周围没有遭到破坏的植被在绿量方面达到了基本一致。当时栽植的 30cm 的营养钵苗到 2000 年初已经长到了 3m 以上，长势好的已经超过了 5m（图 6-3-13）。

动植物种类也开始自然增加。例如，除了多种鸟类之外，已经观测到野鸡、野兔等小动物，金龟子、螳螂、天牛、凤蝶类等多种昆虫，生物多样性逐渐丰富。

（七）生态与景观恢复的长期效果预测

随着时间的推移，植物群落的构造发生相应的变化，可以预测，在未来一定时期，绿化区域的植被群落构造和景观可以接近或者达到恢复地周边自然的乌岗栎—杨梅常绿阔叶林一样的状况。

应该注意的是，以后必须按照规划对恢复地植被进行适当的养护管理，并对早期形成绿量的速生树种的落叶树（先驱种）进行砍伐或者移植，以保障远期形成景观的常绿树健康生长。

四、利用潜生植被理论进行生态恢复型种植设计的前景

通过以上事例得知，在利用绿化技术进行生态与景观恢复的具体实施之前，必须学习与掌握恢复生态学和生态恢复的理论知识与技术手段，包括生态学原则、短长期对策、途径、构成要素以及方法与步骤等。在具体实施时注意：①要研究恢复场地的基本情况，包括自然环境要素（地形、地质、水系、土壤、野生动物、气象等）、社会环境因素以及人文环境要素；②要在调查当地植被主要树种与群落构成的基础上对恢复地绿化树种进行规划；③要对客土种类与绿化技术进行试验研究；④实施时应该把人为因素对自然的干扰影响降低到最低限度，力求人工施工过程的最大自然化；⑤在重视人与自然的关系前提下进行恢复后绿地的维护管理。最后，要对实施后的绿地的生长状况、生物多样性状况、景观变化等进行长期的追踪观测。

随着环境资源被不断开发利用，经济的高度增长、工业社会的快速发展以及局部地区后工业社会的逐渐到来，利用绿化技术对受损环境与被破坏环境进行生态与景观恢复越来越显示出其重要性。应在保护环境的大前提下，对恢复生态学、生态恢复设计与技术进行不断的实践探索与深入的科学研究。

第四节　植物之间的相互关系

自然界中的植物往往不是孤立生长，而是很多个体群聚在一起的。这样植物和植物之间就发生了复杂的相互关系，这种相互关系可能对一方或者双方有利，也可能对一方或者双方有害。这种相互关系发生在同种植物之间，称为种内关系；发生在不同种之间，称为种间关系。

在园林种植设计中应充分考虑植物与植物之间的相互关系，以生态学理论（互利共生、密度效应、化感作用、生态位等）为指导，将乔、灌、草和藤本植物因地制宜地进行配置，构成具有丰富的层次结构、相宜的季相色彩以及种群间相互协调的植物群落，使具有不同生态特性的植物各得其所，能够充分利用自然界和人工环境中的光照、水分、养分以及土地空间等。

根据植物相互关系的作用方式和机制，总的可分为直接关系和间接关系。

一、直接关系

直接关系是指植物间直接通过接触而相互作用的关系。

（一）树干机械挤压

森林群落内两个树干部分或大部分紧密接触相互挤压的现象。当树木受到风、雪、牲畜、兽类的机械作用造成树木挤压、损伤，损害形成层，随着树木的进一步发育，便会互相连接，成为一个整体。如"连理枝"、"槐柏相抱"等现象。

（二）根系连生

树木间常有根系连生的现象，特别是密度大的林分，可发生在同种树木间，也可出现在亲缘关系较近的不同种树木间。如在云杉林中，根系连生的树木不少于30%。根系连生可以相互交换水分，从而促进树木生长发育，但健壮树木会通过连生从衰弱树木中夺取养分和水分，加速衰弱树木的衰退和死亡。同时，根系连生也会传播真菌孢子，传播病害。

（三）攀缘

通常利用其他植物（主要是树木）作为它们的机械支柱，从而获得更多的光照。攀缘植物多喜温湿，因此，该类植物多见于热带、亚热带森林中，寒带森林则数量较少。热带亚热带不仅数量多，而且发育充分，如木质藤直径可达20～30cm，长可达300m。常见的热带攀缘植物有风车藤、刺果藤、马前属、羊蹄甲属等。攀缘植物常对其他植物造成不利影响，如大量藤本植物会将许多树木绞结在一起。机械缠绕会使树干变形，削弱树木的同化过程，影响树木正常生长发育，有时甚至会造成被缠绕植物的死亡（图6-4-1）。

（四）寄生

一些植物在不同程度上依靠吸收其他活体植物的营养来维持自己生命过程的现象，该类植物为寄生植物，分为全寄生植物和半寄生植物。全寄生植物的叶片中不含有叶绿素，不能进行光合作用，如菟丝子。半寄生植物自身含有叶绿素，但只能合成一部分营养物质，如槲寄生，它是半寄生小灌木，其身上长有一个能插进寄主主干枝内吸取水分和养料的器官——吸根，在榆树、桦树、槭树和杨柳树上常可见到。另外檀香树含有寄生根，需从寄主植物的根上吸收养分，寄主植物以含羞草科、苏木科、蝶形花科植物为最多。寄生植物中，列当科、大花草科和蛇菰科的一些植物属于全寄生；桑寄生科、檀香科的一些植物属于半寄生。此外，旋花科、玄参科和樟科也有少数寄生植物。无论哪种类型，寄生植物都会使寄主植物的生长势减弱，轻者引起寄主植物的生物量降低，重者引起寄主植物的养分耗竭，组织破坏而死亡。

图6-4-1　热带地区植物的绞杀现象

（五）附生

苔藓、地衣、蕨类和高等有花植物等，其根群附着在其他植物的干茎、枝条或叶片上，利用雨露、空气中的水汽及有限的腐殖质（腐烂的枯枝残叶或动物排泄物等）为生，如蕨类、兰科的许多种类等。它们通常不会长得很高大，自身可进行光合作用，不会掠夺它所附着植物的营养与水分（区别于寄生植物），也没有营养物的争夺和分配问题，只在空间定居上有着紧密的联系。如在热带雨林、亚热带季雨林和气候湿润的山地森林里，由于气候潮湿，树皮、树杈等处的风尘物和落叶分解物积累较多，常生长有许多附生植物。这些附生植物还会形成多种景观，如苔藓附在树干和树枝上，形成苔藓林景观；地衣植物松萝，形成树须景观；多种蕨类植物附生在高大的热带树木上，形成雨林景观。附生植物种类丰富，据统计，全世界约有 65 科 850 属 3 万种。如蕨类附生植物常见的有水龙骨科的瓦韦、石韦、水龙骨、星蕨等，铁角蕨科有鸟巢蕨；附生苔藓植物有东亚鞭苔、小叶鞭苔、齿边广萼苔、树平藓、刺果藓、青毛藓、小蔓藓等；地衣类有松萝；兰科植物有蝴蝶兰、牡丹金钗兰、金钗石斛、金石斛、虎头兰、流苏贝母兰等。

（六）共生

植物间的共生关系往往是互利的。互利共生多见于所需极不相同的生物之间，两物种长期共同生活在一起，彼此互相依赖，相互共存，双方获利，因此互利共生能增加合作双方的适合度，如菌根、根瘤、地衣等。在植物界，菌根是最常见、最重要的互利共生类型，如松属、云杉属、杨属等植物都有菌根。

（七）腐生

腐生植物体内没有叶绿素，不能进行光合作用，因此其营养类型属于异养，但它获得营养的方式不像寄生植物那样，从其他活的植物体内吸取，而是通过一定方式从动、植物残体中获取可溶性有机物作为自身营养。如球果假水晶兰生于红松及落叶阔叶林下，以枯枝败叶作为自身营养，全株雪白，无任何色素，叶片退化为鳞片状，其地下部分生有菌根，靠菌根吸取腐殖质内营养。高等植物中的腐生种类有龙胆科的腐生龙胆和瓦龙胆、远志科的附根花、兰科的腐生兰、霉草科的喜荫草、百合科的樱井草及水玉簪科的腐草属和水晶兰等。

二、间接关系

间接关系是指互相分离的个体通过与生态环境的关系所产生的互相影响。

（一）竞争

竞争是指同种或异种两个或多个个体间为利用环境能量和食物资源而发生的相互关系，这种相互关系对竞争者的个体生长发育和种群数量都有很大影响。竞争力的大小取决于植物的遗传特性、物候型、生长速度和生长特点、繁殖方式和能力以及生态学特性（抗旱、耐涝、抗冷、喜光）等。竞争分为种内竞争和种间竞争。种内竞争的实质是密度效应。种间竞争其剧烈程度不一定超过种内竞争，因为不同的植物由于生态习性不同，从而能更充分、更合理地利用空间，混交林就是这种情况。

1. 种内竞争——密度效应　由于固着生活的植物具有较大的生长可塑性，种群个体数目的增加必定导致邻接个体之间的相互影响，如邻接个体在形态、个体重量和死亡率等方面的变化。这种密度增加所引起的邻接个体之间的相互作用称为密度效应。

密度效应的影响结果与种群密度有很大关系。种群密度越大，邻接植株间的距离就越小，植株彼此之间竞争光、水、营养物质等资源的强度就更剧烈。当密度达到一定程度之后，种内对资源的竞争不仅影响到植株生长发育的速度或个体形态与重量，进而将影响植株的存活率。在高密度下，有些植株发生死亡，即种群开始出现自疏。在森林中高大的树木能得到较多的光线，而较小的树木则由于优势树木遮阴，得不到足够的阳光，树冠发育很小，逐渐成为被压木而最后死亡。这种自然条件下，由于对营养空间的竞争而引起的群体个体数量减少，称为自疏。自疏与植物的生长发育速度、寿命、耐阴性等有关。在森林植物中，阳性树种、速生树种以及具有先锋特征的树种由于对阳光的需求量大，幼年生长迅速，因此个体间的竞争来得早，故自然稀疏快；阴性树种寿命长、生长慢，特别是往往形成顶级群落的树种，其自然稀疏一般缓慢，且延续的时间长。

植物除了对地上空间的竞争外，地下根系的竞争也很激烈，这主要表现在对水分和养分的争夺上。相关研究表明，桦木林内，林下云杉幼树氮、磷的积累过程直接受桦树根的竞争影响。在除去桦树根后，云杉幼树磷的积累显著增加。

2. 种间竞争 种间竞争是指两个物种因需要共同的环境资源所形成的相互关系。绿色植物的竞争主要是对光、水、矿质养分和生存空间的竞争。竞争的结果可能有两种情况：如果两个种是直接竞争者，即在同一空间、相同时间内利用同一资源，那么一个种群增加，另一个种群就减少，直到后者消灭为止；如果两个种在要求上或者说在空间关系上不相同，那么就有可能是每个种群消长，维持平衡。

（1）竞争排斥原理 两个物种利用同一种资源和空间时产生的种间竞争现象表明，两个对同一资源产生竞争的物种不能长期在一起共存，最后要导致一个种占优势，另一个种被淘汰，这种现象即为竞争排斥原理或称为高斯假说。

（2）生态位 每个物种在群落内都占有一定范围的温度、水分、光照以及时间、空间资源，在群落内具有区别于其他种群的地位和作用，种群的这一特征称为生态位。它反映了物种与物种之间、物种与环境之间的关系。任何两个种群的生态位都不相同，但生态位可以是重叠的。所以，生态位重叠是引起种群间竞争的原因。两个物种越相似，它们的生态位重叠越多，竞争越激烈。生态位接近的两个种不能永久共存，这一现象就是竞争排斥原理或高斯假说。如果两个种在同一个稳定的生物群落中占据了完全相同的生态位，一个种最终会消灭；在一个稳定的群落中不同种具有各自不完全相同的生态位，能避免种间的直接竞争，从而保证了群落的稳定性；群落是由多个相互作用、生态位分化的种群系统组成，这些种群对空间、时间和资源的利用以及相互作用的方式都趋向于互补，而不是直接竞争，故由多个种组成的森林群落比单一的群落能更有效地利用环境资源，长期维持较高的生产力，并且有更大的稳定性。

因此，在园林种植设计中应依靠科学的配置，建立具有合理的时间结构、空间结构和营养结构的人工植物群落，为人们提供一个赖以生存的良性循环的生活环境；园林种植设计中植物的配置，应充分考虑物种的生态位特征、合理选配植物种类、避免种间直接竞争，形成结构合理、功能健全、种群稳定的复层群落结构，以利种间互相补充，既充分利用环境资源，又能形成优美的景观。

（二）化感作用

植物化感作用在 Rice 的专著 *Allelopathy* 再版中定义为生活的或腐败的植物通过向环境释放化学物质而产生促进或抑制其他植物生长的效应。化感作用中化学物以挥发气体的形式释放出来，或者以水溶物的形式渗出、淋出和分泌出，既可由植物地上或地下部分的活组织释放，又可来自它们分解或腐烂以后。这些化学物质包括乙烯、香精油、酚及其衍生物、不饱和内酯、生物碱、黄酮类物质和配糖体等，其中以酚类化合物和烯萜类为主。

植物产生的化感物质能明显影响种间关系。有些植物的分泌物能抑制另一种植物生长，如从洋艾的叶和根游离出来的物质能严重抑制和损害其他植物生长；刺槐树皮分泌的挥发性物质能抑制多种草本植物的生长；桃树根中的扁桃苷分解时产生苯甲醛，严重毒害桃树更新；黑核桃通过叶、果实和其他组织分泌胡桃醌，由雨水冲到土壤中后被氧化，对其他植物生长和发芽产生强烈的抑制作用。有些分泌物却能促进另一种植物的生长，如黑接骨木对云杉根分布有利；合欢和澳大利亚桃金娘有浓郁香味的根对蚕豆和豌豆的生长有促进作用；皂荚、白蜡和七里香在一起生长时有显著的互相促进作用，樱桃和苹果、油茶、葡萄能互相促进生长等。

国外学者发现具有化感作用的森林植物按树种科属分有松科松属的辐射松、海岸松、多脂松、赤松和美国黄松，云杉属的恩氏云杉、蓝粉云杉和黑云杉，冷杉属的温哥华冷杉、巨冷杉、壮丽冷杉和香脂冷杉；柏科刺柏属的骨子圆柏、核桃圆柏和墨西哥圆柏；壳斗科栎属的米楚栎、舒氏红栎、白栎、杆栎、马里兰德栎、加姆贝尔栎和美国白栎；桦木科桦属的加拿大黄桦和疣皮桦；杨柳科的蜡杨、欧洲山杨、西北杂交杨、颤杨和柳树；桃金娘科的蓝桉和细叶桉；豆科的相思树、刺槐和黄檀；椴树科的小叶椴和扁担杆；漆树科的亮叶漆和光滑漆；胡桃科的黑胡桃；禾本科的台湾麻竹、桂竹、绿竹和高山箭竹；苦木科的臭椿；桑科的白桑和榕树；木樨科的水曲柳和白蜡；榆科的朴树；木麻黄科的木麻黄；山龙眼科的银桦；杜鹃花科的山月桂属和杜鹃属等。国内自 20 世纪 70 年代以来发现具有化感作用的树种主要有水曲柳、椴树、红松、刺槐、北京杨、毛白杨、水杉、柠檬桉、落叶松、油松、辽东栎、白桦、木麻黄和杉木等。

（三）改变环境条件

植物通过改变环境条件，如小气候、土壤肥力和水分条件等，发生间接的相互关系。一些植物的存在必然对周围的气温、近地表的温度、太阳辐射强度产生影响，这样变化着的环境条件则对其他植物间接地起作用。如森林密集的林木为耐阴植物和苔藓植物创造了良好的生长条件，林下的苔藓层又为林木种子萌发提供了必需的水分。群聚生长的林木互相侧方遮阴，使下部枝条得不到光照而发生天然整枝（枯死）。许多阔叶树可改善土壤物理化学性质，利于其他树木生长。而另一些树种，如云杉、冷杉、松属等植物其落物形成粗腐殖质，恶化土壤的物理化学特性，则不利于其他植物生长。

（四）协同进化

Starr 主编的 *Biology* 第 2 版（1994）中定义协同进化是指自然生境中两个或多个物种，由于生态上的密切联系，其进化历程相互依赖，当一个物种进化时，物种间的选择压力发生改变，其他物种将发生与之相适应的进化事件，结果形成物种间高度适应的现象。协同有利于加强生态系统多样性与稳定性。现存的自然界物种丰富，多样性丰富，物种之间的协同适应与竞争能保证更多的物种同时存在与繁衍。

植物种群内部的协同也很普遍。如植物种群的个体多是成丛生长，自然界中孤生是罕见的，据观察研究，高等植物的幼苗在集聚的状态下更适于生存。协同进化也可以发生在种群和环境之间。通过种群数量动态和遗传结构变化的研究，人们认识到种群自然调节机制，种群和它的环境是高度协调的，并和谐地向前发展。

总之，植物之间的相互作用千差万别，只有充分了解各种植物的生态学习性和它们之间复杂的相互关系，才能够科学合理地指导园林种植设计。

第五节　生物多样性原理

一、生物多样性的概念与应用价值

（一）生物多样性的概念

生物多样性是生物及其与环境形成的生态复合体以及与此相关的各种生态过程的总和，包括动物、植物、微生物和它们所拥有的基因，以及它们及其生态环境形成的复杂的生态系统。生物多样性是生命系统的基本特征。生命系统是一个等级系统，包括基因、细胞、组织、器官、物种、种群、群落、生态系统、景观多个层次水平。每一个层次都有着丰富的变化，都存在着多样性。但在理论与实践上较重要、研究较多的主要有基因多样性（或遗传多样性）、物种多样性和生态系统多样性以及景观多样性。

1. 遗传多样性　种内的多样性是生物种以上各水平多样性的最重要来源。遗传变异、生活史特点、种群动态及其遗传结构等决定或影响着一个物种与其他物种及其环境相互作用的方式。而且，种内的多样性是一个物种对人为干扰进行成功反应的决定因素。种内的遗传变异程度也决定其进化的潜势。所有的遗传多样性都发生在分子水平，并且都与核酸的理化性质紧密相关。新的变异是突变的结果，自然界中存在的变异源于突变的积累，这些突变经过自然选择，一些微小突变随机整合到基因组上，这个过程形成了丰富的遗传多样性。

2. 物种多样性　物种是一级生物分类单元，代表一群形态、生理、生化上与其他生物有明显区别的生物。通常这类生物可以交换遗传物质，产生可育后代。物种多样性是指一定区域内物种的多样性及其变化，包括一定区域内生物区系的状况（如受威胁的状况）、形成、演化、分布格局及其维持机制等。物种多样性还受当地地貌、气候和环境的影响，同时也会打上地区历史变迁的烙印。

3. 生态系统多样性　生物群落的多样性主要指群落的组成、结构和动态（包括演替和波动）方面的多样化。物种多样性只是时间流中生物群落中物种集合的一个横截面。当生态环境或内部结构发生变化时，生物群落中的物种组成即物种多样性会发生变化，最终导致整个生物群落的动物、植物组成成分更换，这一过程称为演替。除了在生态时间尺度内生物多样性会发生变化以外，在地球上不同的生态地理环境中，由于太阳辐射、降水、温度、蒸发强度等因素的不同，发育成不同的生态系统，如冻原、北方针叶林、落叶阔叶林、常绿阔叶林、热带雨林、高山草原和荒漠等。这种物种集合的空间多样性称为生态系统多样性，即生物圈内生境、生物群落和生态过程的多样化以及生态系统内生境差异、生态过程变化的多样性。

（二）生物多样性的应用价值

生物多样性的应用价值可以分为直接应用价值、生态价值、科学价值等。

1. 生物多样性的直接应用价值　生物多样性的直接应用价值指生物资源可供人类消费的作用，如作为食物、燃料、建材等。目前人们仅仅利用了生物界的一部分，许多野生动植物还有待驯化，以培育新的作物、家畜；许多野生乔木还可以筛选出速生树种。例如，中国云南西双版纳生长的铁刀木为优良的速生树种，当地居民砍取铁刀木的枝条作为燃料，留下树干发枝，解决了当地的能源问题，持续利用了生物资源。

2. 生物多样性的生态价值　生物多样性的生态价值是指其维持生物圈稳定的功能。如绿色植物通过光合作用放出 O_2、吸入 CO_2，维持了大气成分的相对稳定；土壤微生物和土壤中动物分解死去的植物或动物遗体残骸，清除有机垃圾，是生物圈物质循环中不可缺少的一环；园林绿地截留雨水，保持了水土。生物多样性的生态价值体现在多个方面，常难以进行定量估算。

3. 生物多样性的科学价值　生物多样性包含着丰富的信息，具有科学研究的价值。例如，经过 20 年的定位研究，契尔法斯发现荷兰园林中的真菌数量下降，德国的相关研究也发现了类似现象。在园林中，真菌与树木共生，土壤真菌促进了植物抗草食动物啃食和抗低温的能力，增强了植物吸收养分的能力。真菌的消失，可能是树木大量死亡的前兆。多年研究表明，真菌的减少可能与空气污染有关，因此，科学家正在探索扭转这一趋势的措施。

二、园林绿地建设对生物多样性保护的意义

近两个世纪以来，由于人口数量的迅速扩大，世界各国的工业化过程的加速，人类对自然资源的利用和需求远远大于地球维持生命和自然平衡的能力，绿地大面积减少、湿地干枯、草场退化、珊瑚礁被毁、生态环境急剧恶化。这使得地球逐渐丧失自我维护自然平衡的能力，导致生物多样性迅速降低，大量的物种甚至在被发现之前就已灭绝。因此生物多样性的保护是国际上资源与环境保护工作的重点内容之一。如何利用城市环境进行生物多样性保护是当今生物多样性保护的热点课题之一。

物种多样性的丧失主要有以下六个方面原因：

（1）生境的丧失和破碎化　由于人口增长，森林面积急剧减少并破碎化；在淡水生态系统中，构筑水坝破坏了大部分江河与溪流的生境。

（2）引入物种　在一些孤立的生态系统如岛屿，一个新的捕食者、竞争者或病原体会对不能与它共向进化的物种造成危害。

（3）动植物的过度利用　大量森林、鱼类和野生生物资源遭到过度开发，甚至达到绝灭的程度。

（4）土壤、水和大气污染　酸雨是突出例子，酸雨使斯堪的纳维亚和北美几千个湖泊和池塘成为无生命状态。

（5）全球气候变暖　在未来的几十年，全球变暖将对世界上的生命体造成巨大破坏。

（6）工业化的农业和林业　在农业上，为了追求高产，采用单一的高产作物品种和高度集约的栽培措施；在林业上，采用速生或外来树种，培育工业化人工林。这两者均造成物种多样性和遗传多样性的降低。

根据生态学上"种类多样导致群落稳定性原理"，要使生态园林稳定、协调发展，维持城市的生态平衡，就必须充实生物的多样性。物种多样性是群落多样性的基础，它能提高群落的观赏价值，增强群落的抗逆性和韧性，有利于保持群落的稳定，避免有害生物的入侵。只有丰富的物种种类才能形成丰富多彩的群落景观，满足人们不同的审美要求；也只有多样性的物种种类，才能构建不同生态功能的植物群落，更好地发挥植物群落的景观效果和生态效果。城市绿化中可选择优良乡土树种为骨干树种，积极引入易于栽培的新品种，驯化观赏价值较高的野生物种，丰富园林植物种类，形成色彩丰富、多种多样的景观。

园林物种构成越单一，可操作性越强，成本也越低，但是，发生各种严重病虫害的可能

性越大，因此，城市园林植物构成一直是人们关注的焦点。如在美国，由于荷兰榆树病的暴发和流行，使得以美国榆为主要行道树的城市园林遭到很大破坏。而美国榆是美国西部地区城市园林栽植的主要乡土树种，分布很广。有的城市特别是在老的城区，美国榆可占行道树总数的90%以上，形成了暴发性的流行性传染，产生毁灭性灾害。在发现树种构成单一而易导致这种病毒的流行后，许多城市林业机构在城市园林的营造中，采用了多树种构成的配置方式。据试验观察，当美国榆栽植数量低于树种栽植总量的10%～15%时，就可以最大幅度降低荷兰榆树病的危害。

我国许多城市也存在树种单一的情况，不但景观单调，绿化效果差，而且容易暴发大规模病虫害。如银川、包头、呼和浩特等，过去行道树大多数是由杨属植物组成，所占比例达到80%以上。由于树种单一，杨树光肩星天牛大量蔓延，最终导致银川市内所有杨树不得不砍伐、烧毁，几十年的绿化成果毁于一旦，造成极大损失。

为此，在城市绿地规划、建设过程中，要充分考虑维护物种多样性，以植物园、自然保护区、森林公园的形式为人们提供娱乐、休闲、休息、陶冶情操、文化教育功能的同时，也保护了物种的多样性。

三、生物多样性原理在种植设计中的应用

植物多样性是生态系统多样性的前提和基础，因此在种植设计中要充分考虑植物多样性，同时要注重群落的多样性、生态系统多样性。

生态系统中动物和微生物的种类不是靠引种就能增加的，必须有满足其生存的环境条件。因此，要转变在种植设计生物多样性利用过程中的一些错误观念和不合理做法，将整个地域作为一个有机的整体，进行全面规划，合理布局，提高绿地内部植物多样性，为其他物种提供良好的生存环境，从而提高绿地生态系统的多样性和稳定性，全面改善城市的整体生态环境，进行生物多样性保护。

对整个城市绿地来说，种植设计具有宏观性和长远性。种植设计多样性保护首先要在这个大尺度上加以重视，要按照有利于城市生态系统稳定和增强各组成成分之间空间连接性的目标，进行合理的种植设计。首先就是要重视城市范围内一些核心地段的植物合理配置；其次要有连接各个核心林地的主干生态廊道，有利于生物在不同城市绿地之间迁移。

以种类丰富的乡土植物为基础，遵循生物共生、循环、竞争等生态学原理，掌握各种生物的特性，充分利用园林绿地空间资源，为鸟类等小动物提供食物和庇护场所，让各种各样的生物有机地组合成一个和谐、有序、稳定的生态系统。更要注重生态群落的结合，体现地方特色，实现生物防治，真正做到生物多样性。合理的生态群落应该是多种乔木、花灌木和多年生草本花卉的有机结合，有利于保证和促进生态链的良性循环，为城市中的动物提供栖息地和迁移的中转地，使城市保持生物多样性，发挥良好的生态效应，从而最终为市民造福。

四、园林种植设计中利用物种多样性原则的误区

保护和增加生物多样性是一项复杂的工作，因此特别要重视园林种植设计中生态系统和景观尺度上的多样性。目前，在增加城市园林植物多样性的实际工作中还存在一些误区，许多研究集中在统计物种的变化，并将其与濒危物种的保护等同起来，而在城市中又常将其与

物种丰富度等同起来，这对城市园林建设和城市生物多样性保护都是不利的。这些误区体现在：

1. 人工群落物种多样性高不一定表示生态系统稳定　在园林种植设计中，人工植物群落设计是一项重要工作。许多设计者很重视增加植物多样性，进行尽可能多的搭配、组合，形成丰富多彩的视觉效果，也期望获得稳定高效的生态功能。从生态系统的角度来看，生态系统的稳定性和高效性是构成生态系统的各个成分之间以及它们与生存环境之间形成的复杂关系来维持的，物种多样性只是一个方面，更重要的是要有相互协调的关系。物种的多样性不一定导致生态系统的稳定。

对园林、草地等生态系统长期的定位研究表明，一种植被类型的物种多样性不是一成不变的，而是处在一个动态的变化之中，顶级群落与演替初期的群落对比可能生物多样性要低，但它是比较稳定的。此外，人工搭配的城市绿地生物多样性与自然生态系统的生物多样性是完全不同的两个概念。人工植被最大的弱点就是它的不稳定性，因此在种植设计过程中人工植被类型生物多样性的高低并不能表示其稳定性大小和生态功能的强弱。

2. 生物多样性高不是人为拼凑的　在城市条件下，人工植被的比重很大。目前许多城市通过引种等途径，丰富了城市园林建设的植物资源，也创造了许多组合模式，使物种的丰富度显著提高，但许多植物和配置模式的保持都必须借助不断的人工措施来实现，实际存在着较多潜在风险。许多自然分布区相隔的植物被人们硬性地栽植在一起，它们之间以及与外界环境之间能否形成和谐统一的关系将最终决定植物种植是否成功。生物多样性主要应该通过生态系统的内部生态过程来维持，而人为拼凑出来的较高城市生物多样性与保护和增加城市生物多样性并不是一回事。

3. 生物多样性不等同于物种丰富度　在园林种植设计生物多样性的统计中存在一种倾向，就是单一重视植物的多样性。许多城市都将种植植物的种类数量作为一个重要的生态环境建设指标，热衷于统计植物种类增加了多少，比别的城市多多少。不能否认植物材料的增加为城市建设提供了丰富的资源，但如果将种植设计的核心都放在植物种类的数量上，那么就失去了种植设计生物多样性的意义。植物的丰富度仅仅是种植设计生物多样性的一个方面，它还包括植物的优势度和均匀度，这两点是同等重要的。

4. 生态多样性高也可能意味着生境破碎化　景观多样性是生物多样性的一个方面，是景观单元在结构和功能方面的多样性，反映了景观的复杂程度，包括斑块多样性、格局多样性，两者都是自然、人类活动干扰和植物演替的结果。景观类型多样性既可以增加物种多样性，又可以减少物种多样性，两者关系不是简单的正比关系。特别是在城市化过程中，景观多样性并不是越高越好，因为景观多样性高往往意味着破碎化，这种破碎化可以分成显性破碎化和隐性破碎化两个方面：

（1）**显性破碎化**　主要是在城市化过程中园林、草地、湿地等自然生态系统被人工建筑不断挤占和分割所造成的。

（2）**隐性破碎化**　在显性破碎化基础上产生的一种深层次的生境破碎化。在城市环境下，由于园林、湿地等自然生境的条块分割和单一植物构成的植物群落相对增多，许多动物需要的生境遭到隔离而呈现一种隐性的破碎化，即虽然整个城市范围内的绿地面积很大，但对于某种特定的生物来说，它能够生活的绿地相对面积很少或处于被其他类型的绿地和植被隔离的状态，使它的栖息环境和迁移通道受到破坏。这种破碎化还没有引起人们的重视。

从景观多样性的统计来看，通常计算的是景观要素的多样性。因此，上述两种景观破碎化过程增加了景观要素的多样性，但实质上不利于城市生物多样性的保护，是对生物多样性的破坏。

总之，保护和增加植物种类和数量是城市园林建设的目标之一，也是提高其生态功能的主要手段。但仅仅强调增加植物种类而忽视绿地生物群落结构和类型的多样性，并不能达到真正增加生物多样性的目的。

五、生物多样性保护的景观规划途径

生物多样性保护可分为两种途径：以物种为中心的途径和以生态系统为中心的途径。前者强调濒危物种本身的保护；而后者则强调景观系统和自然地的整体保护，力图通过保护景观的多样性来实现生物多样性的保护。这两种不同途径也体现在以生物保护为目的的景观规划设计中：以物种为出发点的规划途径和以景观元素为出发点的规划途径。尽管两者都考虑物种和生态基础设施的保护，但前者的规划过程是从物种到景观格局，而后者是从景观元素到景观格局。

（一）以物种为出发点的景观规划途径

以物种为出发点的景观规划途径强调，在景观生态规划过程中首先选准保护对象，并对其习性、运动规律和所有相关信息有充分的了解，并在此基础上设计针对特定物种的景观保护格局。一个整体优化的生物保护景观格局是多个以单一物种保护为对象的景观最佳格局的叠加与谐调。这一途径一般可分为五个步骤：①根据物种的重要性，选择目前的或潜在的保护对象；②收集关于保护对象的信息，包括查阅文献，明确适于每一保护对象的最佳景观结构；③汇总和比较所有保护对象对景观的需要；④修改保护物种清单以取得保护的谐调与一致性；⑤综合以单一物种保护为目的的景观规划来获得某一地域的总体生物保护景观规划。

如果有足够详尽的关于物种及其相关联系的信息，以物种为中心的景观规划途径，可以说是最有效和科学的生物保护途径。但是，如何确定优先保护物种？一般可依据三个方面的标准来选择：①目前的稀有物种、特有物种、濒危物种、实用性强的物种以及大型哺乳动物等，往往被作为景观设计中首选保护对象；②根据物种在生态系统及群落中的地位，保护对象应对维护整体生态平衡有关键作用；③根据物种的进化意义，如一种杂草可能本身很不起眼，在群落内也表现不出重要意义，但却有可能对进化史及未来生物多样性的发展有重要价值。用进化的观点进行生物多样性保护比被动地保护现存的濒危物种更具有意义。

（二）以景观元素为出发点的景观规划途径

以景观元素为出发点的景观规划途径并不基于对单一物种的深入研究来做景观规划，而是将生物空间等级系统作为一个整体来对待。集中针对景观的整体特征如景观的连续性、异质性和景观的动态变化进行规划设计。该途径认为，现实的生态过程发生在一个时空嵌合体中，包含生物等级系统的各个层次。认为以物种或群落保护为对象的规划只是片面地解决了一个连续的复杂系列的局部和片段。这一途径强调以下步骤：

①生态过程和生物多样性成分包含在一个广泛的时空尺度上。因此，一个全面的规划应该以生物等级系统的各个层次的受胁成分或节点（node）作为保护对象。强调节点的多样性，这些节点小到一棵孤树或一个森林斑块，大到国家公园和自然保护区。而对单一物种本身则不做深入考察。

②因为景观的破碎和分割被认为是威胁生物多样性的一个最重要因素，所以，规划强调景观的联结关系和格局设计。规划的目标是将每一景观中各种大小的节点连接成整体的保护网络，并在区域和大陆尺度上建立景观保护体系。

③景观及其保护必须从时空系统和动态的、飘移的嵌合体（shifting mosaic）角度来认识和理解。所以，生物多样性保护的景观规划旨在维护嵌合体的稳定性，综合考虑保护及发展规划，以实现景观的可持续性。

与以物种为核心的规划不同，以景观元素为核心的规划的第一步不是确定单一物种作为保护对象并研究其特性，而是首先分析现存景观元素及相互间的空间联系或障碍，然后提出方案利用和改进现存的格局，建立景观保护基础设施（conservation infrastructure）。包括在现有景观格局基础上，加宽景观元素间的连接廊道、增加景观的多样性、引入新的景观斑块和调整土地利用格局。

总之，以景观元素为导向的规划避免了以特定物种为核心的规划途径的缺点，从整体上来设计全面的、包容的景观格局。

第六节　适地适树原则

一、一般原则

适地适树就是使绿化树种的特性特别是生态学特性与绿化地的立地条件相适应，充分发挥生长潜力，尽可能达到该立地在当前技术经济条件下最佳的绿化水平。也就是将树栽植到最适宜其生长的地方。所谓适地就是要正确认识绿化地的气候、土壤、地形、天文、植被等条件，以确定适宜的绿化树种；适树就是要正确地认识树种的生物学特性和生态学特性，以确定最适宜的绿化地。适地适树是园林绿化工作的一项基本原则，绿化树种的基本生物学特征与绿化地环境条件相适应是保证生物有机体与周围环境相统一的必要条件，做不到这一点，则直接影响绿化的质量。

适地适树途径一般认为有四种，即选树适地、选地适树、改地适树和改树适地。

（1）选树适地　在已确定绿化地的前提下，根据立地条件，选择适宜的绿化树种。

（2）选地适树　在已确定绿化树种的前提下，根据树种的生物学和生态学特性，选择适合该树种生长的绿化地。

（3）改地适树　通过整地、施肥、灌溉、混交、土壤管理等一系列措施，改变绿化地的立地条件，使之满足树木成活、生长发育的需要，最终达到适地适树的目的。

（4）改树适地　在地和树之间存在某些方面的不适，通过选种、引种驯化、育种等方法改变树种的某些特性，使它们能够相适应。

在这四条途径当中，"选择"是最关键的，后两条途径必须以前两条途径为基础，因为在当前的技术、经济条件下，改树和改地的程度都是很有限的，而且改树及改地措施也只是在树地尽量相适的基础上才能达到好的效果。

二、适合不同立地条件和生长环境的植物

1. 适生于沙土的植物　乔木类有银荆、欧洲朴、冬青栎、冷杉、欧洲落叶松、海岸松

等；灌木类有团花枸子、沙棘、凤尾兰等；藤本植物类有智利悬果藤、蓝花藤、温南茄等；宿根花卉类有球花蓝刺头、桔梗、鹤望兰等；一二年生花卉类有金鱼草、蛇目菊、花菱草等；岩生植物类有天蓝猬莓、西洋石竹、匍匐丝石竹等；鳞茎类、球茎类和块茎类花卉有番红花属、香雪兰属、葱属等；仙人掌及多浆植物类的所有种类。

2. 适生于黏土的植物　乔木类有黑胡桃、酸木、夏栎、柳杉属、水杉属、落羽杉等；灌木类有地中海紫柳、欧洲接骨木、通脱木等；藤本植物类有美洲南蛇藤、紫葛葡萄等；蕨类植物有球子蕨、欧紫萁、沼泽蕨等；宿根花卉类有纸莎草、雨伞草、千屈菜属、日本报春等；水生植物类有花蔺、驴蹄草、水竹芋等。

3. 喜中性和酸性土的植物　乔木类有荔莓、蓝果树、酸木、冷杉属、日本赤松、金钱松等；灌木类有地桂、栀子、马醉木属等；藤本植物类有软枝黄蝉、智利藤等；宿根花卉类有千母草、乌毛蕨属、猪笼草属等；岩生植物类有北极花、华丽龙胆等。

4. 喜白垩土和石灰岩的植物　乔木类有南欧紫荆、苹果属、月桂、银杏、欧洲黑松、刺柏属等；灌木类有连翘、溲疏属、夹竹桃等；藤本植物类有狗枣猕猴桃、络石、紫藤等；蕨类植物有铁角蕨、欧洲鳞毛蕨等；宿根花卉类有岩白菜属、毛蕊花属、堆心菊属等；一二年生花卉类有香雪球、紫罗兰属、万寿菊属等；岩生植物类有高山紫菀、风铃草属、石竹属等；鳞茎类、球茎类和块茎类花卉有雪百合、秋水仙属、番红花属等。

5. 适生于海岸的植物　乔木类有毛赤杨、荔莓、蓝桉、欧洲黑松、大果柏木等；灌木类有高山石楠、冬青卫矛、沙棘、夹竹桃、玫瑰等；藤本植物类有薜荔、炮仗藤、紫藤等；禾草类植物（包括竹类）有矢竹等；宿根花卉类有花烛、瓜叶菊、甘蓝等；一二年生花卉类有蛇目菊、花菱草、紫罗兰属等；岩生植物类有银叶蓍草、西洋石竹等；鳞茎类、球茎类和块茎类花卉有孤挺花、文殊兰属、番红花属、马蹄莲等。

6. 适生于开阔地的植物　乔木类有白糙皮桦、花白蜡树、川滇花楸、欧洲黑松、欧洲赤松、加拿大铁杉等；灌木类有团花枸子、地中海紫柳、加茶杜香等；地被植物类有蕊帽忍冬、熊果等。

7. 适生于阴暗墙体的植物　藤本植物类有木通、美洲南蛇藤、盘叶忍冬、钻地风等；灌木类有平枝枸子、团花枸子、红百合木、八角金盘、日本十大功劳等。

8. 抵御野兔的植物　乔木和灌木类有荔莓、锦熟黄杨、八角金盘、月桂等；藤本植物类有铁线莲属（某些种类）、忍冬属（某些种类）等；禾草类植物（包括竹类）有矢竹等；宿根花卉类有乌头属、欧洲樱草、皱叶剪秋罗等；地被植物类有铃兰、蔓长春花属、大萼金丝桃等；一二年生花卉类有花菱草属、罂粟、百日草、孔雀草等；鳞茎类、球茎类和块茎类花卉有雪百合、秋水仙属、仙客来属等。

9. 绿篱和风障植物　乔木类有欧洲鹅耳枥、欧洲山毛榉、地中海冬青、大冷杉、雪松、欧洲黑松、加拿大铁杉等；灌木类有沙棘、多枝柽柳、桂樱等；月季、蔷薇类有加州月季、玫瑰、紫叶蔷薇等；禾草类植物（包括竹类）有芦竹、刚竹、矢竹等；宿根花卉类有泽兰、麻兰等。

10. 构架植物　乔木类有棕榈、毛泡桐、龙血树、南洋杉属、水杉、落羽杉等；灌木类有苏铁、枇杷、八角金盘、火炬树等；藤本植物类有龟背竹、钻地风、紫葛葡萄等；蕨类植物类有荚果蕨、刺羽耳蕨等；禾草类植物（包括竹类）有朱丝贵竹等；宿根花卉类有圆当归、佛肚蕉、藜芦、鹤望兰等；一二年生花卉类有蜀葵等；鳞茎类、球茎类和块茎类花卉类有大百合、龙芋、马蹄莲等；水生植物类有凤眼莲、慈姑属、水竹芋等；仙人掌及多浆植物类有巨人柱、芦荟属（多数种类）、仙人掌属（多数种类）等。

11. 快速覆盖的植物　灌木类有马缨丹、大萼金丝桃、三色莓等；针叶树类有海滨刺柏、柽柳叶圆柏等；藤本植物类有葛藤、络石、日本络石等；蕨类植物类有欧洲耳蕨、刺毛耳蕨等；宿根花卉类有欧洲细辛、蛇莓、紫轮菊等；一二年生花卉类有大花马齿苋、蛇纹菊等；岩生植物类有肋瓣风铃草、虎耳草等。

12. 阴生地被植物　灌木类有日本地桂、蕊帽忍冬、大萼金丝桃等；藤本植物类有智利苣苔、薜荔、智利藤等；蕨类植物有细叶铁线蕨、蹄盖蕨、南国乌毛蕨等；宿根植物类有欧洲细辛、肋瓣风铃草、铃兰、蛇莓等；岩生植物类有虎耳草、山雏菊、加拿大草茱萸等。

13. 阳生地被植物　针叶树类有柽柳叶圆柏、小侧柏等；灌木类有熊果、大萼金丝桃等；藤本植物类有葛藤、日本络石、炮仗藤、紫葛葡萄等；宿根花卉类有山矢车菊、紫轮菊、雨伞草等；一二年生花卉类的所有具蔓延生长特性的种类如旱金莲属等；岩生植物类的小叶猬莓、金庭芥、肋瓣风铃草等。

14. 适生于干燥庇荫环境的植物　乔木类有地中海冬青、东北红豆杉、加拿大铁杉等；灌木类有锦熟黄杨、八角金盘、平枝枸子、蕊帽忍冬、蔓长春花等；藤本植物类有智利藤、南蛇藤、智利钟花等；蕨类植物类有欧洲耳蕨、高大肾蕨、欧洲凤尾蕨等；宿根花卉类有毛地黄、长筒花属、千母草等；鳞茎类、球茎类和块茎类花卉类有秋水仙、大花君子兰、雪球花等。

15. 适生于湿润庇荫环境的植物　灌木类有紫斑牡丹等；藤本植物类有智利苣苔、钻地风、红番莲等；蕨类植物有白桫椤、海金沙、球子蕨等；宿根花卉类有花烛、欧洲细辛、雨伞草、铃兰等；鳞茎类、球茎类和块茎类花卉有夏雪片莲、雪片莲、水仙等。

16. 喜墙体保护的植物　灌木有小木艾、蜡梅、毛刺槐、银香梅、假栾树、云南素馨、紫薇、罂粟木等。

17. 适生于铺装路面和墙缝隙的植物　一二年生花卉类有沼花、香雪球、大花马齿苋等；岩生植物类有西洋石竹、仙女木、金地梅等。

18. 适于盆栽的植物　乔木类有月桂、油橄榄、楝、冷杉属、扁柏属、罗汉柏等；灌木类有长春花、银香梅、熏衣草属等；藤本植物类有电灯花、多花黑鳗藤、飘香藤属等；蕨类植物有华东蹄盖蕨等；宿根花卉类有岩白菜属、路边青属、麻兰属等；一二年生花卉类有藿香蓟属、蓬头草、矮牵牛属等；岩生植物类有长阶花属、半日花属、岩生肥皂草等；鳞茎类、球茎类和块茎类花卉所有种类都适宜盆栽；水生植物类有梭鱼草、睡莲、凤眼莲等。

19. 适合墙体栽植和花木吊篮的蔓生植物　针叶树类有海滨刺柏、小侧柏等；灌木类有熊果、蔓马缨丹、匍匐柳等；宿根花卉类有鼠尾鞭、蔓椒草、吊竹梅、小花美女樱等；一二年生花卉类有沼花、大花马齿苋、蛇纹菊等；岩生植物类有虎耳草、锦毛点地梅、钻地福禄考等。

第七节　乡土植物应用

一、乡土植物与外来植物的概念

乡土植物是指原产于本地区或通过长期引种、栽培和繁殖，被证明已经完全适应本地区的气候和环境，生长良好的一类植物。具有实用性强、易成活、利于改善当地环境和突出体现本地文化特色诸多优点。同时，由于乡土植物对水肥的消耗低，因而种植和维护成本较低。

外来植物是指从外国或外地引入的植物种类。一部分外来植物经过长期的生长发育适应了当地的生态环境而成为归化植物；一部分归化植物扩散到栽培场所以外的区域生长发育成为逸出归化植物。在数量众多的外来植物中，一部分作为有用植物为人们的生活作出贡献，另一部分则成为可怕的植物杀手，严重破坏当地生态平衡，改变生物多样性。这类归化植物称为侵略种。在园林绿化领域也出现了数量众多的侵略种，严重破坏当地的自然环境、生态系统及景观效果。

二、外来植物对自然环境与景观的严重破坏

（一）国际事例

1897—1907 年，北美原产的高茎一枝黄花作为花卉引入日本，第二次世界大战之后迅速在日本全国蔓延开来。由于它的种子与地下茎具有很强的繁殖能力，同时根部分泌一种被称为 Cis DME 的有毒物质，对其他植物有他感作用而抑制了周围植物的繁殖与生长，导致空地、田埂、河边、路旁、村前屋后长满了与人等高的高茎一枝黄花单一种草丛。其根系发达，用人力不可能根除，即使用电动割草机从根际割掉一两次，照样可以从割口下部萌芽，而后开花结子。此外，它的花粉还能引起严重的过敏性鼻炎。当地居民对它束手无策（图 6-7-1）。

图 6-7-1　高茎一枝黄花

另外，日本于明治初期（1870 年前后）从北美引进了欧洲原产的西洋蒲公英作为野菜植物，除了夏季短暂不开花外，春秋季全部开花，自花授粉并自花结实。淘汰了只在春季短期开花而且必须经过虫媒授粉进行繁殖的蒲公英。西洋蒲公英在北海道大范围内自行繁衍，以致乡土植物蒲公英几乎销声匿迹（彩图 6-7-1，图 6-7-2）。

美国从日本引进葛藤用于斜坡绿化，由于其顽强的生命力在美国东南部已经野生化，并泛滥成灾，当地人称之为"绿色之蛇"与"第一有害草"。

更有甚者，在有些海岛或者小国家，由于外来植物的肆虐几乎见不到乡土植物。例如，位于印度洋西部的世界第四大岛马达加斯加岛，过去因生物种类丰富被誉为"生物的宝库"，现在到处是外来的松树类与桉树类，自然环境被严重破坏。南非的维多利亚瀑布被誉为世界第三大瀑布，周围却长满了墨西哥原产的霍香蓟。在纳米比亚海岸的纳米比沙漠，一到旱季，河床两侧长满了印度原产的白曼陀罗。在世界上很多著名的观光地，外来植物已泛滥成灾，原有自然环境与景观均受到严重破坏。

图 6-7-2　西洋蒲公英的种子传播能力极强

（二）国内事例

云南境内很多地区的路旁、村头、田野长满了主干扭曲、枝叶蓝绿色的桉树。据资料记载，云南省提炼桉油的产量已经超过了桉树原产国澳大利亚，位居世界第一。桉树生长快，适应性强，可以作为纸与芳香油的原材料，但因为它释放挥发性物质，根系具很强的吸水能力，抑制了其周围植物的生长发育，造成了植物种类的单调。桉树在云南的大面积生长，正在改变着云南原有的自然环境与景观。

北京的古典园林内，传统建筑周围与古树名木之间的地面上，铺满了绿油油的冷季型草坪。这种草坪与古典园林的文化氛围格格不入，虽然绿化景观得以改观，生态环境得到改善，却严重破坏了古典园林的人文景观（彩图 6-7-2）。如果在这些地方种植以紫花地丁、蒲公英、车前草等北方乡土植物为主的野生地被，在文化脉络传承（古典园林与乡土野生草种同是当地文化脉络中的一部分）、生态环境改善以及人文景观谐调方面更相适宜。

（三）外来植物对自然环境与景观的严重破坏

综上所述，人为地引种及利用外来植物进行绿化存在许多弊端。从生物多样性保护、自然环境与人文景观保护来看，外来植物的影响主要表现在以下几个方面：①外来植物的人工繁殖与栽培以及自然繁衍，造成了乡土植物原有分布与生长区域的减少，甚至消失；②外来植物与乡土植物之间出现了渗透性杂交问题；③外来植物的引入扰乱了当地已经稳定的基因系统；④外来植物的扩散与蔓延，破坏了当地固有的自然环境与景观；⑤外来植物的不当利用，造成了人工绿化景观与当地固有的人文风土氛围的不协调。

三、利用乡土植物进行园林绿化的重要性

（一）对园林绿化现状的反思

绿化虽然具有改善小气候、净化大气、减弱噪声、防灾避险、涵养水源、观赏娱乐等多种功效，但不经试验研究、没有计划地利用外来植物进行园林绿化，从长远来看，不仅不能改善环境，甚至还会破坏环境。另外，生物多样性取决于园林绿化施工后形成的包括地形、

水体等景观要素在内的生物生息环境的优劣以及植被地表土层的质量，而不是盲目地栽植多种植物种类与品种。景观生态学的研究成果表明，绿地的配置、绿化的土壤、植被的初期构造等在很大程度上影响着该绿地的生物多样性及绿地生态系统的变化。

应该清楚地认识到，植物不只是人们为了创造舒适的生活环境而随意改变自然与破坏自然的工具，更是一种扎根于当地固有自然与风土文化，构筑新历史的生命体。所以，在园林绿化过程中必须以乡土植物为主体，慎重地利用外来植物。

同时，在园林建设过程中使用外来植物时，主要研究它们是否危及当地乡土植物、破坏原有生态系统，而不是单纯地衡量它们观赏价值的高低、抗逆性的强弱以及是否适应当地气候等。

（二）以乡土植物为主体的园林绿化在世界兴起

目前在世界范围内兴起了以乡土植物为主体的园林绿化运动，特别是一些发达国家已认识到利用乡土植物进行园林绿化的重要性。例如，美国近代园林界杰出人物奥姆斯特德（Olmsted，1822—1903）早在 1854 年设计纽约中央公园时就注意到了乡土植物的利用问题。英国著名园林学者 Brain Clouston 于 1977 年主编的《风景园林植物配置》（*Landscape Design with Plants*）专门对"乡土植物在城区的应用"进行了论述。另外，新西兰等国已经制定了相应的政策法规，以确保乡土植物在园林建设过程中的应用。同时，保护地域固有自然生态系统的运动已经在全球范围内兴起。

2000 年，日本绿化工学会举办了"关于乡土植物问题的思考——为了丰富绿化的生物多样性"研讨会。随后，该学会为了让民众理解外来植物给自然环境与人们生活带来的危害性，还向全国提出了近 40 000 字的"关于生物多样性保护与绿化植物利用方法的提言"。同时，与园林绿化相关的其他学会、协会也相继举办了关于利用乡土植物进行生物多样性保护的研讨会。

日本在园林绿化的各个环节都提倡使用乡土植物、限制外来植物。例如，2003 年 9 月，日本生态系统协会为了减小外来植物对环境产生的不良影响，保护城市绿地的生物多样性，特向在屋顶绿化建设方面处于全日本领先地位的兵库县的知事（相当于我国的省长）提交了"关于在屋顶绿化中使用乡土植物的建议书"。该建议书包括两方面内容：一是建议兵库县在环境保护与创造条例、施行规则、施行指南等文件中，以及屋顶绿化等绿地建设过程中要明确提倡使用乡土植物，同时还着重强调发展兵库县的人与自然的协调关系；二是建议为了促进乡土植物在绿化中的大量利用，应当尽早制订面向施工专业单位的指南手册、设立咨询机构等。同时，日本在 2001 年对限制外来动植物、提倡使用乡土物种的问题进行了民意测验，其中认为今后应当限制外来种引入的占 88%，赞成对已经引入的外来种进行驱除的占 74%。

为了更有效地保护稀有濒危植物、研究乡土植物在园林绿化中的应用，从 2001 年 4 月到 2002 年 3 月，由兵库县提供经费，日本姬路工业大学自然环境科学研究所对处于濑户内海的淡路岛的乡土植物的分布、生长环境、繁殖方式、观赏特性等方面进行了深入的调查研究，为兵库县的园林绿化筛选出了 6 种重点植物（花灌木 2 种、草本地被植物 2 种、垂直绿化与坡面绿化的藤本植物 2 种）与 31 种一般植物（彩图 6 - 7 - 3）。

相比之下，目前我国对外来植物对生态环境的破坏作用与乡土植物在园林中应用的必要性认识不足，这需要相关部门作出正确的政策引导，研究部门应当对外来植物的危害以及乡土植物的应用问题进行深入研究并提出可行的方法，使我国乡土植物在园林建设应用方面存在的问题得以解决并逐渐步入正轨。

四、建设以乡土植物为主体的园林绿地的实施措施

我国进行以乡土植物为主体的园林绿地建设尚处于初级阶段，还存在诸多问题。下面就这些问题的解决方法提出建议，以供参考。

（一）尽早组建全国与地方的专门领导机构与咨询机构

在全国和地方组建由生态学、植物学与园林学等领域的专家以及政府相关领导构成的专门委员会，制定相关的政策法规和乡土植物利用计划，并建立相应的管理部门，开展与进行乡土植物的保护、管理、繁殖、利用等的咨询业务。

（二）外来植物的影响评价研究与驱除问题

1. 外来植物的影响评价研究　在栽植外来植物之前，必须对其进行栽培试验，调查逸出状况，判断侵略性的高低。还要预测外来植物对绿化区域之外的影响，例如，处于河流上游绿地中的外来植物，一旦逸出必将影响下游河床两侧的植被，扰乱生态系统的平衡。

2. 外来植物的驱除问题　对于外来植物（生物）问题，生物多样性条约缔结国已经作出决议：①外来种移入的预防；②外来种对环境的影响的早期发现与早期控制；③对已经移入的外来种的驱除与管理。所以，及时发现外来植物对本地生态系统的影响，进行驱除是保障当地固有自然环境修复的最基本的环节。例如，1788 年，欧洲移民首次将仙人掌带到澳大利亚，随着观赏与农业的需要先后引入 9 属 35 种仙人掌植物。1900 年前后，仙人掌泛滥成灾，严重影响农业生产与人们生活，举国上下进行了驱除仙人掌运动。1912 年昆士兰州成立了"仙人掌驱除委员会"，1919 年，国家设立了专门负责驱除仙人掌的"联邦仙人掌局"，可见问题的严重性。

目前，人们对于驱除外来植物的认识还不够。除了侵略种的驱除问题之外，历史文化名城以及古典园林中滥用外来植物的现象也应当引起园林工作者足够的重视。

3. 来源于不同国家不同地区的同一种问题　即使在植物分类学上为同一植物种类（名称和拉丁名相同），由于生长环境的不同或者地域的差别会造成基因的分化，进而导致基因构成与诸性状的差异。日本曾经在进行斜坡绿化时，为大面积栽植日本乡土植物蒿子，开始时在日本全国采收蒿子草种，后来由于日本的劳动力价格太高而转向从韩国、中国进口蒿子草种。从生态系统的保护出发，这种做法扰乱了日本固有的基因系统，遭到了生态学者与园林学者的强烈反对。

因此，如果栽植从远距离地区移植而来的乡土种，即使是同一种，也可能扰乱当地固有的基因构成而造成了破坏自然环境的后果。

（三）建立等级保护区域，限制外来植物的大面积蔓延与逸出

日本依照不同区域可否栽植外来植物以及种类与数量的不同，将保护区域划分为 4 个等级：

（1）**基因构成保护区域**　该区域具有原始状态的自然，有很高的保护价值，严禁植物的人为引入，如自然保护区等。

（2）**生态系统保护区域**　该区域包括被隔离开的生物生息空间，如岛屿、高山、河川、湿地等，主要以自然生态系统的保护为目的。

（3）**物种保护区域**　该区域只重视乡土植物种水平之上的保护，不重视其系统保护。根据设施的形态和管理条件，如果能够防止营养繁殖苗逸出，可以栽植不具备杂交繁殖能力的

外来植物。

（4）外来植物管理区域　除去上述区域之外全为该类区域。该区域一般属于隔离于自然生态系统的环境，可以人为地进行管理。只要外来植物不产生逸出现象就可以进行栽植。对作为人们生活的有用种与绿化树种的外来植物，在严格管理下可以在该区域规定的场所进行栽植。

我国可以参考这种作法对各地区按照不同等级进行保护。例如，可以将城区指定为外来植物管理区域，在该区域内可以栽植外来植物，但必须进行严格的管理，以免外来植物的逸出；将近郊区指定为物种水平保护区域，属于同一种的植物可以移入并栽植；将远郊区指定为基因构成保护区域，严格保护原有的基因系统。

另外，根据不同的园林绿地类型，可以将自然保护区指定为基因构成保护区域，将古典园林与传统园林指定为物种水平保护区域，将现代公园、植物园、动物园、街头绿地与居民小区指定为外来种管理区域。

（四）大力开展乡土植物的选择、繁殖、栽培与绿化施工的研究工作

1. 专业部门应进行严格统一管理　由于目前苗木生产企业很少进行乡土植物的育苗工作，尚未形成采种、育苗、销售、施工应用等配套体系，因此，要求专业部门制定相应的法律法规，并进行严格统一的管理。为了保护乡土种的遗传基因构成，应该在各地区建立乡土植物的种苗生产系统。

乡土植物的苗木繁殖一般需要数年才可出圃，可通过签订合同的方式促进当地农民进行乡土植物的采种、育苗、培育等。

花木市场流通的乡土植物苗木务必要挂牌记载其原产地。

2. 乡土植物种类的选择　应用于园林绿化中的乡土植物应满足以下条件：①当地野生或者长年栽培；②有一定园林观赏价值；③能够进行种子繁殖或者营养繁殖。其中对生长于路边、山脚、河床、房前屋后等处，与人们生活密切相关的植物更应引起重视。

3. 繁育与栽培的科学研究　从地域个体种群保护的角度来看，种子采收地应限定为绿化施工地（规划地）原有植被以及施工地最近的生长地。育苗地应当设置在预定施工现场周围。

相关科研单位应对乡土植物的生长地环境、光照条件以及自然花期等进行调查，然后对繁殖方法、发芽率与成活率、开花率、生长量、与其他植物的竞争强度等进行试验研究。

为了防止基因的扰乱，从采种到成苗等过程都要进行严格管理。

4. 特殊的繁育方法　除了对乡土植物采用种子繁殖与扦插、嫁接、分株等营养繁殖之外，在利用乡土植物进行环境修复时经常使用下列方法：①在种植地直接播种乡土植物的种子，即林地直播；②在建设地周围栽植大型乡土植物的结种母株，依靠鸟或者风力进行种子传播繁衍；③冬季乡土植物的林中表土中，富含构成植被的各种植物种子，可以通过收集表层土，撒播到绿化地中，让其自然萌发，达到修复的目的，该法为撒播表层土法。

（五）绿化施工问题

在园林绿化施工过程中，不可避免地要使用客土，为了防止外来植物随着客土侵入，尽量在种植地周围解决客土问题。

为了保护刚开始种植的幼小苗木，可以在其周围栽植较大的树木（冠幅 3～5m），起到遮阴与避风的保护作用。这些树木可以是乡土种或者不能产生逸出现象的园艺种。待被保护的苗木长大稳定后，可视情况砍除这些保护树。这些树木除了对幼苗起到保护作用外，还可

达到早期形成疏林景观的效果。

（六）乡土植物在园林绿化中的主要应用方式

1. 野生地被　由植物的单体美向群体美方向发展，由经人工杂交培育、花大色艳的园艺花卉种类向更富有人文价值与具有含蓄美、小花野草的乡土植物方向转化，是现代城市园林绿地的发展方向之一。我国丰富的野生地被植物资源为建设以乡土植物为主体的园林绿地提供了基础条件。据调查，仅北京香山就有野生地被资源 80 余种，其中木本类近 10 种，草本类 70 余种。观花的野生地被达 30 余种。有的耐阴，有的耐干旱瘠薄，有的既耐阴又耐干旱。在北京的城市园林绿化中，特别是在皇家园林中发展野生地被，不仅能改善绿地景观，而且还与古典园林的氛围十分协调。

2. 野生花卉种子混播的野花花境与野花缀花草坪　我国正在由园艺草花组成的花坛花境向乡土植物种子混播的野花花境与缀花草坪方向转化。应当在进行乡土花卉植物研究的基础上，对野生花卉种子混播技术进行试验研究，为园林绿化推广野花花境与野花缀花草坪提供科学的依据。

3. 野生宿根花卉在城市绿化中的应用　与欧美以及日本相比，我国的宿根花卉在城市园林绿化应用方面还存在很大差距，野生宿根花卉在城市绿化中的应用方面更是尚未开始，园林工作者应进行试验研究，推动这方面的工作。

4. 园林植物配置应借鉴乡土植物群落构造　在进行园林种植设计时，应分析乡土自然植物群落，进行科学配置，有利于得到比较稳定的人工植物群落景观。

第七章

园林种植设计的艺术原理

植物景观作为风景园林的重要组成部分，无论在生态效益改善、优美环境创造，还是在空间文化创造中都起着非常重要的作用。园林种植设计应遵循相关美学艺术原理和形式美法则，重视园林的景观功能，追求园林植物及其造景效果的多样性，才能使园林种植设计的景观价值及水平满足审美要求。

第一节　形式美法则

园林植物的观赏特性是植物在视觉美学上的基本特征，但在实际运用中每种植物都是和其他植物组合应用的，合理的组合搭配能将各种植物的美学特征发挥出来达到设计效果，形式美法则就是在园林种植设计中应遵循的原则。

Cautley 在《园林设计》一书中提出形式美法则包括以下要素：①尺度（scale）；②比例（proportion）；③轴线（axis）；④交叉线（intersecting axis）；⑤中断线（interrupted axis）；⑥从属与支配（subordination and domination）；⑦反复与韵律（repetition and rhythm）；⑧对立与推移（opposition and transition）；⑨强调（accent and emphasis）；⑩均衡与调和（balance，symmetrical and asymmetrical）；⑪平面与立面的均衡（balance in plane and elevation）；⑫现代主义设计（modernistic design）；⑬透视（perspective）；⑭距离（distance）；⑮凝聚与空间（mass and space）。

以一般性的美学原理为基础，通过对园林种植设计实例的分析，总结归纳出种植设计中最重要的原则有五个：统一与变化、均衡、对比与调和、节奏与韵律、比例与尺度。掌握基本法则，了解园林植物搭配的原理，不仅有助于种植设计的过程，更能为种植设计带来灵感。

一、统一与变化

（一）统一与变化法则

统一与变化是形式美的总原则，相当于设计的基本要求，处于构成理论的基础层次。统一与变化是构成形式美的两个基本条件，任何一件好的艺术品都力求将变化和统一完美地结合起来。统一中有变化，变化中又有统一，这样才能做到丰富而不杂乱，有规律而不单调。两者完美结合是构成最根本的要求，也是艺术表现力的因素之一。统一与变化两者相互依赖，又相互制约。

统一是构成要素组成部分的内在联系以及在形式上的一致性、秩序性和统一性。变化是构成要素组成部分之间的区别。统一是为了使设计的主题突出，主次分明，风格一致，达到总体协调和完整。统一有两种基本方式：一是通过整齐的图形、有序的排列、统一的表现技法、和谐的色彩，使画面表现一种美感，可以称为自身的统一；另一种是将变化通过一些规则和谐地统一于画面之中，可以称为相对的统一，而组合的形式更丰富。统一的手法可借助均衡、调和、秩序等形式美法则。当然统一不等于没有变化，更不等于完全一样，因为没有变化的统一是死板的，是没有生命力的。过分追求统一会产生单调沉闷之感。

变化是一种智慧、想象的表现，是强调种种因素中的差异性，造成视觉上的跳跃。变化是为了设计在构成因素上形成对比、对照和对立，从而在形象、秩序、层次等方面有所突破、创新，并产生情趣和意境。

正确处理点、线、面的关系可以产生统一与变化的效果。一般来讲，不同的点、线、面给予不同的艺术感受：

点——位置、焦点（地标）、重点。

水平线——扩展、安定、稳重。

垂直线——高度、严肃、深度。

斜线——深远、不安定（朝倾斜方向的运动）。

圆与弧——凝聚、向心、循环、柔软、缓慢运动。

正方形与矩形——整齐、坚固、安定。

三角形——上升、下降、韵律。

圆与椭圆——向心、量、柔软。

（二）园林种植设计中的统一与变化

统一是指不同植物之间的关系，主要是指各种植物之间拥有相同的形态、相似的质感或类似的线条和颜色等。变化是指不同植物之间在线条、质感、色彩等方面有着明显的不同。不同植物之间的形态要素越相近，则这些植物配置在一起的时候其统一性越高。统一产生的美感不仅要求不同植物之间的一些形态要素相类似，还应有一定的变化。只有这种统一与变化达到一定的平衡时才能产生最大的美感（图7-1-1，图7-1-2）。人的最主要的审美经验是事物统一与变化，植物配置与人们所熟知的方式存在相似与不同才能让欣赏者所感知。人们可以轻易地从统一的植物配置中找到有变化的性质，也可以轻易地在变化的植物配置中找到统一的特性。统一与变化并不是互相矛盾、互不相容的，而是形影不离、总是出现在一起的一对特性。同一种植物成片栽植最易形成统一的气氛（图7-1-3）。这种统一在自然界中以极其纯净的形式展现出来，会给人以强烈的震撼力（彩图7-1-1）。如大片麦田和油菜产生的质感对比之美，或大面积湿地或荒漠草甸的纯净质感之美。在大型园林设计时，为达到变化丰富又不失统一的效果，多采用分区的办法并使每个区有2～5个基调树种，其他为一般树种。

植物种植设计需达到统一与变化的平衡。配置在一起的两种植物特性统一的时候，植物之间不同的特点能给人更大的视觉冲击。如植物之间的叶子质感统一时，它们之间叶色的不

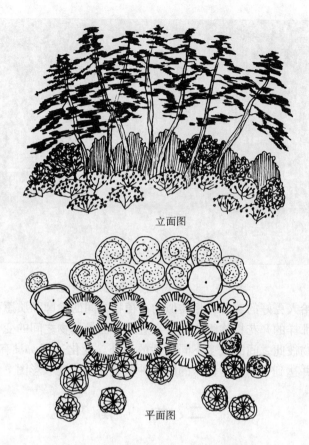

立面图

平面图

图 7-1-1　既有统一又有变化的赤松树丛

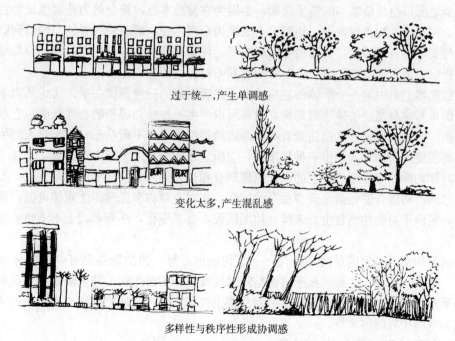

过于统一,产生单调感

变化太多,产生混乱感

多样性与秩序性形成协调感

图 7-1-2　多样中的统一

图 7-1-3　榉树树阵广场形成统一感

同会更突出，也会给人更好的美感。相类似的，植物之间的轮廓和质感都有较大不同时，如果花色能够统一，那样的开花植物组合会更有魅力。但是植物之间的变化不能使其看起来有冲突，而应该是植物彼此之间的众多不同特性的互补。变化过度、没有秩序时会产生冲突。在统一中设计变化并达到平衡，是优秀的园林种植设计的关键（彩图 7-1-2）。

二、均　　衡

（一）均衡法则

均衡之所以也是最基本的美学法则，是因为它发源本心，符合最为朴素也最为古典的审美规范。在艺术的均衡现象中，均衡更多表现为心理体验，最能使观者的心理得到慰藉，感到舒适与安全，有了均衡，美丽的基础就有了。均衡在园林种植设计中是指部分与部分或整体之间所取得的视觉上的平衡，分对称均衡和不对称均衡。

对称基本上是由同一个形体的左右或上下并置而成的一种镜像关系。无论从力学还是视觉上来讲，对称总能使物体达到均衡。对称可以产生一种极为轻松的心理反应，它给一个形注入平衡、匀称的特征，从而使观者身体两边的神经作用于平衡状态，以满足人们生理和心理的均衡需要。对称令人产生一种秩序感，它所呈现的静态之美称为均齐美。

不对称均衡的原理与力学上的杠杆原理颇有相似之处，其均衡中心就是支点。不对称均衡是通过适当的组合使画面呈现"稳"的感受，相对于对称来说显得无规律可循，更注重心理感受。因而不对称均衡自由、多样，构图活泼、富于变化，尽管形式上不工整，但给人以自然感。

要达到均衡，必须满足两个条件：一是均衡中心每一边的物品要有一定的分量感（图7-1-4，图 7-1-5）；二是均衡通过物品间轴线或某一支点达到。其中轴线或支点所扮演的角色是最重要的，因为所有达成均衡的物品都围绕其布置，这使得轴线或支点所处的位置很容易成为空间中视线的焦点。

（二）园林种植设计中的均衡

均衡是植物组团及其特性在数量和位置上给人的一种感觉。在园林种植设计中，一般对

图 7-1-4　公寓入口处的对称式种植设计

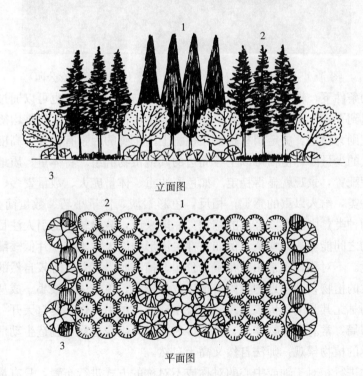

立面图

平面图

图 7-1-5　对称式种植设计
1. 日本柳杉　2. 圆柏　3. 野茉莉

称均衡出现在规则式配置中，而不对称均衡则出现在自然式配置中。

　　最简单的均衡方法是在轴线的两端配置对称的两组园林植物。轴线可以是一条，也可以是两条或更多，如圆形布置的园林花坛，就可以有无数条对称的轴线。在规则式的植物配置中，植物材料的种植位置和造型均以对称均衡的形式布置，给人一种平衡、整齐、稳定的感觉，如西方园林布局，既给人以整齐划一、井然有序的秩序美，又创造出安定、庄严、肃穆的环境气氛（图 7-1-6）。在西方古典园林中，严格对称的植物配置方式是一种经典的方式，对称的园林植物与自然生长的植被形成强烈的对比。这种对自然精确控制的方式体现了西方文化对人与自然关系的哲学思想。在我国，对称均衡常用于规则式建筑及庄严的陵园或雄伟的皇家园林中，如门前两旁配置对称的两株桂花，楼前配置等距离、左右对称的南洋杉、龙爪槐等，陵墓前、主路两侧配置对称的雪松或龙柏等。

图 7-1-6　现代公园入口处的大中轴线（日本昭和纪念公园）

在不对称的条件下，轴线或支点的两端不同数量与形态的物品也可以通过给人以相同量感的视觉感觉达到平衡（彩图 7-1-3）。在平面上表示轻重关系适宜就是均衡，在立面上表示轻重关系适宜则为稳定。决定园林植物在视觉上的量感的因素有位置、高度、色彩、质感等，量感比较大的少量园林植物可以主导周边的其他植物群组。将体量、质地各异的植物种类按均衡的原理配置，景观就显得稳定。如色彩浓重、体量庞大、数量繁多、质地粗厚、枝叶茂密的植物种类，给人以重的感觉；相反，色彩素淡、体量小巧、数量简少、质地细柔、枝叶疏朗的植物种类，则给人以轻盈的感觉。一般来说，数量较少的引人注目的植物与大量的不突出的植物之间能够达到均衡。例如一棵尖塔形的高大乔木与一片低矮灌木之间可以让人有均衡的感觉。不对称均衡常用于花园、公园、植物园、风景区等较自然的环境中。如左边种植一棵较大的植物，则邻近的右侧需植以数量较多、单株体量较小、成丛的花灌木，以求均衡。东方园林尤其是中国传统造园艺术就是遵循"虽由人作，宛自天开"的原则而进行不对称均衡的布局，常利用植物体量、质地、色彩差异组合造景，创造生动活泼、丰富多样又富有自然情趣的植物景观，师法自然又高于自然。

对园林植物进行相对于轴或中心的对称或不对称的方式进行布置，只有最终视觉上的稳定才能达到均衡的效果。这样的稳定要有引人注目的对比，但同时也要有一些统一的元素，使不同的植物能成为一个整体。

三、对比与调和

（一）对比与调和法则

对比与调和是形式美的主要构成规律之一，是对两种或多种不同事物的关系而言的，反映一对矛盾状态，或者说是处理矛盾的两种方式。

对比是由于构成的各元素在形态、颜色、材质上不同形成了视觉差异，质或量方面区别和差异的各种形式要素的相对比较（表7-1-1）。这种差异的范围很广，如圆与方，点、线的疏密与曲直，颜色的深与浅等，强烈的反差就形成了强烈的对比。一般来说，对比代表了一种张力，能够挑起观者的情绪反应，能够带来一定的视觉感受。在对比中相辅相成，互相依托，使图案活泼生动，而又不失完整。对比的手法一般有形、线、色的对比，质、量、感的对比，刚柔、静动的对比。

表 7-1-1　作为造型因素的对比

直线——曲线	透明——不透明
明——暗	清——浊
凸——凹	高——低
暖——冷	光——影
水平——垂直	上升——下降
大——小	强——弱
多——少	快——慢
粗——细	集中——发散
重——轻	开——闭
硬——软	动——静
锐——钝	离心——向心
细腻——粗糙	增——减
厚——薄	奇数——偶数

对比最强烈的方式是强调。如果和周边的园林植物结合起来，风景园林中的重要节点可以用对比强调成吸引目光的焦点达到设计目的，如入口、阶梯或喷泉等。当然，植物本身也可以成为焦点。如经常用于造景的孤植树或一组非常抢眼的花灌木都可以成为空间中的焦点。园林植物强调成焦点时，这一棵或一组植物本身要有足以吸引目光的特性，如独特的叶形、突出的树形等（彩图7-1-4）。这样的植物要与周边的环境之间形成精心的对比，才能让观者的目光集中到适当的地方。

调和是指事物和现象的各方面相互之间的联系与配合达到完美的境界和多样化的统一。在园林中调和的表现是多方面的，如体形、色彩、线条、比例、虚实、明暗等，都可以作为调和的对象（彩图7-1-5）。景物的相互协调必须相互有关联，而且含有共同的因素，甚至相同的属性。调和是指构成美的对象在部分之间不是分离和排斥，而是统一、和谐，被赋予了秩序的状态。一般来讲对比强调差异，而调和强调统一，适当减弱形、线、色等图案要素间的差距，如同类色配合与邻近色配合产生和谐宁静的效果，给人以协调感。

对比与调和是相对而言的，没有调和就没有对比，它们是一对不可分割的矛盾统一体，也是园林种植设计中取得统一变化的重要手段。对比与调和的区别在于差异的大小，前者是质变，后者是量变，构成了矛盾的对立面，多以对方的存在作为自己存在的前提。如果过分强调对比而忽略了调和，难以达到含蓄幽雅的效果；如果只有调和，则构图难以生动。作为矛盾的结构，强调的是对立因素之间的渗透和协调，而不是对立面的排斥和冲突。

（二）园林种植设计中的对比与调和

园林种植设计的对比与调和包括下述几个方面：

1. 树形的对比与调和　植物的高度、体量及形态常存在高低、大小、粗细、方圆等对比。这种对比以低衬高、以小衬大、以方衬圆，使高者愈显其高，大者愈显其大。另外将体量相同的树木放在大小不同的空间，也能予人不同的量感，即由对比产生的"大中见小和小中见大"的效果。园林种植设计中常运用对比手法，将高大的乔木和矮宽的灌木、塔形树冠树种和卵形树冠树种、斜上枝型树种和下垂枝型树种等对比形态组合在一起，相辅相成、相得益彰（图7-1-7，图7-1-8，图

图7-1-7　水平型树形与纵向型树形的对比

7-1-9，图7-1-10）。如东方园林很讲究高低对比、错落有致，除行道树外忌讳高低一律。所以自然式种植设计时利用植物的高度变化，组织成序列景观，但又不能是均匀的波形曲线，而应成为优美的天际线，即线形优美的林冠线（彩图7-1-6）。对比手法形成的统一构图显得活泼生动。在专类园和小庭园的种植设计中，常以一种或一属植物为主，主要运用调和手法。如在以黑松为主的庭园中，不同植株在形态、体量上存在差异，但总体上讲，它们独有的姿态使得其共性多于差异性（彩图7-1-7）。调和手法形成的统一构图显得较为安静。

2. 色彩的对比与调和　色彩构图中红、黄、蓝三原色中任一原色同其他两原色混合成的间色组成互补色，从而产生一明一暗、一冷一热的对比色。它们并列时相互排斥，对比强烈，呈现跳跃新鲜的效果，可以突出主题，烘托气氛。如红色与绿色为互补色，黄色与紫色为互补色，蓝色和橙色为互补色。植物叶色大部分为绿色，但也不乏红、黄、白、紫各色。植物的花色丰富，运用色彩对比可获得鲜明的效果（彩图7-1-8）。如金黄的秋色叶树与浓绿的常绿树，在色彩上形成了鲜明的一明一暗的对比。如在两种对比色中加入另一种与两种色彩都无强烈对比的颜色时，就能达到整个画面的调和。如紫红的地被与绿色的其他植物之间在色彩上形成了鲜明的对比，在其中增加白色之后，两种对比色得到了调和。运用色彩调和则可获得宁静、稳定与舒适优美的环境。

3. 虚实、开合的对比与调和　单株树木树冠以上为实，树冠以下为虚；树林的郁郁葱葱是实，林中草地则为虚；另外冬天常绿植物为实，落叶植物为虚。虚实结合才能使园林空间有层次感，产生丰富的变化（图7-1-11）。自然界的森林中只有郁闭林木，很少有空旷之处，而草原又总是空旷，没有空间的变化。园林中有意识地创造开合有致的空间，达到有的部分空旷，有的部分幽深，才能表现出高于自然的方面。园林环境中的闭合空间和开放空间互相对比，互相烘托，引人入胜，使人流连忘返。

在园林种植设计实践中，上述几种对比与调和方式并不是孤立的，而要根据实际情况，综合分析应用。

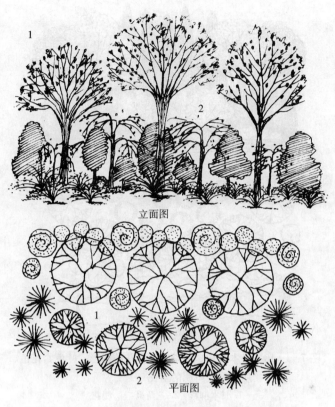

立面图

平面图

图 7-1-8 斜上枝型的榉树与垂枝樱的对比搭配
1. 榉树 2. 垂枝樱

图 7-1-9 各种树形搭配应用

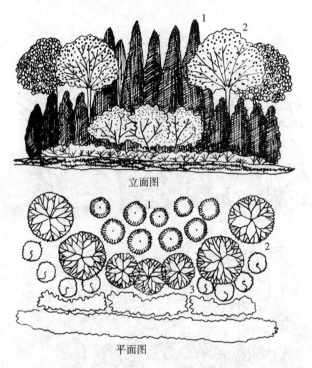

图 7 - 1 - 10　日本柳杉、三角枫、樱花的树形、叶色、花色、
　　　　　　　质感形成鲜明的对比
　　　　　1. 日本柳杉　2. 三角枫　3. 樱花

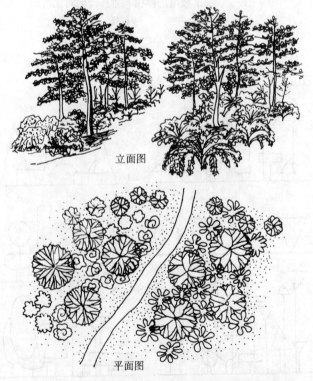

图 7 - 1 - 11　上层乔木层与下层草本层形成虚实变化
乔木冠部、草本层为实，乔木与草本层之间、两个树丛之间为虚

四、节奏与韵律

（一）节奏与韵律法则

自然界和人类生活中普遍存在着节奏，人类有着自觉的和天生的对节奏的审美需求和审美能力。节奏在音乐中被定义为"互相连接的音，所经时间的秩序"，在造型艺术中则被认为是反复的形态和构造。节奏产生有两个基本条件：一是对比或对立因素的存在，二是这种对比有规律的重复。按照等距格式反复排列，做空间位置的伸展，如连续的线、断续的面等，就会产生节奏。节奏有快速、慢速及明快、沉稳之分。当序列中的节奏产生有规律的变化，符合审美规律时，便产生了韵律。韵律是节奏的较高级形态，是不同的节奏和序列的巧妙结合。韵律是节奏的变化形式，它变节奏的等距间隔为几何级数的变化间隔，赋予重复音节或图形以强弱起伏、抑扬顿挫的规律变化，产生优美的律动感。

节奏与韵律往往互相依存，互为因果。韵律在节奏基础上丰富，节奏是在韵律基础上的发展。节奏与韵律是通过体量大小的区分、空间虚实的交替、构件排列的疏密、长短的变化、曲柔刚直的穿插等变化来实现的。一般认为节奏带有一定程度的机械美，而韵律又在节奏变化中产生无穷的情趣。

（二）园林种植设计中的节奏与韵律

植物景观是活的植物有机体组成的立体画面，恰当地运用植物材料进行合理的配置，可形成丰富而含蓄的韵律节奏，使人产生愉悦的审美感觉。"西湖景致六吊桥，一株杨柳一株桃"，就是阳春三月，长长的苏堤上，红绿相间的柳枝和桃花排列产生活泼跳动的"交替韵律"。韵律是园林植物在观赏者面前展开时所产生的变化，韵律感的产生是植物的颜色、质感和树形等沿狭长的方向统一布置并有一定规律的变化，当观赏者沿着这一狭长通道移动时，就可以感受到这一韵律。韵律是动态的。作为韵律的整体和组成的部分不是静态的画面，而是在一定时间内的变化过程。韵律的产生与观赏者观看景物移动的快慢有关，随着观赏速度的加快，人的视锥也就愈窄、视野缩小、空间感逐渐减弱。园林种植设计中的韵律可以是简单的一种树种的重复，也可以是包含了许多种植物元素变化的重复。如路旁的行道树

图 7 - 1 - 12 等距离种植形成的简单韵律

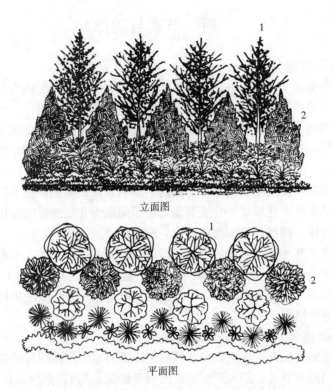

立面图

平面图

图 7 - 1 - 13　银杏与圆柏的交替种植形成交替韵律
1. 银杏　2. 圆柏

用一种或两种以上植物的重复出现形成韵律，一种树等距离排列称为简单韵律（图 7 - 1 - 12），比较单调而且装饰效果不强；如果采用两种树木，尤其是乔木与花灌木相间排列就显得活泼一些，称为交替韵律（图 7 - 1 - 13，图 7 - 1 - 14）。如果三种甚至更多植物交替排列，会获得更丰富的韵律感（图 7 - 1 - 15）。人工修剪的绿篱可以剪成各种形式的变化，如方形起伏的垛状、弧形起伏的波浪状，形成一种形状韵律。在植物配置中，韵律节奏不能有过多的变化，变化过多必然产生杂乱，这又服从于多样统一的美学原理。

图 7 - 1 - 14　两种不同高度的树木形成交替韵律

图 7 - 1 - 15　杭州三潭印月的植物景观构成美妙的旋律

五、比例与尺度

（一）比例与尺度法则

"美是各部分的适当比例，再加一种悦目的颜色。"比例是物与物的相比，表明各种相对面间的相对度量关系，在美学中最为经典的比例分配莫过于"黄金分割"。具体来说比例是事物形式因素部分与整体、部分与部分之间合乎一定数量的关系。比例就是"关系的规律"，凡是处于正常状态的物体，各部分的比例关系都是合乎常规的。合乎一定的比例关系，或者说比例恰当，就是匀称。匀称的比例关系使物体的形象具有严整、和谐的美。严重的比例失调就会出现畸形，畸形在形式上是丑的。在种植设计中比例指植物之间、植物与其他要素之间的空间、体形的大小关系。

尺度是指事物的质和量的统一界限，以量来体现质的标准。事物超过一定的量就会发生质变，达不到一定的量也不能成为某种质。形式美的尺度指同一事物形式中整体与部分、部分与部分之间的大小、粗细、高低等因素恰如其分的比例关系。事物各部分或整体与部分之间的比例不符合一定的尺度，就显得不和谐，使人感到不美。园林设计中的尺度是园林中植物或其他造景要素与人相比的大小比例关系。

（二）园林种植设计中的比例与尺度

园林造景处处讲究比例与尺度，作为园林中唯一有生命的要素，植物景观更应该注重比例感与尺度感的把握。各种植物在园林中并不是孤立存在的，在植物个体之间、植物个体与群体之间、植物与环境之间、植物与观赏者之间，都存在比例与尺度的问题。比例与尺度恰当与否直接影响着植物景观形式美以及人们的视觉感受，良好的比例关系本身就是美的原理（彩图 7 - 1 - 9）。园林植物的特殊性还在于其外形往往随时间推移不断变化，在与其搭配的其他要素不变的情况下，要想使适宜的比例感与尺度感能够保持，就有一定的难度。在设计实践中，风景园林整体与各要素的尺度最重要的是考虑造景植物与人的尺度关系（表 7 - 1 - 2），因为植物空间比例会直接影响到植物造景的整体效果。

表 7-1-2　植物围合空间的基本尺度及其与人的关系

植物类型	植物高度	植物与人体尺度关系	对空间的主要作用
草坪	<0.1m	踝高	基面
地被植物	0.3m	踝、膝之间	丰富基面
低篱	0.5m	膝高	引导人流
中篱	0.9m	腰高	分隔空间
中高篱	1.5m	视线高	有围合感
高篱	1.8m	人高	完全围合
乔木	5~20m	树下活动	覆盖

　　观赏者与植物景观之间的距离影响景观的可见度，包括对景观状况、线条、质地与色彩等的认知，因此观赏距离不同，观赏者对景观的感受亦不同。在近距离时，质感细致的植物的叶子和花果会吸引人们的注意力，但距离增大时，这些细节越来越不清晰。日本岛根大学山科健二教授 1969 年将植物景观观赏距离与植物观赏特性的关系总结如下（表 7-1-3）：

表 7-1-3　植物景观观赏距离与植物观赏特性的关系

观赏距离（m）	可观察到的植物观赏特性
0~2	植物的整体效果，植物的根、树皮、花、果、干、枝等的感官效果
2~10	树冠、枝下高、疏密度、气味、树木配置等微景观效果
10~30	植物叶、花、果实等
30~60	林内树干的视觉效果、树林的生态空间
60~500	树种、树形、树干以及群落的整体效果
500~1 000	树种的变化组合、树林的局部效果
1 000~5 000	树冠的明度及辨别区域、森林的局部效果
5 000~10 000	树林的整体辨别区域、树林景观的视觉界限
10 000 以上	天然地形、地貌等

第二节　色彩构成

　　色彩依附于具体的形象而作用于人的感官，是最容易被人所感受的，正如马克思所说："色彩的感觉是一般美感中最大众化的形式。"色彩是环境形式美的重要因素，也是美感最常见的形式。

一、色彩的设计属性

　　色彩是由于光而存在的，平时将一种物质的色彩理解为某一概念，是由于物质的反射光的作用。人感受到的色彩除了进入人眼的光线之外，还受"色彩恒常性"即视觉经验的影响，即附着于不同质感的相同色彩效果会完全不一样。色彩的色调、色度、明度三属性不同，以及不同的色彩之间的配合对人的视觉冲击和心理感受及产生的行为各不相同。色彩在设计时通常有下面几种属性。

　　1. 胀缩感　同样大小的两色块，明度高的色块要明显小于明度低的色块，冷色系的色块要明显小于暖色系的色块。这是由于高明度和冷色系的色光在人的视网膜上成像作用较弱，边缘比较清晰锐利，而低明度和暖色系的色光成像作用强，边缘模糊。

2. 进退感 与胀缩感属性类似，观察距离相同时，明度高或冷色系的物体比明度低或暖色系的物体感觉距离要远一些。

3. 象征性 色彩是有表情的，这种表情是人们审美的主观性带来的。在长期的社会生活中形成的这种共识，在设计中能有效地传达一些人类感情上共同的东西，这些同感在心理学上称为通感。这些通感包括色彩的音乐感、色彩的华丽感与质朴感、色彩的味觉感、色彩的形状感、色彩的冷暖感、色彩的情绪感等。

二、植物的色彩

园林植物通过叶、花、果实和枝干的色彩刺激人的视觉器官而被人感受，同时使人的感情受到影响。植物绿色的枝叶让人感到心境平和、神清气爽，园林环境也显得幽深宁静；而紫红花朵艳丽斑斓，使人精神振奋，情趣盎然。色彩对人们有着强烈的视觉感染力。植物的色彩主要通过叶色、果色、花色来体现，这种色彩伴随着植物季相的变化而变化，从初春的嫩绿到盛夏的深绿，再从深秋的红叶到隆冬的枯枝，植物的主体色彩都在随时间不断变化。

园林植物的主体颜色是叶子的绿色，这一色调往往成为园林绿地的基本色调。除了少数栽培品种以及秋季造景常用的秋色叶树种以外，一般均为绿色。在园林种植设计中，利用不同绿色组织造景往往被设计者所忽略。

除了和其他色彩有主次搭配外，种植设计也可以进行不同绿色的搭配。绿色的搭配造景重要的是依据绿色的不同深度进行对比与调和。尤其是在多绿色少花的炎热夏季，能使城市绿化色彩多一些变化。绿色之间搭配属于同一色调的搭配，色彩的调和是没有问题的，要注意明度和色度应用，应有主有从，避免混乱（彩图 7 - 2 - 1）。

在园林植物中，还有一大批彩叶植物。彩叶植物的色彩非常丰富，有黄（金）色类、橙色类、紫（红）色类、蓝色类、多色类（叶片同时呈现两种或两种以上颜色，如粉、白、绿相间或绿白、绿黄、绿红相间）等（彩图 7 - 2 - 2）。对于北方地区，植物的种类不及南方地区丰富，观赏性较强的具有色彩变化的植物则更少。因此，在北方进行园林种植设计必须掌握常用的春、夏、秋三季开花树种、彩叶树种及露地观赏花卉。北方的冬季色彩较单调，除了几种常绿树种外，要注意落叶树木的枝条和树干的色彩以及树形整体外观造景，它们是冬季成景的主要因素。

除了叶色，园林植物的花果和茎干也是色彩设计的重要因素。如早春的梅花，春季的玉兰，夏季的石榴，秋季的桂花，都是设计的重要材料。有些植物茎干的色彩也具有很强的观赏性，如柠檬桉的树干洁白光滑，而金丝垂柳的小枝与茎干都是金黄色，都极具观赏价值。

三、园林种植设计中的色彩搭配

作为园林主要构成要素的植物种类繁多，其色彩更是斑斓缤纷，加之自然气候的影响，更是丰富多彩。在园林种植设计中植物的色彩主要用来渲染环境，烘托主景，营造气氛，亦可创造园林局部空间的主景。园林中的色彩统一是很自然的，因为植物的运用，其整体基调必然是绿色。但是作为一个景区时，可利用色彩对比关系加以突出，达到"万绿丛中一点红"的效果。

一般来说，在园林的大部分区域，其主景应具有鲜明的色彩（彩图7-2-3）。如杭州花港观鱼，夏、秋、冬三季在色彩上均以雪松的绿色为主景，但在春季集中成片的樱花盛开如朵朵红云，浮动于苍翠的树丛之间，形成很有特色的春景。在秋天色叶树的造景中，用常绿色背景树作为映衬，不仅能丰富空间层次，还能创造一种恬静的气氛（彩图7-2-4）。如"羊城八景"之一的龙洞琪林，落羽杉深秋时节的红褐色与周边色彩的对比就给人以静谧的感觉。

园林种植设计的色彩组合可依照一般原理进行，主要遵循以下原则：

（一）近似色的配色

在色相环中，相隔不超过60°的两个色相为近似色。在自然状态下，植物的主要色彩是绿色，在园林种植设计中绿色植物是应用最多的材料，如果处理不好，体现不出景观的变化，缺乏对比，容易造成景观过于单调、无味。因此在应用中为消除因同一色相造成的单调，可借助植物的其他属性如体量、姿态、质感以及色彩的明度和纯度属性进行调节，产生理想的效果。

近似色植物在一起的效果，往往变化和缓，相互间更为融洽，既可在近观之下清晰地分辨出个体、种类，也可在远观之中渐变地创造出更加和谐的整体感与美感，如青与青绿，紫与红紫，橙红与品红，黄与黄绿等（彩图7-2-5）。

相对于色相，明度与彩度的变化在近似色的配色中起到更大的作用，也往往更能取得调和的观感。色彩能造成活泼或忧郁的感觉，它是以明度的变化为主，伴随纯度的高低、色相的冷暖而产生的感觉。类似色植物景观中，明度和纯度高的色彩使人感到华丽高雅，明度和纯度低的色彩则使人感到朴素无华。如果植物的基本色相都是绿色，仍可在配置中从体量、姿态、质感、明度、纯度等方面进行调节，产生非常好的艺术效果（彩图7-2-6）。

（二）中差色的配色

在色相环中，相隔60°～90°的两个色相为中差色，属于弱对比。这一对比的颜色属于一个大的色相范畴，但有不同的颜色倾向。如绿与黄相配，绿与蓝相配，其特点是能产生宁静、清新的感觉。

一般都为暖色的中差色植物景观整体感更强、色彩更热烈（彩图7-2-7）；分别为暖色与冷色的中差色植物景观则造型效果更好。如颐和园湖边种植高大的绿色植物，植物的绿色与湖水的蓝色相衬，游人如进入一个清新、宁静的天堂（彩图7-2-8）。

（三）对比色的配色

在色相环中，相隔90°～150°的两个色相为对比色，属于强对比，有明显差异，但还是可调和（彩图7-2-9）。如红色与黄色相配，这也是中国的国旗色，这种色相相配能表现出色彩的丰富，产生兴奋、节奏感。这种色相搭配在节庆中应用较多，如一串红与黄色菊花组成花坛、色块，能产生热烈的节日气氛，而且使植物组合更具有活力。

对比色间的距离大，对比也最强烈，色彩效果鲜明活泼。它们的组合方式是最对比的调和，如色环中的蓝色和橙黄色。利用对比调和设计的植物景观常在花坛花带或片林中出现，色叶植物与具有鲜明季相特色的植物均为较好的造景材料。

（四）互补色的配色

在色相环中，相隔180°即相对的两个色相为互补色。它们的对立性促使对比双方的色相都更加鲜明，如红色与绿色搭配，红色显得更红，而绿色显得更绿，虽然它们的性质截然相反，但在视觉上却相辅相成。利用植物材料的模纹花坛常用这种配色手法（彩图 7 - 2 - 10）。

互补色配色的桃红柳绿配置手法是在传统的种植设计中用得较多的一种。红花更要绿叶扶也说明了这个道理。但是在应用对比色配色时要注意这两种色的面积大小，色块不能一样大，否则易产生不雅致的感觉。

第三节 质感构成

质感是由于物体的材料不同，表面排列、组织、构造不同，因而产生粗糙感、光滑感、软硬感。质感通常理解为一种通过实际接触或"视觉触摸"获得的对材料的感觉经验。质感是物体特有的色彩、光泽、表面形态、纹理、透明度等多种因素综合表现的结果。从本质来说，质感是一种有秩序的形式结构。大部分构成质感的肌理具有某种秩序，形式上有着某种规律性。

一、质感的设计属性

材料质感不同会使人产生不同的心理感受。质感粗糙的材料轮廓鲜明，明暗对比强，形象醒目、肯定，有野蛮、男性、缺乏雅致情调的感受；粗糙的表面使人感到接近，在空间中产生前进感，从而使空间显得比实际小。质感精细的材料轮廓光滑，有细腻、柔和的纹理变化和精致、单纯的表面特征，有女性、优雅的情调，明暗对比弱，感觉平淡，不易引起注意；细致的表面使人感到远离，在空间中产生后退感，从而使空间显得比实际大。质感中等的材料轮廓形象和明暗对比居中，产生中性的心理和空间感受。

植物材料质感特性对人的空间感知和审美心理的影响应该在园林种植设计中得到重视和合理应用。

二、植物的质感

植物的质感是植物材料可见或可触的表面性质，如单株或群体植物直观的粗糙感和光滑感。植物的质感由两方面因素决定：一方面是植物本身的因素，即植物的叶片、小枝、茎干的大小、形状及排列，叶表面粗糙度、叶缘形态、树皮的外形、植物的综合生长习性等；另一方面是外界因素，如植物的被观赏距离，环境中其他材料的质感等因素。一般来说，叶片较大、枝干疏松而粗壮、叶表面粗糙多毛、叶缘不规整、植物的综合生长习性较疏松者质感也较粗。

质感不同，给人的心理感受不同。例如，纸质、膜质叶片呈半透明状，常给人以恬静之感；革质叶片具有较强的反光能力，由于叶片较厚，颜色较浓暗，有光影闪烁之感；粗糙多毛的叶片，给人以粗野之感。一般从粗糙、不光滑的质感中能够感受到野性、男性、缺乏雅致的情调；从细致光滑的质感中感受到的则是细腻、女性、优雅的情调。总之，植物的质感有较强的感染力，从而使人们产生十分复杂的心理感受。

根据植物的自然质感以及给人的不同感受，大致可分为三类：粗质型、中粗型及细质型。

1. 粗质型 粗质型植物通常具有大而多毛的叶片、疏松而粗壮的枝干（无小而细的枝条），其生长习性也较为疏松。粗质型植物有栲树、欧洲七叶树、二乔玉兰、广玉兰、槲树、核桃、火炬树、棕榈、椰子等（图 7-3-1）。

图 7-3-1　给人粗质感的椰子

粗质型植物看起来强壮、坚固、刚健。将其植于中粗型及细质型植物丛中时，粗质型植物会"跳跃"而出，首先为人所见。由粗质型植物组成的园林空间粗放，缺乏雅致的情调。粗质型植物在外观上比细质型植物更空旷、更疏松、更模糊。粗质型植物通常还有较大的明暗变化。因此，粗质型植物可在景观中作为焦点，以吸引观赏者的注意力，或使景观显示出强壮感。在使用和种植粗质型植物时应小心适度，以免其在布局中喧宾夺主，或使人们过多地注意零乱的景观。粗质型植物多用于不规则景观中，它们不宜配置在要求有整洁的形式和鲜明轮廓的规则景观中。

粗质型植物有使景物趋向赏景者的动感，从而造成观赏者与植物间的可视距离短于实际距离的幻觉。如果一个空间粗质型植物居多，会使空间显得小于其实际面积，空间显得拥挤。因此，粗质型植物极适合运用在超过人们正常舒适感的现实自然范围中，即具有高的恐怖或广阔的恐怖的空间。在狭小范围内布置粗质型植物需小心谨慎。如果种植位置不合适，或过多地使用这类植物，空间会被植物"吞没"。宾馆的内庭院一般都是很谨慎地使用粗质型植物，就是这个道理。

2. 中粗型　中粗型植物是指具有中等大小的叶片、枝干以及具有适度密度的植物。多数植物属于中粗型，例如水蜡、女贞、槐、银杏、刺槐、紫薇等。同为中粗型植物，在质感上仍有较大差别，例如，银杏在质感上比刺槐粗犷，紫松果菊比矢车菊、天人菊粗野。

在园林种植设计中，中粗型植物往往充当粗质型和细质型植物的过渡成分，将整个布局中的各个部分连接成一个统一的整体。

3. 细质型　细质型植物往往有许多小叶片和微小脆弱的小枝，并具有整齐密集的特性。细质型植物有榉树、鸡爪槭、北美乔松、菱叶绣线菊、馒头柳、珍珠梅、珍珠花、地肤、文竹、苔藓等。修剪后的草坪也属于细质型（彩图 7-3-1）。

细质型植物看起来柔软、纤细，在风景中极不醒目，往往最后为人所见，当观赏者与景观间的距离增大时，它们又首先在视线中消失。因此，细质感植物具有一种"远离"观赏者的倾向。由于细质感植物长有大量的小叶片和浓密的枝条，因而它们的轮廓非常清晰，整个外观文雅而密实。由此，细质型植物恰当地种植在某些背景中，会使背景显示出整齐、清晰、规则的特征。

与粗质型植物相反，细质型植物有使景物远离赏景者的动感，从而造成观赏者与植物间的可视距离大于实际距离的幻觉。当大量细质型植物植于一个空间时，它们会形成一个大于实际空间的幻觉，细质型植物的这一特性，使其在紧凑狭小的空间中特别有用。

三、园林种植设计中的质感搭配

1. 粗犷和精细，不同质感依环境合理使用　植物质感的应用应根据具体环境进行合理的选择。一般体量较大、立面庄严、视线开阔的建筑物附近，要选择干高枝粗、树冠开展的树种，如黄花岗公园内 300 多米长的层级主墓道两旁用苍松翠柏有序排列，广州起义烈士陵园正门陵墓大道两旁松柏苍劲，广州公社烈士墓位四周山上均栽植马尾松，这些都与雄伟庄严的陵墓相协调；而在结构细致、玲珑、精美的建筑物四周，则要选栽一些叶小枝纤、树冠致密的树种，如在江南园林中庭院的周围就经常配置诸如黄素馨、杜鹃、迎春、山茶、阔叶麦冬、沿阶草等植物，将环境点缀得精致无比，如同小家碧玉般（彩图 7 - 3 - 2）。此外，一般在停滞时间较长的地方，如出入口、道路两侧、中心广场等处应选择质感较细腻也较精致的树木或花卉组织景观，以满足游人近距离较仔细观赏的需求。

2. 从粗到细的植物质感搭配　在特定的空间中，把质感粗糙的植物材料作为前景，质感细腻的植物材料作为背景，相当于夸张了透视效果，产生视觉错觉，扩大空间尺度感。因此，从粗到细的植物质感搭配（图 7 - 3 - 2）能使植物造景的景深缩短，观赏者感觉到所处空间增大。这样的搭配适用于空间过小以致有拥挤感的庭园空间（彩图 7 - 3 - 3），也可用在观景视线过长需要景深缩小的特殊场所。例如，在日本园林中，庭园设计师为了增强空间感，配合细腻的白沙在园内沿粗质墙体种植如细叶冬青、苔藓等枝细叶碎的植物，用透视的错觉拓展院子空间（图 7 - 3 - 3）。

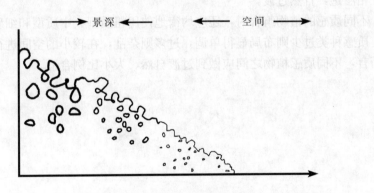

图 7 - 3 - 2　从粗到细的植物序列，使景深缩短，空间感增大

3. 从细到粗的植物质感搭配　把质感细腻的植物材料作为前景，质感粗糙的植物材料作为背景，即从细到粗的植物质感搭配能够使植物造景的景深增长，观赏者感觉到所处空间缩小（图 7 - 3 - 4）。这样的搭配适用于先抑后扬空间序列里"抑"空间的创造，也可用于空间过于巨大的广场（彩图 7 - 3 - 4）。

4. 粗质型和细质型植物间的自然过渡　在布局中从粗质型到细质型的过渡不能太突然，否则易造成布局的零乱，一般可用中质型的植物进行过渡，也可在过渡过程中粗质植物与细

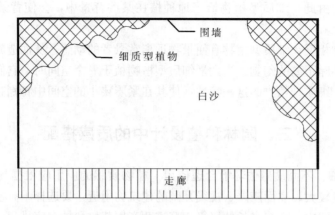

图 7-3-3　日本庭园细质植物种植

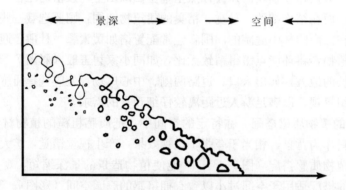

图 7-3-4　从细到粗的植物序列，使景深增长，空间感缩小

质植物慢慢互相渗透，最终完成过渡（彩图 7-3-5）。如在小径两侧分别种有花叶良姜和肾蕨，两种不同类型的植物在路的两旁显得差异太大，可在花叶良姜旁种植肾蕨，使它们在相接的地方互相渗透，自然过渡。

　　此外，不同质感的植物组合时，还应均衡地使用粗质型、中质型和细质型这三种不同类型的植物，质感种类过少则布局显得单调，过多则杂乱，在较小的空间进行植物造景尤为重要。一般而言，不同质感植物之间应做到过渡自然、大小比例合适。

第八章

园林种植设计的位置关系、平面构成与空间构成

在掌握园林种植设计的生态学原理、手法和艺术原理的基础上，园林种植设计基本工作就是处理植物之间的位置关系，并进行平面、立面构成以及空间构成的设计。

本章首先讨论了种植树木之间的相关与对立、典型场所种植设计的位置构成以及园林种植设计单元的概念；其次，总结了园林种植设计的平面构成和立面构成；最后，论述了园林空间的类型、特性和要素，园林空间的营造及其技法。

第一节　园林种植设计的位置关系

一、种植树木之间的相关与对立

园林种植设计的中心内容就是处理植物之间的相互关系。设计程度越高，植物之间的位置关系就越重要。当然，施工过程中处理好位置关系也是十分重要的。

（一）树木相互之间的位置关系

树木相互之间的位置关系有以下三种：一是处于对立位置关系的情况（树木相互之间为不相关关系）；二是处于相接位置关系的情况（树木相互之间存在相关关系）；三是处于同一整体的情况（成为整体的一个构成部分）。

对于树木相互之间的三个关系，应该作为一个概念性的形态知觉来认识，因为它属于一种心理活动。实践证明，这种形态知觉是存在的，并且有助于园林种植设计的深化。

1. 基本形态

（1）**垂直线形态**　线 a 影响外形的范围（也可以称为线 a 的势力范围）是以线 a 的一端 O 为圆心所画的圆（图 8-1-1）。

（2）**水平线形态**　在此考虑垂直于图 8-1-1 中线 a、与线 a 等长的线 a' 的影响范围（势力范围）。在该场合下，在线 a' 的中心点上，垂直画出与线 a' 等长的线 a''，再参考垂直线形态，就可以得知线 a' 的影响范围（图 8-1-2）。

2. 垂直线、水平线的对立与相关　图 8-1-1、图 8-1-2 为基本形态，以下对实际问题进行分析。

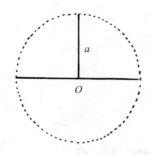

图 8-1-1　线 a 的影响范围

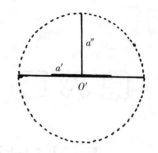

图 8-1-2　线 a' 的影响范围

（1）垂直线之间的对立与关联　在地面上如图 8-1-3 所示竖立 3 根相同高（长）度的柱子，分别为 a、b、c。在此情况下，位置关系只限于从侧面可以看到的影响（势力）范围，这种影响范围与处于基本形态情况的立面圆的关系不同，而成为一种平面的影响范围。

将 a 和 b 作为基本形态进行考虑，可以得知相互处于影响范围之外，亦即 a 与 b 不存在相关关系，或者说二者处于对立关系。其次，b 与 c 的影响范围发生了交叉，说明 b 与 c 之间存在相关关系，或者说对于 a 来讲，b 与 c 成为一个构成整体，a 与 b、c 的构成整体形成了对立的关系（图 8-1-3）。

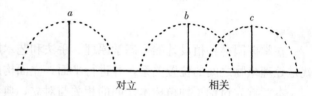

图 8-1-3　线 a、b、c 的对立与相关

（2）水平线之间的对立与相关线 a、b、c 为处于同一平面上的直线，根据水平线形态可以分别画出它们的影响范围。这样，线 a 与 b 之间就处于对立的关系，或者说不存在相关关系，线 b 与 c 之间则存在相关关系（图 8-1-4）。

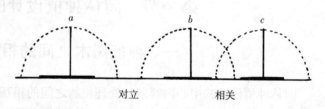

图 8-1-4　线 a、b、c 的对立与相关

3. 树形的两种基本形态　两棵树种植的间距决定了它们之间是相关还是对立的感知关系。树木的高度分别为 H_1、H_2，树木的距离为 L。当 $L<H_1+H_2$，树木的高度之和大于间距时，表现出相关性；$L>H_1+H_2$，即树木的高度之和小于间距时，表现出对立性。另外，在对立的情况下再加进一棵树就表现出相关性。在同一树种的情况下以上关系成立，在树种和树形不同的情况下，即使是相关关系，从感知上来讲也表现出对立性。

树木具有各种各样的形态，可以人为地将其分为两种基本形态：一种是近似于垂直的竖向型树形（乔木），另一种是近似于水平的横向型树形（灌木或灌丛）。

（1）竖向型树形　树形以 $ABCD$ 表示，树高与冠幅的关系为 $AB>BC/2$，为竖向型树形。分别以 AB、DC 的长度为半径，以 B、C

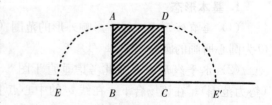

图 8-1-5　高度大于宽度情况下的影响范围

为圆心在树形外侧画弧，与地表相交形成点 E、E'，从点 E 到 E' 就是该树形在地面上的影响范

围。当树高与冠幅处于 $AB>BC/2$ 时，冠幅服从于树高，或者说是树高支配冠幅（图8-1-5）。

（2）横向型树形　树形以 $A'B'C'D'$ 表示，树高与冠幅的关系为 $A'B'<B'C'/2$，为横向型树形。以 O 为圆心、以 $B'C'$ 的长度为半径画弧就是树木 $A'B'C'D'$ 的影响范围。当树高与冠幅处于 $A'B'<B'C'/2$ 时，树高服从于冠幅，或者说是冠幅支配树高（图8-1-6）。

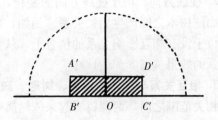

图8-1-6　高度小于宽度情况下的影响范围

了解上述树形的基本原理后，就可以在考虑配置技巧的基础上合理地进行园林种植设计。

（二）树木的五个标准树形及其影响范围

对树木的形态进行分类，可以大致分为5类标准树形（图8-1-7）。

各种标准树形在地面上的影响范围如图8-1-8所示。

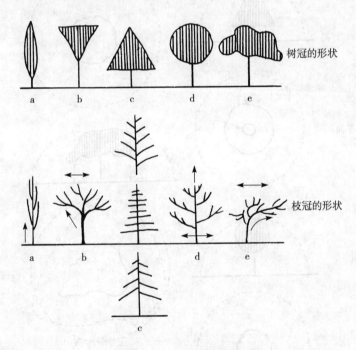

树冠的形状

枝冠的形状

图8-1-7　5类标准树形

（三）由树高决定的树形与由冠幅决定的树形

高度大于冠幅的 $1/2$ 的树木，根据竖向型树形来决定影响范围（图8-1-9）。

高度小于冠幅的 $1/2$ 的树木，根据横向型树形来决定影响范围（图8-1-10）。

如果考虑到这2种基本树形的粗度和厚度，其影响范围就如图8-1-11所示发生变化。

（四）影响位置关系的其他因素

1. 视野　在视野中能够看到的所有的乔木或者灌丛，即使相互之间不存在相关关系，亦即处于对立的位置关系，看起来也处于相关存在之中。但是，这种情况并不是树木相互之间产生了影响关系，而只不过是处于对立关系的状况进入一个视野、给予人们一个错觉的印象而已（图8-1-12）。

2. 视线方向　　由于视线方向的变化，即使处于对立位置的树木，因为树间距离看起来变窄而使树木之间产生相关关系。例如，对于从侧面不能看到的狭窄的道路上的列植树木，即使位于没有相互影响关系的位置上，从主要方向进行观赏时，最好使它们能够产生具有相关关系的效果（图 8-1-13）。

3. 相互关系与树木的色彩、树形、疏密差异有关　　色彩不同的两棵树，即使位置关系处于相关范围之内，两棵树看起来依然属于对立的关系，这是因为除了距离之外，还与树木的色彩、树形及枝叶疏密有关（图 8-1-14）。

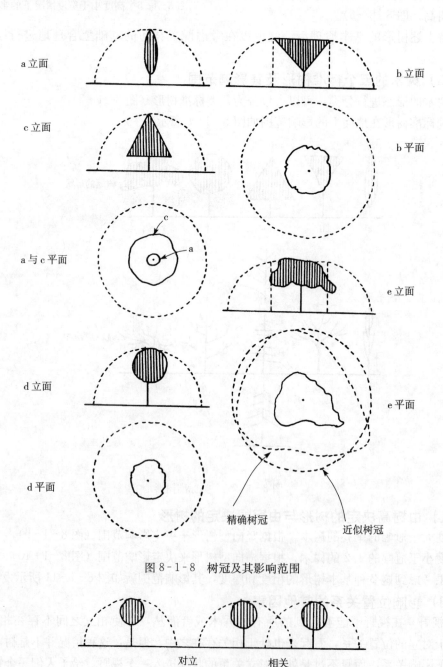

图 8-1-8　树冠及其影响范围

图 8-1-9　高度大于 1/2 冠幅的树木的影响范围

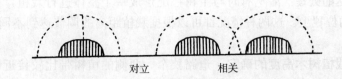

图 8-1-10　高度小于 1/2 冠幅的树木的影响范围

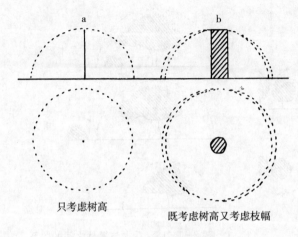

只考虑树高

既考虑树高又考虑枝幅

图 8-1-11　树木的影响范围

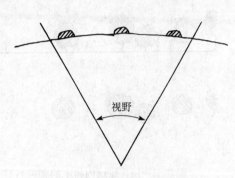

视野

图 8-1-12　进入同一视野内的列植

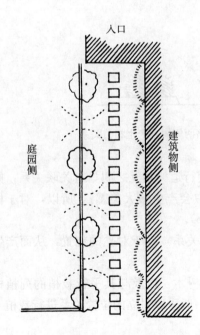

图 8-1-13　狭窄园路侧的对立关系的行道树

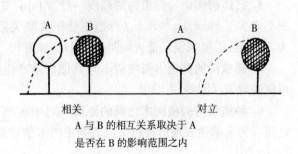

看起来对立,实际上处于相关关系

相关　　　　　　　　对立
A 与 B 的相互关系取决于 A
是否在 B 的影响范围之内

图 8-1-14　树形、色彩有差异的树木之间的关系

（五）园林种植设计中树木相互关系的应用实例

1. 绿地内树木之间的距离　在绿地内,或将主树按照相关关系进行种植,或将主树之间的一部分按照对立关系进行种植,这些都可以通过调节主树之间的距离得以实现（图 8-1-15）。

2. 主树与灌丛的处理　灌丛有时与主树搭配形成一个整体进行栽植，有时栽植于与主树处于对立关系的位置上。这两种情况都可以根据栽植距离的调节达到不同效果（图 8-1-16）。

3. 植树带中栽植树木高度的确定　道路狭窄、两侧的植树带比较接近时，一般通过采取对立的种植关系避免植树带相互影响。常采用的处理方法是将一侧植树带中的树木高度降低，有时根据需要甚至将两侧树木的高度都降低（图 8-1-17）。

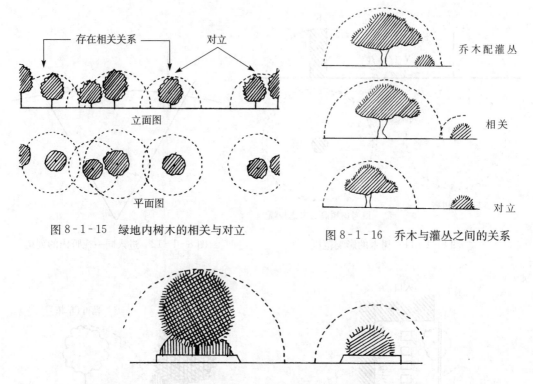

图 8-1-15　绿地内树木的相关与对立

图 8-1-16　乔木与灌丛之间的关系

图 8-1-17　通过调节高度，尽量不使道路两侧树木产生相关关系

4. 行道树间距　行道树的高度一般为 6m，如果使行道树相互之间具有关联关系，则间距不应大于 6m＋6m＝12m（行道树处于关联关系之中会产生最大美感），所以，对于树高为 6m 的行道树来说，最大间距应为 12m（图 8-1-18）。

5. 孤植树的处理　孤植树不与其他树木产生相关关系，处于对立的位置，从而产生孤植树的效果（图 8-1-19）。

6. 种植带与列植树木之间的距离　对于种植带的树木，以及与其平行栽植的列植树木之间，为了单独表现出种植带或者列植树木的效果，一般采取对立的位置关系进行栽植（图 8-1-20）。

7. 灌丛的列植距离与灌丛大小的关系　对灌丛进行列植时，为了达到最经济化的栽植，必须对灌丛的大小与栽植间距进行研究。也就是说，如果灌丛株型变小，单株价格降低，但相互之间的栽植距离变窄，株数增加；如果灌丛株型变大，单株价格增高，但所需总株数变少。所以，既要从经济性进行考虑，又要从列植后产生的景观效果的角度进行考虑（图 8-1-21）。

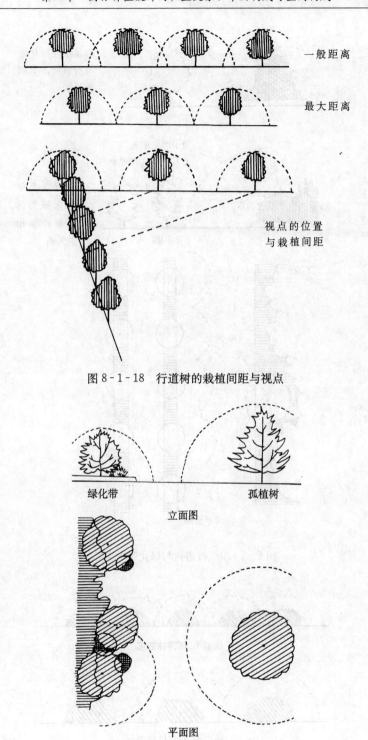

一般距离

最大距离

视点的位置
与栽植间距

图 8-1-18 行道树的栽植间距与视点

绿化带 孤植树

立面图

平面图

图 8-1-19 孤植树的处理

8. 岸边栽植树木与水中小岛栽植树木的关系 在水中表现孤岛景观时，如果岛中树木与岸边树木产生关联关系，则不能达到目的。因此，孤岛上栽植的树木不能与周边产生相关关系是十分重要的（图 8-1-22）。

9. 微地形关系的处理 通过合理种植树木，可使处于对立关系的微地形产生相关关系

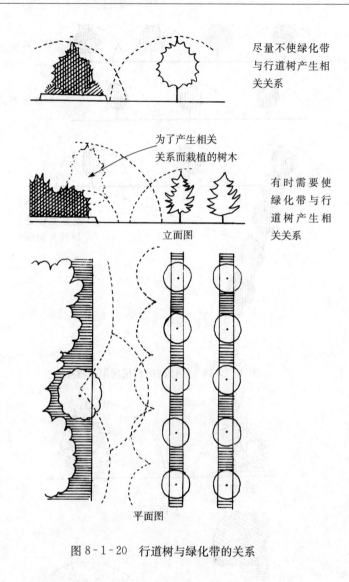

尽量不使绿化带
与行道树产生相
关关系

为了产生相关
关系而栽植的树木

有时需要使
绿化带与行
道树产生相
关关系

立面图

平面图

图 8-1-20　行道树与绿化带的关系

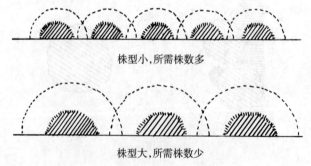

株型小,所需株数多

株型大,所需株数少

图 8-1-21　灌丛的列植

（图 8-1-23）。

10. 近景、远景的处理　通过合理加植树木，可使处于远景或者园外的树木与处于近景的园内的小树产生相关关系，达到扩大空间的效果（图 8-1-24，图 8-1-25）。

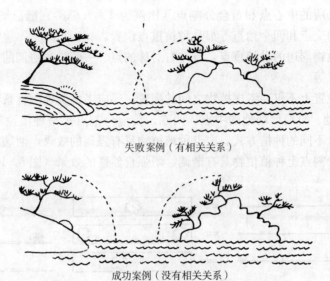

失败案例（有相关关系）

成功案例（没有相关关系）

图 8-1-22　岛中树木与岸边栽植树木的关系

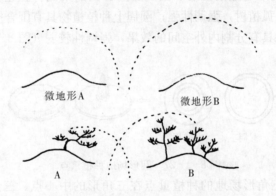

微地形A　　　　微地形B

A　　　　　　B

图 8-1-23　通过栽植树木，使处于对立关系的微地形产生相关关系

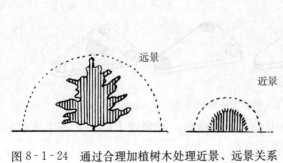

远景

近景

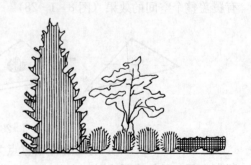

图 8-1-24　通过合理加植树木处理近景、远景关系

图 8-1-25　通过栽植树木，使远景
与近景形成一个整体

二、典型场所种植设计的位置构成

典型场所种植设计的位置构成包括平面形、立面形、立体形等，各自都有种植重点位

置，例如直线形场所的中心点和黄金分割点（比例为 1：1.618）、圆形场所的中心和圆周、矩形场所对角线的交点和四个角点等都是种植重点位置。

另外，在建筑物周边的种植重点，有左右对称的点、一侧添景协调的点、构成画框的建筑物两端附近的点等。

在这些重要位置上不仅要考虑植物之间的配置，还应考虑其他园林景物的大小等因素。

1. 直线形场地　直线形场地的中点、两端、黄金分割点都是种植设计的重点位置，应根据实际情况采取不同的种植方式。中点种植植物具有强调的效果，两端种植植物具有限定的效果，在黄金分割点上种植植物具有谐调、增强自然性的效果（图 8-1-26）。

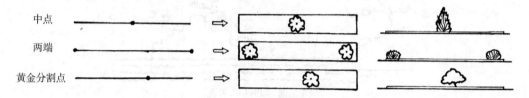

图 8-1-26　直线形场地种植重点

2. 圆形场地　在圆形场地的圆心、圆周、同心圆的中圆种植植物，具有不同的效果：圆心处种植植物相当于孤植树，强调性强；圆周上种植植物具有围合空间的效果，强调性较强；在中圆上种植植物具有分割内外空间的效果，强调性较弱（图 8-1-27）。

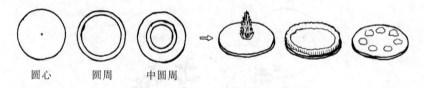

图 8-1-27　圆形场地种植重点

3. 三角形场地　三角形场地的种植重点在三角形的中心点、三角点。种植于中心点，具有控制与强调的效果；三角点种植具有围合空间的效果；同时种植于三角点与中心点，具有覆盖整个空间的效果（图 8-1-28）。

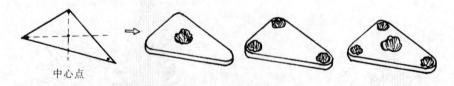

图 8-1-28　三角形场地种植重点

4. 矩形场地　矩形场地的种植重点为中心点、四角点、对角线上的点。一般来说前方留有空间，种植在后方的对角线上比较自然（图 8-1-29）。

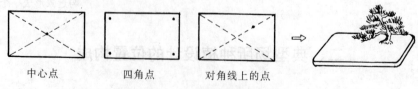

图 8-1-29　矩形场地种植重点

5. T形场地 T形场地的交会处的强调性最强，随着往两侧的移动，强调性变弱。西方园林与整形式园林中多将树木种植于强调性最强的交会处，东方自然式园林中多将树木种植于强调性较弱的交会点两侧（图8-1-30）。

图8-1-30 T形场地种植重点

6. 建筑物前的种植重点 建筑物前的种植重点有建筑两侧、建筑长的黄金分割点、建筑入口两侧的对植等（图8-1-31）。

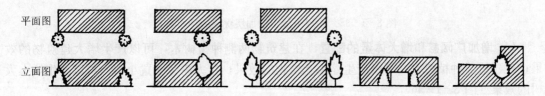

图8-1-31 建筑物前种植重点

7. 小山的种植重点 微地形种植植物时一般种植于半山腰处，尽量避免山顶、山脚等。但有时会随造景要求不同种植于微地形各处（图8-1-32）。

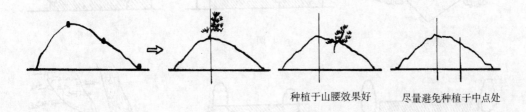

图8-1-32 微地形的种植重点

8. 园路的种植重点 园路多为曲线，形成凹凸空间。欧美园林中一般多将植物种植于园路凹处，日本园林多种植于凸处（图8-1-33）。

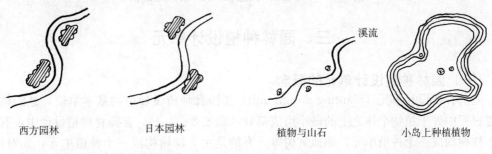

图8-1-33 园路的种植重点　　图8-1-34 水体的种植重点

9. 水体的种植重点 在自然的溪流形成的凹处空间种植植物和放置山石，能丰富溪流的变化；在水体小岛中群植植物，能增加水体层次感（图8-1-34）。

10. 表现平远、增加层次感的种植重点　在场地的前侧留出空间、植物种植于后侧的情况下可以表现出平远感。为了增加绿地的层次感，可在前侧种植低矮的植物群落或者稍有地形起伏变化的草坪小山，这样也可营造出近景、中景与远景（图8-1-35）。

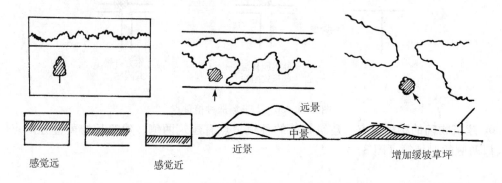

图8-1-35　表现平远、增加层次感的种植重点

11. 增加广阔感和增大体量的配置　在建筑物两侧种植树木，可以产生增大建筑物的效果；在建筑前种植树木，可以产生缩小建筑物的效果；在大树旁配置小树，可以产生增大大树的效果（图8-1-36）。

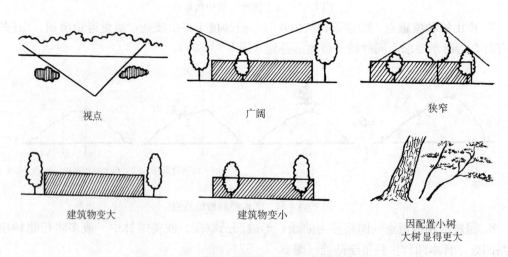

图8-1-36　增加广阔感和增大体量的配置重点

三、园林种植设计单元

（一）园林种植设计单元的概念

园林种植设计单元（planting design unit）是园林种植设计中的基本单位，是园林植物配置过程中处于植物个体之上的最小组成部分（彩图8-1-1）。在园林种植设计中，有的是由1株树构成一个种植单元，如孤赏树等；有的是由2株树构成一个种植单元，如对植等；有的是由数十株甚至上百株构成一个种植单元，如树阵广场等。构成同一种植单元的树木之间应该存在某种相关性。

　　在园林种植设计过程中，由一个或者多个种植单元构成一个种植分区（planting design section），再由一个或者多个种植分区构成一个种植区域（planting design area），最后由一个或者多个种植区域构成整个园林绿地。

　　种植单元的形态有的取决于配置植物的生态习性，有的取决于绿地的功能需要，有的还取决于绿地的场地状况。

（二）日本庭园中种植单元应用的典型事例

　　日本庭园中最常用的树丛的种植手法就是典型的种植设计单元的实例（图 8-1-37，图 8-1-38）。图 8-1-37 的树丛由 2 株大小不同的黑松、1 株鸡爪槭、1 株樱花和 1 丛杜鹃构成。大黑松为主树（日语为真木），小黑松为副树（添木），鸡爪槭为对比树（对木），樱花为背景树（控木），杜鹃丛为前景树（前付）。每株树木在种植设计单元中所起作用不同。

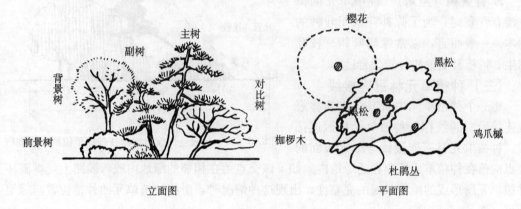

图 8-1-37　日本庭园中典型的种植设计单元

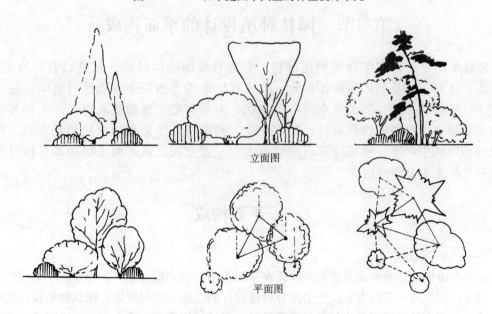

图 8-1-38　园林中常用种植设计单元

　　1. 主树（真木）　　作为树丛的中心，成为主景树。要求树体高大，树干、树形美丽，树冠开张，能够起到支配树丛整体的作用。

2. 副树（添木） 主要作用是弥补主树树形的不完美之处，或者为了与主树在形态方面形成呼应配合。应该选用与主树相协调的树木（一般与主树同种）。

3. 对比树（对木） 为了与主树、副树对比而栽种的树木，应用与主树、副树不同的树种，一般来讲，如果主、副树为针叶树，对比树则为阔叶树；如果主、副树为常绿树，对比树则为落叶树。与主树、副树构成以主树为顶点的不等边三角形，在考虑协调平衡的基础上进行种植。

4. 前景树（前付） 在由主树、副树、对比树构成的植物景观有欠缺的情况下，作为补充的灌丛，在立面上起到连接树冠线和地表的作用。

5. 背景树（控木） 种植单元的树丛没有背景时，为了弥补背景而栽种的树木。一般而言，以常绿阔叶树、枝叶密生、树枝开展的树种较为合适。

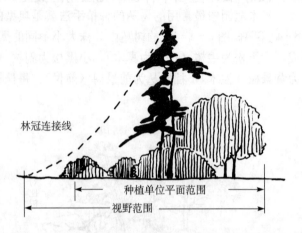

林冠连接线

种植单位平面范围

视野范围

图 8 - 1 - 39　林冠连接线应该落在种植单位所在绿地内

（三）种植单元林冠连接线

将一个种植单元中所有树木的林冠线连接形成的线称为种植单元林冠连接线。种植单元林冠连接线与绿地表面的交点应落在种植单元所存在的绿地内。如果该交点落在相邻的绿地内或者园路上，则破坏了种植单元所形成的植物景观的完整性。出现这种情况时，应将种植单元的种植位置向绿地内后移（图 8 - 1 - 39）。

第二节　园林种植设计的平面构成

园林植物是一种有生命的构建材料，有其自身的空间结构。植物以其特有的点、线、面、体形式以及个体和群体组合，构成有生命活力的复杂流动性的空间。在自然状态下，植物在平面、立面或空间中的形状、大小取决于植物获取阳光、水分和营养物的竞争能力。每种植物都有自己的生态位，同时与其他类型的植物相互影响。在一个成熟的园林中，每一种植物都占据地面上的一定空间，在平面上植物都有自身的投影，在立面上也分不同层次。

一、平面构成

（一）平面构成

园林种植设计的艺术美感首先是体现在平面上的，植物配置的平面与立面、空间联系紧密，其平面构成在一定程度上决定着园林种植设计的立面、空间效果。园林种植设计的平面组合成功与否直接关系到最终的植物景观效果。园林植物平面构成合理，可以形成有丰富变化的林缘线，表现出起伏曲折的韵律美，形成开合有致、疏密得当的植物景观。

在平面上，造景的植物可以看成是平面构成的点、线和面，成为直接体现景观的表现形式和控制景观的平面图形表达方式。种植设计的平面组合就是以点、线和面表示的园林植物的平面构成。

1. 点的运用　点在绿化中起画龙点睛的作用。园林种植设计中点的合理运用是园林设计师创造力的延伸，其手法有自由、陈列、旋转、放射、节奏、特异等。不同点的排列会产生不同的视觉效果。

2. 线的运用　这里的线是指用植物栽种的线或是重新组合而构成的线。例如园林种植设计中的绿篱、行道树、林缘线等。线的粗细可产生远近的关系，线有很强的方向性。线一般分为直线、曲线两种。直线庄重，有延伸上升之感，而曲线有自由流动、柔美之感。园林种植设计中的线不仅具有装饰美，而且还充溢着一股生命活力的流动美。

3. 面的运用　园林种植设计中的面主要是指绿地草坪、群植的灌木或乔木等，它是园林种植设计中平面的最主要表现手法。园林种植设计中面的运用形成的种植为面状种植，它是利用单棵树和群植树进行种植，具有面的扩展感，包含周边种植（图8-2-1）、两边种植（图8-2-2）、内部种植（图8-2-3）以及全面种植（图8-2-4）等整形或自然图案。

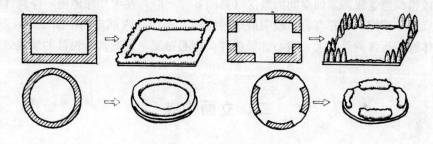

图8-2-1　周边种植

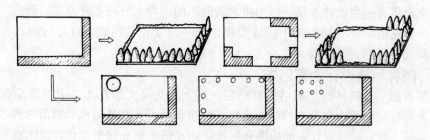

图8-2-2　两边种植

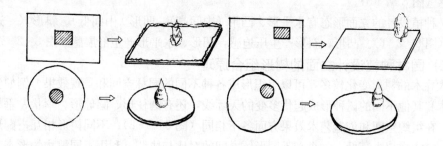

图8-2-3　内部种植

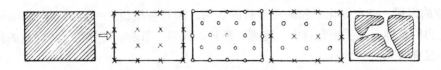

图 8-2-4　全面种植

(二) 平面构成中的林缘线

林缘线是指树林边缘树冠投影的连线，是园林种植设计构思在平面构图上的表达，也是实现园林立意的必要手段。自然式种植要求林缘线具有曲折进退的变化，体现出曲线美。林缘种植不同高度的地被植物，可以使植物配置更接近自然。

林缘线曲折较少时，空间感觉简洁完整，比较开阔；而林缘线曲折较多时，则空间被分割，封闭感增强（彩图 8-2-1）。自然式园林树丛的林缘线不宜平直，也不可过于曲折、烦琐。相同面积的地段经过林缘线设计，可以划分成或大或小的植物空间；或在大空间中划分小空间，或组织透景线，增加空间的景深（彩图 8-2-2）。在大片绿地里，注意林缘线的设计，以形成大小不同、有开有合、或明或暗的空间，使绿地内部空间不断变化，景观丰富，在供游人休憩、玩赏的景点上，精心选择树种，精心布置，创造赏心悦目的景观效果（彩图 8-2-3）。

二、立面构成

园林种植设计的立面构成是在立面上将植物的树形、色彩与质感进行组合。现在有很多园林种植设计只重视植物的平面设计，而忽略了植物立面的效果，平面图非常漂亮，种植以后才发现完全没有达到设计效果。因为树木高低不同，乔木分枝点有差异，而这些都不是平面构图所能表达的。在立面构图中同样要遵循统一与变化、均衡、对比与调和、节奏与韵律、比例与尺度等形式美法则。

(一) 园林种植设计立面形态

典型的自然生长树林的立面结构有三层。最上方是高大的乔木，中间是小乔木和大灌木，最下方是低矮的灌木和草本植物。自然式种植设计讲究高低对比、错落有致，除行道树之外忌讳高低一律。种植设计立面构图利用植物的高低不同和树形变化，组织成有序列的景观，林冠线的处理能影响人的视线，产生空间层次上的变化，如再结合地形的变化，则更能表现出美感（图 8-2-5）。

园林种植设计的立面形态有水平形、凸形（中间高）、凹形（中间低）、斜形（一边高的情况）等（图 8-2-6）。凸形、斜形产生压迫感，凹形、水平形产生舒展感（图 8-2-7）。

(二) 园林种植设计立面的树形组合原理

高大乔木的树形变化较多，可以组织形成各种不同的园林空间和景观效果。例如尖塔状的园林树木和其他不同的树种形成起伏多变的天际线，还有圆柱形、圆球形、伞状、垂枝形等不同外形，在组织空间和创造艺术效果方面各不相同（图 8-2-8）。不同树形相互搭配形成群落景观时，应注意树木高低、大小和不同形体之间的对比与协调。利用不同植物的形态变化以及轮廓线、天际线的变化，创造出形态协调而又富有变化的植物景观。

1. 主次分明，重点突出　在一组设计中，姿态的组成不应太多，根据设计意图选用合理

图 8-2-5　林冠线的变化影响人的视线

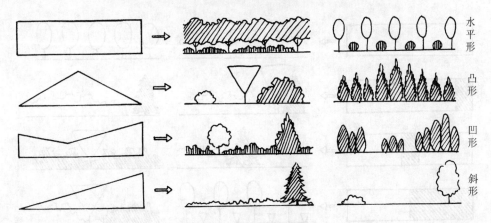

图 8-2-6　种植的立面形态

的姿态类型，以某一种姿态为主，点缀其他姿态 1～2 种，空间较大时可以多些。杭州西湖园林中多有由圆锥形树形的裸子植物以及其他树形植物组成的景观，圆锥树形是主景，它的垂直向上姿态与水池的水面形成对比，再配以其他姿态的树形，形成优美的组合（图 8-2-9）。

2. 姿态情感，以物言志　不同姿态的植物都传递着一种心理上的张力，在设计中应体现这种力的基本性质。如垂直向上型的姿态，引导人的视线向上，具有高洁、崇高、权威、向上、庄严的情感，因此，尖塔形的针叶树常应用于烈士陵园等纪念性园林中（彩图 8-2-4）。

3. 协调环境，场地精神　植物姿态应用除了要达到植物之间的协调外，还要与周围环境相协调。展开形植物能和平坦的地形、平展的地平线和低矮水平延伸的建筑物相协调。若将这类植物布置在平矮的建筑旁，它们能延伸建筑物的轮廓，使其融于周围环境中。有时为了突出环境，还可利用对比的方法来强调，也能起到较好的观赏效果。如杭州花港观鱼的牡丹亭旁的种植设计，植物的选择主要是一些无方向性的卵圆树形姿态的植物，而不是竖直向上的针叶树，这样亭子尖尖的顶部突出于周围的树冠，形成了明显的对比，游人在远处就能发现牡丹亭（图 8-2-10）。如果植物的树形与建筑物相似，则能产生协调的感觉，并突出其形态所表现的共同气氛。如杭州太子湾公园内的尖顶教堂背后栽植尖塔形树木就能更强烈地渲染虔敬气氛。

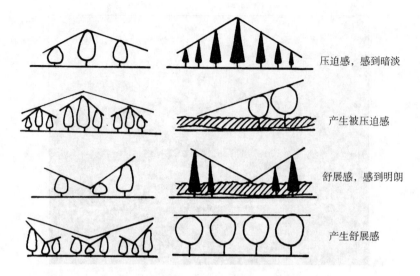

图 8 - 2 - 7　各种立面形态组合的心理感受

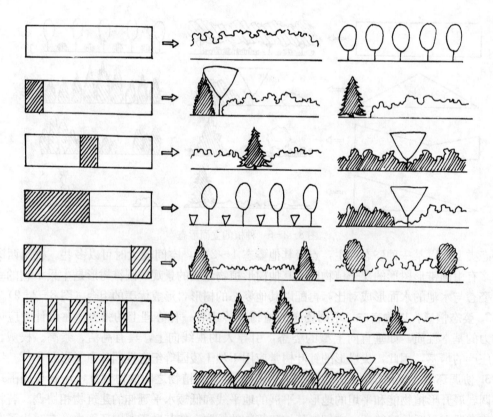

图 8 - 2 - 8　各种树木的组合能够产生如音乐般的节奏

（三）园林种植设计立面的树形搭配

1. 对比搭配　树形的对比搭配是在园林种植设计中选用两种完全不同树形的植物来进行组合（图 8 - 2 - 11）。应当注意的是，并不是所有的类型之间都能产生对比，如纺锤形和尖塔形的搭配因为二者同样具有向上的特性，其对比不够强烈。姿态特殊的如棕榈形，和其他任意

图 8-2-9　由具有圆锥树形的裸子植物构成的主景

图 8-2-10　尖顶牡丹亭周边植物配置

树形组合都产生对比感。基于对比的美学原理，对比搭配的树形强烈的反差形成了强烈的对比，使构图活泼生动，能够挑起观者的情绪反应，适用于需要吸引观者注意力的地点，如出入口等。

2. 调和搭配　树形的调和搭配是在园林种植设计中选用近似树形的植物进行组合，相同或相似的树形产生统一感和协调感。如棕榈形，虽然棕榈科不同植物之间的树形不完全相同，但将它们搭配在一起可以产生调和感（图 8-2-12）。

3. 综合搭配　综合搭配是在园林种植设计中选用多种树形的植物进行组合。这种搭配方式变化最多，也显得最自然（图 8-2-13）。进行综合搭配时，应注意利用主导树形统领全部植物，否则会造成杂乱的感觉。

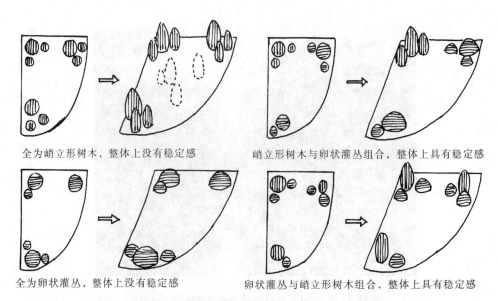

全为峭立形树木，整体上没有稳定感　　　　峭立形树木与卵状灌丛组合，整体上具有稳定感

全为卵状灌丛，整体上没有稳定感　　　　卵状灌丛与峭立形树木组合，整体上具有稳定感

图 8-2-11　不同树形组合搭配，产生不同艺术效果

图 8-2-12　棕榈形树木的调和搭配

（四）园林种植设计立面组合

1. 乔、灌、草多层式　乔、灌、草多层式是园林植物的主要种植方式。这种种植方式至少有三层结构，其中乔木层和灌木层还可以通过应用大、小乔木和高、低灌木增加层次，既体现了自然状态，又显得丰富多彩（图 8-2-14）。乔、灌、草多层式种植必须通过多种树种在树形、色彩和质感上的搭配，达到既统一又有变化的景观效果，营造丰富变化的天际线（彩图 8-2-5）。

2. 乔、草两层式　乔、草两层式种植（图 8-2-15）主要用于需要遮蔽，又需要视线通透的地方，如游览道路的两旁，或用于创造适合活动的遮蔽空间。

3. 灌、草两层式　灌、草两层式种植主要用于花坛、花境、坡地边缘。由于种植高度有限，如能结合坡地等有利地形进行造景，扩大种植植物的可视面积，可以取得极佳的景观效果（图 8-2-16）。

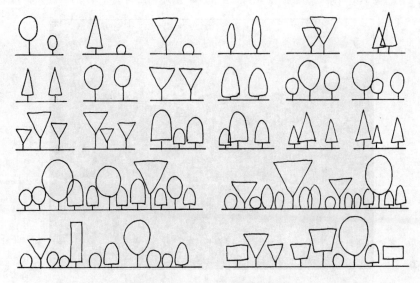

图 8-2-13　各类树形的搭配

图 8-2-14　多层式种植立面

图 8-2-15　乔、草二层式结构

图 8 - 2 - 16　灌、草两层式结构

（五）立面构成中的林冠线

林冠线是树冠与天空交接的线（图 8 - 2 - 17）。林冠线是园林种植设计时考虑的一个重要因素，是园林种植设计在立面构图上的设计。优美起伏的林冠线能使人对眼前的景观产生认同感，也使景观变得精致、生动而富于韵律，同时可映衬建筑物，遮蔽不理想的景观。进行园林种植设计时应充分考虑到树木的立体感和树形轮廓，并对曲折起伏的地形进行合理应用，使林冠线有高低起伏的变化韵律，可根据构思搭配不同的树形，结合植物的质感和色彩，组合成具有强烈对比效果的林冠线，也可运用相近树形设计柔和协调的林冠线，形成景观的韵律美（图 8 - 2 - 18）。

图 8 - 2 - 17　植物配置形成的林冠线
（戴碧霞摄）

为克服景观的单调，林冠线宜进行多层次的配置。几种高矮不同的乔、灌、草，成块或断断续续地穿插组合，前后栽种，互相衬托，半隐半现，既加大了景深，又丰富了景观在体

图 8-2-18　近似树形调和型林冠线

量、线条、色彩上的搭配形式。前景树一般可选用各种树形的树种，同时要协调好与其他景物的关系。如前景树在水岸线旁，要考虑前景树的色彩、姿态与水面的关系，以及倒影是否优美。若前景树前有草地，要注意拉开前景树与草地的色调和色度，形成丰富的前景、中景、背景。有时在同树种或同色调的前景树中种植一两株色调或树形特别突出的孤植树，或种植数丛颜色不同的乔、灌木，会收到意想不到的效果。

　　背景树一般高于前景树，最好在色调、色度、质感、树形上能与前景树产生较大的差异，以加强层次和景深，给人柳暗花明之感。在对实例分析的过程中，发现背景树运用垂直树形如尖塔形、圆柱形、圆锥形等效果较好，像岭南地区的水松、落羽杉等，温带地区的水杉、雪松等都是效果较好的树种。在北方地区选用落叶树种在冬季可构成别样特色的林冠线。如背景树色调较浅，则符合中国古代山水画的法则，近浓远淡，给观

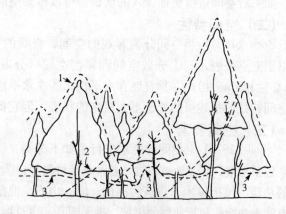

图 8-2-19　种植设计中，要重视林冠线、树冠线和枝下线
1.林冠线　2.树冠线　3.枝下线

赏者以朦胧美，在视觉上增加景深，扩大空间。若背景树色调较深，则加强了对前景树的烘托作用，压缩了观赏者至林冠线之间的景深空间。

　　因林冠线皆为连绵的立面构图，故在设计中使用垂直树形的树种，或成带状密集种植，或只种三五株较高的垂直树种形成视觉角点，横竖结合，都能收到很好的效果。总体来说，在林冠线设计中，宜选用数量较少的几种树，采用组团式种植手法，表现一或两个季节的季相，效果最为理想。

　　在园林种植设计中，除了重视林冠连接线之外，还要注意每棵树的树冠线和枝下线（图8-2-19）。

第三节　园林种植设计的空间构成

一、空间的类型、特性与要素

(一) 空间类型

人们对空间的认识来自以视觉为主的五感，根据状态可以将空间分为：①绘画空间，二维、平坦；②雕塑空间，三维、凸状；③建筑空间，三维、凹状（表8-3-1）。园林空间除了上述三种状态之外，还有包括时间在内的四维空间。

表8-3-1　空间的认识与体验

(E. Goldfinger，1941)

绘画空间	雕塑空间	建筑空间
二维（平坦）	三维（凸状）	三维（凹状）
静的	实体映象的	动的
来自外部的意识进行认识	来自外部的意识进行认识	来自内部的潜在意识进行认识

如果对空间进行更加深入的认识，可以得知空间限定的含义，亦即围合的含义。

(二) 空间特性

Beck（1967）将空间分为客观的空间、自我的空间、内在的空间三种，其特性可以通过以下五点来表示：①分散空间和紧密空间（分散性和密集性）；②限定空间和开放空间（向心性和离心性）；③垂直性和水平性；④在水平面的左和右；⑤在垂直面的上和下。这种对空间特性的描述虽然处于不太清晰的状态，但它揭示了空间构成的方向性。

(三) 空间要素

Thiel（1970）对空间的要素进行了如下分类：①平面要素（base-planes）：具有交通功能，包括土壤、水、地被植物、各种基础材料等；②立面要素（vertical-planes）：具有调节视野的功能，包括树木、建筑物前面、墙、山石、混凝土等；③天盖要素（overhead-planes）：具有遮蔽功能，包括伸展的树枝、拱形园亭、建筑物的挑梁、天空等（表8-3-2）。

表8-3-2　常见的空间构成要素

(P. Thiel，1970)

方　位＼要　素	表　面	屏　幕	对　象
处于上方位置	顶棚、屋顶、房檐等	纵横网格、茂密的枝片、铁格子等	电线、枝条、伞、云等

（续）

要素 方位	表　面	屏　幕	对　象
处于侧方位置	墙壁、栅栏、茂密 的树木、帘子等	屏幕、茂密的树木、栏杆等	楼房、邮筒、山丘、树木等
处于下方位置	地毯、舞台、木板平台等	网格、竹帘顶棚	绳索、踏步石、台座

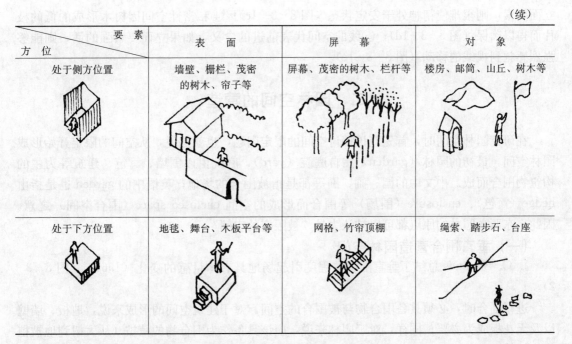

　　作为构成空间要素的表面、屏幕、对象的数量、位置、形状、方向、大小、色彩、纹理等决定了空间质量。表 8 - 3 - 2 中表示了上述三要素的位置与上方、侧方、下方的相应变化，这些是构成空间的骨架，利用这些构成原理可以营造出独特的园林空间。

　　这些空间要素和空间确立要素属于空间的骨架，发挥着各种功能，并且满足美观和设计的综合化要求。

　　Rutledge（1971）总结了空间要素的灵活运用和空间效果：①形成围合空间的面的要素（图 8 - 3 - 1a）；②静的空间代表休养、停止的意思（图 8 - 3 - 1b）；③如果没有限定空间的

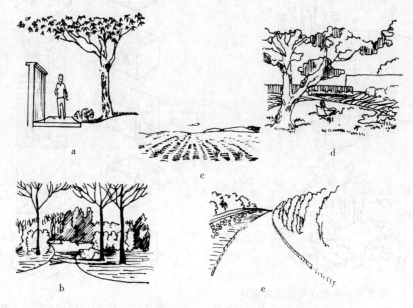

图 8 - 3 - 1　空间要素的灵活运用和空间效果

（Rutledge，1971）

立面要素，则很难使精神处于安定状态（图 8 - 3 - 1c）；④私密性空间因树木形成的低的枝片而得以确保（图 8 - 3 - 1d）；⑤线的空间代表前进的含义，如果立面要素强的话，则能够强烈感觉到视线的移动（图 8 - 3 - 1e）。

二、园林空间的营造

在研究园林空间时，首先应该探讨空间的限定问题，也就是说，从空间的限定开始形成园林空间。最初的园林（garden）始自庭院（yard），庭院由以围墙、篱笆、建筑等为主的构筑物围合而成。中文中的园、圃、囿等都是指被围合的场地；英语中的 garden 也是指由 hedge（篱笆）、enclosure（围场）等围合而形成的空间 enclosed space（围合空间）之意。因此，东西方园林的原点都可以被认为是"被限定的空间"。

（一）垂直围合营造园林空间

J. O. Simonds 总结了垂直围合的程度引起场地具有体量感的变化（1961）（图 8 - 3 - 2）。

进行围合时，必须具备围合物与被围合的空间。对于建筑空间的形成来说，地板、墙壁以及天花板成为必要；同样，对于园林来说，应该具备作为围合物的植被（从大树到地被植物，绿篱和绿荫树等，其形状、大小、种类各不相同）和被围合的空间（被围合成的狭窄空间、宽敞空间，明朗空间、阴暗空间，动的空间、静的空间，茶室园林、游乐场等）。

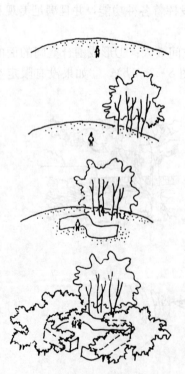

图 8 - 3 - 2　垂直围合的程度引起场地质量
　　　　　　（类型）的改变
　　　　　　（J. O. Simonds）

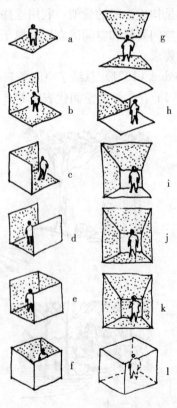

图 8 - 3 - 3　空间限定的方法、程度
　　　　　　与空间质量的变化

（二）空间限定的方法

小林盛太（1972）总结了空间限定的方法、程度与空间质量的变化（图8-3-3）：

①水平要素是最基本的要素（地被或者基础）（图8-3-3a）。

②属于暗示性的限定，作为遮蔽的明确的空间限定成为可能（图8-3-3b）。

③开始出现"被遮蔽"感，从开放性向闭合性方向转化（图8-3-3c）。

④在人的行动与视线方面的二轴上出现方向性，如果长距离连续就会产生流动性（图8-3-3d）。

⑤作为围合，明显出现"进入其中"的感觉。产生安定感，限定度增加（图8-3-3e）。

⑥虽然上部开放，但形成了闭合的充实的空间，行动与视线都被限定在内部（图8-3-3f）。

⑦行动与视线共同发挥作用，诱导与拒绝的现象同时产生（图8-3-3g）。

⑧开始形成围合感，同时开始出现闭合的趋势（图8-3-3h）。

⑨出现闭合空间的感觉，有近似于"进入其中"的感觉（图8-3-3i）。

⑩产生在洞中的流动感，要素越长，闭合性越强，越短则象征性越强（图8-3-3j）。

⑪限定度变强，开放性自由度变小（图8-3-3k）。

⑫完全的密室，限定度最高，形成了被包围的空间，内外形成明显的区别（图8-3-3l）。

此外，小林盛太（1972）还总结了空间限定的方法（图8-3-4）。

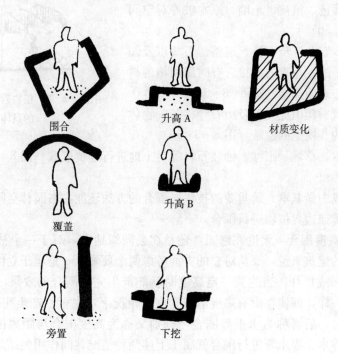

图8-3-4　空间限定的方法
（小林盛太，1972）

可见，空间限定有各种各样的方法，由此产生了特性相异的空间。由围合形成的造园空间，属于营造空间特性的第一步，亦即明确自己存在的位置（作为坐标轴的围合），其最初目的是在空间内确保人们心理的安定感。

三、植物营造园林空间的技法

造园就是营造空间，作为营造园林空间的骨架有地形、山水、植物、建筑及构筑物。恰当地运用这些要素创造出形形色色的空间，能产生心理的安定感与适当的流动感和象征性。

植物在园林空间营造中有着特殊和重要的意义：植物是一种有生命的构建材料，其构成的空间更为自然和亲切，以其自身的生态功能影响人们对景观的体验。由植物构建的空间是一种复杂和流动的空间，随着季节的变化和时间的推移，植物由小到大、由低到高、由内到外不断发展，因而赋予了空间以生命。巧妙地运用植物的多样形态、质感、色彩，并与其他要素有机结合，可以形成富有情趣的园林空间。

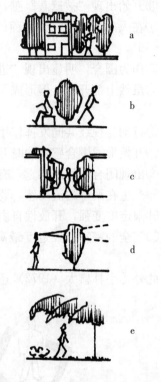

图 8-3-5　植物营造园林空间的具体技法

在园林中，植物空间的形成方法包括围合、分割、连接、遮蔽和覆盖（图 8-3-5）。

围合：利用围墙、门、绿篱、竹篱笆、栏杆等对其周围进行围合（图 8-3-5a）。

分割：利用竹篱笆、植被、土墙、原木桩等对空间进行分割（图 8-3-5b）。

连接：利用踏步石、汀步、桥、道路、石板以及园路或者台阶进行水平的、垂直的连接。有时用列植的树木等进行视觉的、心理的连接（图 8-3-5c）。

遮蔽：利用高篱、爬山虎类以及山石等将某一物体进行物理的、心理的、视觉的遮蔽（图 8-3-5d）。

覆盖：利用灌木、草坪、细沙、铺装石材等对土地进行铺覆遮盖（图 8-3-5e）。

（一）围合

围合是空间构成中最基本、最重要的技法。围合的方法还能左右园林空间的质量。最直接的方法是利用绿篱或边界植物进行围合。

1. 距离围合与高度围合　无论在庭园，还是在公园绿地中，对于一个被归纳起来的场地，或者对于围合的建筑来说，要从对立的方面考虑两个要素。一是属于立体的，有时还可以透过视线的铁丝网或栏杆，当达到一定高度时就能产生完全围合的效果；另一方面则相反，就像水（池）一样，即使在没有高度但有宽度的情况下，也可以产生完全围合的效果。前者称为垂直型围合，后者称为水平型围合，分别又称为高度围合与距离围合（图 8-3-6）。利用乔木、小乔木、灌木等进行围合就属于上述两种情况共同作用的结果。十大功劳以及刺柏等有刺类树木既可以构成垂直围合，又可以构成水平围合。

2. 整形式种植围合与自然式种植围合　从立面来看，整形式种植带和自然式种植带（利用树木特有的树姿树形形成的种植带）形成了不同的效果（图 8-3-7）。

从平面来看，规则式的种植形式和自然式的种植形式形成鲜明的对比。它们的不同影响到园林空间的紧张感和纵深感等的全体构成效果。因此，必须根据园林的面积大小和类型选

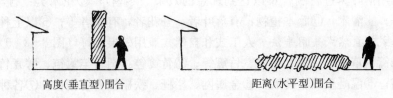

高度(垂直型)围合　　　　　　距离(水平型)围合

图 8-3-6　围合的两种形态

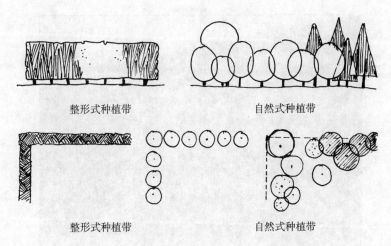

整形式种植带　　　　　　　　自然式种植带

整形式种植带　　　　　　　　自然式种植带

图 8-3-7　整形式种植带围合与自然式种植带围合

择以何种种植方式作为基本形式（图 8-3-7）。

3. 自然式围合、人工式围合以及二者兼备式围合

（1）围合树种的选用　利用种植带进行围合，可以栽植常绿树、落叶树，也可用茶梅等花灌木类，还可用月季或其他藤本植物攀缘于栏杆上（图 8-3-8）。因为植物材料不同，产生的围合空间的阴暗、动静以及形式的效果也不同。

围合的具体树种有：①常绿树：针叶树、阔叶树；②落叶树：树形不同，围合方式也不

图 8-3-8　月季花篱

同，但全部利用落叶树进行围合难以达到理想的效果（冬季）；③花木类：含红、黄叶类，新叶美观者等；④灌木；⑤藤本植物：有落叶者，开花者，有刺者等；⑥以上种类混植。

　　（2）人工式和自然式兼用手法　人工式和自然式兼用效果较好（图8-3-9）。二者兼用的方法：①绿篱：草篱、高篱、低篱、竹篱等；②竹篱笆：圆竹竿篱笆、劈开竹篱笆；③模板墙；④土墙；⑤混凝土墙、砖墙；⑥金属网、栏杆、铁栅栏、管栅栏；⑦各种墙垣垂直或水平并用。

图8-3-9　日本银阁寺利用石墙、竹篱笆与
绿篱一起形成的高篱

　　（3）作为围合主体的树木部位　如果进一步细化的话，就是选择以树木的哪个部位作为围合的主体，即以树叶密集的树冠部分还是以树干部位作为围合的主体。作为围合主体的树木的部位不同，形成的效果也有所不同（图8-3-10）。

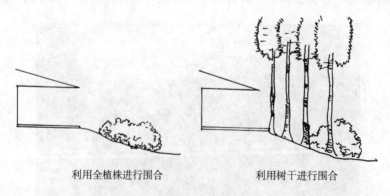

利用全植株进行围合　　　　　　　利用树干进行围合

图8-3-10　利用树木的不同部位进行围合

4. 围合场所

　　（1）围合的位置与程度　围合的位置与程度可分为以下情况：①全部用植物进行围合（图8-3-11a）；②部分用植物围合，其他部分进行人工围合（图8-3-11b）；③只在强调之处利用植物进行围合（图8-3-11c）；④不利用植物进行围合，只用人工的墙壁进行围合，或者在周围栽植草坪进行开放性围合（图8-3-11d）。

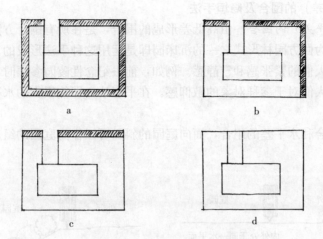

图 8 - 3 - 11　围合的位置与程度

（2）围合的连续与隔开　利用近似于行道树一类的树木进行围合，内外空间可以产生一体的连续感；如果使用完全不同的树种和修剪绿篱进行围合，会使庭园内外产生对立性的隔开；如果想对近山和庭园内部的绿地进行隔开，应采用直线式的修剪绿篱或者墙垣（图 8 - 3 - 12，图 8 - 3 - 13）。

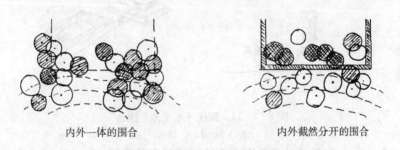

内外一体的围合　　　　　　　　　　　　内外截然分开的围合

图 8 - 3 - 12　围合的连续与隔开

图 8 - 3 - 13　庭园内外连续性的围合

5. 高度（水平差）的围合及隐垣手法

（1）**高度（水平差）的围合**　由高低差形成的围合，是在所有围合方法中最能给予安定感的围合方法。作为西方园林形式之一的沉床园即是运用这种手法形成的。此外，水平差和高度变化易于表现人们的紧张感和宁静感。例如，前去纪念性陵园参拜时，不断升高的台阶或者道路可以增强人们对于参拜对象的敬仰感。在平坦地方即使很少的水平差也可以起到重要的围合作用。

利用绿篱的围合和水平差的组合，面向庭园的斜面可以作为庭园的组成部分进行原状保留（图 8 - 3 - 14）。

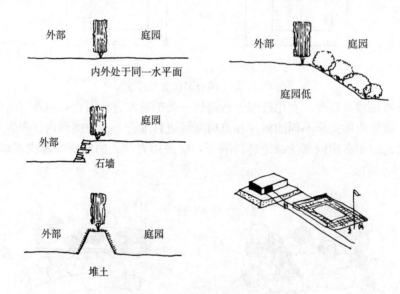

图 8 - 3 - 14　高度（水平差）围合
(J. O. Simonds, 1961)

（2）**隐垣手法**　由高低差形成的围合手法包括著名的隐垣（ha - ha）手法。隐垣手法是英国风景式园林发明的没有墙壁的墙（用草坪进行覆盖后又被称为空墙），也可称为由距离和深度产生的围合（图 8 - 3 - 15）。

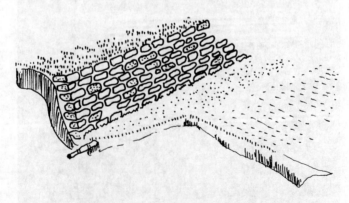

图 8 - 3 - 15　英国园林的隐垣手法

在狭窄的空间中不用砖墙堆砌，灵活运用没有围合的围合是一种很好的方法。

6. 关于围合的理论

（1）**围合程度理论**　为了在一个空间中产生恰当的围合感觉，Spreiregen（1965）对城市广场进行了研究，并提出了一个原则，该原则也适用于园林种植设计。

根据这个原则，当围合的高度为 1、庭园宽度为 4 时，围合感消失。因此，上述比率成为有围合感的最低要求。例如，当庭园的纵深为 6m 时，出现围合氛围时的比率为 1∶3 时，则要求周围植被的高度在 2m 以上。

围合程度（图 8-3-16）：

①45°（1∶1）：具有完全的围合效果（图 8-3-16a）。

②27°（1∶2）：开始出现围合效果（图 8-3-16b）。

③18°（1∶3）：最低限度的围合感（图 8-3-16c）。

④14°（1∶4）：围合感消失（图 8-3-16d）。

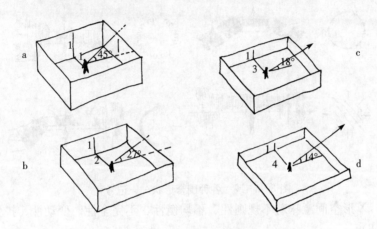

图 8-3-16　围合程度

从图 8-3-16 可知，当视角为 18°时，在空间上会稍稍产生围合的感觉，在心理上属于模糊的围合境界线。比起围合感来，更有近似于场所的感觉。

围合程度由围合方法所支配，围合形状左右被围合空间的质量。

（2）**围合的多种方法**　R.P.Dober（1969）认为，开放空间的知觉决定于围合的方法。通过模型试验，他指出了多种围合的方法，如软性的围合、硬性的围合、完全的围合、部分的围合等。

在设计建造庭园和公园广场时，可根据空间的目的表示围合方法、围合度等。也就是说，围合的形状可以成为表示该空间特征的分类指标。

图 8-3-17 为各种各样的围合形状：

①由通透性植被形成的围合（图 8-3-17a）。

②由茂密植被形成的围合（图 8-3-17b）。

③上部覆盖的通透性植被的围合（图 8-3-17c）。

④由地形形成的围合（图 8-3-17d）。

⑤由地形形成的围合（图 8-3-17e）。

⑥由植被形成的围合（图 8-3-17f）。

⑦由茂密植被形成的围合（图 8-3-17g）。

⑧由地形和植被形成的围合（图 8-3-17h）。

（3）**O 形空间与 X 形空间**　Kepes 根据空间的围合情况将空间分为 O 形空间与 X 形空间。O 形空间意味着规则性、闭锁性、安定性、完全性、凝集性、均衡性、对称性、古典

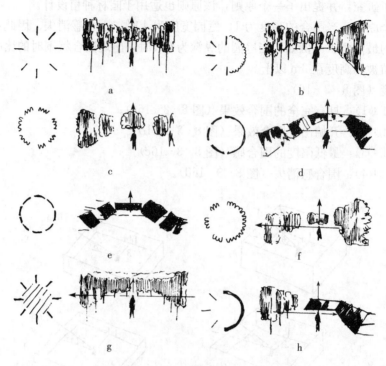

图 8-3-17　各种围合形状——记号化

性、沉稳性等，X形空间意味着不规则性、不均衡性、不完全性、变动性、扩张性、浪漫性等（图 8-3-18）。

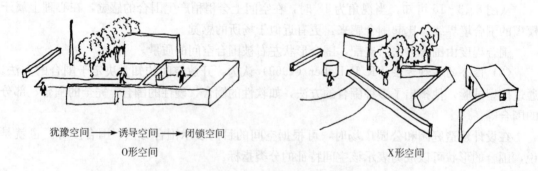

犹豫空间 ——→ 诱导空间 ——→ 闭锁空间

O形空间　　　　　　　　　　　　　　　　　　　X形空间

图 8-3-18　O形空间与X形空间

（二）分割

分割与围合的手法非常相似，有时达到难以区分的程度，有时则处于完全相同的形态。

两者的区别之处在于属于相同围合的一次围合与二次围合。属于围合空间的第一次围合为"围合"，在该围合之中进一步由遮蔽形成的围合就是"分割"。此外，大部分的"围合"多以垂直的体量和完全的遮蔽为基本手法，但"分割"多为平面的、低矮的不完全的遮蔽，一般不具备围合时的体量。有时还会出现根本没有围合的分割。

心理上的围合可以是在沙滩上拉起的一根线，也可以是在对面区域与我区域之间栽植的一棵树。

分割的作用如下：①将适用于各种用途的空间进行独立的划分；②完全异质的相邻空间的共存；③成为从一空间向另一空间过渡变化过程的效果场所；④通过分割将某一风景或者

庭园的一部分放置于某一空间，产生框景的效果；⑤通过对狭窄空间的分割产生深远的纵深效果；⑥划分类似于外部动的空间与内部静的空间的完全对立的两个空间；⑦对各种各样的空间进行保护等。

1. 分割度（分割方法）　根据土地、空间使用方法的不同，分割度可以分为从完全分割→心理分割→不完全分割的变化阶段（图 8-3-19）。在此，根据视线遮蔽的程度用分割度的三个阶段来表示。同时，也表示根据栽植密度的不同（图 8-3-20），树高和绿篱高度的不同（图 8-3-21，图 8-3-22），与此相关联的分割墙的宽度、高度和距离等的不同而决定的分割度（图 8-3-23）。

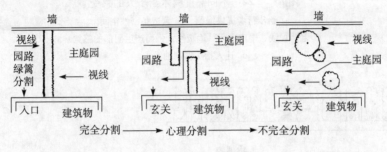

图 8-3-19　分割度

图 8-3-20　空间分割与密度

图 8-3-21　各种绿篱的尺寸与意义
a. 眼睛高度以上（起到保护隐私的作用）
b. 胸的高度（起到划分空间的作用）
c. 腰的高度、膝盖的高度（出现围合的倾向性）
d. 脚脖子的高度（地被植物，在心理上产生围合的效果）
（Robinette，1972）

由分割形成的两个空间，或属于完全分离，或属于处于同一整体基础上的分割，或处于上述二者的中间状态，既保持一定的关系又被分割。

2. 平面分割的模式与实例　分割，亦即心理的围合，换言之即是物理上不完全的围合，是一种如果想突破就能够突破的围合。因为从物理上来说没有被围合，但是有被围合的感

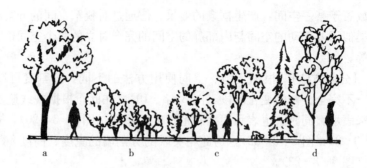

图 8-3-22　不同高度树木给予人的感受

a. 给步行者提供绿荫　b. 营造私密性空间

c. 阻挡视线、限定空间（遮蔽性太强而产生阴郁的感觉）

d. 让人抬头仰视的乔木

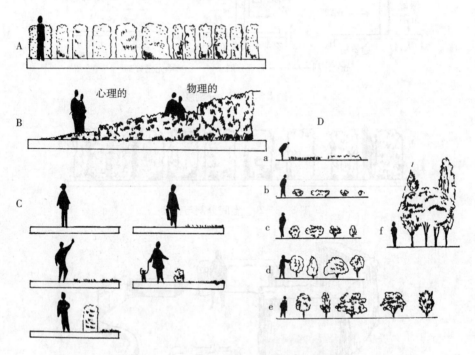

图 8-3-23　围合的宽度、高度与植物的选择

A. 围合的宽度　B. 围合的高度　C. 人的行动与围合的高度　D. 植物材料选择

a. 地被高度 2.5～25cm　b. 膝盖的高度 45cm

c. 腰的高度 90cm　d. 眼睛的高度 1.7m　e. 具有屏幕的效果 2.4m

f. 仰视天空 2.4m 以上

觉，就是心理上、视觉构成上的围合，这是分割基本的特点之一。

平面分割最简单的实例是在地表面画线，在草坪中埋置线状白色山石，在沙滩中沿一定方向埋入汀步石，都可以产生分割的感觉。

进一步的分割就是素材的变化，例如，在铺装和草坪上按照直线或曲线方向的两种相异材料的接点形成的边缘线（edge）能够起到分割的作用。此外，如果这个边缘线相互嵌入，则会产生稳定的过渡感，直线边缘线过渡往往会产生太强烈的过渡感。

从氛围上来讲，形成柔弱分割还是强烈分割，主要由边缘线形来决定。

在通过变化地被材料产生的不完全分割的情况下（图8-3-24a），两空间之间加入分割面就可以达到理想的效果。通过加大分割面的宽度，或者增加其深度，或者增加其高度，或者加重与两空间的色调和素材方面的对比等措施，可以起到强化分割对比效果的作用（图8-3-24b、c、d）。

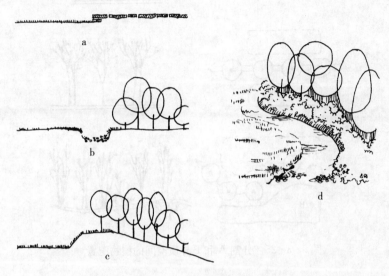

图8-3-24　常用的分割园林空间的方法
a. 通过改变铺装材料的分割　b. 通过分割面的分割　c. 改变水平面的分割
d. 利用体量的变化、水体的灵活运用、增加分割面宽度（长度）等方法强化空间分割

在两空间分割中注水使其流动（彩图8-3-1），或者利用加重线，能够进一步强化分割效果。改变水平面、改变素材、其间加入一定宽度的分割面，这些都是平面分割的基本作法。另外，改变分割的线条、形状以及材料的种类都是常用手法（图8-3-25）。

3. 立面分割的模式与实例　对于平面分割来讲，较大空间成为必要条件，一般来说，立面的分割效果更为突出。不同于平面分割，立面分割基本上都是通过灵活运用种植植物的手法达到目的，从技术上来讲，利用围合的手法就完全可以达到效果。

作为分割空间用的植物，或是自然形的树木，或是经过修剪的绿篱，或是因直线或曲线等分割线导致产生不同的分割度（连续感）、分离度、空间独立度。

利用立面分割的多数场合，不单是作为视觉空间和心理空间构成的技术，而且也追求实际的效果。

在公园中要求对多个空间进行分割，例如动线的调节、球场的动的空间、散步的静的空间等都有必要进行空间分割。

4. 形成景框的种植效果和形成间隔的种植效果　在我国传统的借景手法中，借景的景框可以是立面的，也可以是平面的。如庭园与建筑的窗边等，或者利用水平的绿篱、垂直的树干将远处的风景放入景框之中（图8-3-26）。

通过在两栋建筑之间栽植树木可以达到分开两个建筑物的效果（图8-3-27）。

5. 内、外的分割　通过植物种植分割空间，不只限于庭园之中，道路与庭园，人工铺装面与有种植的自然面，动的、喧闹的街道与静的庭园等两个相异空间的分割也常采用植物种植手法达到分割效果。

6. 分割设施　为了区分道路与种植地，常采用砖砌的花坛和石砌的矮石墙等手法。在

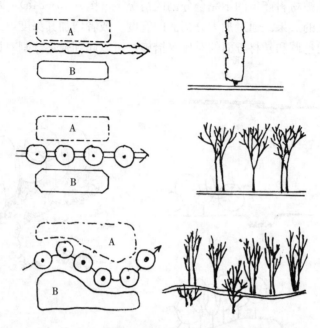

图 8-3-25 分割 A 和 B 异质空间的植物配置

图 8-3-26 垂直的树干与横向的枝条起到了框景景框的作用

园林之中，常用低篱笆、柴门等进行分割。另外，花架等也能够起到分割空间的作用（彩图 8-3-2）。

（三）连接

围合和分割都是将空间隔离开来，但为了将分开的空间进行有机的组合，空间连接就成为必要。

连接除了利用汀步石、园路等直接连接方法之外（图 8-3-28），还常使用间接连接方法。在间接连接中，利用种植植物的方法最为有效。

间接连接在于利用心理的连续感和一体感。为了连接两个空间，在两空间两端栽植相同（类型）的植物，通过这些内在的联系可形成一体感（图 8-3-29，图 8-3-30）。

此外，通过灵活运用相似的线形，也可以达到内外相连的效果。

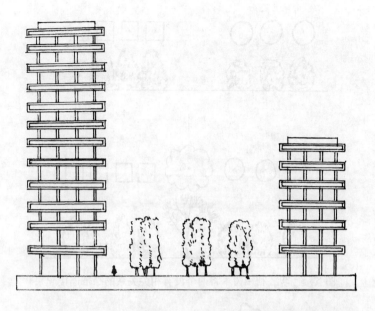

图 8-3-27　利用栽植树木的手法将两栋楼分割开来

图 8-3-28　利用汀步石将水系两侧的空间连接起来

　　灵活运用同类型的树种、同形的线条进行空间的连接，灵活运用人们对事物与空间的想象力，不止限于自然材料，只要能够引起人们产生相同的联想就可以达到预期效果。

　　1. 分散建筑的统一连接　在一个场地中的建筑群和相邻的两个建筑群，如果在设计上没有统一感，就会在视觉上产生混乱感，造成心理上的不快。通过栽植植物使其达到统一，这是近现代城市美化运动的技法之一。

　　进入近现代社会以后，城市产生了多样变化，街景混乱，使这种混乱的街景能够统一的方法之一就是利用自然的、绿色的行道树。它不仅使混乱的街景产生统一感，而且还对多个建筑物有机地进行连接，产生统一谐调的美感（图 8-3-31）。

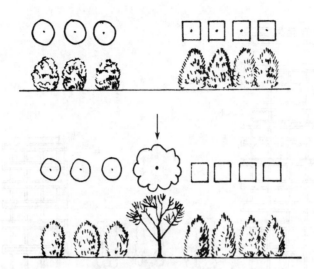

图 8 - 3 - 29　利用树木将两个没有相关关系的绿带连接起来

图 8 - 3 - 30　利用花草将两个山石连为一个整体

图 8 - 3 - 31　行道树使具有多种建筑的街景产生统一谐调的效果

　　相互没有联系的建筑可通过种植同类型的植物进行连接（图8-3-32）。此外，通过植物栽植将分散的建筑连接成一个统一的整体，使建筑群的景观构成趋于谐调统一（图8-3-33）。

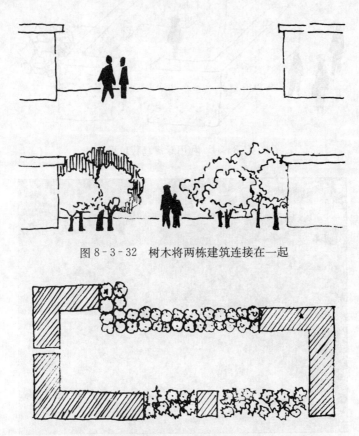

图8-3-32　树木将两栋建筑连接在一起

图8-3-33　植物景观将分散的建筑连接成一个整体

　　2. 相似形的连接　有时需要对园林内外的不同空间进行连接，类似于中国园林中的"借景"，这种方法应体现出社会性。生活于现代社会中的人们，应有与其他人的联系，有与社会的联系，有时还与所居住的土地具有不可分割的联系，因为每家的生活环境都与街景甚至城市景观有关系，每一栋住宅都是城市景观的组成部分。法国的某位社会学家曾倡导："每栋住宅的高度应该限制在树木的高度之下。"也就是说，扎根于大地的树木能够生长到的高度，成为连接大地和人工住宅的范围，给予人们安定感。

　　园林中如果利用了当地的某些景观元素符号，可使地区与园林景观产生一体的感觉，这种作法也属于相似形的连接（彩图8-3-3）。

　　3. 为了连接的设计　两个以上的空间相连时，必须重视连接的方向、连接的节奏等问题，该问题的解决可以通过组合设计调整植物种植的线、形、节奏、体量的变化、明暗的变化等来达到。

　　（四）遮蔽

　　遮蔽可以分为直接和间接两种基本手法。直接手法是指通过种植设计，利用植物直接对不美观的、应该遮蔽的物体（例如垃圾堆、道路两侧的混杂之处等）进行遮蔽的方法（图8-3-34，图8-3-35）。间接方法是通过诱导视线面向美观的、有趣的物体，与直接方法所采用的妨碍（遮蔽）视线的作法恰好相反（图8-3-36）。

图 8 - 3 - 34　利用绿篱遮蔽垃圾堆

图 8 - 3 - 35　利用周边绿篱对中央部的地下排气口进行遮蔽

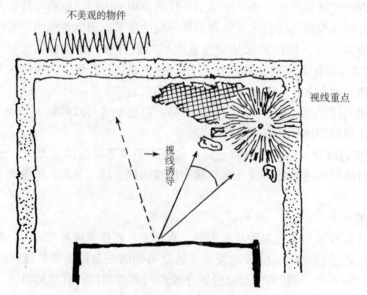

图 8 - 3 - 36　视线诱导法

　　作为直接遮蔽的种植情况，无论是利用绿篱一类的遮蔽物，还是利用自然形的遮蔽树，都要对其高度、体量（遮蔽面积）、配置的位置关系（树木与眼睛之间的距离、角度以及方位的关系）、栽植密度等进行适当的选择和确定（图 8-3-37）。

图 8-3-37　植物的高度、体量、位置关系等不同产生的遮蔽效果不同

　　此外，如果着眼于树木个体，用于遮蔽的枝叶密度、分枝方式以及树形等则成为重要因素。

1. 遮蔽种植设计的注意事项

①应遮蔽的物件与人的位置关系（视角和距离）（图 8-3-38，图 8-3-39）。

②视线高度与树木高度的关系（图 8-3-40）。

③距离与高度对视线的诱导影响：45°（1:1）为可以观察到树木细部的距离（图 8-3-

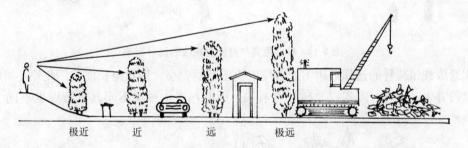

极近　　　　　近　　　　　远　　　　　极远

图 8-3-38　应遮蔽的物件与人的距离关系

俯视　　　　　　　平视　　　　　　　仰视

图 8-3-39　应遮蔽的物件与人的视角（高度）关系

图 8-3-40　视线高度与树木高度的关系

41a)，叶、花、果实或者树皮的纹理都处于可以看到的状态。树形、叶片、花朵等观赏性强的树木应栽植到该位置，是种植设计中的重点。27°（1∶2）为树形全体和树木细部可以同时看到的距离（图8-3-41b），应以诱导视线作为重点。18°（1∶3）为开始出现眺望远处感觉的距离（图8-3-41c），树木自身的特征已经变得不那么重要，即使树木本身观赏性不是很强，但通过合适的种植可以发挥功能。14°（1∶4）为对于远望的树群（天际线）作为景框效果发挥功能的距离（图8-3-41d），可以栽植廉价的、生长强健的树木种类。

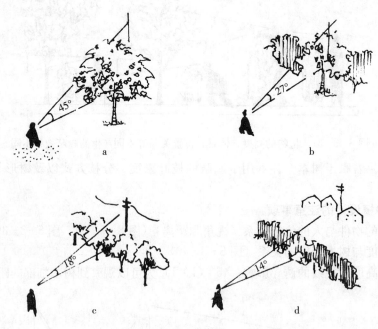

图8-3-41　距离与高度对视线的诱导影响

　　④遮蔽种植树种的选择：树木遮蔽度取决于叶柄大小、形状与长度等，此外还与叶片在枝条上的着生（排列）方式以及树形等有关，因此，树木种类不同其遮蔽度也不同（图8-

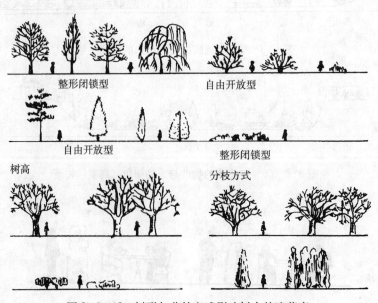

图8-3-42　树形与分枝方式影响树木的遮蔽度

3-42）。

适合遮蔽种植的树种为常绿、树冠大、枝叶密集者，如尖叶栲、厚皮香、珊瑚树、桂花、冬青、樟树、桧柏、八角金盘、桃叶珊瑚等。

⑤观察者的速度与种植间隔（种植密度）的关系：虽然种植间隔决定遮蔽程度，但当观察者移动的速度加快时，即使种植间隔大（种植密度小），也可以起到遮蔽的作用（图8-3-43）。该原理适用于高速公路中间隔离带的种植设计。

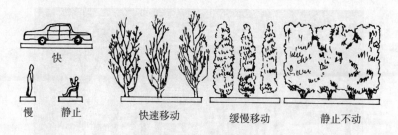

图8-3-43　观察者的移动速度与种植间隔（密度）的关系

2. 遮蔽的技法　对某一建筑物或其中一部分进行遮蔽时，要预知遮蔽之后的效果，也就是说，遮蔽物和被遮蔽物的素材和给人的印象要有某些共同特征，力求遮蔽物与被遮蔽物形成氛围的一致性。

此外，应避免视线的集中，即有比例地扩大遮蔽物表面积成为平面、在表面上对树木进行细分割。这种情况类似于对水泥墙面利用瓷砖表面进行分割能够柔软地减少压迫感一样，也类似于在自然风景地内所建建筑有大屋顶时能够减小墙面（从远处来看最显眼的是明度高的墙面）面积一样（图8-3-44）。

图8-3-44　利用墙面绿化的方法减弱无机墙面的生硬感

总之，遮蔽除了通过利用遮蔽设施（植物和墙壁）达到对被遮蔽物的完全遮蔽之外，还应该具有适当调节视线的思路。通过这种思路，能够找出各种各样的遮蔽技法，可以在不得不进行遮蔽的情况下，创造出新的有趣的空间。

（五）覆盖

在园林建设过程中，需要应用各种材料对不同场所和部位进行覆盖，以达到设计要求。

1. 覆盖位置　园林中的覆盖根据场所及部位不同，可以分为对土地表面的覆盖，如铺装、地被植物的覆盖等（彩图 8-3-4）；对上空（头顶空间）的覆盖（图 8-3-45）；还有对斜面和垂直的混凝土表面的覆盖（图 8-3-46）。也就是分别对头顶、侧面以及脚下的空间面部进行覆盖。

图 8-3-45　利用紫藤花架对头顶部进行覆盖

图 8-3-46　利用爬山虎对墙面进行绿化覆盖

通过对头顶空间的覆盖，使发散的外部空间具有室内空间般的安心感。这种亲切的空间感觉对于室外空间的利用非常重要。通过对斜坡的绿化，可以防止水土流失。通过对混凝土表面的绿化覆盖，可以产生柔化硬质构筑物的效果。同时还可以在斜坡和墙面上形成一定的纹样和图案，使其产生美感和情趣（图 8-3-47）。西方园林中的贴植手法也属于覆盖法的具体应用（图8-3-48）。

图8-3-47　斜坡绿化花坛

图8-3-48　西方园林中的贴植也属于覆盖手法的一种

2. 覆盖材料　用于覆盖的素材有多种，如植物材料、人工材料等。植物材料有类似于草坪类的耐踩材料、能够开花和具有季节变化的材料、能够生长于水面的水生植物等；人工材料有类似于沙子类的无机材料等。这些材料除了能够给予人们安定感之外，还能给予广阔感、紧张感、变化感等感觉，使人产生情绪的变化。

在掌握这些素材特性的基础上，有必要根据场所特性、所达目的，并在充分考虑维护管理的前提下，正确选择覆盖材料和形态。

一棵枝冠伸展的大树可以对一个小的庭园进行遮盖（图8-3-49），同样亭子、紫藤花架、月季花架也可以达到遮盖的效果。

图 8 - 3 - 49　枝条伸展的赤松覆盖着庭园空间（日本京都岚山）

第九章

园林种植设计的形式

风景园林在其形成、发展过程中，因受环境条件、社会条件以及功能需要等的限制和影响，各地会形成不同的形式。这种形式既是当地园林文化遗产的重要组成部分，又处于不断的发展变化之中。园林种植设计的形式也不例外。

本章首先介绍园林种植设计形式的分类，然后介绍园林种植设计的自然形式和规则形式，最后介绍特殊功能型园林绿地种植设计的手法。

第一节　园林种植设计形式的分类

依照不同的分类标准，园林种植设计有多种分类方法。现在比较普遍采用的是按照园林艺术形式进行分类的方法。

一、按照园林艺术形式的分类

按照园林艺术形式将种植设计分为规则式、自然式、自由式和群落式四种。除此之外，日本庭园树木还采用绘画式与插花式的种植形式。

（一）规则式种植

欧洲园林自古以来就沿用规则式。古罗马的花园别墅，中世纪的修道院，西班牙的中庭（Patio），意大利的台地式园林，法国的几何图案式园林等都属于规则式园林（图9-1-1）。

规则式园林由整齐而有序的线条构图，其重点不在材料本身的特征，而是在线条的配置；规则式园林重视平面，讲究一览无余，追求图案美，因此，构成规则式的线条就成了主要因素。

1. 种植的手法

（1）设定轴线，形成对称种植　轴线就是从主要的始点（如建筑物的入口、窗户、建筑用地的门等）到终端而设定的视觉影像中的直线。将直线设定以后，各种设计要素都在轴线的两边按照秩序有方向地排列（图9-1-2，图9-1-3）。因此，设定轴线是构成种植景观的强有力手法。然而，相应地在很大程度上也会失去景观构成的自由性。

轴线除了主轴外，还有与其平行的副轴、直交轴、放射轴等，这些对主轴来说都是从属

图 9-1-1　规则式园林

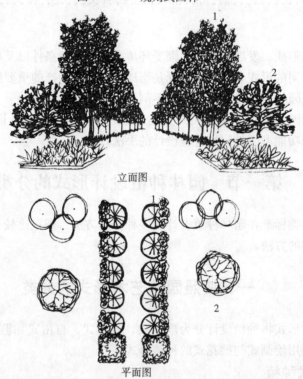

立面图

平面图

图 9-1-2　由 2 列列植树木形成种植中轴线
1. 加杨　2. 核桃

性的。但是，如果放射轴从同一点按照相同的角度放射，就与主轴具有同等的重要性。

各轴的交点产生中心，景观焦点集中于此。它是牵动全盘的重要枢纽，一般在此设置喷水池、雕塑、孤赏树等。

如果设定了某一轴线或某一点，主要部分的种植就要面对这条轴或点，按照等距离且相互面向的形态，设计为对称形式。这种形式秩序明确，种植的植物之间相互发挥着约束力。如果这种对称关系稍有变化，均衡就被破坏，所以景观构成必须固定。

法国几何图案式园林在 17 世纪后半期已经推广到贵族社会全盛期的欧洲全境，究其原因，大概是因为规则式园林的表现形式象征着权力的缘故。

图 9-1-3 庭园中轴线

（2）构成远眺的树丛 在对称面积广大的法国园林中，形成了一种透过树丛来透视远处风景的形式。由于两侧的高大树篱使视野狭窄，这样可使人们意识到轴线的存在，并强调出全园的广阔。

（3）直线种植 直线的方向性明确有力，引人注目。为了进一步强调其作用，要反复延长直线的排列种植。通过按照一定间隔种植若干长列的并排树，表现出严整的美感。进一步将两种以上的树木交互地反复种植，恰如乐谱中的抑扬顿挫的音符变化，形成韵律之美。但是，如果变化过多，将导致混乱，失去规律性。

例如，将乔木或灌木反复排列，或者是将圆形树冠的阔叶树和尖峭树形的针叶树交替配列，变化树木的空中线条，会产生强烈的韵律感。

（4）花样种植 类似于欧美园林中的花坛，构成装饰花样的图形。花样花坛是将小叶黄杨等修剪成镶边的形状，绘出各种图形，中世纪的迷园是其初期的代表作。迷园是在庭园中设置"迷路"，由修剪而成的树篱构成，进入其中，看不到对面人与物的形态。

文艺复兴庭园过渡到法国式庭园之后，出现了华美的刺绣花坛（图 9-1-4）。在这些花

图 9-1-4 西方园林的花样种植

坛中，还有许多流畅的藤蔓花样。此外，还有英国园林的纽扣状花样和旋涡状花样等。

在欧美庭园中，还将红豆杉等常绿树修剪成圆锥体、圆柱体、球体等，也有的修剪成为人体形、鸟兽形，并作为庭园中的重点景观进行打造。

总之，整形种植虽然使用植物材料，但不以发挥植物所具有的自然性为重点，而是按照人的审美观做出的人工造型与线条为主要着眼点，这是它的特征。

2. 种植的基本形式　规则式种植的基本形式有对植、列植、带植、环形种植、网络式种植、曲线式种植、图案式种植等。

（二）自然式种植

以中国园林为代表的东方园林，自古以来都是自然风景式。英国从 18 世纪开始出现自然风景式园林。在英国的自然式风景园林中，有覆盖着牧草的起伏丘陵，低地的湖水。在这种自然场地上，沟通水流、架设桥梁、散栽树木，再配置灌木群，即成为广阔的园林。东方园林与英国园林虽然都属于自然风景式，但是东方园林是一种象征性的再现自然的手法，是一种写意风景园林，与英国的写实风景园林有所不同。

自然风景式是摹写天然风景，将它理想化，有时将它象征化，用自然的线条构成。在自然风景式园林中，将立体作为重点，便于人们观赏，种植场所也根据地形来决定。

1. 种植的手法

（1）非对称均衡的种植　在一点或者一个轴线的两侧，反映到视觉上的种植植物的形状或数量并不相等，却能在对立的安定的状态中取得平衡（图 9 - 1 - 5）。当然这种平衡是暗示的、想象的。

在自然景观中，从树木的形态、树丛的集合状态以及相互的关联中，可以看到的平衡是无限的，自由程度极高。因此，景观的变化是多样的，视觉上的印象也是深刻的。非对称的

图 9 - 1 - 5　以园路为轴线的非对称均衡的种植

美，虽然不具备对称形那样强烈的个性美，但具有柔和美。因此，作为调和自然和人工两种异质要素的手段的作用极大。

自然风景式种植的基本单位，应该有意识地避免将同一形状和尺寸的树种种植在同一间隔、同一行列上。

（2）写实种植　忠实摹写现实的自然景观有两种方法。一种是根据设计者的构思、主张和趣味来选择，进行摹写。例如摹写牧场风景的英国风景式就属于此类。虽然植物的种类、密度、结构等和实际存在的天然风景有差异，但能使人感到那里确实存在着大自然的景观。

另一种是在 19 世纪末，英国的威廉·罗宾孙（Wiliam Robinson）提倡野生植物园；巴西的伯勒·马克斯（Burle Marx）试图将尚存的原始高山植物移植到自然风景式园林中来，形成岩石园等。

（3）不等边三角种植　将大小不等的 3 棵树按照不同的间隔，依照不等边三角形原则进行种植设计的方法就是不等边三角种植。在不等边三角形的三个顶点位置上种植树木，达到均衡的状态（图 9 - 1 - 6）。

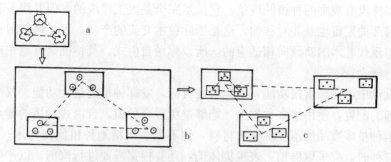

图 9 - 1 - 6　不等边三角种植

a. 3 株树的不等边三角种植　b. 9 株树的不等边三角种植

c. 多株树的不等边三角种植

2. 种植的基本形式

（1）随意种植　形状、尺寸、植树间隔都不相同，也不排列在同一直线上的种植形式。这种形式以不等边三角种植为基本手法，将三角网依次扩大则可。这样，大大小小的树木都全部不等间隔地种植在前后左右，树冠形成不规则的轮廓线。

（2）树丛种植　几株树相依相附、栽植在一起的种植形式。树丛种植有 2 株种植、3 株种植、4 株种植、5 株种植、7 株种植等。

（3）自然式列植　将不同树形、大小的树木按照不同的种植距离进行带状种植就是自然式列植，在日本的街道、河堤绿化中常见（图 9 - 1 - 7）。这种种植方式非常适于乡土气息的表现，特别适用于松类的栽植。

图 9 - 1 - 7　园林中观光小铁道两侧的自然式种植

（4）群植　许多树木靠拢在一起的种植形式。

（5）主景树　与树木数量无关，在整个景观中居于核心地位，并起支配作用的树木。主景树明确了，就抓住了景观的特征性格。

（6）背景种植　用种植的植被构成背景，起到烘托主景的作用。

（三）自由式种植

第二次世界大战之后，欧美园林开始出现既不像整形式那样有规则的几何形状，也不像自然风景式那样没有规则的种植的现象。它虽然完全是人工建成的，但其线条和形状是自由的，材料和局部的配置也是非对称的。这是国际技术交流的产物，不受风俗习惯和传统形式的约束，是与现代艺术的新倾向相适应的，所以称做自由式。其特征是有意识地否定几何学设计和轴线的概念。

在种植设计中，如果重视功能，便能明确目标，发挥种植的最大功能。其结果是景观的构成变成单纯的配置，使用树木种类少，能够避免混合种植。自由式种植的要点如下：①与其杂乱无章地种植多数品质不佳的树木材料，倒不如少而精地种植优良树木；②使用品质、格调不好的树种时，应采取群植，表现集体美，还要根据需要进行修剪，以产生单纯明快的效果；③在主要的视点附近，用乔木或灌木构成景观，以产生明亮的感觉。

在过去的传统设计中，建筑物和建筑用地的轮廓确定了公园道路的方向，这些公园道路大多与种植有关。这种种植虽然在强调与建筑物的关系上发挥了作用，但如果受这种手法制约，则难于进行自由的种植设计。在重视功能的现代园林中，有意识地排除上述手法的倾向性很强。

（四）群落式种植

外国传统园林与我国传统园林一样，植物种植多考虑其人文价值与观赏价值，少考虑其生态改善效益与生态稳定性，但在现代的园林绿地中，生态改善成为园林绿地的最主要功能，可以说追求绿量以及生态稳定性成为现代园林绿地建设的最大目标。因而，依照生态规律的群落式种植设计就成为园林种植设计的重要内容。

进行群落设计时，首先需要了解典型的现存植物群落，还要了解它是自然植物群落还是人工营造的代偿植物群落。进行自然植物群落类型的种植时，必须充分整顿环境条件，尽量减少人为影响，精心进行养护管理，保证植被的正常成活与生长（图9-1-8）。

图9-1-8　图面后方为根据潜生植被理论营造的城市人工森林

（五）日本庭园树木的绘画式、插花式种植

绘画式种植和插花式种植被称为日本庭园种植的独特手法，是利用绘画构成手法与花道的真、行、草基本形或者天、地、人三才的手法种植庭园树木的方法。现代庭园的群植形式，即是基于插花比例和绘画构图的方法进行配置的（图9-1-9）。此外，在盆景艺术中，以不等边

三角形的各顶点的配置形式作为一个基本单位，然后由三个基本单位构成总和单位。

图 9-1-9 根据绘画构图加植树木
a. 在小树旁边加植大树 b. 在大树旁边加植小树
c. d. 在小树旁边加植大树 e. 在大树旁边加植小树

二、园林种植设计形式的其他分类方法

1. 根据园林树木配置数量构成的分类 在以中国、日本为主的东方园林的种植设计中，多采用奇数的棵数如 1 棵、3 棵、5 棵、7 棵等进行栽植。如果树木超过 10 株之上，则没有必要规定是否奇数。

2. 根据功能的分类 根据种植功能可分为防火、防风、防沙、遮蔽、吸尘、绿篱、境界等多种种植形式。

3. 根据种植场所和位置的分类 根据种植场所和位置可分为境界、石边、绿篱、窗边、入口、草坪、水边、周边等多种种植形式。

4. 根据栽植方法的分类 根据栽植方法可分为孤植、对植、群植、列植、环植、点植等多种种植形式。

5. 根据景观表现的分类 根据景观表现可分为主景、背景、客景、前景、中景、近景、远景、点景、借景等多种种植形式。

6. 根据园林绿地种类的分类 根据园林绿地种类可分为庭园（花园）、公园、景致、墓园、宗教、疗养、植物园等多种种植形式。

7. 根据空间构成的分类 根据空间构成，种植可分为一维空间的构成（线形构成）、平面二维空间的构成、垂直二维空间的构成、三维空间的构成（立体空间的构成）、四维空间的构成（由时间形成的空间变化）等形式。

第二节 园林种植设计的形式

一、园林种植设计的自然形式

中国传统造园植物种植崇尚自然景观，营造自然景色。凡有隙地，必栽花植树，"杂树参天"、"繁花覆地"、"开花欲引长流，摘景全留杂树"（计成）。从秦汉时期帝王苑囿，到魏晋南北朝时期文人自然山水园林，以及唐宋和明清进一步发展成熟的文人写意山水园林，无论是私家庭园、帝王宫苑或寺观园林，各种植物景观皆顺应自然，仿效自然，形成位置错落、疏密有致的自然式植物景观。传统园林中植物种植，或直接利用自然植被，或在园林中模仿自然山林植被景观精心设计种植。

　　园林种植设计采用自然的手法，按照自然植被的分布特点进行植物配置，形成一种自然的景观组合。自然式种植注重植物本身的特性，植物间或植物与环境间生态和视觉上关系的和谐，体现出生态设计的指导思想。植物配置一方面讲究树木花卉的四时生态，讲究植物的自然形象与山、水、建筑的配合关系，营造适宜的地域景观类型，选择与其相适应的植物群落类型；另一方面则追求大的空间内容与色彩的变化，强调块、带的景观效果。自然式植物景观更多地注重植物层次、色彩与地形的运用，形成变化较多的景观轮廓与层次，在四季中表现出不同的个性，整体景观"柔"性的内涵表现得更多一些。

　　随着各学科及经济飞速的发展，人们艺术修养不断提高，加之不愿再将大量财力耗费在养护管理整形植物景观上，人们向往自然，追求丰富多彩、变化无穷的植物美，于是，在植物配置中提倡自然美，创造自然的植物景观已成为新的潮流。

　　自然式园林内种植不成行列式，以反映自然界植物群落自然之美，树木配置以孤植、丛植、林植等为主，不用规则修剪的绿篱，以自然的树丛、树群、树带来区划和组织园林空间，花卉布置则以花丛、花群为主，不用模纹花坛。自然式植物配置所采用的形式本身就是遵循形式美法则确定的造景方式。

（一）孤植

　　在园林绿地中将树木进行单独种植的方法就是孤植（specimen planting, isolated planting）。孤植树又被称为独立树、孤赏树，主要表现树木的个体美。在我国古语中称为"杕（dì）"，为一棵树单（孤）植之意，《集韵》记载："杕，木独生也。"

　　孤植在园林绿地中，有时单纯作为构图艺术上的孤植树，有时作为庇荫和构图艺术相结合的孤植树。

1. 孤植的园林应用　　孤植是中国古典园林中采用较多的一种形式，并常作为庭院观赏的主题。于庭院角隅、廊之转角、入口等处零星点缀布置植物，并搭配景石，形成园林小景。如苏州拙政园"玉兰堂"的白玉兰、网师园桥头的白皮松；有的还利用某些树干的盘曲、树冠的扶疏之态，孤植于山崖，衬托绝壁的险峻，如环秀山庄假山上的紫薇和狮子林石山上的古圆柏；或植于池畔，与水面相映成趣，如网师园池畔的黑松；或栽植于宽广的草坪中，构成主景（图9-2-1）。

图9-2-1　公园中缓坡草坪中央的孤植树（榉树）

2. 孤植树的树形　孤植树突出表现树木的个体美，如奇特的姿态、丰富的线条、浓艳的花朵、硕大的果实等。孤植树的选择应具备以下基本条件：①植株的形体优美，冠大荫浓，枝叶开展，或是具有其他特殊观赏价值；②生长健壮，寿命很长，能经受重大自然灾害，宜多选用当地乡土树种中久经考验者；③树木不含毒素，无污染性，不具有易脱落的花果，以免伤害游人或妨害游人的活动。

常见的孤植树有雪松、云杉、桧柏、油松、榕树、香樟、广玉兰、银杏、国槐、合欢、悬铃木、白桦、无患子、枫杨、七叶树、枫香、元宝枫、鸡爪槭、乌桕、樱花、紫薇、梅花、柿树等。

此外，有些特殊树形的树木也可作为孤植树，这类孤植树包括垂枝式、曲枝式、立枝式、风吹式、斜干式等。垂枝式如垂柳、垂枝梅、垂枝樱、龙爪槐等；曲枝式如龙须柳、龙枣、龙桑等；立枝式如新疆杨、香椿等。

3. 孤植的种植形式　孤植的种植形式一般都是单株独植，但也有 2～3 株合栽组成一个单元，形成整体树冠，这种情况下，尽量是同一种树，种植株距不超过 1.5m。

孤植树下不得配置灌木，最好以低矮花草衬托。如果用做庭荫树，则用草坪或硬质铺装即可。

孤植树种植上要求地域开阔，不仅要保证树冠有足够的空间，而且要有比较合适的观赏视距和观赏点。孤植树统一于整个园林构图之中，要与周围景物互为配景。如果在开敞宽广的草坪、高地、山冈或水边栽植孤植树，所选树木必须体型巨大，这样才能与广阔的天空、水面、草坪相对比，才能使孤植树在姿态、形体、色彩上突出；在小型园林中草坪、较小水面的水滨以及小型院落之中栽植孤立树，其体型必须小巧玲珑，可以选择形体优美、色彩艳丽的小乔木或灌木；在山水园中种植孤植树，必须与假山石相协调，选择姿态苍劲、盘根错节的树种，如松、竹、梅等中国传统植物。

（二）丛植

丛植（clump planting）通常是指将两株到十几株同种或不同种的乔、灌木较为紧密地种植在一起，其树冠线彼此密接而形成一个整体轮廓线。丛植有较强的整体感，少量株数的丛植也具有孤植的效果。丛植强调植物的整体美，主要在于发挥集体的作用，对环境有较强的抗逆性，但又是通过个体之间的组合来体现的，彼此之间有统一的联系又有各自的变化，互相对比，互相衬托，同时，组成树丛的每一株树木，也都能在统一的构图之中表现其个体美，因此必须选择在庇荫、树姿、色彩、芳香等方面有特殊价值的树种（彩图 9 - 2 - 1）。

1. 丛植的组合方式　丛植植物通常为 2～15 株或更多，树丛欣赏的是植物的群体美，但因组成树丛的植物株数少，单体树仍暴露在游人的视野范围内，所以还要适当注意植物的个体美。丛植的配置形式有：2 株树丛的配合、3 株树丛的配合、4 株树丛的配合、5 株树丛的配合和 6 株以上树丛的配合。

（1）2 株配合　构图上应符合多样统一的原理。两株植物既要有变化，又能构成一个统一的整体。树木的大小、姿态有所不同，但树种相同或为外形相似的乔、灌木，动势呼应（彩图 9 - 2 - 2）。株距不能大于两树冠直径的 1/2，否则不成为一个树丛，而是两树孤植。

（2）3 株配合　最好选用同一树种，但大小、姿态可有所差异。栽植点不在同一直线上，3 株植物构成不等边三角形，最大与最小者近，中者稍远较自然；最多只能选用两种植物，最好同为乔木、灌木，常绿树、落叶树，其中大、中者为一种树，距离稍远，最小者为另一种树，与大者靠近（图9-2-2）。

（3）4株配合　4株树木组合设计宜选用一种或两种植物。4株植物可分为3∶1两组，构成不等边三角形或四边形，单株一组宜选中、偏大者为好，而最大的一株要在集体的一组中。若选用两种植物，应一种植物为3株，另一种1株，并且这株应为中、小号树，配置于3株的一组之中。

（4）5株配合　5株植物配置要呈不等边四边形或五边形，若为同种植物，则植物个体形态动势、间距各有不同，以3∶2式分组布局为佳，最大树位于3株的一组，3株组与2株组各自组合方式同3株树丛和2株树丛。5株丛植亦可采用4∶1式组合配置，其中单株组树木不能为最大、距离不宜过远。若选用两种植物，株数比以3∶2为宜，在分组布置时，最大树木不宜单独成组。

（5）6株以上的配合　由2株、3株、4株、5株几个基本配合形式相互组合而成。不同功能的丛植，树种配置要求不同。庇荫树丛植宜选用比较高大的乔木，草

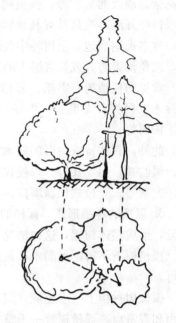

图9-2-2　3株丛植设计

地覆盖地面，树下置石桌、石凳。观赏树丛可选两种以上乔、灌木组成，传统配置中常与山石、宿根花卉等组合，有的还以粉墙为背景，以洞门为景框，组成活泼的植物景观。

2. 丛植的园林应用　树丛作为主景时，宜用针、阔混植的树丛，可配置在大草坪中央、水边、池畔、岛上或土丘山冈上，作为主景的焦点。作为诱导用的树丛多布置在入口、岔路口和道路弯曲的部分，将游览道路固定成曲线，诱导游人按设计安排的路线欣赏园林景色，还可用做小路分支的标志或遮蔽小路的前景，达到"峰回路转又一景"的效果。

（三）群植

由二三十株以上至数百株乔、灌木成群配置称为群植（group planting, mass planting, 树群）。群植可由单一树种组成，亦可由数个树种组成，其株数较多，占地面积较大，在小型园林中做背景、配景，在自然风景区中也可做主景。树群不但具有形成景观的艺术效果，还具有环境改善的作用。树群配置时应考虑林冠线轮廓以及色相、季相变化，考虑树木的生态习性，以保证树群的长期稳定性。

1. 树群的类型

（1）单纯树群　由一种树木组成，为丰富其景观效果，树下可以配置耐阴的宿根花卉作为地被植物（彩图9-2-3），如玉簪、萱草等。

（2）混交树群　具有多层结构、水平和垂直郁闭度均较高的植物群落，是树群的主要形式（彩图9-2-4）。分为乔木层、亚乔木层、大灌木层、小灌木层及多年生草本植物5个组成部分。

（3）带状树群（自然式林带）　当树群投影面积的长宽比稍大于4∶1时，称为带状树群，在园林中多用于组织空间。既可以是单纯树群，也可以是混交树群。自然式带状树群内，树木栽植不能成行成排，各树木之间的栽植距离也要各不相等，天际线要有起伏变化，外缘曲折多变。其结构也由乔木、亚乔木、大灌木、小灌木、多年生草本植物5部分组成。

2. 树群的配置

（1）株数　组成树群的单株树木数量一般在二三十株以上。

（2）场地条件　树群所表现的主要为群体美，树群也像孤立树和树丛一样，是构图上的主景之一。因此树群应该布置在有足够观赏距离的开阔场地上，如靠近林缘的大草坪、宽广的林中空地、水中的小岛屿、宽广水面的水滨、小山山坡上、土丘上等。在树群主要立面的前方，至少在树群高度的 4 倍、树群宽度的 1.5 倍距离上，要留出空地，以便游人观赏。

（3）规模与组合方式　群植规模不宜太大，在构图上要四面空旷，组成树群的每株树木对群体的外貌都要起一定作用。树群的组合方式最好采用郁闭式，成层结合。树群内通常不便于也不允许游人进入，因而不利于做庇荫休息之用。

（4）栽植距离　树群内植物的栽植距离要有疏密变化，构成不等边三角形，切忌成行、成排、成带栽植，常绿、落叶、观叶、观花的树木应用复层混交及小块混交与点状混交相结合的方式。

（5）树群外貌　树群外貌要高低起伏有变化，要注意季相变化。

（6）组合原则　树群组合的基本原则是高大采光的乔木层分布在中央，亚乔木在四周，大灌木、小灌木在外缘。混交树群分为 5 个部分，其中每一层都要显露出来，其显露的部分应是该植物观赏特征突出的部分。乔木层选用的树种，树冠的姿态要特别丰富，使整个树群的天际线富于变化；亚乔木层选用的树种，最好开花繁茂，或是有美丽的叶色；灌木应以花木为主；草本覆盖植物应以多年生野生花卉为主，树群下的土面不能裸露。

3. 仿自然式植物群落种植设计　为使施工人员很好地实施自然式小森林的种植，通常采用先矩阵、后补充的仿自然式植物群落种植设计方式。自然式人工小森林在规则的矩阵方式平面布局基础上，再自然布置 3 株、5 株丛植，同时注意任意 3 株不能形成一条直线，以达到自然林效果（图 9 - 2 - 3）。自然林地群落式布局要考虑各树种的生长速度，合理配置（各树种之间 5m 行距），以达到生长地各个阶段都有不同的植物作为主要景观林，而且经过

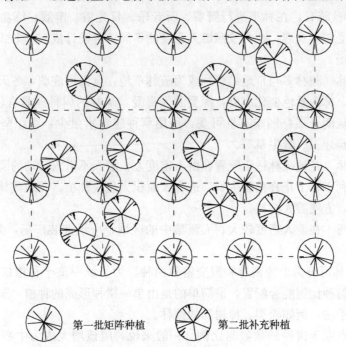

　　　第一批矩阵种植　　　　　第二批补充种植

图 9 - 2 - 3　自然式人工群植设计手法

优胜劣汰后的景观更接近自然界（图 9-2-4）。

图 9-2-4　自然式人工群植效果

（四）林植（树林）

成片、成块大量栽植乔、灌木，构成林地或森林景观称为林植（forest planting）或树林。林植多用于大面积公园安静区、风景游览区或休、疗养区卫生防护林带、城市外围的绿化带等。

在一般的城市环境中，林植可构成一般的树林和林带，其结构可分为密林和疏林两种。密林的郁闭度达 70%～100%，疏林的郁闭度为 40%～70%，密林和疏林都有纯林和混交林。

1. 疏林　疏林多为乔木林，舒适、明朗，适于游人活动，在园林中应用较多（彩图 9-2-5）。特别是春秋晴日，在林下进行野餐、听音乐、日光浴、游戏、练功等活动，环境甚为理想，因此颇受游人欢迎。疏林按照游人密度的不同，可设计成三种形式：草地疏林、花地疏林和疏林广场。

（1）草地疏林　疏林多与草地结合，成为疏林草地，夏天可庇荫，冬天有阳光，草坪空地供游憩、活动，林内景色变化多姿，深受游人喜爱。疏林的树种应具有较高的观赏价值，生长健壮，树冠疏朗开展，四季有景可观。所用草种应含水量少，组织坚固、耐旱、耐践踏，如禾本科的狗牙根、野牛草等。

（2）花地疏林　花地疏林适于配置在游人密度大、游人不进入活动的园林环境。要求乔木间距较大，以利于林下花卉植物生长，适合大面积大色块种植。花地疏林内应铺设一些自然式汀步或园路，方便游人游览。

（3）疏林广场　在游人密度较大、人流集中的区域，应设铺装广场，为游客提供休息、停留的场所。

2. 密林　密林可分为单纯密林和混交密林两种。为了统一整个种植植被的气氛，必须考虑何种树种以何种比例混合配置。最简单的是由单一树种形成的种植，属于园林种植设计中最简捷的处理手法，例如松类、樟树等的纯林。

混交种植重点在于树种的数量与比例。一般来说，应该增大成为中心的树种的种植比例，缩小附属树种的比例，并且区分主树与附属树木的种植区域、境界。

（1）单纯密林　单纯密林是由一个树种组成的密林，简洁壮观，便于管理，但缺乏垂直郁闭景观和季相交替景观。因此，应尽量利用起伏的地形和异龄树疏密相间造林，在风景林的外缘，适当配置树群、树丛和孤植树，林下配置耐阴的地被及宿根花卉。应选用最富于观赏价值且生长健壮的地方树种（图 9-2-5）。

图 9-2-5　园林中的单纯密林

（2）混交密林　混交密林是由多种树木采取块状、带状或点状混交的方式形成的密林。混交密林具有多层结构，大面积混交密林多采用片状或带状混交，小面积混交密林多采用小片状或点状混交，常绿树与落叶树混交。

日本园林种植设计的空间密度和特性如表 9-2-1 所示。

表 9-2-1　种植空间的密度和特性

基本型	树林构成	密度（郁闭度）	空间的特性	管理特性
散植	以单层树林为基础；草坪及其他的草地为主体，兼顾造景和绿荫等功能，形成高树点植的景观	3～10 棵/100m²（小于 30%）	视线好，为开放性的景观；娱乐行动的自由度大，利用密度高	集约型高管理水准；踏压的影响最强，落叶对有机质还原难，建设初始营造最好的立地条件
疏植	以复层林的乔木为主；在一定程度上控制乔木层的覆盖度的同时，对灌木层的覆盖度进行严格控制	10～20 棵/100m²（30%～70%）	光透射到林床，明亮的树林空间；利用密度和娱乐的自由度受到制约	中密度的管理水准；有必要对密度进行人为控制
密植	以多层林为基础；乔木层、小乔木层的树冠相互重合，形成郁闭的树林	20～40 棵/100m²（70%以上）	内部为封闭的、黑暗的、阴郁的空间；物理性能上，景观的空间遮断、平衡机能高；人为干涉少，为自然度高的树林空间	极低密度的管理水准；基本的管理是放任于自然的生态系统自我维持

二、园林种植设计的规则形式

规则式种植的平面多采用轴线或风格确定的几何图案方法来设计种植。规则式种植的植物景观注重装饰性的景观效果，对景观的组织强调动态与秩序的变化，使植物配置形成规则的布局方式。修剪的各类植物在规则式景观中，常常表现出庄重、典雅与宏大的气质。植物的高低层次的组合，往往使规则式植物景观效果对比鲜明，色彩搭配醒目，整体景观表现出"刚"性的内涵。规则式植物造景中的对称是以线为轴，把相同的形式和空间要素左右或上下反复配列而形成同形同量的效果。它的特点是平稳，富有节奏感，装饰性强，体现简洁之美，单纯之美，有利于表达严肃的主题和壮美的场景。

规则式平面构图中的对称可分为点对称和轴对称。假定在某一图形的中央设一条直线，将图形划分为相等的两部分，如果两部分的形状完全相等，这个图形就是轴对称的图形，这条直线称为对称轴。假定针对某一图形，存在一个中心点，以此点为中心通过旋转得到相同的图形，即称为点对称。点对称又有向心的"求心对称"，离心的"发射对称"，旋转式的"旋转对称"，逆向组合的"逆对称"，以及自圆心逐层扩大的"同心圆对称"等。在平面构图中运用对称原理要避免由于过分的绝对对称而产生单调、呆板的感觉，有的时候，在整体对称的格局中加入一些不对称的因素，反而能增强构图版面的生动性和美感，避免了单调和呆板。

（一）对植

对植（opposite planting，coupled planting）是指两株植物按照一定的轴线关系相互对称或均衡的一种栽植方式。对植的两株树（丛）多以同种同形为主，有时也有异种对植，例如日本庭园绿化中多将黑松和赤松进行对植，黑松被称为雄松，赤松被称为雌松。

对植在园林艺术构图中只做配景，动势向轴线集中。白居易《新昌闲居招杨郎中兄弟》记载双松道："但有双松当砌下，更无一事到心中。"苏轼《塔前古桧》记载双桧道："当年双桧是双童，相对无言老更恭。"

对植分为自然式和规则式两种形式。

规则式对植是利用同一树种、同一规格的树木依主体景物的中轴线做对称布置，树的边线与轴线垂直，并被轴线等分。主要运用在入口、道路及建筑两旁，强调公园、建筑、道路、广场的入口，同时结合庇荫、休息。规则式种植一般采用树冠整齐的树种，一些树冠过于扭曲的树种则需使用得当。种植的位置既要不妨碍出入交通和其他活动，又要保证树木有足够的生长空间（彩图9-2-6）。

自然式对植是采用株数不相同、树种相同的树种配置，如左侧是一株大树，右侧为同一种的两株小树，也可以两边是相似而不相同的树种，或两边为树种近似的树丛。两边既要避免呆板的对称，又需对应。两株或两个树丛还可以对植在道路两旁构成夹景，利用树木分枝状态或适当加以培育，构成相依或交冠的自然景象。

（二）列植

列植（linear planting）是将乔、灌木沿直线或曲线以等距离或按一定的变化规律而进行的种植方式。列植包括线状种植、带状种植、环状种植（彩图9-2-7）、围合种植、境界种植等。

列植形成的景观比较整齐、单纯、气势大，多应用于规则式园林绿地或自然式绿地的局部，并多用于建筑、道路、地下管线较多的地段，具有施工、管理方便的优点。与道路配合，可形成夹景。

1. 列植的主要形式

（1）线状种植 线状种植是按照线条状进行种植的方式，具有一列、两列、数列直线或曲线的规则式种植形态，以表现优美的线条种植为主（图9-2-6）。

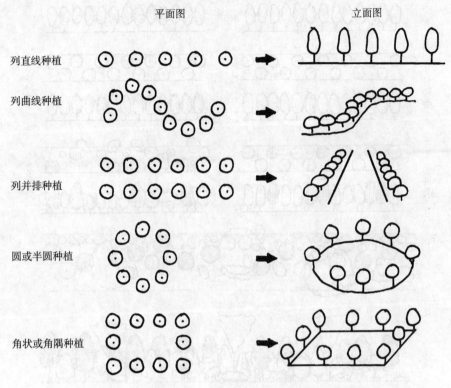

图9-2-6 线状种植各种形式

除了各种规则式的线状种植形式之外，还有变形的线状种植形式（图9-2-7）。

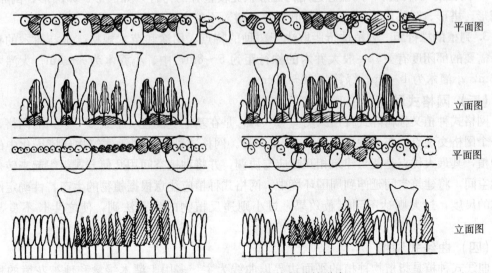

图9-2-7 各种变形的线状种植形式

（2）带状种植 带状种植是呈现带状的种植方式，配置方法有交互种植、交互花样种植、零散的花样种植等（图9-2-8）。

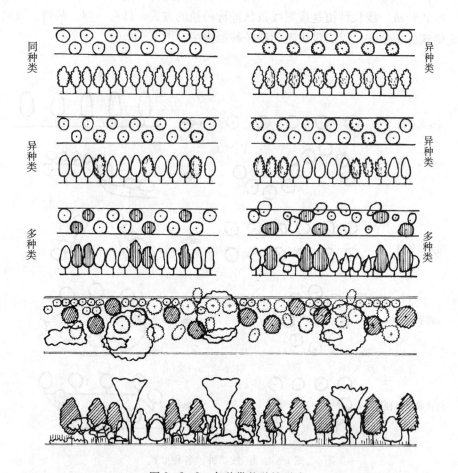

左侧自上而下标注：同种类、异种类、多种类

右侧自上而下标注：异种类、异种类、多种类

图 9-2-8 各种带状种植形式

2. 列植的树种选择 列植宜选用树冠形状比较整齐的树种，如圆形、卵圆形、倒卵形、椭圆形、塔形、圆柱形等，而不选枝叶稀疏、树冠不整齐的植物。

3. 列植的株行距 列植株行距取决于树种的特点、用途和苗木规格，也与树木的种类及所需要的郁闭度有关。一般大乔木的株行距为 5～8m，中、小乔木为 3～5m；大灌木为 2～3m，小灌木为 1～2m；绿篱为 30～50cm。

（三）网格式种植

网格式种植又称树阵式种植（图 9-2-9），是在基地上设置一个或多个系列的网格，在每一个网格交叉点上布置种植点（图 9-2-10）。网格式种植多用于建筑物环境绿化中的乔木种植，其最大优点是能与建筑相互呼应与协调，并将种植空间用几何方式组织起来转化为功能空间，将建筑空间延伸到周围环境中。网格式种植应注意根据植物的生态特性确定网络单体的尺度，过大则达不到遮蔽效果，过小则违反植物的生态法则，使之生长不良甚至死亡。

（四）曲线式种植

曲线式种植是指植物种植的平面边界以曲线为主，多用于灌木绿篱和地被花境的种植（图 9-2-11）。曲线式种植虽为规则种植方式，却具有流畅的自然美感，能够软化植物造景的界面（图 9-2-12）。

图 9-2-9　树阵广场

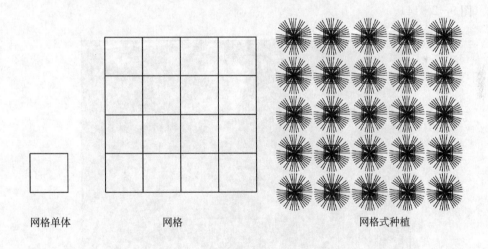

网格单体　　　　　　　　网格　　　　　　　　　网格式种植

图 9-2-10　网格式种植

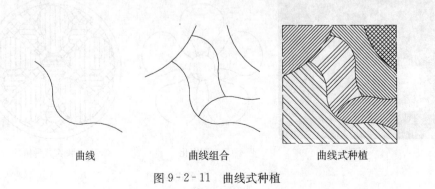

曲线　　　　　　　　曲线组合　　　　　　　　曲线式种植

图 9-2-11　曲线式种植

图 9-2-12　曲线式种植软化植物造景的界面

(五) 图案式种植

图案式种植一般以修剪的植物为材料，在平面上构成各种图形或文字（图 9-2-13，彩图 9-2-8）。虽然图案式种植的生态效益较低，但在特定的节点布置能够起强调作用并吸引视线（图 9-2-14）。

图 9-2-13　图案式种植

原型

图案化

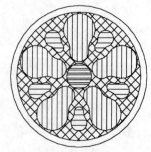

图案式种植

图 9-2-14　图案式种植

第三节　特殊功能型园林绿地种植设计

园林绿地从整体上来说具有生态改善、休憩娱乐、景观美化、文化创造以及防灾避险等功能。对每一处园林绿地，则具有绿荫、休憩、观赏、遮蔽、缓冲、视线诱导、防灾、保护等功能，有的绿地具有以上多项功能。例如列植的树木和行道树，除了绿荫和视线诱导功能之外，还具有休憩、美化等功能，同时还对一些不美观的街景具有遮蔽的功能。

本节重点讨论具有特殊功能的防风绿地、防火绿地、减噪绿地、空气净化绿地、绿荫绿地、遮蔽绿地及绿篱等的种植设计。

一、防风绿地种植设计

防风绿地是指通过改变风向、减弱风速等途径，起到预防强风作用的绿地。除此之外，还包括减弱、防止由风引起的尘土、盐分以及飞雪等带来的危害为目的的绿地。

防风效果与外缘的树冠曲线和树木高度有关，影响到上风侧（树高的 6～10 倍距离处）、下风侧（树高的 25～30 倍距离处）的风速，效果最明显的是在下风侧树高 3～5 倍附近风速可以减弱到 35%。

风速的减弱量与树林密度和高度有关，枝叶郁闭度在 60%、绿篱郁闭度在 50% 左右时，防风效果较好。

风不能透过密度高的植被，在密度高的植被前后防风效果表现显著，植被下风侧（避风侧）空气稀薄，形成旋涡，只是下风侧的植被林缘受到风的影响较大（图 9-3-1）。

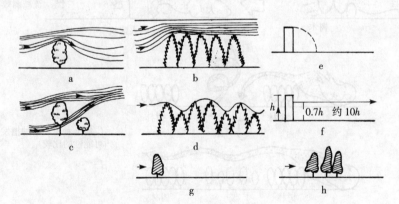

图 9-3-1　园林植被的防风效果

a. 形成风害　b. 具有防风效果　c. 具有防风效果　d. 防风效果良好

e. 风速减缓范围＝绿篱高度的 1.1 倍

f. 风速减弱 1/2 的距离＝在绿篱高度 0.7 倍处影响距离为绿篱高度的 10～11 倍

g. 1 列树木具有防风效果　h. 3 列树木具有良好的防风效果

1. 防风绿地种植设计　防风种植要点如下：①采取间隔为 1.5～2.0m 的正三角形种植方式；②种植树列为 5～7 列，宽度为 10～20m；③植树带的长度至少为树高的 12 倍；④防风植栽带的位置与主风向成直角；⑤上风侧种植灌木、下风侧种植乔木，林缘部为树冠曲线；⑥防雪林的种植类似于防风林，但宽度在 30m 以上；⑦在缺少用地的情况下，可以采用一林带两树列形式，距目的物 15～20m。

2. 防风绿地树种选择　防风绿地树种要求如下：①深根性、干枝粗壮、枝叶密的常绿树种；②防雪林选用耐寒性强、生长旺盛、枝条不易被雪压断的树种。

防风种植所用树木种类：针叶树有罗汉松、黑松、日本柳杉、刚松等，常绿阔叶树有栲类、樟树、珊瑚树、水青冈、山茶、大叶黄杨等，落叶阔叶树有连香树、麻栎、榉树等，其他如竹类等。

二、防火绿地种植设计

防火绿地是指火灾发生时，通过阻止火灾蔓延和飞火，达到熄灭火灾和阻断放射热目的的绿地（图9-3-2，图9-3-3）。

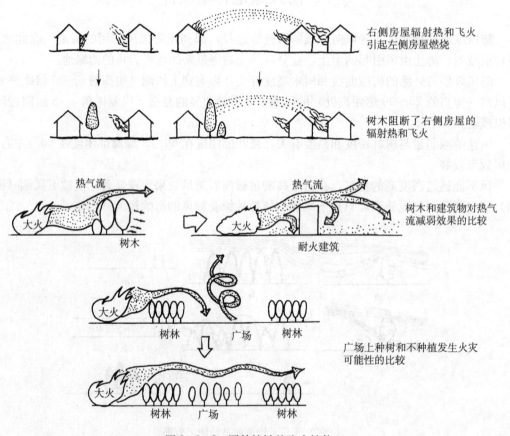

右侧房屋辐射热和飞火引起左侧房屋燃烧

树木阻断了右侧房屋的辐射热和飞火

树木和建筑物对热气流减弱效果的比较

广场上种树和不种植发生火灾可能性的比较

图9-3-2　园林植被的防火性能

在街区发生火灾的情况下，绿地（树木、树林）对火灾的抑制作用如下：可以作为遮蔽物，形成隔离空间，同时还可作为水分供给源。

①首先，树木、树林发挥着遮蔽物或者遮断壁的作用。市街地火灾由于热辐射、飞散火球、热气流、火焰重叠等的相互作用而使火势蔓延。遮蔽物可以阻断其中的热辐射、飞散火球、火焰等。

②其次，树木、树林所形成的空间（距离）的作用大。种植有群落或树林的场所至少可以产生数米的空间。火灾产生的热量，随着离火源渐远而减弱，数米距离空间可以起到一定的减弱效果。

图9-3-3　1995年日本阪神大地震发生时樟树阻断了火灾的蔓延

③最后便是水分的作用。火灾导致温度升高，树木通过放出内部的水分阻止树木自身与周围温度上升。在风势较弱的情况下，水分变成水蒸气，可以抑制可燃气体与空气混合，从而达到抑制燃烧的作用。

1. 防火绿地种植设计　防火绿地的主体是形成燃烧阻断功能的防火植被与避难广场的植被。除此之外，还有地标植被、诱导植被、治疗被害者心灵与精神的植被等。

防火种植要点如下：①为了保护位于街道内部的避难广场不受市街地火灾的影响，广场四周要种植树木以围合广场空间；②在木结构建筑密集区和工厂等可能发生大规模火灾的地区，应在周边配置具有足够高度与宽度的植被带，以阻止大火蔓延；③为了充分发挥植被带的作用，在与市区保留一定距离的前提下，配置植被带，这样可以使树冠部不被火焰所包围，如果树冠部被火焰包围，大部分树叶会脱落，而失去防火功能；④为了充分发挥绿地（树木）对热辐射的阻断功能，有必要提高种植带的遮蔽性（障壁的作用），同时，根据火焰面和避难广场与植栽带的相对位置决定树高与乔木、灌木构成是必要的；⑤如种植带地面存在落叶、枯草等，一旦燃烧，会妨碍避难行动，因此应选择落叶、枯草比较少的树种与常绿地被植物；⑥为了平时园林绿地的灵活运用，从安全的角度出发，还应确保其通透性，并具有一定的亮度。另外，为了安抚被害者受伤害的心灵，还应确保园林绿地的美观。

2. 防火绿地树种选择　防火绿地树种要求如下：①不易着火的树种；②难以燃烧的树种；③遮蔽性强的树种（图9-3-4）。要根据街道火灾危险性高低以及是否能确保与街道保持一定距离等条件，综合考虑决定树种。同时，树种的生育条件是否与防灾绿地的气象、土壤等条件相适应，也相当重要。如不适应，很难发挥防火功能。

防火绿地所用树木种类：一般认为含水率高的珊瑚树、银杏等耐火性强。此外，樟树、桂花、库页冷杉、日本扁柏、日本柳杉、北美香柏等含油率高，耐火性较差；桃叶珊瑚、珊瑚树、银杏、青檞、尖叶槠、东北红豆杉、罗汉松等含油率低，耐火性较强。

3. 防火绿地的规模　防火绿地的规模（断面构造、高度、宽度）取决于与火灾的相互关系，把握周边街道的火灾危险性、预想火灾的发生程度是必要的。

从理论上讲，如果能够形成与火苗相对应高度的植物墙，其宽度又与一般墙壁的宽度相当，则可达到防火效果。具有防灾避险功能的大型园林绿地，必须预想到"大火"的发生，数十米高度的植被是必要的。而只有高度、没有宽度也难于防止大火的蔓延。事实上，如果

图 9 - 3 - 4　日本宝塚市末广防灾公园的防火种植带

树木带（高度、宽度的效果）与绿地空间（宽度与距离的效果）相配合，则可以确保避难广场的安全性。总之，如果能够确保遮蔽性，未必一定要在防火种植带上全部种满树木，应在充分考虑通风、安全、美观等的前提下进行配置（图 9 - 3 - 5）。

图 9 - 3 - 5　利用模拟法研究不同植物配置方式防火力

4. 防火种植设计的新提案

（1）防火种植设计新提案的依据　日本公园绿地防灾技术研究会对树木防灾功能中的防火功能进行了研究，并就以下三方面提出建议：①在考虑树木的耐火性、遮蔽性等特性的基础上，为了最大限度地发挥防火性能对防火植物的配置进行研究；②在形成阻断热辐射墙的同时，还应在植被带之间留有适度的空间，这样可同时发挥两项功能，对这种栽植模型进行研究试验；③在考虑含水率与含油率的前提下进行树种选择。

（2）防火种植设计的新建议——FPS 栽植　所谓 FPS 栽植，是指在街道发生大规模火灾的情况下，在具有防灾避险功能的城市公园中，为了保护在公园中避难的人们免受火灾的蔓延与热辐射的危害而进行的防火植物的配置方法。

对于 FPS 栽植，在火灾现场到避难广场之间，从树木的耐火界限距离与人的耐火界限距离出发，可将整个空间分为以下三部分：F 区，称为火灾危险带；P 区，称为防火植被带；S 区，称为避难广场。因为各区的功能不同，植物的配置也不同。

①F 区（火灾危险带）：从火灾现场到树木的耐火界限距离的范围，取 fire、front 的第一个字母，命名为 F 区。F 区包括公园绿地以外的道路、河川、空地等。生长于该区的树木，如果火灾规模小（一栋楼、数栋楼的火灾），可以起到阻断热辐射墙的作用，但如果街道发生大火灾则被损伤。所以 F 区的栽植，应尽量选择难于着火、叶片难于立即燃烧的树种。

树木基本上为可燃物，在被火焰包围的情况下，水分急剧蒸发而着火燃烧。到着火燃烧为止，树木通过叶的振动、反射及水分表现出抵抗性，但经过一定时间之后树木开始燃烧并成为火灾新的能源。常绿阔叶树的着火时间为 30～40s。距离越大着火所需时间越长。火焰接触的危险距离与起火建筑的种类和风速、周围状况有关。实际观察发现，如果发生大火灾，5m 之内的树木会受到烘烤而致伤。

与火焰接触危险区域稍远，叶片受热辐射的影响而起火的距离称为辐射受热危险区域。试验表明，各类树木的辐射受热着火界限：常绿阔叶树为 $15.58kW/m^2$、落叶阔叶树为 $16.16kW/m^2$、针叶树为 $13.95kW/m^2$。通过计算，辐射热能够达到的距离为 10m 左右。

适于接焰危险区域种植的树种应具有以下特性：可燃性气体少；受飞散火球、火花影响着火时间长；含水率高。

树叶表层的角质层厚、反射率高、水分保持力高等特性综合发挥作用，成为 F 区防火树木的最主要特征。另外，含水率较高会使着火时间变长。适于该区域种植的树种有：八仙花、东北红豆杉、溲疏类、夹竹桃、铁冬青、日本金松、珊瑚树、日本毛女贞、大叶黄杨、厚皮香、八角金盘、交让木、桃叶珊瑚、银杏、青桐、尖叶栲、女贞、刚竹、山茶花等。

②P 区（防火栽植带）：从树木的耐火界限距离到人的耐火界限距离的范围，取 plant、protect 的第一个字母，命名为 P 区。在 P 区设置防火植被带，通过阻断热辐射，保护公园内的避难广场（S 区）。在此必须注意的是 P 区不是指的防火植被带的宽度，而是指到避难广场（S 区）的距离。也就是说，如果能够达到标准的遮蔽率与树高，在防火功能上 P 区没有必要全部设置栽植带。

因为 P 区的树木位于燃烧界限以下，所以无论栽植何种树木一般都不会出现着火现象。在规划防火栽植的情况下，必须首先将其作为障壁提高遮蔽性。

在 P 区中，应以比 F 区具有更高耐火性的树种为主体进行配置。但是，高耐火性的树种一般多为常绿阔叶树，如果要考虑日常使用，则应在适当场所配置落叶树与花灌木。另外，通过乔木、灌木有机结合与配置，在提高遮蔽率的同时，应考虑可以从各个方向进出，以防紧急情况。

另一方面，在考虑以防火植被作为热辐射障壁的情况下，应尽量维持树木的较高高度，这样效果会更好。但是，从周围居民对日照的要求和管理费用来看，能够进行高效率维护管理的高度较合适。

适于 P 区种植的树种有：赤松、木通、八仙花、罗汉柏、东北红豆杉、罗汉松、溲疏、野茉莉、槐树、香榧、夹竹桃、铁冬青、黑松、日本金松、杨桐、茶梅、日本花柏、珊瑚树、日本柳杉、苦楝、大王松、南酸枣、爬山虎、日本毛女贞、柊树、桧柏、常春藤、大叶黄杨、厚皮香、八角金盘、交让木等。

③S区（避难广场）：处于人的耐火界限距离以远的场所，取 safety、space 的第一个字母，命名为S区。因为远于飞散火球的距离，树木不会发生火灾，称为树木安全区域。在该区域，可根据需要种植一般的园林树木，而高大乔木有时会对避难广场的使用产生影响。因此，树木配置应保证大型车辆进入防灾公园绿地的路线畅通，确保临时直升机的升降场所等。

草坪在灾害时期应能够承受紧急车辆、物资搬入车辆、直升机升降等技术要求，在紧急时期能够迅速发挥作用。从避难、救援活动的观点出发，应选择耐践踏的草坪地被植物并强化植被基部的耐践踏性。因此，在选择草坪地被植物时，应注意下列内容：耐践踏性，形成良好的草坪；对环境具有较强的适应性；具有市场性；容易养护管理；具有较强的恢复力等。强化植被基部耐践踏性的基本技术是以辅助增强材料作为耐践踏性的骨架，在骨架之间种植草坪。

三、减噪绿地种植设计

减噪绿地是通过吸声、遮音、使声的传播路径折射变长等途径达到减低声量、缓和噪声对人的心理影响为目的的绿地（图 9-3-6）。

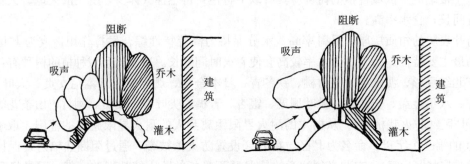

图 9-3-6　园林植被的吸声效果

植物对噪声的减弱值与种植密度、配置方式、树种、形状、枝叶密度等因素有关。

所以，离噪声源近的树带外围设置对噪声衰减效果强的防声壁（现成制品）、混凝土墙、土堆、石墙等，近年来还出现了在铝合金框架上固定纤维布等以遮声和吸声为目的的制品。这些物品与植物种植并用效果较好。

1. 减噪绿地种植设计　减噪种植要点如下：①植物构成不是单一的，而是乔木、小乔木、灌木复层种植，比一般植被种植密度大，郁闭性好；②在与声音的传播路线成直角方向处将植物栽植成绿篱状，离声源越近衰减效果越大；③在只有树带的情况下，理想的宽度应为 20～50m（树带宽度 25m 时减声约 5dB，宽度每增加 25m 约减声 5dB）。

2. 减噪绿地树种选择　减噪绿地树种要求如下：①枝叶密、叶型大的常绿乔木；②枝下高较高的乔木，要与灌木搭配种植；③种植落叶树时，前后栽植常绿树种；④能够耐汽车尾气的抗性树种。

适合减噪种植的针叶树有圆柏、雪松等；阔叶乔木有乌岗栎、光叶石楠、夹竹桃、樟树、铁冬青、月桂、杨桐、茶梅、珊瑚树、白樟、尖叶槠、广玉兰、山茶、女贞、日本毛女贞、柊树、枸骨、厚朴、冬青、厚皮香、肉桂、杨梅等；阔叶灌木有桃叶珊瑚、马醉木、六道木、钝齿冬青、石斑木、瑞香、茶树、杜鹃类、海桐、胡颓子、柃木、大叶黄杨、龟甲冬青、八角金盘、连翘等。

四、空气净化绿地种植设计

空气净化绿地是指通过对废气状污染物的吸收和对灰尘状污染物的吸附达到净化空气目的的植物栽植（图 9-3-7）。

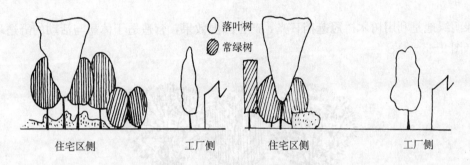

落叶树
常绿树

住宅区侧　　　　工厂侧　　　　住宅区侧　　　　工厂侧

图 9-3-7　空气净化种植设计

空气污染物质包括瓦斯状气体和灰尘状污染物。有毒气体包括燃料产生的二氧化硫（SO_2）、一氧化碳（CO）、氮氧化物等，以及化学型工程产生的硫化氢（H_2S）、氨气（NH_3）、乙烯（C_2H_4）等。此外，二次性产生的废气，例如硫酸雾和氮素氧化物经紫外线照射后进行二次性反应产生的氧化剂等。其中二氧化硫与氧化剂进行光化学反应产生的光化学雾是植物受害的主要污染物质。

1. 空气净化绿地种植设计　空气净化种植要点如下：①将乔木、灌木、地被或者藤本植物组合配置，确保一定的通气性，以便积极地导入污染物质；②以常绿阔叶树为主体，但是这种栽植缺乏四季变化，并且气氛庄重，可配置落叶树、花木类等，形成焦点，增加季节感；③种植宽度，公园中最低限为 4～5m，一般 10m 以上为好，以吸收汽车尾气为目的的植栽要确保 20～30m。

2. 空气净化绿地树种选择　空气净化绿地树种要求如下：①对公害具备抵抗性，光合作用能力强；②为常绿树，枝叶茂密，树龄长，能够长成健壮树形；③对灰尘污染物吸收性强，要求具有突起、毛、锯齿等复杂构造的叶片和小型叶片；④一般要求叶数量多，抗病虫害能力强，移植后易于成活的树种。

耐汽车尾气的树种如下：①针叶树有罗汉松、圆柏、粗榧、竹柏、日本扁柏、杉木；②常绿阔叶树有麻栎、山茶、夹竹桃、樟树、铁冬青、月桂、杨桐、茶梅、珊瑚树、白檀、广玉兰、红楠、女贞、柊树、枸骨、尖叶栲、冬青、厚皮香、杨梅、交让木、桃叶珊瑚、马醉木、六道木、钝齿冬青、大紫杜鹃、龟甲冬青、栀子、莽草、石斑木、瑞香、海桐、胡颓子、南天竹、枸木、火棘、八角金盘；③落叶阔叶树有梧桐、榔榆、银杏、樱花、石榴、垂柳、悬铃木、三角枫、连翘。

耐二氧化硫的树种如下：①针叶树有罗汉松、圆柏、粗榧、青杆、龙柏、日本扁柏、罗汉柏、岸刺柏、偃柏；②常绿阔叶树有铁橚、蚊母树、钝齿冬青、光叶石楠、夹竹桃、樟树、铁冬青、月桂、杨桐、茶梅、珊瑚树、青橚、白檀、西洋柊树、广玉兰、垂叶卫矛、山茶、女贞、日本毛女贞、柊树、枸骨、黄杨、尖叶栲、厚皮香、冬青、交让木、桃叶珊瑚、六道木、大紫杜鹃、枸橘、寒山茶、莽草、石斑木、茶、海桐、假叶树、胡颓子、十大功劳、柃木、火棘、伞形花石斑木；③落叶阔叶树有梧桐、野梧桐、地锦槭、槐树、柞栎、杨树、银白杨、枹栎、垂柳、悬铃木、三角枫、七叶树、玉铃花、紫荆、狭叶四照花、北美鹅掌楸、八仙花、花椒、郁李、贴梗海棠、木槿、蜡梅；④特殊树有棕榈、苏铁、丝兰；⑤藤本植物有落霜红、凌霄。

五、绿荫绿地种植设计

绿荫绿地是利用树木树冠遮挡日光，产生降温效果，营造适于休憩与活动的舒适环境的绿地（图 9-3-8）。

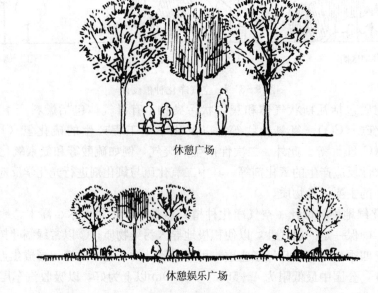

休憩广场

休憩娱乐广场

图 9-3-8　绿荫绿地种植设计

在道路绿化中，树木枝叶覆盖上空，可以缓和寒暖与干湿变化，为道路使用者提供舒适的空间。夏季中午时，树木的枝叶不仅遮挡日光的直射，而且还具有防止直射日光导致路面温度上升引起高温反射的效果，同时还能加剧叶面的蒸腾从而起到吸收热量的作用，从而对道路和周围环境的升温有抑制作用。

1. 绿荫绿地种植设计　绿荫种植设计要点如下：①绿荫绿地是为夏季中午或傍晚夕阳照射时在广场和休息场所形成树荫的植栽（图 9-3-9）；②树种应该根据场所和目的进行配置；③绿荫的种植形式有规则式和自然式；④规则式种植是同种、同规格的树按等距或一定比例，在直线或平行线上配列；⑤规则式种植适于强调整齐美的列植和行道树，自然式种植在休闲娱乐广场、步行者专用道路等处应用效果良好。

2. 绿荫绿地树种选择　绿荫绿地树种要求如下：①为了夏季遮阴、冬季透光，通常选用落叶树种；②为了使树冠大，并在树下碰不到头，枝下高要求 2m 以上；③为了能够充分遮阴，叶片要大型，树冠不要太密实；④靠近树木之处，没有恶臭、刺、病虫害等；⑤根际部虽经踩踏板结，但对生长发育影响小，树形优美。

3. 行道树树种选择　行道树树种要求如下：①乔木为直干，枝下高 2.5m 以上，原则上

图 9-3-9　绿荫种植设计

树高在 4m 以上、胸径 18cm 以上；②种植间隔以 6～8m 为标准，根据地域不同有所差异；③树形整齐优美，树干纹理、色彩优美；④树势强健，耐整形修剪，枝条萌芽力强；⑤枝条密生，形态及色彩优美，卫生，夏季遮阴效果好；⑥繁殖容易，生长快，移植简单（图 9-3-10）。

图 9-3-10　海口的行道树

4. 道路绿化树种　道路绿化树种要求如下：①树形优美，枝叶茂密；②健壮，对恶劣环境（大气污染等公害、干燥、瘠薄、热辐射等）的适应性强，生长旺盛；③栽培容易，大树移植容易；④耐病虫害、强风等，可以实施强修剪、整形，恢复力强；⑤没有毒性、刺激性气味与臭味，不会给人带来不适感；⑥能表现乡土特色；⑦使用灌木时，为了保持种植时的大小，在树种选择时，要充分考虑种植地的宽度与植物的树形、生长程度等；⑧小乔木种植主要使用常绿树，交叉路口和人行横道附近的种植要确保视距；

⑨灌木种植主要使用常绿树；⑩中央分车带的种植，原则上分离带宽度在 1.5m 以上，宽度在 4.0m 以上时可栽植乔木。

六、遮蔽绿地种植设计

遮蔽绿地是指除了用于遮掩外观上不美观的场所、构筑物和工作物等，为了保护个人隐私、阻挡从外部观看内部之外，还用于防止汽车等的光照、汽车排气或从广场等飞来的沙尘等的绿地（图 9-3-11，图 9-3-12）。

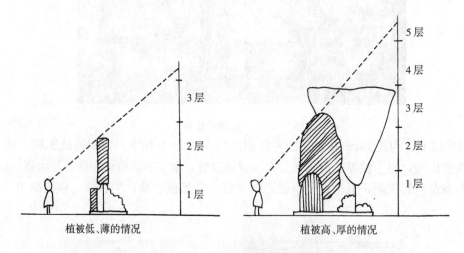

图 9-3-11　园林植被的遮蔽效果

图 9-3-12　园林绿地的遮蔽功能

在行道树的间隔为树冠直径的 2 倍以下时注视前方，侧方的遮蔽对象物被行道树遮挡，不能看清楚被遮挡的对象。这是人的视野末端知觉低下的原理。另外，在视角 30°以内的前方如果行道树重复，侧方视线会被完全遮挡。

1. 遮蔽绿地种植设计　遮蔽种植要点如下：①根据遮蔽对象和遮蔽程度，相应改变种植宽度、形状和密度；②外观上，为了尽早达到保护隐私的效果，采用树冠相接的行列种植方式；③在有高度要求时，将乔木修剪成高篱状，或在金属网上使用藤本植物进行攀缘；④根据种植宽度要求，可以采取交互式二列种植，或者将乔木、小乔木、灌木组合构成复层种植，遮蔽效果较好。

2. 遮蔽绿地树种选择　遮蔽绿地树种要求如下：①常绿树最理想，但在遮挡程度低时，也可选用落叶树；②树冠大，枝叶细密，下枝不上扬；③生长快，萌芽力强并耐修剪；④抗病虫害能力强，易于管理。

适合遮蔽绿地的树种如下：针叶树有赤松、罗汉柏、圆柏、粗榧、侧柏、日本扁柏等；常绿乔木有铁橱、钝齿冬青、乌岗栎、光叶石楠、夹竹桃、樟树、珊瑚树、青榈、尖叶栲、女贞、枸骨、日本毛女贞、桂花、冬青、厚皮香等；常绿灌木有桃叶珊瑚、海桐、假叶树、柃木、火棘、大叶黄杨、八角金盘等。

七、绿篱（隔离绿地）种植设计

凡是由灌木或小乔木以近距离的株行距密植，栽成单行、双行或数行，紧密结合的规则的种植形式，称为绿篱或绿墙（彩图 9-3-1，彩图 9-3-2）。

1. 绿篱的功能　绿篱具有如下功能：

（1）围合与保护作用　园林中常以绿篱作防范的边界，可用刺篱、高篱或绿篱内加铁丝网。绿篱可以组织游览路线，按照所指定的范围参观游览。不希望游人通过的地方可用绿篱围合起来（图 9-3-13）。

图 9-3-13　起到围合与阻断视线作用的绿篱

（2）分隔空间和屏障视线　园林中常用绿篱或绿墙进行分区和屏障视线，分隔不同功能的空间。这种绿篱最好用常绿树组成高于视线的绿墙。如将儿童游戏场、露天剧场、运动场与安静休息区隔离开来，减少相互干扰。在自然式布局中，有局部规则式的空间，也可用绿墙隔离，使强烈对比、风格不同的布局形式得到缓和。

（3）作为规则式园林的分区线　以中篱作分界线，以矮篱作为花境的边缘、花坛和观赏草坪的图案花纹。

（4）作为花境、喷泉、雕像的背景　园林中常用常绿树修剪成各种形式的绿墙，作为喷泉和雕像的背景，其高度一般要与喷泉和雕像的高度相称，色彩以选用没有反光的暗绿色树种为宜，作为花境背景的绿篱，一般均为常绿的高篱及中篱。

（5）美化挡土墙　在各种绿地中，不同高度的两块台地之间的挡土墙，为避免立面上的枯燥，常在挡土墙的前方栽植绿篱，对挡土墙的立面进行美化。

2. 绿篱的类型　根据高度可分为绿墙（高度在 160cm 以上）、高绿篱（120～160cm）、绿篱（50～120cm）和矮绿篱（50cm 以下）。

根据功能要求与观赏要求可分为常绿绿篱、花篱、果篱、刺篱、落叶篱、蔓篱与编篱等。

3. 绿篱植物选择　绿篱植物应具有较强的萌芽更新能力和较强的耐阴能力，以生长缓慢、叶片较小的树种为宜。绿篱植物要求如下：①生长势强，耐修剪；②底部枝条与内侧枝条不易凋落；③叶片细小，枝叶稠密；④抗性强，耐尘埃，病虫害少。

绿篱常用树种如下：①针叶树有罗汉柏、东北红豆杉、圆柏、粗榧、罗汉松、龙柏、'矮丛'紫杉、侧柏、花柏、柳杉、铁杉、北美香柏、扁柏、桧柏、雪松；②常绿阔叶树有铁橼、钝齿冬青、乌岗栎、光叶石楠、夹竹桃、茶梅、珊瑚树、尖叶栲、青橼、女贞、日本毛女贞、柊树、枸骨、桃叶珊瑚、马醉木、瑞香、茶树、杜鹃类、六月雪、火棘、十大功劳、柃木、大叶黄杨、龟甲冬青；③落叶阔叶树有银杏、杨树、溲疏、枸橘、麻叶绣线菊、灯笼花、玫瑰、月季类、贴梗海棠、木槿、绣线菊、连翘；④藤本有木通、爬山虎、南五味子、金银花、常春藤、南蛇藤、藤本月季、扶芳藤、凌霄、木天蓼、三叶木通。

4. 绿篱种植密度　绿篱的种植密度根据使用目的、树种、苗木规格和种植地带宽度而定。矮绿篱和一般绿篱株距可采用 30～50cm，行距 40～60cm，双行式绿篱按交互排列种植。绿墙株距可采用 1～1.5m，行距 1.5～2m。

第十章

园林植物与其他园林要素的配置

园林的规模有大有小，内容有繁有简，但基本上都由山、水、植物和建筑四大要素构成。这四种要素不是孤立存在，而要经过人们有意识地构配组合成为有机的整体，共同造景，给人以美的享受，陶冶人们的情操。

植物是构成园林的最重要要素。只有山、水和建筑的园林显得单调、呆板和缺少生气，而且不符合大自然的规律。现代园林中，植物更成为主角，其与园林中其他要素的相互搭配也就显得极为重要。此外，随着园林服务对象的改变，即由原来为私人服务转向现在为公众服务，作为组织交通和联系景区的园林道路，被提高到重要的位置上，而它与园林植物的搭配也就必须得以重视。

本章重点介绍园林植物与山石、水体、建筑以及园路的配置。

第一节　园林植物与山石的配置

山，支起了园林的立体空间，以其厚重雄峻给人古老苍劲的质感。山可以分割空间，增加景象层次；可以隐蔽园墙，含蓄景深，使景象产生不尽之意；在园址范围不大的园林中，可以使游览路线立体化——变平面为三度迂回的路线，不但丰富游览程序，翻山越岭、循谷探幽而增加游兴，而且延长游览路程和游览时间，从而起到拓展空间的作用。

凡叠石造山，需伴以绿化，否则缺乏生气。园林中有的凭借自然山体成景，有的人工叠山而造景，两者都十分重视植物和山体的结合。"山，骨于石，褥于林，灵于水"，就园林艺术来说，山不在高，而以得山林效果为准则，根据山体生态特征和景观特征巧妙地布置安排植物，可形成不同情趣的"行、望、游、居"的空间。

唐岱《绘事发微》中说道："山有四时之色……春山艳冶而如笑，夏山苍翠而如滴，秋山明净而如妆，冬山惨淡而如睡。"郭熙《林泉高致》有云："风景以山石为骨架……以水为血脉，以草木为毛发，以烟云为神采。故山得水而活，得草木而华，得烟云而秀媚。"充分说明植物赋予了山体以生命和活力，山因为有了植物才秀美，才有四季不同的景色。王维《山水诀》中"山藉树而衣，树藉山而骨。树不可繁，要见山之秀丽，山不可乱，需显树之精神"，充分说明了植物与山石之间的紧密关系，揭示了山体空间植物配置的艺术原则。

　　《画鉴析览》中有："石乃山之子孙，树乃石之俦侣。石无树而无庇，树无石则无依"，体现植物和山石间的生机与变化，故有"山本静水流则动，石本顽树活则灵"。此外，植物对于山石还有"树若连栅，围山足而兼衬山峦"（笪重光《画筌》），指出植物对山石的衬托作用。"土山戴石，林木瘦耸；石山戴土，林木肥茂。木有在山，木有在水。在山者，土厚之处有千尺之松；在水者，土薄之处有数尺之檗"（郭熙《林泉高致》），充分体现出对山石与植物生态习性的把握和认识。

　　山以山林空间经营为重，以植物配置衬托山林气氛，植物是山势的重要补充。如果完全没有植物的配合，山体则显得生硬、乏味；适当地配置植物，可以使山体充满生机，并有刚柔相济的景观效果（彩图 10-1-1，图 10-1-1）。石重在表现叠石之美，其间点缀屈曲斜欹之树木，披垂纤细盘虬之藤萝，可以掩盖其造型缺陷，也可以起到凸显嶙峋、补足气势的作用。

图 10-1-1　盆景中山石与植物的配置

　　本节将山石分为土山、石山、土石山和置石四个部分，分别对园林植物配置进行论述。土山以造景游览为主要目的，以土为主要材料，以自然山体或以自然山水为蓝本并加以艺术的提炼而人工再造的山体为对象，如奥林匹克森林公园地形、颐和园万寿山、圆明园地形处理等，也包括现代园林中的微地形。石山是以石材为主的人工堆叠的石材假山，如狮子林太湖石假山、豫园黄石假山等。土石山是以石材作为边砌，中间为土栽种植物，如上海长风公园的牡丹亭、杭州花港观鱼的牡丹亭等。以上三类并归为山体一类。置石则是以山石为材料作独立性或附属性的造景布置，主要表现山石的个体美或局部的组合，如苏州留园的冠云峰、上海豫园的玉玲珑等，单独作为一类进行分析。

一、山体的植物配置

　　园林可凭借自然山体成景，也可人工叠山而造景，两者都十分重视植物与山体的结合。在园林中，当植物与山体组织创造景观时，不管要表现的景观主体是山体还是植物，都需要根据山体本身的特征和周边的具体环境，精心选择植物的种类、形态、高低、大小以及不同植物之间的搭配形式，使山体和植物组合达到最自然、最美的景观效果。柔美丰盛的植物可以衬托山体之硬朗和气势，而山体之辅助点缀又可以使植物显得更加富有神韵，植物与山体相得益彰地配置，更能营造出丰富多彩、充满灵韵的景观。

（一）山体植物配置要点

1. 结合植物的生态习性　地形在不同朝向其环境差异较大，日照度、阴影等都对植物选择具有不同的要求。向阳的一面日照强而干燥，土壤薄，植喜阳耐旱植物；背阴的一面日照弱而较湿，土层厚，要注意耐阴植物的选择。

2. 遵循植物自然群落特征　对大型山体进行种植设计时，根据当地生态环境及植物自然群落的组合规律、结构特征，运用园林种植设计的原则、手法，组成各具特色、相对稳定的乔灌草、乔草、乔灌等多种复层植物群落。如北京奥林匹克森林公园以"通向自然的轴线"作为整体理念，巧妙运用各种植物，使园林景观逐渐由城市化向自然山林过渡。

3. 遵循自然界中山石、树木分布规律　山水浓重之处植被亦浓重，山水疏散之处植物亦疏散。与山石相配合造景的绿化树木应贴近自然，重树木之自然姿态。《醉古堂剑扫》中有"松下皆灌丛杂木，茑萝骈织"，充分说明以松树为乔木主景的林下，应有灌木等"下树"，成为天然林相。

4. 结合植物的景观特性　《园冶》中云："岩曲松根盘磺"，"苍松蟠郁之麓"；《长物志》中有："山松宜植土岗之上"，这些论述侧重某一树种之配置要领，山间宜松是众所周知的，山中如有苍虬根系裸露，最是古雅，应予以保护，衬托园景。

依种类而论，松柏比较刚劲，榆柳比较秀丽，梅竹比较清逸，花卉比较妩媚。与山石配合的造型中，讲究树木本身的形态美，如挺直的树木姿态比较刚劲，多用于岗势山石造型中；弯曲的树木姿态比较柔秀，常用于较为秀丽山石之中造型；倒挂的树木比较奇突，可用于山石的悬空造型。

5. 增加山体与植物配置的层次　每个层次的景物在线条、色彩上均有所不同。山有三远之景：一层近山，一层树木；一层中山，又一层树木；再一层远山，再一层树木。因而看起来就产生了增加空间深度的感觉。以山体树木而论，一层红枫，一层青松，一层垂柳，层层不同，也能令人产生增加景深的感觉。

（二）土山的植物配置

土山包括自然土山和人工堆叠的土山，以土为主，石为辅，山石可点缀其中。山林气氛主要靠植物来衬托，因此植物配置是山势的重要补充手段。园林施工过程中，因地势平坦而挖湖堆山所形成的多为土山，此类山体一般都要用植物覆盖。此外，还包括一些低矮的微地形处理，或裸露，或有稀疏植被。

土山一般不作为形体观赏的主要对象，其重点在于山林空间的营造。用植物则可烘托其山林气氛，增加土山的景观层次。树木构成的山体有更为高大的天际线，颇有意境，苍古而富有野趣（彩图10-1-2）。土山在作远山形态观赏时，更需要植物形成较为丰满的植被形态，同时展现出季相特征，如杭州西湖"苏堤春晓"，景色四时不同，晴、雨也均有情趣。晴天，风吹柳丝婀娜起舞，如青烟、如绿雾，舒卷飘忽。间隔在柳树间的红白碧桃，喷红吐翠，灼灼闹春。雨天，三面群山春雨梳洗，分外青葱翠绿。新柳如烟，春风骀荡，为"西湖十景"之首。另如上海植物园人工堆叠的四座2~5m高的土山亦用植物来体现春、夏、秋、冬四时之景。春山植山茶、樱桃、海棠花、杜鹃、广玉兰、紫薇；夏山植广玉兰、紫薇、石楠、桂花；秋山植桂花、槭树；冬山植山茶、蜡梅、杜鹃和常绿树（白皮松、黑松、竹等）。

四座山之间以常绿树为基调，每座山之间各有互相连接的树种，使得四座山各有植物景观特色而又互不孤立。

对土山进行植物配置时，应增强山形轮廓线的起伏，创造丰富的林冠线。种植设计对土山，特别是高度不大的小山，是十分重要的。如果设计得当，树木和土山相得益彰，起伏的林冠线不仅突出了山的轮廓，而且在视觉上增加了山的高度。反之，有些土山形体尚好，所在位置也好，但因山麓部分乔灌木密植，以致看不到山脚，加上山的上部树木生长不良，从外观上看，林冠线平缓，显不出山的效果。从山上眺望时，视线不通透，感觉不到山和平地或水面之间的联系。为改变这种状况，一方面需加强山顶树木的养护，使之生长良好，以凸显山峰；另一方面间疏山脚平地间的树木，使山露脚。

山体空间的植物配置可分上、中、下三层或上、下两层，依据不同的要求配置不同的植物，表现多样的山林景观。如拙政园中部的浮翠阁景点为一山林景观，植物有上、下两层：乔木层和灌木层，通过常绿和落叶树种的合理配置，春末夏初之际，绿树葱茏，山亭被掩之大半，一派自然山体风味。秋末冬初之际，落叶树满树黄叶纷纷落地，只剩下枝干，山林呈现萧条的感觉。

1. 土山不同位置的植物配置　　在山地环境中，山位（反映山体各个不同位置的特征）所体现的是各个不同的局部地形，因此它具有不同的空间属性、景观特性，要求不同山位植物的配置不同。一般在山麓、坳、谷等低处宜多辟起伏柔和的草地；山腰部分可成片栽植较大树木或做成疏林草地；山头则宜种植高大树木。草坪与树木交接处可点缀花灌木或宿根花卉；草坪上可植大小与土山体量相称的乔木。

植物种植特别是乔木的种植与山体的结合，可以分隔围合出各种空间。为了增强山地形构成的空间效果，在植物的选择与配置上，则以高、阔、深、整的手法来体现，选用树形高耸的树种配置于地形的顶端、山脊和高地，中间不配置层次过多的树丛，边缘树丛前后错落，有隐有透，给人一种深远感。与此同时，让低洼地区更加透空，配置低矮的植物，这样就可以在一定程度上突出山

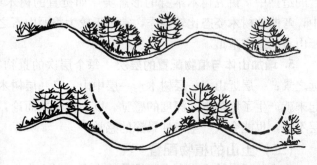

图 10-1-2　根据实际需要，有时会在山谷处栽植植物，有时会在山顶处栽植植物

的体量，造就山的气势；相反，便可弱化原有的陡峭地形，创造出柔和舒缓的地势。人工山体的山峰与山麓高差不大，为突出其山体高度及造型，山脊线附近可植以高大的乔木，山坡、山沟、山麓选择较为低矮的植物（图 10-1-2）。

下面以山麓、山坡、山冈、山巅和山谷为例进行分析：

（1）山麓　　山麓的植物配置以乔木虚其下部，显露下部山石的巧妙变化，如以大量灌木笼盖山麓则山体显得缺乏层次，不易取得小中见大的效果。或种植成复层群落结构，适合山麓多为土的地形。颐和园后山采用这种做法，配置枫、栾、槐、山桃等落叶树和花灌木、地被，与平地、水体相连，具有朴野清新的自然气息。

（2）山坡　　植物配置在起伏不平的山坡之上，形成起伏跌宕的景色，层次丰满，变化丰富，自然流畅，充分展现大自然的山林风貌。山坡植物配置应强调山体的整体性及成片效

果，可配以色叶树、花木林、常绿林、常绿落叶混交林，景观以春季山花烂漫、夏季郁郁葱葱、秋季漫山红叶、冬季苍绿雄浑为佳。

山坡分为阴坡和阳坡，自然界中，山坡和山谷一起构成山的主体，并因坡度、光照、水分、土壤等生态条件不同而形成丰富多样的植物生境。园林种植设计中常利用山坡坡度的变化，展现"高远、深远、平远"的层次变化。南坡片植、群植阳性花木，以供行游观赏；北坡一般色彩相对淡雅，多表现夏季林下清旷的景色，另外由于土层较厚，群落构成较为复杂。至于南北走向的山，无论东坡或西坡，对安排建筑或配置花木，则都没有太大限制。

（3）山冈和山巅　山冈和山巅是构成天际线的重要景观，空间意趣以"旷"为主。颐和园后溪河北岸山冈上的油松出于山桃、山杏等灌木之上，对岸望去如一幅山水长卷（图10-1-3）。山巅植以大片花木或色叶树，可以有较好的远视效果，如松、柏、臭椿、栾树等。谐趣园四周被土石结合的假山环抱，密植榆树、黄栌、槐等乔木树种，将谐趣园遮挡起来，形成幽静、绮丽的空间。

图10-1-3　颐和园后溪河北岸的油松、山桃、山杏等早春景观
（朱春阳摄）

（4）山谷　山谷是山体中景观最丰富多变的区域，不仅容易产生背风向阳、外旷内幽的地形，而且往往土层深厚，水分充足。山谷是山水、植物、建筑景观的交结之处，其植物结合山水、建筑、道路形成各具情趣的空间。山谷地形曲折幽深，环境阴湿，应选耐阴树种，如配置成松云峡、梨花峪、樱桃沟等，如颐和园后山山涧——东桃花沟和西桃花沟、玉琴峡等。玉琴峡为一人造小型峡谷，其植物种类十分丰富，上部被早园竹、白蜡、臭椿遮掩，两岸石缝中生有枸杞、胡枝子、荆条、金银木、地黄、抱茎苦荬菜、马蔺等，形成了朴素、自然的清凉环境，保持了自然山林原有的风格，景观特色非常突出。

在古典园林中，山谷往往是造景的重点，北京香山、承德避暑山庄都利用自然山谷营建园中园。杭州西湖周边山地凭借山谷生态差异，进行不同的种植设计，形成各具特色的风景游览地，如灵峰之梅、云栖之竹、龙井之茶、满觉陇之桂等，九溪十八涧借山谷幽偏地形，保护、因借自然植被，结合山泉溪涧，形成"重重叠叠山，高高下下树，叮叮咚咚泉"的景观，富有山林野趣。

2. 微地形的植物配置　植物可利用起伏的地形地征，以微地形树林景观为特色，与草坪结合，高大乔木形成背景，前部形成更为开阔的空间。

花港观鱼大草坪面积 16 400m²，地形微向北面的水面倾斜，以稳重而高耸的雪松与主干道的广玉兰构成宽达 150m 的景面，游人立于缓坡之下，更觉雪松群挺拔而壮观。

如道路两侧略起微地形，山脚下多留出一定的空间，种植草坪或者低矮的植物，如铺地柏等，结合缓坡上的植物构成大小、形状不同的空间，形成峰回路转、中轴夹景的效果（图10-1-4）。

图 10-1-4　园路的微地形处理

（三）土石山的植物配置

此处的土石山主要指以山石镶边、内部种植植物的一种形式（彩图 10-1-3）。韩拙《山水纯全集》中指出："林麓者，山脚下有林木也"，"林峦者，山岩上有林木也"。树木若生于山麓，必有大石屏蔽其根，十分自然，如同山林中自生一般。苏州园林中榆、柏等大乔木的间隙处常疏植桂花、山茶等花木，以丰富景观，又以络石、常春藤等蔓性植物攀缘在镶边山石上，掩饰斧凿的痕迹，增添自然色彩，成为层峦叠翠的山林景色。

砌边山石的质地不同要求不同的植物配置，如长满青苔的山石、光滑的大理石和卵石是细质地，乱石砌就的驳岸、未经磨砺的山石是粗质地。山石与花木的质地相近得和谐，相背得对比。光润的大卵石砌边，可与佛甲草等整齐低矮的植物搭配，体现出谐调之美；粗粝的砌石边植以常春藤、书带草等，乱石堆叠的砌边植以铺地柏、迎春等，体现出自然的静谧与雅致。山石的特殊质感为土石山营造出了更多的情趣。

在植物选择上山石旁可丛植各种低矮花灌木及色叶树种，如杜鹃、铺地柏、结香等，石缝及草坪中点缀石蒜、忽地笑、葱兰等草本花卉，创造纤草如茵的景观。

（四）石山的植物配置

园林叠山，姿态奇异，风格秀丽、典雅、含蓄，集技术与艺术于一身，凝聚了古代造园家的智慧。私家园林空间院落叠山较为丰富，但由于地方小，假山的体量受到限制，故古代造园师正是在小中见大上下工夫，达到"一拳代山，一勺代水"的意境，使人如置身于自然山水中一般。其造型或借意人间物象，或仿作自然山体，虽一峰一岭，亦讲究气势，多布置在入口、前庭、廊侧、路端、窗旁、池边等。

　　堆置假山的目的是模拟和浓缩自然界的景观，求得自然趣味，因此需伴以植物，或植于山石之上平添一份灵气，石与树相配宛如天成，形成多变的园林空间。古有："石配树而华，树配石而坚"，植物与假山石共同组景达到一定的意境和艺术效果（图10-1-5）。

图10-1-5　庭园内山石与蕨类、苔藓类的配置

　　1. 植物选择　假山的植物配置宜根据山石自身特征和周边环境，精心选择植物的种类、形态、高低、大小等，使植物衬托山的姿态、质感和气势，以便和山石达到自然的景观效果。

　　由于特殊的生境条件，假山的植物配置多选择灌木、小乔木或一部分能在石隙中生长的草本植物，以枝叶细小、根系发达、生命力旺盛的种类为主，常用的有小叶罗汉松、六月雪、五针松、雀梅、榔榆、四季石榴、虎刺梅、迎春等。《长物志》中列举了适于石隙中生长的植物，有梅、映山红、小竹、松、柏、紫薇、萱草等。

　　植物单体的选择则应着重考虑树姿。自然界中长于山石之上的树木不同于生长于平地的那样高大挺拔，一般多低矮弯曲，粗根裸露。因此选树时要尽量贴近自然，选取适当的树姿。树的大小要与山体比例协调，做到"丈山尺树"，有时为了增强观赏效果，采取适当的夸张手法也是可行的。

　　2. 植物配置　外观岩石嶙峋的石山，植物配置少于土山，这一方面是适应天然石山少土少植被的规律，另一方面则是重在表现岩石的美。所以石山的植物配置要适度，要结合假山的走势、特点来配置，在造成山林气氛的同时，种植要起到衬托岩石的作用，石山植物侧重于姿态生动的种类，如松、朴树、紫薇等。另外，假山上的植物多配置在山体的半山腰或山脚。配置在半山腰的植株体量宜小，盘曲苍劲；配置在山脚的则相对要高大一些，枝干粗直或横卧。

　　自然界的山石，许多凹入的空洞都有野生植物生长，人工假山不能忘记这一自然景观，石隙中预留盛土的孔洞，种上攀缘植物，悬葛垂萝颇有野趣，如真山一般（图10-1-6）。

　　植物配置也常体现假山的四季景观。春英者，"叶细而花繁"，可选取迎春、连翘、金钟、紫荆、绣球等，桃、李、杏、木兰、牡丹等装点于园中的各个景点，达到繁英的景象。夏荫者，"叶密而茂盛"，千山万树繁茂蓬勃，在生机盎然中绿荫如盖，炎暑中增添了几许凉

图 10-1-6　江南私家园林的假山园中栽种的花木

意。如拙政园的雪香云蔚亭，绣绮亭假山皆浓荫匝地，"嘉木繁荫人坦坦"。秋毛（色）者，"叶疏而飘零"，有"明净如妆"的感觉。苏州园林有众多赏桂的景点，可以繁荣秋色。冬骨者，"叶枯而枝槁"，这是落叶树的冬态。宋·李成《山水诀》有："冬树槎桠妥帖"，朱长文《乐圃记》中则有："槎桠摧折，而气象未衰"。这是对落叶树种的选择标准。中国古典园林中的文人园林多园小地狭，不宜多植常绿树，而多以落叶树为基调，故冬骨的画意尤为突出。

　　不同的石材种类肌理不同，其植物配置亦不相同。如湖石堆山强调通灵俊秀，可配在常绿小乔木或灌木之旁，以加强细腻、轻巧的植物景观风格。黄石堆山多数质朴、厚重，宜与高大雄浑的乔木树群相配，可起到锦上添花的作用。

　　个园的四季假山堆叠闻名于世，园内分别选用石笋、湖石、黄石、宣石叠成，结合表现四季景观，植物配置手法与石材相结合，手法不同，风格迥异。

　　春景主要集中在个园宜雨轩前，以竹石开篇，月门左右花坛上刚竹挺技，枝叶扶疏之间几枝石笋破土而出，好似雨后春笋，特别是春天笋季，真假竹笋更是相映成趣，呈现出一派春意盎然的景象。

　　夏景以假山水池展开，运用玲珑剔透的湖石和草木掩映的水面构成一派夏季景象。湖石皱、瘦、透、漏，叠就的夏山结合立地条件，山腰盘根垂萝、草木掩映。植物以水竹、广玉兰、紫薇和山上古柏为主，同时配置石榴、紫藤等。水竹纤巧柔美，与太湖石相得益彰，两株广玉兰为树龄160年的古树名木，夏日枝叶相连，浓荫如盖，花白而丰盈，创造了一种宁静祥和的氛围。紫薇植于背风向阳之处，在夏季红花盛开，色泽艳丽，花期很长，为夏季绿化配置的佳品。整个夏景林木葱葱郁郁，秀媚婀娜，与峻峭而秀美的山体融为一体。

　　秋景为全园四个景区中的高潮部分，位于园中东北角，用粗犷的黄石叠成假山，模仿黄山真山造型，山隙古柏斜伸，与嶙峋山石构成苍古奇拙的画面。整个假山植物配置以四季竹和秋色树种为主，半山腰配以古柏、黑松以添北方雄浑之气（常绿树的厚重与黄石的稳重相协调），且黑松造型优美，貌似黄山松，"黄山三绝"中奇松、怪石在这里展现。红枫、青枫叶形美丽，秋季叶色鲜红，与黄石山体交相呼应，呈现出一片金秋绚丽的色彩。

　　冬景是全园的尾声，用宣石（雪石）堆成一组雪狮图，迎光则闪闪发亮，背光则熠熠放白。此景位于园内南部，是阳光直射不到的地方，以宣石叠成的冬山颜色洁白，整个山体俨然积雪未消，隐隐散出逼人的寒光。冬景入口以斑竹疏植，主景疏落。斑竹也叫湘妃竹，"斑竹一枝千滴泪"，冬天的凄惨悲凉之感油然而生。冬景又以岁寒三友中的"竹、梅"为主要配置材料，南天竹枝叶发红，叶小巧精美，蜡梅傲雪怒放，花香袭人，"月映竹成千个字，霜高梅孕一身花"是冬景极好的写照。

此外，假山的植物配置还要充分考虑植物种植的具体位置。位置选得好，会增强整体景观效果，使树与山相映生辉；位置选得不好，反而会遮盖山之秀丽，有画蛇添足之感。山石上植树一般应注意以下几点：①均势：山石布局好之后，如果在构图上尚不均衡，可通过调整树木的位置达到均衡的效果；②补空：山石在观感上要成为一个整体，如果局部有空缺，可通过植树加以填补；③遮丑：山石虽美，但美中往往有不足，对此可用树木遮掩；④造景：可根据需要，用树木造景。

二、置石的植物配置

置石是将石块做零星的布置。一种是将形状奇特、硕大的石峰放在园中视线的焦点和转折处，常以山石本身的形体、质地、色彩及意境作为欣赏对象，为孤置（图 10 - 1 - 7）；另一种是散置，即将山石做群体布置，而非以石的个体美取胜，与植物景观结合组景，或聚或散，疏密有致，顾盼呼应，形成有主有次、立卧得宜的石景，形成完整精妙的构图。这种置石方法多用于从建筑过渡到自然的空间内，置于近岸、路边、桥头等处，凝聚了自然山川之美及诗情画意之韵，使人产生对山野环境的联想，寄托对大自然的感情。更有砌作岸石、作蹲配或结合地形半露半埋来造景等。古人有"花间置石，必整块玲珑，忌零确叠砌"，"树石布置，须疏密相间，虚实相生，乃得画理"。在园林植物景观空间中，置石与植物相配，即能成为一幅美丽的图画，《画筌》中有"片石疏丛，天真烂熳"。

图 10 - 1 - 7　著名的青莲朵（北京中山公园）

园林中出现较多的置石与植物的配置，多在入口、拐角、路边、亭旁、窗前、花台等处，置石一块，配上姿、形与之匹配的植物即是一副优美的绘画（彩图 10 - 1 - 4）。能与置石协调的植物种类有南天竹、凤尾竹、油松、芭蕉、十大功劳、扶芳藤、金丝桃、鸢尾、沿阶草、菖蒲、石菖蒲、旱伞草、兰花等。

　　置石与植物配置的方式可分为两种：一种为山石为主、植物为辅，层次分明、静中有动；一种为植物为主、山石为辅，返璞归真、自然野趣。

　　1. 山石为主，植物为辅　在古典园林中，经常在庭院的入口、中心等视线集中的地方特置大块独立山石。在现代绿地和公园内，山石也常被安置于居住区的入口、公园某一个主景区、草坪的一角、轴线的焦点等处形成醒目的点景。在山石的周边常缀以植物，或作为背景烘托，或作为前置衬托，形成一处层次分明、静中有动的园林景观（图 10 - 1 - 8）。这样以山石为主、植物为辅的配置方式因其主体突出，常作为园林中的障景、对景、框景，用来划分空间，丰富层次，具有多重观赏价值。

图 10 - 1 - 8　私家园林中以山石为主的植物配置
（朱春阳摄）

　　置石周围的植物配置以突出置石造型为特点，如苏州留园的冠云峰兼备瘦、皱、漏、透于一体，坐落于以鸳鸯厅为主的院落中。植物以常绿树居多，如夹竹桃、罗汉松、桂花等，配置石榴、南天竹、枸杞等灌木，前植低矮的各色草花，衬托石峰的奇美，游人驻足平台或漫步曲廊之中，但见湖石山峰高耸奇特、玲珑清秀，其旁的植物花叶扶疏、姿态娟秀、苍翠如洗。

　　2. 植物为主，山石为辅　以山石为配景的植物配置可以充分展示自然植物群落形成的景观（彩图 10 - 1 - 5）。通常是将多种植物栽植在树丛、绿篱、栏杆、绿地边缘、道路两旁、转角处以及建筑物前，以带状自然式混合栽种可形成花境，这种仿自然植物群落再配以石头镶嵌使景观更为协调稳定和亲切自然，更富有历史的久远。

　　上海中山公园一角由几块奇石和植物成组配置。石块大小呼应，有疏有密，植物有机地组合在石块之间，蒲苇、矮牵牛、秋海棠、银叶菊、伞房决明、南天竹、桃叶珊瑚等花境植物参差高下，生动有致。上海佘山月湖山庄的主干道两侧以翠竹林为景观主体，林下茂盛葱郁的阴生植物、野生花卉、爬藤植物参差错落、生动野趣，偶见块石二三一组、凹凸不平，倾侧斜欹在浓林之下、密丛之间，漫步其中，如置身郊野山林，让人充分领略大自然的山野气息。另有些石峰配置的植物多半是藤蔓，如野蔷薇、凌霄、木香、络石等攀缘花木，如《园冶》中所说："蔷薇未架，不妨凭石"，植物点染青绿，增加了生气。

第二节　园林植物与水体的配置

作为构成园林的四大要素之一，水在各种风格的园林中均起着不可替代的作用。它给人以明净、清澈、近人、开怀的感受，古人将水称为园林的"血液"、"灵魂"。园林中通常采用山水树石等巧妙地组成优美的空间，将我国的名山大川、湖泊溪流等自然景观浓缩于园林之中，形成山青水秀、林茂花好的格调，使之成为一幅美丽的山水画。

水的形式多种多样，平静的水常给人以安静、轻松、柔和的感觉，流动的水令人兴奋和激动，瀑布气势恢宏，喷泉则多姿多彩。园林中各类水体无论其形式如何，在园林中或为主景，或为配景，多借助植物来丰富景观，因植物的配置而赋予水体环境不同的氛围。水面、驳岸、水边园林植物的姿态、色彩所形成的倒影，均加强了水体的美感，有的绚丽夺目、五彩缤纷，有的则幽静含蓄、色调柔和（图 10-2-1）。在园林种植设计中，处理好植物与水体之间的关系，营造出引人入胜的画面。

图 10-2-1　水体植物景观
（戴碧霞摄）

白居易《池上篇》云："十亩之宅，五亩之园，有水一池，有竹千竿……灵鹤怪石，紫菱白莲，皆吾所好，尽在吾前。"描写了菱、莲的色彩，竹林的美感。周密《吴兴园林记·赵氏菊坡园》中有："蓉柳夹岸数百株，照影水中，如铺锦绣"。龚贤《半千课徒画说》中有："松在山，柳近水……诸柳之中，以乱生于野田僻壤之间至妙"，且"柳下但宜芦苇"，故所谓"深柳疏芦"宜植于"江干湖畔"。明·郑元勋《影园自记》云："前后夹水，隔水蜀冈蜿蜒起伏，尽作山势……环四面柳万屯，荷千余顷，崔苇生之，水清而多鱼，渔棹往来不绝。"因地盖于柳影、荷影、山影、水影之间，故名影园。可见古人常在湖中植荷，岸边栽柳、竹而构成园林水景，是文人士大夫追求雅致情趣的显现。

笪重光《画筌》中有："山门敞豁，松杉森列而成行；水阁幽奇，藤竹萧疏而垂影。平沙渺渺，隐葭苇之苍茫；村水溶溶，映垂杨之历乱。林带泉而含响，石负竹以斜通。"从中可以看出不同环境、不同形式的水体要求不同风格的植物配置。王维《山水论》中有："水断处则烟树，水阔处则征帆。"宋代"艮岳"中有："接水之末，增土为大陂，从东南侧柏，枝干柔密，揉之不断，叶叶为幢盖、鸾鹤、蛟龙之状，动以万数，曰'龙柏陂'。"即以植物掩映水的源头或尽头，暗示空间的延绵不尽。

　　园林中不同的水体环境要求选择不同姿态的植物。唐岱在《绘事发微》中提到："柳要有迎风探水之态，以桃为侣，每在池边堤畔，近水有情"。清代蒋骥《读画纪闻》中有水边应选"九曲之状者"，强调了树姿的重要性。怡园湖池旁配置姿态绝妙的白皮松，在黄馨、金钟花、络石的配合下，不论正侧面都呈现出画意。宋人最爱梅花，以梅为妻的隐士林和靖的"疏影横斜水清浅，暗香浮动月黄昏"，最能表现水边梅花的风韵。

一、植物与水体配置的要点

（一）遵循生态习性

　　在进行水体的植物配置时，首先需考虑植物的生态习性。种植在水边或水中的植物应选择耐水湿的种类，还要深入研究水生植物在自然界中的生活习性与生长环境，以利于在种植设计中选择恰当的种类。任何植物都有适合其生长的生态环境条件，应根据不同植物的生态习性，充分考虑水深、水位变化等因素，设置深水、浅水栽植区。如菖蒲在水深不超过70cm的浅水区生长旺盛，繁殖较快。另外要注意慎重引种适合生长的外来水生植物，防止造成生物入侵，如凤眼莲等。

（二）讲究艺术构图

　　根据水面宽窄、水流缓急、空间开合等具体环境的不同，将不同线条、色彩、形体、姿态的植物科学合理地配置在一起，同时注重植物景观艺术构图的稳定和景观的自然美。

　　1. 线条艺术　水边栽植植物，枝条或探向水面，或平伸，或斜展，在水面上均可形成优美的线条。平直的水面应充分利用植物的形态和线条构图，来丰富水体空间层次，如种植在水边的垂柳，形成柔条拂水的线性轮廓。我国园林中自古主张在水边植以垂柳（图10 - 2 - 2）。正如《长物志》所述垂柳"更须临池种之，柔条拂水，弄绿搓黄，大有逸致"。但是水边植物也并不完全局限于这一种形式，高耸向上的水杉、落羽杉、水松等亦可产生很好的艺术效果，刚劲有力，使空间充满力度，与水平面在空间上形成强烈的对比，一竖一横，符合艺术构图上的对比法则。这种与水面形成对比的配置方式宜群植，不宜孤植，同时还要注意

图10 - 2 - 2　杭州苏堤的垂柳

与园林风格及周边环境相协调。另外，形态飘逸的大王椰子植于水边，可形成一幅洒脱的南方风情画面。

2. 透景与借景 自然的水体周边植物配置切忌等距种植及整形式修剪，应与周围设计风格相协调，以免失去画意。水边配置自然片林时，应留出透景线，利用树干、树冠构成对岸景观的画框。一些姿态优美的树种，其倾向水面的枝、干可被看做框架，与远处的景色构成一幅自然的画面，尤其斜向伸入水边的大乔木，在构图上可起到丰富水面层次的作用，且富有野趣。

（三）表现文化内涵

文化内涵的渗透使植物造景充满长久的生命力。植物独特的形态特征，触发人们的丰富联想，并赋予其丰富的情感和深刻的文化内涵。历史上文人墨客题诗写词盛赞西湖之美时，提及西湖中水生植物的应用，使整个西湖风景区的水生植物景观具有深厚的文化底蕴。如苏轼之《夜泛西湖》云："菰蒲无边水茫茫，荷花夜开风露香。渐见灯明出远寺，更待月黑看湖光。"不仅道出荷花的开花、观花特性，更可以看出茭白、香蒲两种植物的应用已颇壮观，是当时水边的主要水生植物。赵子昂《西湖》诗："春阴柳絮不能飞，两足蒲芽绿更肥。只恐前呵惊白鹭，独骑款段绕湖归。"形象地描述了西湖春天柳树飘絮、香蒲发芽时的景象。彭玉麟"两岸凉生菰叶雨，一亭香透藕花风"，分别借用茭白与荷花在风雨中的景象，将当时的环境氛围表达得淋漓尽致，让人身临其境。白居易"绕郭荷花三十里，拂城松树一千株"，点出了荷花和松树是主景，说明当时西湖周边已遍植荷花。南宋时，西湖就有红白色千叶荷花，香飘十里。杨万里在《晓出净慈寺送林子方》诗中咏道："毕竟西湖六月中，风光不与四时同。接天莲叶无穷碧，映日荷花别样红。"对当时西湖壮丽恢弘的荷花景观做了极致入微的描述，成为传世咏荷名句。

（四）突出四时变化

通过应用不同观赏特性的植物，分区种植、分层配置或混合种植延长观赏时间，从而突出植物景观的四时变化。如体现春季景观的"苏堤春晓"、"柳浪闻莺"，体现夏季景观的"曲院风荷"，体现秋季景观的"平湖秋月"、"三潭印月"，体现冬季景观的"断桥残雪"等。太子湾、花港观鱼红鱼池为突出春景，水生植物以黄菖蒲为主，"茅乡水情"通过大量应用禾本科植物如芦苇、芦竹、斑茅、蒲苇等，营造"秋风瑟瑟芦苇花"的秋冬季节景观。应用一组植物构成群落，四季皆有景可赏。如杭州一处水边植物群落，其结构为垂柳—紫薇＋山桃—云南黄馨—扶芳藤＋沿阶草。从群落季相分析，春季可观垂柳、山桃组成的"桃红柳绿"的景色，夏季紫薇盛开，冬季常绿的云南黄馨、扶芳藤、沿阶草点缀绿意。

总之，水体结合植物的造景方式千变万化，不同地区、不同环境出于不同的目的、要求，可以有多种多样的组合与种植方式。

二、各类水体的植物配置

园林中的水体有湖、溪、池、河、泉、喷泉、跌水、沼泽等形态之分，各种水体随着不同的自然条件和造园意图可有多种种植形式。

（一）湖

湖是陆地上较大的有水洼地，是园林中常见的水体景观。一般湖面辽阔，视野宽广，常形成宁静的气氛。如杭州西湖、武汉东湖、颐和园昆明湖等。若能与山体紧密配合，使青山峰回路转，湖水萦回环抱，则能使青山绿水相得益彰。

　　湖边植物配置多以群植为主，注重群落林冠线的丰富和色彩的搭配，同时也要注重湖面大小与植物体量之间的关系，如在欣赏湖面植物倒影景观时，要避免整个植物倒影充满湖面，没有虚实之分，显得湖面更加狭小。宜选树冠圆浑、枝条柔软下垂或枝条水平开展的植物，如垂枝形、拱枝形、伞形、钟形、圆球形等。如欲创造幽静的环境，水体周围宜以浅绿色为主，色彩不宜太丰富或过于喧闹（彩图 10 - 2 - 1）。

　　湖边的植物配置也十分重视突出季相景观。如杭州西湖，春天沿湖桃红柳绿，垂柳、悬铃木、水杉、池杉等新叶一片嫩绿，梅花、迎春、碧桃、樱花、日本晚樱、垂丝海棠、白玉兰等花木争妍斗奇。秋天，色叶树种更是绚丽多彩，鸡爪槭、三角枫、乌桕、枫香、重阳木等呈现出鲜艳的红色或红紫色，而无患子、悬铃木、银杏、水杉、落羽杉、池杉、紫荆等则呈现出金灿灿的黄色和黄褐色。

（二）溪

　　溪是发源于山区的小河流，受流域面积的制约，其长度、水量差异很大，人们习惯上将从山谷中流出来的这种小股水流称为溪流。在园林设计中，巧妙地运用山体冈、峦、洞、壑，以大自然中的自然山水景观为蓝本，将从山上流下的清泉建成蜿蜒流淌的溪流。溪是一种动态景观，但往往处理时要考虑动中取静的效果，两旁多植以密林或群植（图 10 - 2 - 3）。溪在林中若隐若现，为了与水的动态相呼应，亦可形成"落花流水"景观，将李属、梨属、苹果属等单个花瓣下落的植物配置于溪旁。此外，秋色叶植物也是最佳选择。林下溪边宜配置喜阴湿的植物，如蕨类、天南星科、黄菖蒲、虎耳草、冷水花、千屈菜、旱伞草等。

图 10 - 2 - 3　北京植物园溪流两侧植以密林，溪边石隙植以迎春，
构成幽深、清静、自然的视觉效果
（朱春阳摄）

　　自然溪流最能体现山林野趣，所以人造溪流在形式上多采用自然式，植物配置也多以自然式为主，树种选择上以乡土树种为主，管理粗放，任其枝蔓横生，显示其野逸的自然之趣。杭州玉泉有一条人工开凿的弯曲小溪，是引玉泉水向东流入山水园的涧渠，溪岸两旁散置樱花、玉兰、云南黄馨、杜鹃、山茶、海棠、蔷薇，溪流从矮树丛中涓涓流出，春季花影

堆叠婆娑，成为一条蜿蜒美丽的花溪。花港观鱼公园有一条花溪（图10-2-4），岸线曲折，水势收放有致，两岸植以高大的枫杨、合欢、珊瑚朴、柳树等乔木予以遮阴，树下植以各种各样的花灌木和草花，如杜鹃、山茶、夹竹桃、海仙、木芙蓉、海棠、牡丹、芍药、紫薇、紫荆、臭牡丹、八仙花、金钟花、云南黄馨、蔷薇、紫藤等。春季柳条轻拂，繁花似锦，柳絮随风轻落，漂浮在水面，水中各色锦鱼轻嗫残花。但在有些情况下，无需做太多种类的植物配置，如曲院风荷的芙蓉溪，只突出芙蓉（荷花）这一种植物，以形成个性强烈、独具风格的水景。

图10-2-4　花港观鱼公园花溪两岸的植物配置

　　杭州西湖西南边的"九溪十八涧"（图10-2-5），河流两岸密林丛生，营造纵深空间，沿着蜿蜒曲折的山道，两旁峰峦起伏，郁郁葱葱，峰回路转，溪水淙淙，溪旁的植物有枫杨、香樟、马尾松等。溪流中置以步石，也有砥石使溪水抨击发生铿锵之声，呈现出一派自然朴实的溪谷风光。

图10-2-5　"九溪十八涧"的植物景观

溪流旁也可只种植数株粗犷的大乔木，如枫杨、白蜡等，溪水缓缓地流过，两岸散置卵石，供人们临溪歇息，洗手濯足，也能形成一种清幽、朴素自然的清凉之境，引人入胜。

人造的溪流宽度、深浅一般都比自然河流小，硬质池底可铺设卵石或少量种植土，以供种植水生植物（彩图10-2-2）。水体的宽窄、深浅成为植物配置重点考虑的一个因素，一般应选择株高较低的水生植物与之协调，且体量不宜过大，种类不宜过多，只起点缀的作用，三五株一丛，植于水中块石旁，清新秀气，雅致宁静。对于完全硬质池底的溪流，水生植物种植一般采用盆栽形式，但要注意容器的遮挡隐藏，应最大限度地减少人工痕迹，体现水生植物自然之美。

（三）池

池也是园林中最常见的水体之一，特别是在较小的庭园里水体的形式常表现为池。为了获得小中见大的效果，植物配置多以孤植为主，突出个体姿态或色彩，创造宁静的气氛（彩图10-2-3）。也可利用植物分割水面空间，增加层次。小面积的水池，池边配以各种较低矮的花木与少量落叶树和常绿树，层层搭配，留出水景观赏视线。

杭州植物园裸子植物区，水池两侧形成两组植物景观。一组是杉科植物景观（图10-2-6），选择最耐水湿的水松植于浅水中，落羽杉和池杉植于水边，较不耐湿、又不耐干的水杉植于离水边较远处，常绿的日本柳杉作为背景。在艺术效果上既统一又富于变化。水杉、池杉、水松、落羽杉的树形一致，均为高耸的圆锥形，外轮廓线协调统一，但在色彩上却有对比，夏季其绿色色度各异，而秋色更为迥异，水松为棕褐色，落羽松为棕红色，水杉为黄褐色，而柳杉一年四季常

图10-2-6　杭州植物园裸子植物区植物景观

绿，使得秋色分外迷人。这些树种及其栽植地点的选择是符合其生态习性要求的，故植株生长健康、景观相对稳定。另一组是松科植物景观，以马尾松、黑松、黄松和日本五针松为主体，同属植物一起配置，易形成相对统一的外貌。临路一侧种植红羽毛枫，增加了形态和季相变化。由于松树不耐水湿，故栽植位置都适当堆高，以湖石驳岸砌筑，既创造了适宜的生境又类似自然界的悬崖断壁，极富野趣。

太子湾公园的玉鹭池为公园内面积最大的水体，可以开展游船等水上活动，是相对喧闹的园区。其周围的植物配置主要为配合每年的郁金香展，烘托下层球根宿根花卉而设。作为主展区之一，同时也是最大的滨水展区，在植物选择上尽量避免主要观赏期与郁金香的花期一致，以免喧宾夺主，故以乐昌含笑、鸡爪槭、河柳等植物为主要背景，局部适当点缀具有一定枝下高的玉兰、红枫等，围合水面，形成相对独立的滨水活动空间（图10-2-7，图10-2-8）。

上述池的形状多为自然式，在规则式的环境中，池的形状多为几何形，现代城市庭院入口处或庭院中多采用此种做法，利用水池将对面的优美景色倒映于池中，一方面增加了空间的深度，另一方面起到了借景的作用。在布置水景的过程中，需考虑池的大小、位置和形

状，不至使水边植物的倒影将整个水面全
部充满。周边植物常以花坛或圆球形等规
则式树形相配，也可采用自然树形的植物，
使其倒影与映在池中的其他景物共同构成
一幅美丽的画面。

（四）河

河分为天然河流和人工河流两大类，
其本质是流动着的水。相同的河宽，若河
岸的建筑物和树林较高，形成被包围的景
观；反之，则形成具开放感的景观。颐和
园后溪河全长 1 000 多米，河水结合山势、
植物创造出六收六放的空间景观，与前湖
形成明显的对比，更加幽静、宜人。在两
岸山势平缓处栽植绦柳，绦柳的线条柔美，
枝条下拂，更加体现湖面的开阔，形成比

图 10 - 2 - 7　太子湾公园的玉鹭池植物景观

图 10 - 2 - 8　太子湾公园的玉鹭池岸上植物配置

较开敞的空间（图 10 - 2 - 9）；山势高耸夹峙处水面收聚形成峡口，在此处栽植枝条向上伸
长的栾树、槲树、刺槐等，欲显湖面的狭窄，形成较为郁闭的空间，增加了景深，起到显著
的分割效果（图 10 - 2 - 10）。这种水体与植物之间的搭配，实为传统造园的经典之作。岸边
其他种植设计采用复层群落结构，以灌木、地被与平地或水体相连，显得深邃幽远，更加野
趣横生。水边多用旱柳、绦柳、元宝枫、小叶朴、栾树、榆树等耐水湿的种类，也有山桃、
合欢、连翘等观花树种点缀其中，形成优美的林冠线。

自然河流中的小桥流水可谓中国传统园林的经典之作，现代园林中亦在河上架桥，结合
岸边的"炊烟袅袅"，共同组成一幅"小桥、流水、人家"的画面。河流两岸条带状的植物
要高低错落，疏密有致，体现节奏与韵律，切忌所有植物处于同一水平线上，要形成优美的
林冠线。另外结合艺术构图可将水边植物向河流一侧倾斜，使植物与水体形成更加紧密的
联系。

河流景观的另外一个特点是河岸映照在水面上的倒影。园林中的河流多为经过人工改造

图 10-2-9　颐和园后溪河两岸以绿柳为主体的植物景观
（朱春阳摄）

图 10-2-10　颐和园后溪河由植物形成郁闭的空间
（朱春阳摄）

的自然河流。对于水位变化不大的相对静止的河流，两边配置植物群落，形成丰富的林冠线和季相变化。而以防汛为主的河流，则宜增加固土护坡能力强的地被植物，如白三叶、禾本科植物、紫花地丁、蒲公英等。

（五）泉

泉是地下水天然的一种排出方式。由于泉水喷吐跳跃，吸引了人们的视线，可作为景点的主题，再配置合适的植物加以烘托、陪衬，效果更佳。广州矿泉别墅以泉为主题，种植榕树一株，铺以棕竹、蕨类植物，高低参差配置，构成富有岭南风光的"榕荫甘泉"庭院。杭州西泠印社的"印泉"面积仅 $1m^2$，水深不过 $1m$，池边叠石间隙夹以沿阶草，边上种植孝顺竹一丛，梅花一株探向水面，形成疏影横斜、暗香浮动、雅致宁静的景观。

日本明治神宫的花园中有一天然泉眼，以此为起点，挖成一条蜿蜒曲折的花溪，种满从各地收集来的鸢尾，开花时节，游客蜂拥而至，赏花饮泉，十分舒畅（图 10 - 2 - 11）。英国塞翁公园在小地形高处设置人工泉，泉水顺着曲折小溪流下，溪涧、溪旁种植各种矮生匍地的色叶裸子植物以及各种宿根、球根花卉，与缀花草坪相接，谓之花地，景观宜人。

图 10 - 2 - 11　日本明治神宫内的鸢尾花溪

（六）跌水

以跌水营造流动的水景是园林中常见的造景手法，有规则跌水和自然跌水之分。所谓规则式，就是台阶边缘为直线或曲线且相互平行，高度错落有致使跌水规则有序（彩图 10 - 2 - 4）。自然跌水则不一定要平行整齐，如泉水从山体自上而下三叠而落，连成一体。

跌水处的植物配置是跌水景观成功与否的重要因素之一。如果地势存在较大的高差，则种于跌水下方的植物无法承受湍急的水流冲击；而由于水口处营养物质的聚积，使得跌水处再往下植物生长过于旺盛，与跌水正下方裸露的水面形成较大反差。因此在进行植物配置时既要考虑水口的景观和生态效果，配置植物种类、数量宜少，更重要的是考虑植物本身的习性，能否承受流速较快的水流。

（七）喷泉

喷泉又名喷水，是利用泉水向外喷射而供观赏的重要水景，常与水池、雕塑同时设计，起装饰和点缀园景的作用。喷泉多置于规则式园林中，为与这种人工水景风格统一协调，周边多以人工造景的园林要素为主调，配以形式简洁的花坛、草坪、花台或低矮造型植物镶边，一方面利用植物软化人工要素给人们带来的生硬感觉，另一方面通过植物简洁的色彩烘托喷泉的主景地位。

另外，喷泉喷水时，以绿色植物作背景则会使喷泉的透明度更高，更加突出喷泉主景，取得动中取静的良好效果（图 10 - 2 - 12）。

植物的具体配置方式也要结合喷泉的具体形态，形成风格协调统一的艺术构图。如喷头的具体形式为圆形，则周边植物布置成圆形，与喷泉风格一致，形成众星捧月的格局；如喷头的具体形式为长条形，则周边植物也要沿着喷泉的形状来布置，以体现喷泉的主体地位。

（八）沼泽

1. 浅水区的植物配置　浅水区适合多种植物生长，主要为沼生植物和挺水植物群落。沼生植物主要有慈姑、金钱蒲、泽泻、芦苇、花叶芦竹、芦竹、梭鱼草、雨久花、旱伞草、美人蕉、紫露草、花叶菖蒲、黄菖蒲、千屈菜等；挺水植物主要有花叶水葱、水葱、香蒲、

图 10-2-12　以绿色为背景的喷泉景观

水竹芋、花叶芦荻、斑茅、蒲苇等，形成的景观自然而粗犷。

2. 深水区的植物配置　深水区是许多水生观赏植物适宜生长的地带，如荷花、睡莲、萍蓬草、芡实等。每当夏季来临，荷花清香扑鼻，睡莲娇容秀丽，一派悠闲飘逸之感，令人陶醉。萍蓬宜种在水深较浅的地方，花虽小，但色彩金黄，成片种植颇为壮观。

三、水边的植物配置

水边的植物配置既能装饰水面，增加水面层次，又能实现从水面到堤岸的过渡，丰富岸边景观视线，在自然水体景观中应用较多。北方常于水边栽植绦柳，或配以碧桃、樱花，或片植青青碧草，或放几株古藤老树，或栽几丛月季蔷薇、迎春连翘，春花秋叶，韵味无穷。可用于北方水边栽植的有旱柳、白蜡、枫杨、桑、梨、海棠、棣棠、山桃以及一些枝干变化较多的松柏类树木。南方（以岭南为主）水边植物的种类较丰富，如水松、蒲桃、榕树类、红花羊蹄甲、木麻黄、椰子、蒲葵、落羽松、垂柳、串钱柳、乌桕等。

（一）水边的植物配置

首先，水边配置植物首先要根据水体的形式、造景的主题来进行。对于自然式水体，植物配置时切忌等距种植及整形式修剪，要遵循大自然中植物群落的分布规律（图 10-2-13）。规则式水体为了烘托水面的气势，沿轴线两侧多以草坪为主，其后再栽植高大乔木，丛林中开辟的透景线保留了规则的对位关系，却呈现出自然式的景观形象。

其次，在进行植物配置时要讲究艺术构图。常选择一些线条柔和、色彩艳丽的树种，以表现水体的柔和，打破水体平面及色彩的单调感，如水边绦柳可造成柔条拂水的效果（彩图 10-2-5）。在水边种植落羽松、池杉、水杉等植物时，竖直向上的树形与水平的湖面形成对比，也能形成美好的艺术构图（彩图 10-2-6）。

第三，配置的植物距离水体要有远近之分，层层搭配，高低错落，疏密有致。树木倒影与水面植物交相呼应，水陆融为一体。多选用一些高大落叶树作为骨干树种，配以各种较低矮的花木与少量常绿树，形成树冠轮廓起伏变化的天际线，丰富园林水景。

如花港观鱼花港水滨处以垂柳、河柳为骨干，植物层次分明，错落有致。临水中部的透

图 10 - 2 - 13　木兰围场水边自然植物群落景观
（朱春阳摄）

景线处理使其在隔水相望时具有较好的景深。植物主要有紫叶李、云南黄馨、紫藤、垂柳、河柳、鸡爪槭等，垂柳和紫藤下垂的枝叶形成的竖向线条与树冠较开展的鸡爪槭、紫叶李等的横向线条形成对比，在量上取得均衡之感。随着季节的更替，河柳和鸡爪槭的秋色叶都具有很好的观赏效果。柳浪闻莺公园湖岸逶长，树林葱郁。全园广植柳树，配置紫楠、雪松、广玉兰、樱花、碧桃、海棠等花木。每当烟花三月柳丝飘荡之时，沿湖柳荫夹道，翠柳临水，迎风飞舞，更有群芳竞艳，万紫千红。万柳塘景点对岸一排十几株高大的雪松、两侧的大香樟及岸边的水杉林，很好地围合和限定了整个水面，形成植物景观的天际线，并成为所有植物的背景。另外结合色叶植物红枫，在浓绿的背景中，春夏时节色彩对比较为强烈，起到较好的点缀和烘托气氛的效果。

水杉林是西湖周边常见的植物景观，其圆锥形树冠可形成参差起伏的远景天际线（图10 - 2 - 14）。北京植物园水边群植水杉，形成了强烈的竖线条景观，对面驳岸边的两株绦柳

图 10 - 2 - 14　杭州"曲院风荷"的水边植物景观

具有圆整的树冠，二者相映成景。水杉树形优美，树干挺直，叶色秀丽，秋叶转棕褐色，非常美观（图 10 - 2 - 15）。

图 10 - 2 - 15　北京植物园水杉林景观
（任斌斌摄）

（二）驳岸的植物配置

驳岸有石岸、砌石驳岸、混凝土岸和土岸等，我国传统园林池岸一般多为石砌驳岸，或以湖石、黄石叠成。新建池岸形式多样，采用的材料亦各不相同，这些岸式一般较精致，与小池水景很协调，且往往一池采用多种岸式，使水景更为添色。驳岸的植物配置原则是既能使之和水融成一体，又对水面的空间景观起着主导作用，更能起到柔和驳岸的硬质线条、丰富水岸景观的作用（图 10 - 2 - 16）。

图 10 - 2 - 16　日本京都二条城庭园中的驳岸绿化

不同的水体、水面具有不同的堤岸形式，形状不同，功能各异，所以必须选择相应的植物进行配置。

1. 土岸的植物配置　应结合地形、道路和岸线布置，有近有远，有疏有密，有断有续，曲曲弯弯，自然有趣。这种驳岸水边缓坡是植物种植的重要场所，既可用水生、湿生植物带形成水面与陆地的过渡，也可用湿生植物和花卉营造花境。

2. 混凝土岸和石岸　这种驳岸线条生硬、枯燥，植物配置原则是露美、遮丑，在岸边配置合适的植物可使线条柔和多变。一般配置垂柳，让细长柔和的枝条下垂至水面，遮挡石岸，同时配以花灌木、花卉和藤本植物，如鸢尾、黄菖蒲、燕子花、迎春或地锦等进行局部遮挡，增加活泼气氛。如苏州拙政园规则式的石岸边种植垂柳和南迎春，细长、柔和的柳枝垂至水面，圆拱形的南迎春枝条沿着笔直的石壁下垂至水面。

3. 自然山石驳岸　自然山石驳岸具有丰富的线条，于岸边点缀色彩和线条优美的植物，使景色富于变化。颐和园和北京植物园的水系驳岸处的主要植物有碧桃、绦柳、旱柳、迎春、白蜡、榆树、绦柳、砂地柏、平枝栒子、山桃、连翘、地锦、柽柳、水杉、珍珠梅、薄荷、火把莲、月见草、一枝黄花、藿香蓟、大花萱草、鼠尾草、绣线菊等。

四、堤、岛的植物配置

水体中设置堤、岛是划分水面空间的重要手段。堤、岛的植物配置不仅增添了水面空间的层次，而且丰富了水面空间的色彩，其倒影也成为主要景观。

（一）堤的植物配置

堤是水面划分的纽带，堤上的植物景观则是水面空间或分隔、或联系的要素，它对空间大小和景观效果都起着十分重要的作用。以堤划分水域，有助于形成主从有序的水景效果，堤上植树应疏密有致，空间隔而不断。堤上组景应有四季的季相变化，以丰富水面的景观，但色彩不宜过杂，要有一定的韵律感。另外堤上的植物配置要结合植物的生态习性进行，下层植物应选耐阴、耐水湿种类，如为表现一定主题需种植喜阳或厌湿植物，则需与高大乔木成"品"字形交错种植或远水种植，以保证下层植物的存活，如碧桃等。

杭州的苏堤、白堤，北京颐和园的西堤（图 10-2-17）皆是植物配置的典范。西湖苏堤上有六座桥，自宋以来，沿堤遍植桃柳，故有"六桥烟柳"、"苏堤春晓"的题咏。白堤较苏堤为短，历来都以"间株桃花间株柳"的植物配置方式而著称。白堤上的垂柳与桃花采用规则式列植，纵向平均间距基本一致，体现空间的连续性。在立面上则主要表现为天际线的起伏变化与对称、均衡的美。在构图、色彩与质感等方面，这两种植物间也达到了对比与调和效果。垂柳婆娑的垂直线条与桃花虬曲伸展的横向线条形成线条的对比、刚柔的对比，碧桃的花色则与垂柳的枝叶形成色彩上的对比，具有多重观赏意趣。桃花与垂柳分行种植，形成"品"字形，使

图 10-2-17　颐和园西堤"桃红柳绿"种植形式

白堤成为一条桃红柳绿的彩带图。

三潭印月是西湖偏南的一个岛屿（图 10-2-18，图 10-2-19），该园以围堤构成具有内湖的园林空间，又以高低不同的乔、灌木分隔内、外湖，岛呈"田"字形水面空间，东、西堤上种植大叶柳，突出"柳塘清影"的特色，还种有木芙蓉、紫薇等乔、灌木，有疏有密，高下有序，犹如帘幕般将内湖分隔成南、北两部分。树带的存在增加了整个园林的层次和景深，产生了重堤复水的景观效果。如果没有这条树带的露与隔，则内、外湖之间一览无余，成为一片毫无含蓄的大水面。

图 10-2-18　三潭印月的植物景观

图 10-2-19　三潭印月的植物景观近景

（二）岛的植物配置

岛一般分为孤岛和半岛。孤岛分为两种，一种是人一般不入内活动，仅供远距离欣赏，可选择多层次的群落结构形成封闭空间，以树形、叶色造景为主，注意季相的变化和天际线的起伏；另一种用桥或船联系陆和岛，人们可入内游览活动，远近距离均可观赏，如承德避暑山庄的烟雨楼岛，颐和园知春亭、南湖岛等。半岛三面临水，一面与陆地相连，游人可入内活动，多设树林供人活动和休息，临水边或藏或露，若隐若现。

　　颐和园知春亭是一个四面临水的小岛，岛上种满了绿柳、桃、杏，在和煦的春风里，以绽放的桃花、含绿的柳丝向人们报告春的消息（彩图 10-2-7）。

　　杭州西湖岛屿众多，有可达可游的半岛及湖中岛，也有仅供远眺、观赏的湖中岛。前者在植物配置时要考虑导游路线，不能有碍交通；后者无需考虑交通问题，植物配置密度较大，以保证四面皆有景可赏。三潭印月小瀛洲是一处湖中岛的佳例，全岛面积约 7hm²，它是以东西、南北两条堤将岛划分为"田"字形的四个水面空间。这种虚实对比、交替变化的园林空间在巧妙的植物配置下表现得淋漓尽致。堤上种植大叶柳、香樟、木芙蓉、紫藤、紫薇等乔、灌木，疏密相间，上下有序，通过堤上植物的漏与隔，增加了小岛园林的景深、层次，丰富了林冠线，从而构成了整个西湖的湖中有岛、岛中有湖的奇景。

　　花港观鱼红鱼池畔半岛上主要植物材料的选择重姿态，重风骨，模拟自然，或倾斜、或自然静伏水面，颇为入画（图 10-2-20，彩图 10-2-8）。季相搭配上恰到好处，富于变化。春有红枫、紫藤，夏有黄菖蒲、石蒜，秋有鸡爪槭，冬有梅花、枸骨，加上一年四季都

图 10-2-20　花港观鱼红鱼池畔半岛植物景观

可观赏的青松，使得整个景观既富于变化，又不乏统一。景随时异的同时，步移景异的动观路线也处理得很好。在不同的观赏视距和观赏角度，其主体景观略有差异。于正南方隔水眺望，水面宽度约 16m，为黑松高度的 2 倍左右，正面临水的鸡爪槭、紫藤和最高的黑松可清晰识别，枝叶、色彩、形态等历历在目，黑松与鸡爪槭等在高度与数量上的对比，使层次亦清晰可辨。在对岸循岸线而行，至红鱼池曲桥上，自东向西望去，36m 以上的间距使得细部的枝叶已无法准确辨别，但色彩和形态、轮廓等仍有较好的可见性，东面临水的鸡爪槭、红枫、梅花等在观赏期内对视线具有强烈的聚焦作用。

五、水面的植物配置

　　园林水面好似一面明镜，四周景物反映水中形成倒影，景物变一为二，上下分映，景深

增加，空间扩大，增添园林趣味。同时倒影还能将远近错落的景物组合在一个画面中，犹如一幅清丽的山水画（彩图10-2-9）。

水面常栽种荷花，体现"接天莲叶无穷碧，映日荷花别样红"的意境。一般情况下，荷花需种植稀疏，所谓"田田八九叶，散点绿池初"，而且应布置在不遮挡倒影的位置上，所以山下、桥下与临水亭榭附近一般不栽植荷花，如欲栽植，切忌拥塞，也要控制其生长，留出足够空旷的水面来展示倒影。睡莲的花叶较小，最适用于小型水面。

水面因低于人的视线，与水边景观呼应，而构成欣赏的主题，多半以欣赏水中倒影为主。在不影响其倒影景观的前提下视水的深度适当点缀一些水生花卉在水面或水边。如三潭印月突出大叶柳的"柳塘清影"特色，并配置睡莲、芦苇等水生植物；里西湖一带以木芙蓉为主景；西湖西进区域则种植大量水生植物，突出野趣横生的特点。水边多种植挺水植物，如菖蒲、香蒲、千屈菜、慈姑；水中植浮水或浮叶植物，如睡莲、萍蓬草等。

园林中的水面有大小之分，形态各异。综合岸线景观和河面倒影，对水生植物进行适当的景观组织，形成一幅幅优美的画卷。

（一）宽阔水面的植物配置

水面具有开阔的空间效果，特别是面积较大的水面常给人以亲切、柔和的感觉，这种水面上的植物配置模式应采用大手法，营造水生植物群落景观，植物配置注重整体、连续的效果。植物配置宜以量取胜，给人以一种壮观的视觉感受，如睡莲群落、荇菜群落、千屈菜群落等，或多种水生植物群落进行组合，形成大小与形态各异的植物岛来划分水面，避免空间的一览无余。如曲院风荷"风荷"景区以荷花池为主，种植千姿百态的荷花，并于水岸边布置睡莲科的其他植物，如各种睡莲、萍蓬草和少量王莲等，不但便于近距离欣赏，还可延长整体花期。沿池布置道路和建筑，北面的迎薰阁是此区的主体建筑，由此南望荷花池，设计了一条透景线，深远而自然，池中的碧莲洲是环池观荷视线的焦点。为了控制荷花的生长范围，池底设若干荷花种植台，使水面有虚有实，形影相衬。

若岸边有亭、台、楼、阁、榭及塔等园林建筑时，可种植树姿优美、色彩艳丽的观花、观叶树种，水中植物配置切忌拥塞，应留足够空旷的水面来展示倒影。如"茅乡水情"景区开阔的水面（水域面积达$27hm^2$）中央除种植一大一小两处睡莲外几乎无其他植物，使岸边的植物、建筑和蓝天都能清晰地倒映水中，营造出与整个"茅乡水情"景区风格一致的大水面静水景观。因水面开阔，岸线曲折，这种配置方式显得自然、粗犷、大气，比较适合远观，符合大水面的观赏特性。

（二）小面积水域的植物配置

这类水域一般为池塘，单个即能成为一个完整、精致的景观。水景应注重水面的镜面作用，故水生植物不宜过于拥挤，一般不要超过面积的1/3，以免影响水中倒影及景观透视线。如"柳浪闻莺"入口水景，挺水植物黄菖蒲、水葱等多以多丛小片状植于池岸，倒影入水，自然野趣，疏落有致。水面上适当点植睡莲，丰富景观效果。水面上的浮叶、漂浮植物与挺水植物的比例要保持适当。

宁静的自然式小水面不宜种植五颜六色、种类过多的植物，只突出某一种或几种即可，如杭州花港观鱼的"柳港"、曲院风荷的芙蓉溪，就是典型的小水面植物造景案例。在进行植物选择时，可种植一些高大的乔木，显示出大自然树林的朴素和宁静气氛。在自然式的水池旁配置竹类、棕榈科等单子叶植物，可以给人带来简洁、静雅、亲切的感觉。如杭州西泠印社的"印泉"旁种植一丛慈竹，配以数株棕榈，形成比较雅致的小景。

小水域主要考虑近观，其配置手法往往细腻，要注重植物单体的效果，对植物的姿态、色彩、高度有更高的要求，适合细细品味。如"柳浪闻莺"万柳塘，通过"一池三山"的空间格局进一步细分水面，注重水生植物的远近观赏效果；而另一处临近缓坡大草坪的小水面，未种植任何水生植物，给人简洁、大气之感。

（三）水生植物的种植要求

1. 常用水生植物对水位的要求　按照植物的生物学特性，设置深水、中水及浅水栽植区。通常深水区离岸边较远，渐至岸边分别做中水、浅水和沼生、湿生植物区。挺水植物及浮叶植物常以 30～100cm 为宜，而沼生、湿生植物种类以 5～30cm 为宜。

2. 常用水生植物的种植方式　水生植物种植方式有四种，分别为自然式种植、种植床种植、容器种植、浮岛式种植，这四种方式能满足不同水体景观和不同水生植物的需要。

（1）**自然式种植**　自然式种植即将植物直接种植在水体底泥中，大部分水生植物的种植均采用这种方式。结合驳岸类型，包括缓坡入水驳岸、松木桩驳岸、部分自然式干砌驳岸，在其水陆交界处种植挺水植物；并根据岸边水深条件变化和景观需求，从湖岸边至湖心，随水深的加深，分别种植不同生活型的水生植物，形成由挺水—浮叶—漂浮植物组成的生态群落。只要生长条件适合，水生植物就会通过自繁逐渐占据周边空间。在较多情况下，若不加以人为控制，部分水生植物的生长区域逐渐发生变化，从而影响甚至破坏水面景观。自然式种植的萍蓬草和芦苇在生长条件适宜的情况下易生长过盛、铺满水面，对于这种情况，应加强养护管理。

（2）**种植床种植**　种植床种植的最大特点就是可以较为有效地限定水生植物的生长范围，从而有利于维持水生植物景观的稳定性。如杭州西湖"曲院风荷"景点的池底设有种植台，或对周边加拦网，用于控制荷花生长范围，使水面有虚有实，形影相对，不仅便于养护管理，而且有利于长期保持荷花的景观效果。

种植床的构筑主要有以下两种形式：①在水岸边结合驳岸用石材围合成一定空间，并在中间填入种植土，然后内植水生植物。水、石材、土壤、植物之间相互交融，形成岸边陆地与水体之间的自然过渡，显得较为自然。②在水体中央营造较大面积的水生植物景观时，为满足水生植物对水深变化的要求，常需在水下安置一些设施，最常用的方法就是在池底用砌砖或混凝土围合筑成一定高度和面积的种植床，然后在床内填土施肥，再种植水生植物。

（3）**容器种植**　容器种植是将水生植物种在容器中，再将容器沉入水中的种植方法。所用容器主要有缸、盆和塑料筐三种。各种水生植物对水深要求不同，容器放置的位置和方法也不相同。一般是沿水岸边成群放置或散置，抑或点缀于水中。若水深过大，则通过放置碎石、砖砌石方台、支撑三脚架等方法将容器垫高，并使其稳定可靠。容器种植可根据植物的生长习性和整体景观要求进行布置，便于应用和管理，有利于精致小景的营造，特别适于底泥状况不够理想和不能进行自然式种植的硬质池底。但由于容器内基质与外界环境的联系有限，且自身获取养分的能力有限，因而需要加强土肥管理，否则影响容器中植物的生长发育。通过容器种植，可以使不耐寒的水生植物种类在室内越冬，如在北京滨水区可用芋、水竹芋、王莲等不耐寒植物。为了达到更好的景观效果，应注意掩盖容器，最好采用散置容器的布置形式。

（4）**浮岛式种植**　随着环境工程和人工湿地工艺的发展，水生植物浮岛成为人工湿地中的一个重要组成部分（图 10-2-21）。水生植物浮岛对去除水体中的氮、磷等富营养成分，优化水体各种指标具有非常重要的作用。浮岛不仅具有净化水质的功能，还可以使鱼类等水生生物在其下栖息，鸟类和昆虫类在其上产卵、觅食、生存，形成一个小型的生态系统。这是一种值得推广的新型种植方式。

图 10-2-21　浮岛式种植

第三节　园林植物与建筑的配置

　　园林建筑是园林的重要组成部分，其利用率高、景观明显、形态固定，具有实用性、艺术性和标志性。优秀的园林建筑不但具有丰富的文化内涵，还常成为一个城市的标志，如北京颐和园的佛香阁、北海公园的白塔、武汉的黄鹤楼、法国的凡尔赛宫等。

　　园林建筑尽管可以单独作为一个艺术品而存在，但是，由于建筑线条硬直，如无植物的配置，常会显得枯燥乏味而缺少生机。在园林中建筑与植物之间相互补充，这对于形成优美的园林景观是必不可少的（图 10-3-1）。

石灯笼旁配置黑松　　　篱笆前配置梅花　　　草屋旁配置黑松　　　桥头配置垂柳

图 10-3-1　庭园中植物与各种构筑物的配置

一、园林植物对建筑的作用

　　1. 突出园林建筑主题　应用植物题名建筑景点，在中国古典园林中屡见不鲜，并成为中国园林的一大特色。如北京颐和园昆明湖边有一半岛，上有"知春亭"一景，岛上种植展叶早的旱柳，以此来体现春天的早到；苏州拙政园内有"听雨轩"，院内种植芭蕉，水池植有荷花，坐于轩内，能听雨打芭蕉、荷叶之声，故有此名。

2. 协调建筑物与周围的环境　建筑物一般外轮廓清晰，棱角分明，常令人感到生硬，产生距离感，而植物的色彩、形体让人感觉舒适、亲近。在建筑物周围配上高度、形体和色彩适宜的植物，可以软化其生硬的线条，协调其与周围的环境，同时也赋予了建筑物以生命力（彩图 10 - 3 - 1，图 10 - 3 - 2，图 10 - 3 - 3）。

图 10 - 3 - 2　建筑前的植物配置

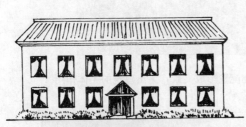

建筑物前基础绿化

雕塑前基础绿化

图 10 - 3 - 3　建筑物与雕塑前的基础绿化打破了建筑物、
雕塑等与地面形成的生硬的直角，柔化了环境

3. 丰富建筑物的艺术构图　高耸的建筑物如纪念塔、纪念碑等由于其体量特殊，在平地矗立时常显得突兀，这时需要搭配一定数量和高度的植物进行衬托或对比，在协调建筑物与周围环境的同时，也起到了丰富建筑物立面构图的作用。

4. 赋予建筑景观季相感　植物在一年中，呈现萌芽—展叶—开花—结实—落叶—休眠的变化，展现不同的季节景观；植物在一生中，经历幼年期—青年期—壮年期—老年期的变化，在形体上表现出不同，占据不同的空间。植物的四季变化与生长发育，不仅使建筑环境在春、夏、秋、冬产生丰富多彩的季相变化，形成"春天繁花盛开，夏季绿树成荫，秋季红果累累，冬季枝干苍劲"的四季景象，而且植物的生长使原有的景观空间不断扩展充实。

5. 完善建筑物的功能（如导游、隐蔽、隔离等）　通过种植设计，可以完善建筑物的功能。如在公园或风景区入口处配置植物，营造一个港湾式的入口，起到导游的作用。这比单一的大门更让人感到温馨和愉悦，有一种归宿感。在园林中，如果建筑让人一览无余，尽收眼底，就缺少了一种神秘感、深邃感，而通过植物配置则可以解决这方面的问题。例如远处的高塔，通过巧妙地配置植物，利用夹景、障景、框景等设计手法，会引起人的好奇心，让不同的人产生不同的想象，以达到引人入胜、增强感染力的效果（图 10-3-4）。还有一些构筑物，如洗手间等，由于其特殊的性质、功能，不便以全景的方式展现在游人面前时，则可用植物将其遮挡隔离，达到隐蔽的效果（图 10-3-5）。

图 10-3-4　利用植物配置形成夹景，突出建筑的主体作用

图 10-3-5　利用植物群落形成障景

二、建筑物周围植物的选择

1. 依据建筑物的形体、大小　建筑物在园林中作为主景时，为了达到烘托和对比的效果，所选用的植物的体量常远远小于建筑物，其株形则要依建筑物的形体而定。例如，几何形建筑物周围通常配圆锥形、尖塔形、圆球形、钟形、垂枝形或拱枝形植物，或将植物修剪成几何形，与建筑进行搭配。

2. 依据建筑物的性质　不同功能和性质的园林建筑，应选用不同的园林植物与之搭配。北方古典园林中，建筑雄伟而富丽堂皇，宜选用体型高大、苍劲古雅的侧柏、油松、白皮松等为基调树种。江南古典园林面积不大，建筑体量小，色彩淡雅，植物配置讲求"诗情画意"、"咫尺山林"，适宜选用观赏价值高、有韵味的乔、灌木进行配置。岭南园林建筑轻巧、淡雅、通透，建筑旁宜选用竹类、棕榈类、芭蕉、苏铁等树种，并与水、石进行配置。寺庙建筑附近常对植、列植或林植松、柏、青檀、七叶树、国槐、玉兰、菩提树、竹子等，以烘托气氛。纪念性园林建筑庄重、稳固，其周围常选用常绿针叶树，并且采用规则式种植，如南京中山陵选用大量雪松、龙柏。政府办公建筑周围宜选圆球形、卵圆形或尖塔形树种，进行规则式或自然式种植。用作点景的园林建筑，如亭、廊、榭等，其周围应选形体柔软、轻巧的树种，点缀旁边或为其提供荫蔽。大型标志性建筑物用草坪、地被、花坛等来烘托和修饰。小卖部、厕所等功能性建筑，尽量采用高于人视线的灌木丛、绿墙、树丛等进行部分或全部遮掩。雕塑、园林小品需用植物作背景时，其色彩与植物的色彩对比度要大，如青铜色的雕塑宜用浅绿色作背景。活动设施附近首先应考虑用大乔木遮阴，其次是安全性，枝干上无刺，无过敏性花果，不污染衣物，并采用树丛、绿篱进行分割。

3. 依据建筑物的色彩　用建筑墙面作背景配置植物时，植物叶、花、果实的色彩不宜与建筑物的色彩一致或近似，而应与之形成对比，以突出景观效果。如在北京古典园林中，红色建筑、围墙的前面不宜选用红花、红果、红叶植物；江南私家园林中，灰白色建筑物、围墙前不宜选用开白色花的种类。

4. 依据建筑物的朝向　建筑物的方位不同，其生境条件存在差异，对植物的选择应区别对待。

（1）南面　南面一般为建筑物的主要观赏面和主要出入口，阳光充足，白天全天几乎都有直射光，反射光也多，墙面辐射大，加上背风、空气流动性不强、温度高等，这些因素形成了特殊的小气候，常使得植物的生长期延长。因此，这些场所的种植设计除了基础种植形式之外，常选用观赏价值较高的花灌木、叶木类等，或种植需要在小气候条件下越冬的外来树种，如在北京地区露地越冬困难的蜡梅。

（2）北面　与南面相反，建筑物北面荫蔽，其范围随纬度、太阳高度而变化，以漫射光为主，夏日午后、傍晚各有少量直射光；温度较低，相对湿度较大，冬季风大、寒冷。基于这种庇荫、寒冷、风大的生境，在进行种植设计时，首先应当选择耐阴、耐寒的植物，如珍珠梅、金银木、红瑞木、太平花等，在保证植物正常生长发育的基础上，再讲求景观效果。

（3）东面　建筑物东面一般在上午有直射光，约15：00后为庇荫地，光照柔和，温度变化不大，适于大部分植物种类，也可选用需侧方庇荫的树种，如槭树类、牡丹等。

（4）西面　与东面相反，上午前为庇荫地，下午形成西晒，尤以夏季为甚；光照时间虽短，但温度高，变化剧烈，西晒墙吸收积累热量大。为了防西晒，一般选用喜光、耐燥热、不怕日灼的树木，如选择大乔木作庭荫树或树林。在条件允许的情况下，可种植爬墙虎等进行墙面绿化，以降低温度和保护墙体。

5. 其他

（1）屋顶　由于受到特殊条件的制约，如土层薄、光照强烈、风大、浇水受限等，宜选喜光、耐寒、抗旱、抗风、根系浅而发达的植物种类（图 10-3-6）。

图 10-3-6　屋顶花园

（2）室内　室内受光线不足、空气流通性差、灰尘多等条件限制，宜选用耐阴、管理粗放的盆栽、盆景植物，以观叶为主，也可适当选择观花、观果的种类。有天井的种植池内可选用喜阴植物，如天南星科、蕨类、竹芋科植物等。

三、门、窗、角隅的植物配置

1. 园门的植物配置　园门是园林出入口的标志，是游人进入园林所见到的第一个建筑物，其形象反映园林的性质和风格。成功的、有个性的园门既能丰富园林景观，又能成为游人乐于驻足的观赏点（彩图 10-3-2，图 10-3-7，图 10-3-8）。

园门的植物配置，首先是要选择强调建筑的性质，符合其功能要求的树种。如纪念性公园的门口多采用常绿针叶树，以加强其肃穆感；休憩性综合公园的门口常运用阔叶树和针叶树相结合进行栽植；次要入口的园门根据其风格，采用特色花灌木进行搭配；一些体现清幽、雅致气氛的园门，常选用竹类进行配置。

配置方式要视具体环境、建筑形式而定。可以是一片绿色树林形成背景衬托建筑，或以特殊的孤立木、树丛为标志，或以特殊植物形成小径作甬道，也可以爬蔓植物或花坛突出季相。如在一些风景区的入口常采用成片的树林作为背景，以一片翠绿色来衬托浅色的大门，显得简洁而又突出；扬州个园门口种植修竹，立以石笋，构成一幅粉墙为纸的竹石画面，月门横额上有"个园"二字，点出竹石图的主题；现代园林中很多园门的前后常为规则式集散广场，连接的主要园路也是宽敞直线形，其植物配置方式多采用列植形式，栽植高大整齐的乔木，同时点缀灌木。此外，园门也是形成框景的材料，通过前景树的掩、映和后景树的露、藏，将远处的山、水、路衔接起来，共同入画。

图 10-3-7　日本京都二条城庭园入口处的"门松"

图 10-3-8　日本庭园园门前栽植的"门松"示意图

2. 窗的植物配置　传统园林中，窗景是十分重要的园林景观，不仅其本身的形式多种多样，而且还以窗为框，借景窗外，形成优美的画面。由于窗框的尺度是固定不变的，植物却不断生长，随着生长，体量增大，会破坏原有的艺术构图。因此要选择生长缓慢、体量变化不大的植物，如南天竹、芭蕉、棕竹等。其近旁也常搭配石笋、湖石等置石，以增强其稳固感（彩图 10-3-3，图 10-3-9）。

现代园林中，除了可以继承中国古典园林"窗景"的传统之外，窗旁的植物配置还常要满足室内采光的要求。如在北方地区，大多建筑都是坐北朝南，南面窗旁的植物配置常以低矮的花灌木和小乔木为主，若要种植大乔木，则需与墙基保持一定的距离，其种类也以落叶树为宜，夏季枝繁叶茂，遮阴纳凉，冬季落叶之后，可使室内阳光充足。也可在一排窗户之下设一横向的绿篱、花篱或果篱，不仅可以不让外人接近窗口，起到阻隔的作用，创造安静的气氛，还可以起到统一多窗、增加稳定感的作用，同时也满足了室内采光的要求。此外，窗户阳台上还可通过摆放少量盆栽植物达到美化的效果。

3. 角隅的植物配置　建筑物的角隅处棱角过于明显，通过植物配置进行改善较为有效，宜选择花灌木成丛配置，如芭蕉、南天竹、蜡梅、凤尾竹、佛肚竹等，再搭配一些置石，辅以沿阶草、葱兰、韭兰等草本植物，在软化转角处的同时，也把院内与院外的自然景观联系起来（图 10-3-10，图 10-3-11）。

图 10-3-9　日本桂离宫庭园窗景

图 10-3-10　苏州拙政园角隅种植竹子

图 10-3-11　杭州西湖郭庄角隅种植芭蕉

四、各类建筑的植物配置

园林建筑类型很多，常见的有亭、榭、廊、园桥和服务性建筑等。由于建筑的形式与功能不同，所采用的植物配置方式也有所不同。

（一）亭的植物配置

亭是中外园林中常见的一种建筑形式，它不仅具有休息、避雨等实用功能，而且还常作为点景建筑，与植物、山石等组合起来构成不同的园林景观，常置于园林平面和立面的视觉中心的位置上，使人一入园就能明显地看到其形象（图 10 - 3 - 12，图 10 - 3 - 13）。

图 10 - 3 - 12　日本京都清水寺内黑松与大型亭子的配置

图 10 - 3 - 13　峨眉山景区某亭子周围的浓密植被

1. 依据亭的功能　亭子周围环境的植物配置常依据其功能而定。以休憩为主的亭建于大片丛植的林木之中，若隐若现，令人有深郁之感。苏州留园中的舒啸亭、沧浪亭中的沧浪亭、天平山的御碑亭和颐和园的荟亭等，皆四周林木葱郁，枝叶繁茂，一派天然野趣。夏日林间浓荫遍地，微风袭人，日隐层林，鸟啼叶中，沉幽有若深山，旨在为亭创造出一种清新悠闲的环境气氛和质朴天然的幽雅情趣。其植物配置讲究疏密结合，"疏可走马，密不容针"，疏密相间有致，亭前还留出少许空地，以便于游人活动。植物种类常以乔木为主，其间间植一些灌木、花卉，再攀以藤萝，则景物愈显葱茏。同时，运用树木遮掩的抑扬结合的造景手法，也给人以幽深清静之感。

以观赏功能为主的亭子周围常采用自然配置的手法，选取少量树姿优美的高大乔木，作为陪衬，同时再辅以灌木、山石、花草，按照画意构图组合成为既有文化内涵，又有观赏特点的景点。杭州花港观鱼的牡丹亭为重檐六角形，立于牡丹园山庄的最高点。四周遍植牡丹，配以松树、紫藤、金银花、杜鹃、羽毛枫等富有中国特色的植物，按照中国传统花木山石画意进行配置，使每个局部都有诗情画意，引人入胜，牡丹亭伫立树木花丛之中，成为瞩目的中心。苏州拙政园梧竹幽居亭前的枫杨和北京北海团城玉瓮亭旁的白皮松，则起到配景和构图的作用。苏州留园中的冠云亭和扬州寄啸山庄中的六角圆亭，均以一株姿态优美的树木作为配景。一株高大，姿态古拙；一株幼小，婀娜妩媚。留园中的可亭两侧植有银杏两株，一近一远，左顾右盼，桴鼓相应。因此，这种配置方式讲求植物姿态与亭的配合，贵精而不在多。孤植讲究树形挺拔，展枝优美，线条宜人，通常一株即可；两株应俯仰相配，大小相宜，切忌平均对称；三株以上则呈不等边多边形，各有向背，须向趋承，体现动势。除此之外，观赏性亭子周边的植物配置也可采用高大乔木或低矮绿篱和整形树等进行列植或对植，形成框景或夹景，以突出主景亭。

2. 依据亭的意境和主题　亭的植物配置需讲求意境的创造和主题的深化。无锡惠山寺旁的听松亭，以风掠松林发出的松涛声为主题，创造出"万壑风生成夜响，千山月照挂秋阴"的意境。

也有的园林常以一种或一类树木作主题。如苏州留园西部的舒啸亭，周围遍植枫树，每至秋日，丹枫绚丽。中山公园内的松柏交翠亭，为松柏所簇拥，苍郁古拙，可说是"青松夹日交倾盖，翠柏分风倚列屏"。四川眉山三苏祠中纪念苏东坡的绿州亭，则隐现千竿玉竹之间，翠茎扶疏，暗含苏东坡"身与竹化"之意。北京植物园裸子植物区的石亭，形态浑厚、稳重、色彩朴素，周围遍植各类裸子植物，整体上植物的形态与石亭形成统一，局部植物的色彩于统一中求变化，与石亭十分协调，颇具特色（图 10-3-14）。

3. 依据亭的位置　亭的位置与植物的选择及配置方式也有密切关系。山地建亭、临水建亭以及平地建亭对植物都有不同的要求。例如，当亭建于山顶时，其周围的植物配置常为大片丛植的树木，使亭若隐若现；亭临水而建时，周边的植物选择常以体现其水中倒影的飘逸、俊美为主；亭建于平地时，亭前植物宜简忌繁，以免造成对亭的过多遮挡。

（二）水榭的植物配置

《园冶》中说："榭者，藉也。藉景而成者也。或水边，或花畔，制亦随态。"水榭是一种临水的园林建筑，将其三面或四面都伸入水中，除供人们游憩外，还能起到点景的作用。

传统形式的建筑平面多为长方形，其临水一侧空透开敞，屋顶常为卷棚歇山式，用柱支撑。现代形式活泼自由，屋顶有平顶、坡顶，平面除长方形外，还有正方形、圆形以及各种形状的组合，其建筑造型轻巧别致，色彩淡雅，点景效果十分突出。在园林中需要植物、山石、水体的陪衬，才能构成优美的景观。

图 10-3-14　北京植物园裸子植物区石亭周围的植物配置
(任斌斌摄)

　　水榭面水的一侧，多选用水生和耐水湿植物遍植或点缀水面，如荷花、睡莲、荇菜等，有时为了欣赏水中的倒影，也常将水面空置出来而不栽植植物。

　　水榭背水的一侧，常以大片林木或几株高大乔木形成背景，以绿荫浓浓突显榭的造型及与环境的融合。稍靠两侧的地方配置小乔木、灌木，再配以山石，形成周围群树密布，山石错落俯依，水榭飘于水上，又融入林中的景象（图 10-3-15）。

图 10-3-15　杭州植物园水榭周围群树密布，建筑融入其中

（三）廊的植物配置

　　廊是一种上有屋顶、下有立柱、四周通透的供人漫步的通道式的园林建筑。廊有遮阳、避雨、联系交通等实用功能，在园林中通常布置在两个建筑或两个观赏点之间，用以联系空间和划分空间，是一种重要的造园手法。

　　廊在造园中有两个特点：一是窄而长，呈"线"形，可"随形而弯，依势而曲"。通过廊的连接，将各分散的景点连为一个有机整体，和山石、植物、水面相配合，组成不同的景区。二是一种"虚"的建筑物，两排列柱顶着廊顶，透过柱子间的空间可观赏廊外景色，像一层"帘子"一样，似隔非隔，若隐若现，将两边的景物有分有合地联系起来，相互渗透融合，形成生动、怡人的空间环境。正因为廊在造园中一"线"、二"虚"的特点，在廊的组景中就必须有植物和山石配置才能形成优美的景观。由于廊的造型呈"线"形，必然给人平直呆板的感觉，所以，通过配置植物和山石，不但可打破廊的横向平直，还能组合成优美的画面。将植物特别是树木与山石、水面配置在廊柱的两侧，使人在廊内通过柱间向外观景，既像画框，又像垂帘，更富有诗情画意。苏州拙政园"小飞虹"廊身横跨水面，两面通透，廊的两端栽植高大乔木，在方向上与廊形成对比，从而使建筑、水面、植物三者构成一幅优美的画面。配置在廊间的树木应视廊的长短而定，如果廊长则应配置高于廊顶的落叶或常绿乔木，以打破廊的平直；如果廊短则可配置低于廊顶的小乔木、灌木、竹类，这样易于协调。廊两侧的空间还可堆石、铺草、栽植花卉，组成精致的小品景观。树种宜选用树姿优美、长势较慢的针叶或阔叶树种，一般不要用尖塔形的树木，这种树形难以与廊的造型协调。

（四）园桥的植物配置

园桥是在水面上架设的用于通行游览和点缀风景的依水型建筑，在园林中具有联系水面景点、引导游览路线、点缀水面景色、增加风景层次的作用。

桥体环境的植物配置主要根据桥体的大小、造型、色彩、主题以及风格等进行。如大而长的桥，为了取得均衡的效果，宜在桥的两端丛植或列植树木；小而短的桥，如单孔桥，宜在桥的两端配置小乔木或灌木，倘若能够再在桥头结合护坡堆石，效果会更好，若要突出桥体本身的造型，则需将配置树木离桥头稍远（彩图 10-3-4）。桥体的造型有拱桥、平桥、廊桥、亭桥等，一般大型拱桥两侧宜配置稍矮且树冠线有变化的树木，这种配置能突出桥体的造型；廊桥、亭桥多置于庭园内，宜结合山石配置大小适宜的树木。色彩艳丽的桥体，其周边常以各种绿色的乔、灌木形成基调，以凸显桥体本身的形与色，避免出现与桥体颜色相近或相似的花灌木；相反，造型简单、色彩朴素的桥体，其桥头常配置一株或一丛色彩艳丽的花灌木、叶木或花卉，以"色艳"作为桥的标志。主题性桥体多半和季节相联系，如知春桥，在其两侧多种垂柳、桃、杏、迎春、连翘等，这样早春桃红柳绿，繁花似锦，春意盎然，体现了主题。此外，植物种类的选择和种植方式还要与桥体的风格相一致，如颐和园西堤上的玉带桥，造型曲凸，线条优美，自然式配以柔条拂水的绦柳，加强了桥的柔性美。再如湿地公园或森林公园中，一些造型简单而富于野趣的原木桥或平板石桥，其周边宜以乡土植物进行自然式配置，甚至可以是较为杂乱的树丛、草丛，以形成乡野、宁静的气氛。

（五）服务性建筑的植物配置

在园林中专为游人提供游览、餐饮、休息、游戏活动的建筑称为服务性建筑，包括游船码头、小卖部、摄影部、饭店、茶室、厕所等。优秀的服务性建筑不仅在功能上能够满足游人的要求，同时其个体形象也是园林中借景、赏景的焦点。这些建筑的布局应遵循"宜小不宜大，宜散不宜聚，宜藏不宜露"的原则，除大型景观建筑外，都应置于从属的地位，以自然景色为主，建筑只起衬托点缀作用。

服务性建筑环境的植物配置主要是突出、点缀和遮蔽（彩图 10-3-5，图 10-3-16）。对一些大型建筑，如饭店、茶室、码头，要突出其主要建筑形象，便于游人找寻，在植物配置时往往在建筑物背后栽植大树，而在前面和左右两侧则稀疏配置小乔木、灌木和花坛，以突出建筑物的立面形象；一些小型建筑，如小卖部、摄影部，则常设于大树之下，或用灌木、花卉点缀，在满足功能要求的同时，又与植物共同构成景观，形成点景。

图 10 - 3 - 16　厕所周围的植物配置

第四节　园林植物与园路的配置

道路是园林的重要组成部分，是园林的脉络，联系各景区、景点的纽带，起着交通、导游、构景的作用。园林道路的植物配置是形成优美的道路景观的重要手段，各类植物都有其独特的外形和色彩，对道路景观产生不同的影响。

一、园路的植物选择

园路植物配置的主要作用在于满足道路空间景观的需要，其树种选择常以树木的形美色佳取胜，同时也要防尘遮阴，无落果、扬花污染。

1. 乔木　在园林道路的植物配置中，大、中型乔木常用做背景和分隔空间（图 10 - 4 - 1）。小乔木在垂直面和顶平面可限制空间，当小乔木的树冠低于视平线时，在垂直面封闭空间；当视线能透过树干与枝叶时，使人们能见的空间有深远感。此外，小乔木树冠能形成室外空间的顶平面——天花板，给人以亲切感。小乔木也可作为焦点和构图中心，常将株形突出，开花或果实累累的树种布置在入口附近或道路转折处、岔路口，作为某一空间的标志或突出的景点。

2. 灌木　大灌木犹如垂直墙面，构成闭合空间，顶部开敞，还能将人的视线与行动引向远处，构成狭小的空间。如果采用的灌木为落叶树种，则围合的空间性质随季节而变化；如果采用常绿大灌木，则空间范围相对稳定。大灌木还可作为阻挡视线的屏障，控制空间的私密性，作为构图焦点，或者成为某一景物的背景（图 10 - 4 - 2）。

中灌木能围合空间或作为高大灌木与矮小灌木之间的视线过渡。在园路植物配置中一般可与草坪、矮灌木等组合使用。花色优美的种类还可通过孤植或丛植创造视觉的兴奋点，在自然式栽植中应用较多。

小灌木因不遮挡视线，常形成开敞空间，而被广泛应用于园林道路的植物配置中。如以

图 10 - 4 - 1　海南三亚亚龙湾以椰子作为行道树

图 10 - 4 - 2　松柏类灌丛与园路的配置

连续绿篱的形式进行种植，结合修剪形成规整的景观效果，既可作为花坛、绿地的界线，又可单独作为道路隔离绿带，适用于空间有限的地段。

3. 地被植物　地被植物有着极其丰富的质感与色彩，可作为绿地空间的"铺地"材料，在设计中形成空间边缘，如低矮的沿阶草类；也可形成图案，或与硬质铺地材料结合使用。在园路植物配置中可以在行道树下应用，形成更为通透而又有限定性的空间（图 10 - 4 - 3）。又可与具有色彩对比或质感对比的材料配置形成供观赏的景观，并可作为衬托或背景，来突出雕塑、小品或其他观赏价值高的植物。

从视觉效果上，运用地被植物能将孤立或多组造景要素形成一个统一的整体，将各组互不相关的乔木、灌木等统一到同一空间内，强调要素之间的联系，减少道路中琐碎景观的出现。

4. 花卉　花卉是重要的园路绿化材料，缤纷鲜艳，具有色、香、形、姿等多种观赏特

图 10 - 4 - 3 灌木、草本植物与园路的配置

质。其种类繁多，形态各异，可用于园路的层基绿化，丰富地面景观，形成引人注目的"植物地坪"。常用于草地镶边，或者形成缀花草坪、林缘花草地等，增加道路绿地结构的层次，丰富园路的色彩。

5. 草坪植物 草坪在园路植物配置中通常作为绿篱、花坛的衬底，由于其低于人的视线，因此可作为上层花灌木的绿色背景。

二、植物与园路配置要点

1. 根据园路长短 道路距离长，则宜考虑植物的变化（如同一形体不同种类或同一色系不同种类），打破单调和不变感。

2. 根据园路材质 铺装简洁、色彩单一的道路，则植物选择宜在色彩、形体方面突出变化，以植物景观为主；装饰性强的路面（如冰裂纹、各色砖拼成的路面），道路本身即是观赏点，植物配置宜简洁，以绿色来衬托道路。

3. 根据园路宽窄 道路宽阔，则两旁植以高大乔木形成拱券式夹景；道路狭窄，则用低矮灌木或草本进行点缀。

4. 营造特色性园路 用不同类型、质感的植物配置在不同环境、宽度的园路两旁，形成各具特色的园路景观。如树林加花径（或地被），形成幽静的小径或山中小径；菊科、禾本科、蓼科植物形成充满野趣的小径；富有韵律的高大乔木富有统一、整齐的效果；草坪（或地被）中镶嵌汀步则形成典雅气氛。

三、各类园路的植物配置

园林道路根据其使用功能和组织景观需要分为主要园路（主干路）、次要园路（次干路）和游憩小路。

1. 主要园路 主要园路是从园林主入口通向全园的各景区中心、各主要广场、建筑、景点、次要入口及管理区的环形道路。一般路面平坦，宽度可达 6~8m。

规则式主路两旁常进行规则式植物配置，如高大乔木的列植（彩图 10-4-1）。较长的主路特别重视连续的动态构图，常以两个或两个以上的树种做有规律的交替变换形成韵律，如杭州白堤主路两旁的"一株杨柳一株桃"的配置方式，显示出桃红柳绿的视觉韵律。对于前方设置对景，如建筑物、雕塑、山石等的主路，其植物配置的种类、色彩不宜过于丰富，常以较为整齐的密植树形成一点透视，以突出主景。此外，规则式主路的植物配置还要注意景观的整体性，常以一个或两个树种相间的配置形成特色景观，如以变色叶树种为基调的干道，以展现季相为主要特点，给游人以强烈而浓郁的大自然的生态美感。

曲折的自然式主路两旁则不宜成排成行，而以自然式为宜。沿路的植物景观在视觉上应当有挡有敞，疏密结合，高低错落，根据园路的设计意图和导游、遮阴及分隔等不同的功能要求，采用不同的植物种类和配置方式，营造丰富的道路景观。与规则式主路不同，自然式主路打破了整齐行列的格局，因此，应当特别注意道路两旁植物的均衡性，如在园路右侧种植一棵高大的雪松，则应在临近的左侧栽植数量较多、单株体量较小、成丛的花灌木。在保持均衡性的前提下，对比手法的应用也相当重要，常通过体量、色彩、树形等的对比，增强景观的丰富性，消除道路的冗长感。此外，路边无论远近，若有景可赏，则在配置植物时必须留出透景线。如濒临水面，对岸有景可赏，常在路边沿水面一侧留出透景线，栽植遮阴树、标志树或建亭观赏。

2. 次要园路　次要园路是连接景区内多个景点的园路，为主要园路的辅助性道路。路面宽 2~4m，地势可有起伏。常采用乔木或乔、灌木树丛的形式配置，选用树姿优美或开花美丽的树种。具体配置上，还要根据不同类型的道路要求，在满足整体设计意图的前提下，做出不同的种植设计。如在路口及道路转弯处的植物配置，要求起到对景、导游和标志的作用，常安排一两株树形美观、富有季相变化的高大乔木，或者一组观赏性较高的树丛。

3. 游憩小路　游憩小路是景区内供游人散步、游览的小路。路面宽 1~2m，多自然曲折，起伏流畅。根据景区性质可以将路两侧自然配置乔木成为浓荫覆盖的封闭式，也可一侧栽植树木成为半封闭式，还可在路两侧栽植低矮灌木成开敞式。

园林中的游憩小路也常用植物配置成特色景观路，如林径、竹径、花径、叶径等。

林径讲求林中穿径，而非径旁栽树，林有多大，则径有多长，植物的气氛极为浓郁。这种类型多见于风景区，在人工园林中，也可通过小树林营造"林中穿径"的气氛。值得注意的是，"小树林"的树种选择要在保持整体统一的基础上，适当选择色彩丰富和季相变化明显的植物种类，以增添景观的丰富性。

竹径自古以来就是中国园林中经常应用的配置手法，是园路中常见而具有特殊风格的一种配置方式。对于讲求曲径通幽的竹径来说，需将竹子密植成林，并有一定厚度，竹高应超过人的高度，有时搭配一两株高大阔叶树，加大庇荫、增加幽暗的感觉，将人的视野全部缩小到竹径的空间范围之内；也有的讲求竹中求径，竹林中无明显路面，或者仅有散铺的步石，游人可以自由穿行于竹林中，这就需要密植竹秆高大的竹子种类，达到"不见天日"的庇荫程度，极少设建筑或小品点缀，显示大自然纯净、优美、朴实和高雅的格调（图 10-4-4）。现代园林中较多见的是竹林小径，其长度较短，荫浓、幽静，除了密植竹类植物之外，也常搭配少量花灌木，如梅花、桂花等，一则丰富竹径的季相景观，二则有助于形成明暗对比。

花径是以花形、花色观赏为主的小路。常采用的方式是花中取道，选择开花丰满、色彩

图 10 - 4 - 4　日本京都岚山的竹径

艳丽或者花形美丽、有香味及花期较长的乔木、高灌木，密植在道路两侧。如北京颐和园后山的连翘路、山杏路、山桃路，杭州樱花径、桂花径等。由于花木有一定的枝下高和种植密度，因此，花木盛开时，繁花完全覆盖整条或一段径路空间，形成"繁花如彩云，人可行其中"的景象。花径配置需注意：所选花木需有一定的冠下高，以 1.5～1.8m 为宜，若太矮，则常采用垫高径路两侧种植基层的方式，如采用微地形等，以保证游人能够自由穿过；花木种类以一种为宜；种植密度需达到树冠相连。国外园林则常在小径两旁配置花境或花带，以低矮的、成片的一二年生或宿根花卉构成繁花似锦的景观视野，如郁金香花境、水仙花境等。

叶径是主要赏叶色和叶形的小路。叶色一般体现于秋季的变色叶树种，如北方的银杏路、南方的枫香路等。叶形一般体现于具有特殊形状的棕榈科、芭蕉科等植物，如南方的椰子路、芭蕉路、旅人蕉路，除了欣赏叶形之外，也展现了地方特色。在华南地区，常将同一科或同一类的不同植物配置在小路两侧，在统一中求变化，以丰富景观。

四、园路局部的植物配置

园路的植物配置除路的两侧外，还要考虑与园路有关的路缘（路的边缘）、路面、路口的植物配置，这样才能构成完整的园路景观。

1. 路缘　路缘是园路范围的标志，其植物配置主要是指紧邻园路边缘栽植的较为低矮的花、草和植篱，也有较高的绿墙或紧贴路缘的乔、灌木。

（1）草缘　将观叶为主的草本植物配于路缘的方式，常用的有书带草、彩叶草等。如在路缘铺以大面积的彩叶植物，可以达到扩大道路空间和丰富道路景观色彩的作用。在江南私家园林中，常将沿阶草配置于路缘，用以界定道路范围（图 10 - 4 - 5）。

（2）花缘　以各色一年生或多年生草花作路缘，大大丰富了园路的色彩，好像一条五颜六色的彩带，飘逸在园林当中。如奥运会期间，北京各大绿地公园中广泛应用了凤仙类、萱草类、鼠尾草等植物作为路缘。在节假日期间，为了临时效果，也有将盆栽花卉摆放于路缘

图 10 - 4 - 5　园路草缘

的，如一品红、叶子花等。

（3）**植篱**　园路以植篱饰边是最常见的形式。与草缘、花缘相比，植篱分隔空间的作用更强，可使游人的视线更为集中（彩图 10 - 4 - 2）。采用高篱形式，则常使空间更显封闭、冗长。可用于植篱的植物有桧柏、黄杨、冬青、福建茶、海桐、珊瑚树、六月雪、月季、茶花、贴梗海棠、小檗、红花檵木、火棘等。

2. 路面　园林路面的植物配置主要是指在园林环境中与植物有关的路面处理。最常用的手法就是"石中嵌草"和"草中嵌石"，形成各种如人字形、砖砌形、梅花形等多种形式，既可作为区分不同道路的标志，又可加强生态作用，降低路面温度，还能将道路、植物合二为一，形成统一的整体（图 10 - 4 - 6）。

3. 路口　路口的植物景观一般指园路的十字交叉口的中心或边缘，岔路口或道路终点的对象，或者是进入另一个空间的标志性植物景观。

路口的标志性植物配置，常选择树体高大、突出或者色彩艳丽的种类，以引起游人的注意。如树形美观的雪松、叶色艳丽的红枫等。

在路口作为对景的植物配置，常成为道路植物景观的高潮和焦点。除了丰富的植物景观，也常搭配置石或雕塑，以增强景观的观赏性。

转角处的导游树种配置，常栽植树形优美或者花叶观赏性强的乔、灌木。有时也配置色彩对比强烈的树丛。

图 10 - 4 - 6　园林中的草中嵌石

第十一章

园林种植设计的程序和表现

园林种植设计的思想和意图必须通过园林制图表现出来，亦即用园林种植设计图表现出来。该过程就是园林种植设计的程序和表现。

本章首先介绍园林种植设计的程序，然后介绍园林种植设计的表现方法。

第一节　园林种植设计的程序

园林种植设计的程序（经过、过程）根据规划设计对象的性质、尺度的大小、内容的多少有一定的变化，但一般来说，都是按照调查、规划、设计、施工、管理的程序进行。在此，将园林种植设计的程序分为调查、构思、方案设计、详细设计以及施工图设计五个阶段进行介绍（表 11-1-1）。

表 11-1-1　种植设计的一般程序

阶　段	目　的	内　容	细　节
调查阶段	明确绿地性质；确定设计中需考虑的因素和功能、需解决的问题及明确预想设计效果	绿地基址的分析、认清问题和发现潜力，以及审阅工程委托人的要求（文字结合图片）	了解现场地形、原有植物（种类、分布、色彩及季相变化、高度、栽植密度、树龄）、水体、建筑、周边环境情况、公用设施等
			确定绿地类型、预算款项等
			对现有建成环境作评估分析
			确定植物功能、布局、种植方式以及取舍
构思阶段	确定总体规划、明确功能分区	运用图式描绘设计要素和功能的工作原理图	在图纸上适合的地方确定植物的作用（障景、遮阴、围合空间、视线焦点等）
			初步考虑种植区域范围和相对面积以及局部区域的植物初步布局、植物类型（乔、灌、草等）、大小和形态等（不需考虑特殊结构、材料、工程细节、具体植物种类、主景植物具体分布和配置）
方案设计阶段	确定基调树种和主景树	拟订初步的种植规划图，勾画不同类植物观赏特性之间的关系图	分析植物色彩和质地间的关系（不需考虑确切的植物种类）
			分析种植区域内植物间以及与其他要素的高度、密度关系
			布置主景树，考虑主景树间的组合关系

（续）

阶　　段	目　的	内　容	细　节
详细设计阶段	乔、灌木的搭配和树种确定	绘制具体的植物种植设计图	考虑植物组合间、植物群落间的关系
			考虑植物的间隙和相对高度、树冠下层空间的详细种植设计
		绘制更新变化后的修正图	修改部分植物布局位置、栽植面积大小等
施工图设计阶段	确定植物种植点	绘制规范的种植设计施工图	确定具体植物种类、规格、数量等

一、调查阶段

调查阶段的主要目的在于明确绿地的性质、功能、布局、风格、种植以及具体操作中各种因素之间的关系取舍，是整个程序的关键。

（一）调查内容

根据《城市绿地分类标准》（CJJ/T 85—2002），城市绿地共分为 5 个大类，分别为公园绿地、防护绿地、生产绿地、附属绿地及其他绿地。不同性质的绿地具有不同的功能需求，对植物的种类、观赏特性及对生长环境的适应程度等要求均有所差异。

如公园大类中包括综合公园、专类公园、带状公园和街旁游园 4 个中类，下属共包括 10 个小类。总体而言，公园绿地基本要求具备生态、美化、防灾等作用以及向公众开放、以游憩为主要功能。依据不同小类的公园绿地的不同功能及现状，其对种植设计的要求又有所不同。因此在确定种植方案前，需对绿地做基础资料及现状资料的调查和收集（包括文字及图片资料），内容主要涉及以下几方面：

1. 园林绿地基础资料

（1）定位　明确绿地性质、功能、整体布局、设计风格等。

（2）界线　绿地所处地理位置、红线范围、占地面积等。

（3）地形　绿地周边地形高差变化、基址内部坡度变化、主要地形、现有建筑物室内外高差、挡土墙等构筑物的顶端与底部高差。

（4）原有构筑物　围栅、墙、踏跺、平台、道路等的位置、现状和材料。

（5）公共设施　污水、雨水、电力、通信、煤气、暖气等管道的位置、分布、地上高度与地下深度等，设施与市政管道的联系情况。

2. 自然条件资料

（1）气象资料　所处气候带及其特征，季节变化，日照长短变化，年和日的温差范围，空气湿度，主导风向、风速、风力，霜冻期，冰冻期等。

（2）水文与排水　水质，全年降水量、降水时间分配；现场区域地下水变化情况（水位与季节变化、含水量和再分配区域分布等）、现场排水量、地表径流流向和流量等，检查现有建筑物各排水点、排水口的水流方向等。

（3）土壤资料　土壤类型（土壤 pH、矿物质、土粒间隙）、土壤肥力、表土层厚度、土壤渗水率等。

3. 周边环境资料　周边环境资料包括：①基址周边土地用地类型、状况和特点，相邻环境的构造和地质情况；②周边植物种类、色调、生长情况；③相邻地区主要机关、单位、居住区等分布情况及出入口位置等；④相邻环境的建筑高度、密度、建造时间、样式风格、整体色彩变化、与绿地距离等情况；⑤相邻道路交通情况、噪声及空气污染等情况；⑥绿地所在地区人流量、人流分布、建成环境等评估情况。

4. 植物资料　植物资料包括：①绿地所处城市范围内生物多样性情况（主要是植物多样性情况）；②该区域乡土植物、濒危保护植物的种类、分布及开发利用情况；③该区域古树名木种类、分布等资料，现场有无古树名木或大树及其生长情况（树高、胸径、冠幅、树龄、生长势、有无病虫害、观赏特性）；④当地园林植物引种及驯化情况，园林植物新种类应用情况；⑤基地植物（乔、灌、草）种类、分布、密度、高度、外形、色彩、生长势、有无病虫害等情况。

在全面了解园址自身及周边环境的资料、明确绿地用地性质后，将纷繁复杂的各项现状资料归类、综合分析。只有将资料化繁为简，抓住重点和特点，才能有效地认清问题和发现问题，进一步明确园址的优缺点，哪些要素需要保留或强化，哪些要素又需要被改造或移除，园址中存在哪些限制因素，并审阅工程委托人的要求。此后，园林设计师方能确定设计中需要考虑何种因素和功能，需要解决什么困难以及明确预想的设计效果。

（二）调查阶段在种植设计中的重要性

整个种植设计中，只有完成调查阶段的工作，设计师方能进行设计程序的下一步，而往后的每一步骤都是与其紧密相关的，与前期现状调查得到的资料有着千丝万缕的关系（表11-1-2）。

表 11 - 1 - 2a　基础资料收集表

调查阶段		与各阶段间的关系								
基础资料收集内容	收集目的	与构思阶段关系			与方案设计阶段关系			与详细设计阶段关系		
		直接	间接	无关	直接	间接	无关	直接	间接	无关
绿地基址地形图	了解基址不同的坡度、地形特征、挡土墙高度等情况	✓			✓			✓		
所在区域的气象资料	了解气温变化、日照变化、风向、风力、风速、降雨量、霜冻期等情况	✓			✓			✓		
土壤资料	土壤类型、肥力、土层厚度、渗水率等资料		✓		✓			✓		
水文与排水资料	基址径流流向、排水时间、径流量，建筑的排水点、流水方向以及地下水情况等	✓				✓			✓	
植物资料（1）	本地乡土植物种类、特性、生物多样性资料、当地园林植物应用种类与生长情况、园林病虫害情况、园林植物引种驯化情况		✓		✓			✓		
周边环境资料	相邻环境识别特征、色彩；交通状况；相邻建筑高度；公共设施位置、分布情况；环境评估	✓			✓			✓		

表 11 - 1 - 2b　现状调查资料表

调查阶段		与各阶段间的关系								
现状调查内容	调查目的	与构思阶段关系			与方案设计阶段关系			与详细设计阶段关系		
		直接	间接	无关	直接	间接	无关	直接	间接	无关
勘查绿地现状地形	核实图纸资料（包括地形、排水等）和文字资料（包括土壤、气候等），必要时进行实地测量；收集现场图片资料	√			√			√		
植物资料（2）	核查基址内现状植物种类、分布、密度、高度、有无古树名木等资料；收集现场植物图片资料		√		√			√		
周边环境资料	结合日照变化、建筑高度、环境色彩、交通情况、人流量等进行核查	√			√			√		

　　如调查阶段中地形、气候、水文条件、周边环境等因素都直接影响原址内的功能区的布置，不同的功能区其边界与外界的关系，以及种植区域的位置和功能的确定。而在构思阶段由于暂时不需要考虑具体植物种类、色彩等因素，因此该项资料暂时不需考虑。对于原址内的植物现状资料，在该阶段主要是在划分功能区的同时，适当考虑原有大（古）树、较好的植物群落的取舍。

　　在明确基调树种和主景树这个阶段，原址地形的起伏、日晒角度和长度、周围建筑高度、园址内土层情况以及地下管线分布等，这些自然因素和场地的限制因素都直接影响种植设计中基调树种、主景树以及种植区域的高度、密度。由于在上一阶段已经将地形坡向、排水等因素考虑到功能分区之内，因此，此阶段只需参考这些因素，对树种进行适当调整即可。

　　最后，对该地区和基地内植物（乔、灌、草）的种类、高度、密度、形态、色彩、季相变化等进行调查，便于了解和直接利用本地乡土植物、生长情况良好的园林植物，因地制宜地进行植物配置，因此第一阶段调查的植物资料就显得十分重要。此外，具体植物配置的进一步调整工作都直接受地形、周边环境等因素的影响。双方需要进一步的协调和调整，才能使最后的种植设计达到预期的效果。

　　由此可见，在种植设计前期，翔实充分的资料收集和归纳，园址的设计目标、用地性质的明确，以及有效、简明的规划设计大纲的拟订，有助于形成下一步的初步设想以及设计决策，从而轻松、快速地完成种植设计。

二、构思阶段

（一）基地条件和植物选择

　　由于生长习性的差异，植物对光照、温度、水分、空气和土壤等环境因子的要求不同，抵抗恶劣环境的能力不同，应针对基地特定的条件选择相应的植物种类，真正做到适地适树。基于立地环境条件的差异性，种植设计中植物种类的选择应注意如下几点：

　　1. 光照条件与植物选择　根据园林绿地光照条件的不同，分别选择喜阳、喜阴、中性等植物种类。喜阳植物宜种植在阳光充足的地方，如果是群体种植，应将喜阳的植物安排在上层，耐阴植物宜种植在林内、林缘或树荫下、墙的背阴面、室内环境等。

2. 温度条件与植物选择　　温度与植物的种类分布、生长发育、观赏特性等有着密切的关系。在我国北方地区，冬春季节气温较低，绿地植物选择要考虑越冬问题，一般应选用在该地区最寒冷的气温条件下也能正常生长的植物种类，而在四周有遮挡、小气候温和的地方可以栽种稍不耐寒的种类。南方许多地区夏季炎热多雨，宜选择性喜高温多湿环境的植物种类。

3. 水分条件与植物选择　　干燥少雨的地区宜选择抗旱能力较强的植物，如松柏类、臭椿、柿树、君迁子、山桃、胡枝子等。低凹的湿地、水岸旁边应栽种一些耐水湿的植物，如水杉、池杉、落羽杉、垂柳、枫杨、木槿等。

4. 空气条件与植物选择　　多风地区应选择深根性、生长快速的植物种类，并且应在栽植后立即加桩拉绳固定，风大的地方还应设立临时挡风墙。沿海地区宜选择一些抗海风、海雾的耐盐碱植物，如黑松、普陀樟、白蜡、柽柳、白水木、紫穗槐、芙蓉菊。

受空气污染的基地还应注意根据不同类型的污染物，选用相应的抗污染种类。大多数针叶树和常绿树不抗污染，而落叶阔叶树的抗污染能力较强，如臭椿、国槐、银杏等属于抗污染能力较强的树种。

5. 土壤条件与植物选择　　对不同 pH 的土壤应选用相应的植物种类。大多数针叶树喜欢偏酸性的土壤（pH 3.7～5.5），大多数阔叶树较适应微酸性土壤（pH 5.5～6.0），大多数灌木能适应 pH 6.0～7.5 的土壤，只有很少一部分植物耐盐碱，如乌桕、苦楝、泡桐、紫薇、柽柳、白蜡、刺槐、柳树等。当土壤其他条件合适时，植物可以适应更广范围 pH 的土壤，如桦木最佳的土壤 pH 为 5.0～6.7，但在排水较好的微碱性土壤中也能正常生长。大多数植物喜欢较肥沃的土壤，但是有些植物也能在瘠薄的土壤中生长，如黑松、白榆、女贞、小蜡、水杉、柳树、枫香、黄连木、紫穗槐、刺槐等。

（二）确定种植规划的功能分区

风景园林师通常要准备一张用图式描述设计要素和功能的草稿图（图 11-1-1）。粗略地描绘一些图、表、符号，来表示各种设计因素，如空间（室外空间）、围墙、屏障、景物以及道路。植物在合适的地方充当一些功能：障景、庇荫、限制空间以及视线的焦点。在这一阶段，也要研究进行大面积种植的区域。此阶段一般不考虑使用何种植物，或各单株植物的形态、季相变化、具体分布和配置。此时，设计师所关心的仅是植物种植区域的位置和相对面积，而不是在该区域内的植物分布。特殊结构、材料或工程的细节，在此刻均不重要。一般情况下，为了估价和选择最佳设计方案，往往需拟出几种不同的、可供选择的功能分区草图（图 11-1-2）。只有对不同的需求、园址的主次功能、场地存在的优缺点、视线和空间的特征等作出评估分析，才能有效地在图纸上划分功能区，作出优先的考虑和确定，并使分区自身变得更加完善、合理时，才能考虑加入更多的细节和细部设计。

理想的功能分区首要考虑的是如何建立功能与空间的理想关系。因此，设计师必须考虑下列问题：①不同功能的区域需要何种空间相配合，是完全封闭空间、开敞空间还是半开敞空间？如何与其他空间进行衔接与过渡。②功能空间彼此的距离关系。③不同空间之间的虚实分隔，是阻隔、遮挡，还是增加视觉感？④不同空间之间穿越的方式，是直接还是间接通过？功能空间的进出口。⑤功能空间之间视线是外扩还是内聚？是通透还是封闭？能否由外向内看或由内向外看？能否看到特殊景观？⑥用抽象的圆圈、色块表示不同的主要功能空间；用箭头、不同的线条表示视线的方向、不同功能空间之间的距离关系。

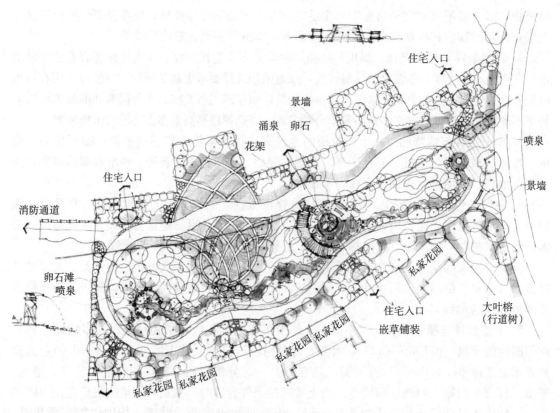

图 11-1-1　种植设计构思图

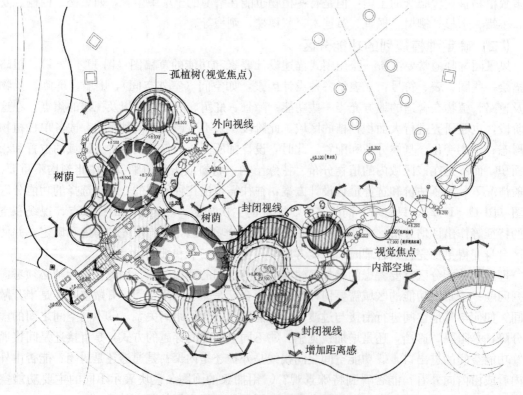

图 11-1-2　功能分区图

　　同一个园址上的功能分区的划分方法可能是多种的，不必过于坚持某一个方案，应考虑、综合多个方案，在不同的方案中寻求一个平衡点，这样的功能分区才是最为科学和合理的。

　　有时将这种更深入、更详细的功能分区图称为"种植规划图"（图 11-1-3）。在这一阶段，应主要考虑种植区域内部的初步布局。此时，风景园林师应将种植区域划分成更小的、象征着各种植物类型、大小和形态的区域。当然，设计师此刻仍广泛地涉及这些细节，例如设计师可以有选择地将种植带内某一区域标上高落叶灌木，而在另一区域标上矮针叶常绿灌木，再一区域为一组观赏乔木，进一步落实不同的植物特征的种植区域与功能空间之间的关系。此外，在这一阶段，也应分析植物色彩和质地间的关系，还应考虑和分析在整体规划设计中，种植区域林缘线与其他设计要素间的关系。不过，此时无需费力安排单株植物，或确定具体的植物种类。这样能使风景园林师用基本方法，在不同的植物观赏特性之间勾画出理想的关系。

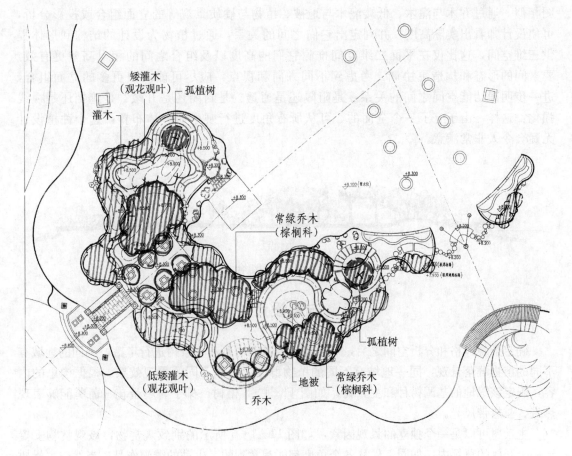

图 11-1-3　种植规划图

（三）景色分区

　　在完成上述构思后，即可考虑景色的分区，这通常反映在植物的搭配能否表现出季相变化上。一般在园林种植设计中，通过利用有较高观赏价值和鲜明特色的植物的季相，可表现出园林景观中植物特有的艺术效果，例如春花烂漫，夏荷飘香，秋果满园，冬梅傲雪等。

　　为避免发生季相不明显时期的偏枯现象，可通过利用不同花期的树木混合配置、增加常绿树和草木花卉等方法来延长观赏期。如无锡梅园在梅花丛中混栽桂花，春季观梅，秋季赏桂，冬天还可看到桂叶常青。杭州花港观鱼中的牡丹园以牡丹为主，配置红枫、黄杨、紫薇、松树等，牡丹花谢后仍保持良好的景观效果。

　　在园林种植设计中，四季应时植物通过花的开放、叶和果实的色彩、香气等表现季节感和丰富的空间感。在满足种植的目的和功能的同时，季节感的表现通过在春、夏、秋、冬的循环周期中进行组合，注重景观调和。

（四）立面空间图

　　在分析一个种植区域内的高度关系时，理想的方法就是作出立面组合图（图 11-1-4）。通过对道路、广场、滨水等空间之间绘制外形特征（尤其是高度特征）各异的种植区域，区分和识别各功能区之间的相对距离，立面视线感觉、植物高差带来的林冠线的起伏变化。另外，作该图就是用概括的方法分析各不同植物区域的相对高度，这与规划图相似。通过乔木与灌木、低矮灌木与地被、植物与硬质景观等的立面组合或投影分析，可使设计师看出实际高度，并判定出它们之间的关系，通过植物为设计的结构和形体提供三维空间，这比仅在平面二维空间推测它们的高度以及组合之间的相对高差更有效，要素间的形态和构造更协调。考虑到不同方向和视点，应尽可能画出更多的立面组合，进一步明确功能空间之间的关系，是阻隔还是通透？是封闭还是开敞？是遮挡还是视线强化？这样，由于有了一个全面的、可从所有角度进行观察的立体布置，这个种植设计无疑会令人非常满意。

图 11-1-4　立面组合图

三、方案设计阶段

　　确定景观风格和分析空间之后，对该绿地的基调树种和主景树进行考虑，不同的地域有不同的植物群落景观，同一地域有不同的植物群体，形成不同的景观效果。根据构思的内容，确定该绿地的基调树种和主景树，如图 11-1-5 榕树、椰子、鸡蛋花、蒲葵能够表现热带、亚热带风光。

　　主景树可以是一个独立的景观因素，如图 11-1-6 所示的别致观赏物，该观赏物安置于一个开放的草坪内，如同一件从各个角度都能观赏到的、生动的雕塑作品。当然，主景树也可以植于较小的植物群落中（图 11-1-7），以充当这个植物布局中的主景树。主景植物可以是圆柱形、尖塔形或具有独特的粗壮质地和鲜艳花朵的植物。在一个设计中，主景植物不宜过多，否则将使注意力分散在众多相异的目标上。

　　整个设计中，完成植物群体的初步组合后，风景园林师方能进行种植设计程序的下一步。在这一步骤中，设计师开始着手各基本规划部分，并在其间排列单株植物。当然，此时的植物主要仍以群体为主，并将其排列在基本规划的各个部分。

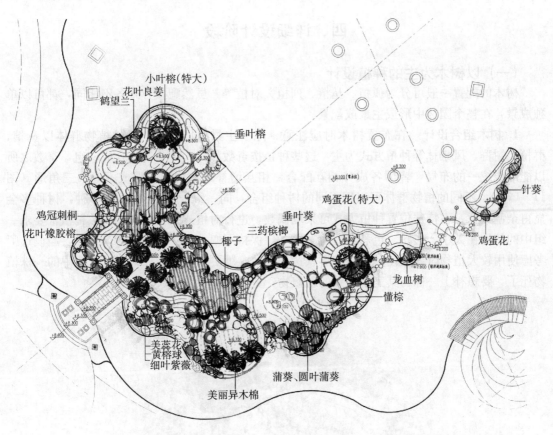

图 11-1-5　种植设计方案图

图 11-1-6　主景树安置于开放的草坪内

图 11-1-7　主景树安置于较小的植物群落中

四、详细设计阶段

（一）以树木为主的种植设计

树木的配置一般可分为孤植、丛植、列植、对植等。虽然配置方式各不相同，都可以单独成景，在整个园林中形成主景或配景。

1. 树木组合设计　在布置树木时应注意：除了主景树以外，一般的植物群体以丛植、群植、树群、风景林等种植方式为主，这些种植按奇数如 3、5、7 等组合成一组，奇数之所以能形成统一的布局，皆因各成分相互配合，相互增补。在构图上形成不等边三角形（图11-1-8），不同的植物群体可以用不同的树种组合，同一组合树种只能 1~3 种，树种多会显得杂乱无章。在特殊位置种植方式可采取偶数，进行对植或列植，采用偶数种植常要求一组中的植物在大小、形状、色彩和质地上统一，保持冠幅大小一致和平衡。这样，当设计师考虑使用较大植物时，要使其大小和形状达到一致，就更加困难。如果偶数组合中的一株植物死了，要想补上一株与其完全一致的新植物，更是难上加难。

海桐　　　　　假连翘 雪茄 花叶艳山姜 竹

图 11-1-8　乔、灌木的平面构图

完成单株植物的组合后，紧接着应考虑组或群之间的关系。各组或群之间的差异对景观的影响较大，如何进行过渡，首先应十分了解植物群体的景观特性，从色、香、阴阳、大小等方面进行综合考虑，各组群植物应相互协调，消除各植物组群之间空隙所形成的"废空间"。

2. 常绿树和落叶树的比例　常绿树一般生长慢，耐瘠薄和干燥力弱，缺乏萌芽、再生力。有黑暗、重厚的感觉，使人沉着，营造出庄严肃穆的气氛。落叶树冬季明亮通透，具有包容力，给人亲和感。夏季郁闭，但与常绿树不同，光线通过枝叶空隙显得明亮轻快。此外，新绿，红叶，落叶富有四季变化。

单一种构成的林地，植被形态明显，空间单纯明快，能够表现树林形质的群体效果。但是在公园等场所，这种单一树种构成的纯林对鸟类、动物等的栖息环境不利，有时还会导致病虫害等毁灭性的损害。由常绿树、落叶树等多种树木构成的组合植栽地，通过统一处理可达到更好的景观效果。

在公园中，为了使植栽景观产生对比效果并强调重点，应该种植适当比率的常绿树和落叶树。在一般的植栽地中，常绿阔叶树与落叶阔叶树的比例为 3∶7。

3. 乔、灌木搭配　设计师在考虑植物间的间隙和相对高度时，不能忽略树冠下面的空间。乔木、灌木和地被组成立体的空间，灌木能起到控制视线的作用（图 11 - 1 - 9），地被具有统一性，只有乔木、灌木、地被形成立体的组合才能最大限度地发挥植物的生态效益（图 11 - 1 - 10）。

图 11 - 1 - 9　乔木、灌木和地被构成立体的空间

图 11 - 1 - 10　乔木、灌木和地被组合，发挥最佳生态效益

4. 树木与地被植物的比例　作为种植构成的基础单位，把握树木、地被等景观和机能至关重要。树木给人以垂直感，草坪及地被植物则给人以水平的扩展感。树木在生态上具有防潮、防火、防风、隔声、遮光等重要功能，地被植物则主要具有运动、娱乐的作用。另外，在人为干扰少的树林中，树木与地被植物生长旺盛，表现出"丰富绿色"的景观特色。

　　从不同的城市公园来看，自然林比例高的有综合公园、风致公园、动植物园、历史公园、广域公园等。人工种植林比例高的有社区公园、近邻公园、地区公园、庭园等。

（二）以草坪为主的种植设计

　　近年来，草坪因其独特的大尺度空间感和开放性受到越来越多人的喜爱。又因其在园林布局中能与山石、水面、坡地、园林建筑以及乔木、灌木、花卉、地被等密切结合，组成各种不同类型的空间，从而广受风景园林师的喜爱。

　　在草坪上配置的植物首先考虑其生长习性，其次是与周围环境相协调，色彩搭配决定了最终的设计效果。如图 11 - 1 - 11 所示，在草坪上适当配置龙柏、海桐、茶梅、杜鹃、桧柏等，形成不同趣味的空间。

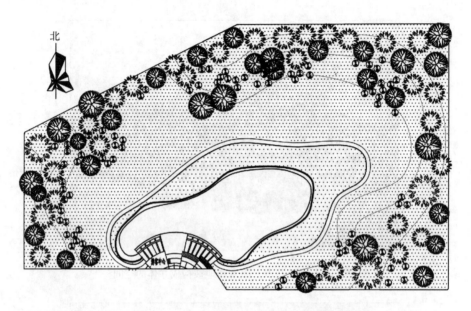

图 11 - 1 - 11　以草坪为主的种植设计

1. 生长习性

　　①光照条件。如在自然光照条件较差的草坪上应选择耐阴树种。

　　②据草坪所处的地形条件选择不同的树种，如在低洼处选择法桐、水杉、枫杨、垂柳等耐水湿树种，在迎风口处选择低矮灌木或深根耐寒的乔木。

　　③据土壤肥力、pH 不同选择喜肥沃或耐瘠薄树种、喜酸性或耐石灰质树种。

　　④在草坪内一般不栽植根萌蘖力极强的树种，如火炬树，以免给草坪管理增加困难。

2. 与周围环境协调　　在广场、公园的草坪中，应注重选择观赏价值高、有较好遮阴效果的树种，如雪松、银杏、法桐等。在学校、烈士纪念园内应选择象征意义强的树种，如学校的草坪中多栽植碧桃、紫叶李等，寓意桃李满天下，而烈士纪念园的草坪中多植松柏以烘托庄严、肃穆的气氛。

　　在工厂、路旁等污染较重的草坪中，有针对性地选择抗污染、能吸收有毒物质的树种，如路旁的草坪上多植泡桐、国槐、木槿、合欢等抗噪声、吸尘效果好的树种，而在有二氧化硫污染的厂区草坪中，栽植紫薇、罗汉松、白皮松、碧桃等抗二氧化硫污染强的树种。在油库、煤气站等地的草坪中种植银杏、黄杨等防火树种。

3. 色彩搭配　　园林植物的色彩是体现其观赏价值的主要因素，如运用得当，能起到很好的效果。在草坪中配置彩色植物时，首先要注意不同色彩带给人们的不同感受，如：绿色给人以清爽、冷静、柔和的感觉，红色给人以兴奋、奔放、热烈的感觉。其次还要注意运用色彩的对比与调和所产生的不同效果，在草坪内配置色彩上存在明显差异的植物，彼此对照，从而更加鲜明地突出各自的特点，使人感到醒目、兴奋；配置色彩相近的植物，就可达到协调、融合、亲切的效果，如体育馆外的草坪中配置碧桃、紫薇、红枫、迎春、连翘等。疗养院、老年人活动区的草坪内点缀紫藤、木槿、鸢尾等都是采用以上手法达到各自所需的不同的效果。

在草坪植物造景的搭配上，只有注重各方面的协调关系才能营造出好的景观。同时，也要注意充分发挥草坪草本身的艺术效果。草坪草是草坪造景的主要材料之一，它本身不仅具有独特的色彩表现，并且会随着地形的自然变化而形成不同的空间变换，这些都会带给人以不同的艺术感受。

（三）以花卉为主的种植设计

园林种植设计中经常用到的花卉主要有一二年生花卉和宿根花卉。图 11 - 1 - 12 是以菊花等草本花卉为主要材料，适当搭配乔、灌木的种植设计。

1. 一二年生花卉 一二年生花卉因其生活周期较短，且植株矮小、花期集中，所以一般应用在经常需要更换图案和色彩的花坛中。

低矮紧密且株丛较小的花卉，适合于表现花坛平面图案的变化。如香雪球、雏菊、半支莲及五色苋类等。还有一些花卉虽然生长高大，但利用其扦插苗或播种小苗就可观赏的特

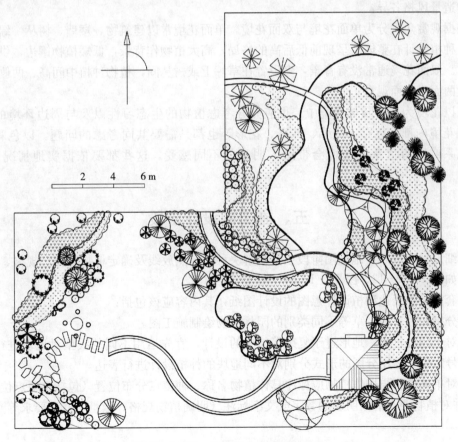

图 11 - 1 - 12 以花卉为主的种植设计

性，来进行花坛的布置，例如孔雀草、矮万寿菊、矮一串红、荷兰菊等。

花坛的观赏点主要在于其开花时的整体效果，在一个花坛的植物搭配上，不在于种类繁多，而在于图样简洁、轮廓鲜明和体型的对比，这样才能收到良好的效果。花坛的中心宜选用较高大的花卉材料，例如美人蕉、扫帚草、毛地黄等。也有用树木的，如苏铁、蒲葵、凤尾兰、雪松等。花坛的边缘可使用一些矮小的灌木绿篱或常绿草本作为镶边植物。近年来，也有采用一些彩叶植物来做镶边植物的。

花坛一般多设置于广场、道路节点处和建筑周围等。也可于草坪上，通过矮小的栅栏或石头等镶边围绕起来形成草坪花坛。

2. 宿根花卉　宿根花卉一般多应用于花境、花台中，其中花境因其模拟自然的特有艺术表现力广受欢迎。

花境花卉的选择，应考虑同一季节中彼此的色彩、姿态、体型及数量的调和与对比。不仅要求构图完整，还需满足一年中的季相变化。几乎所有的露地花卉均可运用于花境的布置，但是从维护管理的角度出发，宿根花卉更为适合。

花境的分类方式很多。按植物生物学特性分类，可分为草本花境、混合花境和针叶树花境，观赏草花境属于草本花境的范畴。混合花境和观赏草花境是欧美国家近年来园林种植设计中的新宠。

按园林应用形式分类，可分为林缘花境、路缘花境、墙垣花境、草坪花境、滨水花境以及庭院花境等。前三者通常为带状布置，草坪花境常为独立式布置，而庭院花境则需要因地制宜，造景风格各异。

根据观赏角度分为单面花境与双面花境。单面花境常以建筑物、矮墙、树丛、绿篱等为背景，种植设计在整体上呈现前低后高的格局，高大植物作背景，低矮植物镶边，供游人单面观赏。双面花境通常没有背景，多设置在草坪上或树丛间，植物种植中间高、两侧低，可供游人两面或多面观赏。

在以花境为主的园林环境中，也应充分考虑植物的生态习性以及与周边环境的谐调。同时在花境内部，色彩、质感、株高、花形等也都是需要共同考虑的问题。以色彩为例，纯冷色系或纯暖色系的花境会带给人明显的不同感受。这些都要依据实地情况而斟酌选择。

五、施工图设计阶段

详细设计完成后，施工图阶段主要是解决种植定点放线及确定植物种类、规格、数量的问题，如图 11-1-13、图 11-1-14、图 11-1-15*。

一套能完整表达种植设计意图的设计图纸，其内容应该包括：

①分别对乔、灌、草等不同类别的园林植物绘制施工图。

②对于园址过大、地形过于复杂等情况的设计，宜先运用不同的线型对地块进行划分，通过图号索引，运用分图的形式分别对不同地块的种植设计进行表达。

③对单体植物与群体植物应标注具体植物名称、种植点分布位置（包括重要点位的坐标等），并对植物要有清晰明确的数字或文字标注（明确植物规格、数量、造型要求等）。

---

* 图 11-1-13、图 11-1-14、图 11-1-15 见书后插页。

④对原有保留植物的位置、坐标要标清楚，并应与设计种植的植物在图例符号及文字标注上进行区分和说明，以免产生视觉混乱和设计意图不明晰等问题。

⑤对于重要位置需用大样图进行表达。对于景观要求细致或是重要主景位置的种植局部图、施工图应有具体、详尽的立面图及剖面图、植物最佳观赏面的图片以及文字标注、数字标高等，以明确植物与周边环境的高差关系。

⑥对于片状种植区域应标明种植区域范围的边界线、植物种类、种植密度等。对于规则式或造型的种植，可用尺寸标注法标明。此外，不同种类的片状种植区域还应标注清楚其修剪或种植高度。对于自然式的片状种植区域可采用网格法等方法进行标注。

⑦配合图纸的植物图例编号、数字编号等，在苗木表中要将植物名称标注清楚；此外由于植物的商品名、中文名重复率高，为避免在苗木购买时产生误解和混乱，还应相应地标注植物拉丁名，以便识别。苗木表还应对植物的具体规格、用量、种植密度、造型要求等内容标注清楚。

⑧如园址面积过大或对种植区域进行划分，应在分图中附加苗木表，在总图上还应附上苗木总表，对各分图的苗木情况进行汇总，方便统计与查阅。

施工图的完成只是完成设计工作的一半，由于目前很多苗木没有达到标准化生产，植物的生长情况在各生产单位有所不同，要达到设计效果，设计师要了解和严格控制种植时植物的大小及生长情况，这样才能达到设计效果。

第二节　园林种植设计的表现

园林种植设计一般通过图纸和文字两种方式进行设计思想的表达。

一、植物在园林设计中的表现方法

植物的种类很多，各种类型的植物产生的效果各不相同，因此需要采用不同的植物图例，分别表现出其特征。

（一）乔木在园林设计中的表示方法

1. 乔木在园林设计中的平面表示方法　一般先以树木主干中心为圆心、树冠平均半径作圆，再加以表现，其表现手法非常多，表现风格变化很大，平面植物的基本绘制步骤如下：

步骤一：使用铅笔依照画圆模板或者计算机绘制一个平面圆，圆的大小根据实际树冠大小依比例折算。

步骤二：分析植物种类的外轮廓特征，枝叶与干茎的分布形态特点，用线条勾勒出植物外部轮廓形态特征。如果从植物分类区分平面植物绘制，一般分成针叶树种（图 11-2-1）与阔叶树种（图 11-2-2）。

步骤三：由于植物形态的差异，为了更加形象地表现植物，在完成步骤二之后，可以为植物增加相应的枝干与叶，从而使平面图植物更加充实与饱满。

步骤四：以平面图的指北针为参照，根据阳光照射的角度与不同的植物形态特征勾画植物的阴影。

根据不同的表现手法，可以将乔木的平面表示划分为四种类型（图 11-2-3）：

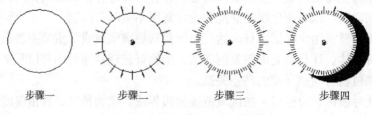

步骤一　　　　步骤二　　　　步骤三　　　　步骤四

图 11-2-1　针叶树种平面图绘制过程

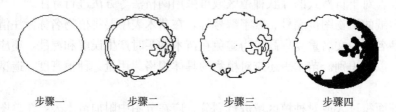

步骤一　　　　步骤二　　　　步骤三　　　　步骤四

图 11-2-2　阔叶树种平面图绘制过程

（1）轮廓型　乔木平面只用线条勾勒出轮廓，线条可粗可细，轮廓可光滑，也可带有缺口或尖突。

（2）分枝型　在乔木平面图中用线条的组合表示树枝或枝干的分叉。

（3）质感型　在乔木平面图中只有线条的组合或者排列表示树冠的质感。

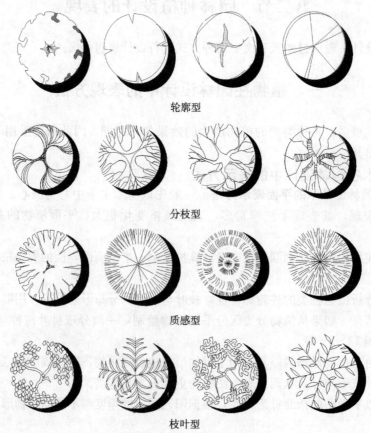

轮廓型

分枝型

质感型

枝叶型

图 11-2-3　乔木平面图

（4）枝叶型　乔木平面图中既表示分枝，又表示树冠和叶片，树冠可用轮廓表示，也可用质感表示，这种类型可看做前三种类型的综合。

为了图面简洁清楚、避免遮挡，基地现状资料图、详图或者施工图中的树木平面可用简单的轮廓线表示，有时甚至只用小圆圈标出树干的位置。在设计图中，当树冠下有树丛、花坛、花境、花台或水面、石块等较低矮的设计内容时，树木平面也不应过于复杂，要注意避让，不要挡住下面的内容。但是，若只表示整个树木群体的平面布置，则可不考虑树冠的避让，而以强调树冠平面为主（图 11-2-4）。

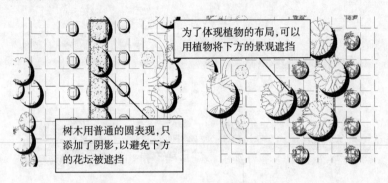

图 11-2-4　平面植物绘制的避让与遮挡

树木的落影是平面树木重要的表现内容，它可以增强图面的对比效果，使图面明快、有生气（图 11-2-5）。树木的地面落影与树冠的形状、光线的角度及地面条件有关，在园林图中常用落影圆表示，有时也可根据树形稍作变化（图 11-2-6）。

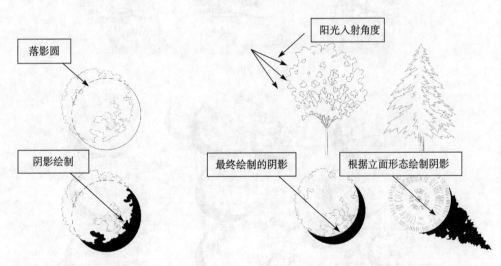

图 11-2-5　落影圆的绘制　　　　　　　　图 11-2-6　立面树形与阴影的关系

作树木落影的方法是：先选定平面光线入射的方向，定出落影量，以等圆作树冠圆和落影圆，然后擦去树冠下的落影，将其余的落影涂黑或者着色，并加以表现。对不同质感的地面可采用不同的树冠落影表现方法。

2. 乔木在园林设计中的立（剖）面表示方法　乔木的立面表示方法分为轮廓型、分枝型、质感型等几种，但有时并不十分严格（图 11-2-7）。树木的立面表现形式有时是写实的，也有图案化的或稍加变形的，其风格应与树木平面和整个图面相一致（图 11-2-8）。

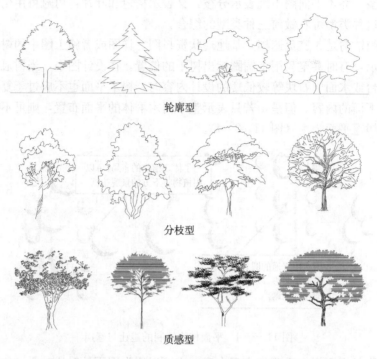

轮廓型

分枝型

质感型

图 11 - 2 - 7　乔木立面图

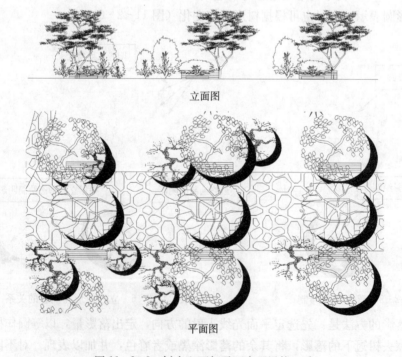

立面图

平面图

图 11 - 2 - 8　树木立面与平面表现风格一致

（二）灌木及地被物在园林设计中的表示方法

1. 灌木及地被物在园林设计中的平面表示方法　灌木与乔木在形态上的主要区别在于：乔木具有明显的主干，而灌木没有明显的主干，灌木自然式种植的平面形状多为不规则式，

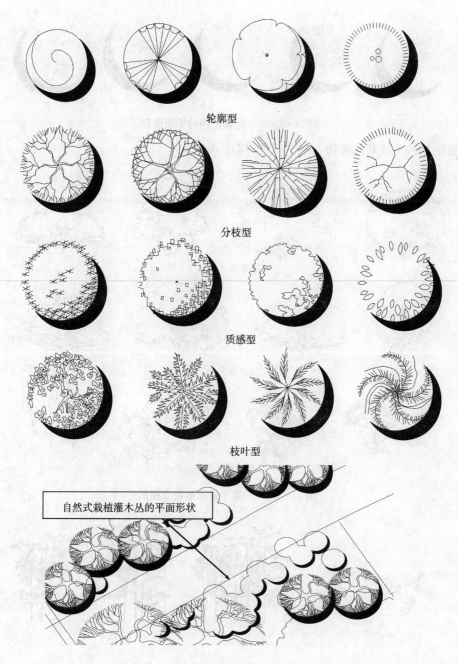

轮廓型

分枝型

质感型

枝叶型

自然式栽植灌木丛的平面形状

图 11-2-9 灌木平面图

一般整形的灌木可用轮廓型、分枝型或枝叶型表示，非整形的灌木平面常用轮廓型和质感型表示，由于灌木的平面表示方法与乔木类似，所以乔木平面的绘制步骤与方法都可以应用于灌木平面图的绘制之中（图 11-2-9）。

地被物可采用轮廓型、质感型和写实型表现的方法。作图时应以地被栽植的范围为依据，用不规则的细线勾勒出地被范围轮廓（图 11-2-10）。

2. 灌木及地被物在园林设计中的立（剖）面表示方法 灌木及地被物一般体量较小，立面表示方法分为轮廓型、分枝型、质感型等几种类型（图 11-2-11）。除了普通的灌木

图 11-2-10　地被植物的平面图例

外，还要绘制竹子及其他植物（图 11-2-12）。

轮廓型

分枝型

质感型

图 11-2-11　灌木及地被物立面图

平面图　　　　　　　　　　　　　　立面图

图 11-2-12　竹类植物的平面与立面图例

（三）草坪在园林设计中的表示方法

草坪的平面表示方法很多，下面以手绘图为例介绍一些主要的表示方法。

1. 点示法　用大小均一的小点表示草坪，用点的疏密来表现草坪的质感，注意点大小要一致（图 11-2-13）。

2. 线段法

（1）**小短线法**　用排列成行、间距相近的小短线来表示草坪。排列整齐的线段可用来表示修剪的草坪，排列不整齐的线段可用来表示自然式或管理粗放的草坪。

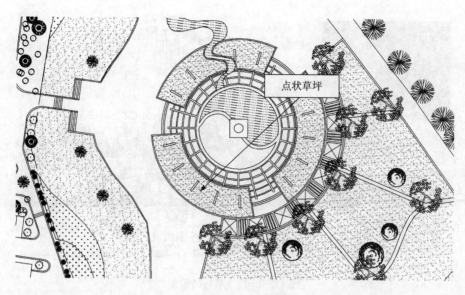

图 11-2-13　点状草坪

（2）线段排列法　线段排列法是最常用的方法，要求线段排列整齐，行间有断断续续的重叠，也可稍许留些空白或行间留白。另外，也可用斜线排列表示草坪，排列方式可规则，也可随意（图 11-2-14）。

此外，还可用不规则的乱线和"m"形线条排列来表示草坪。

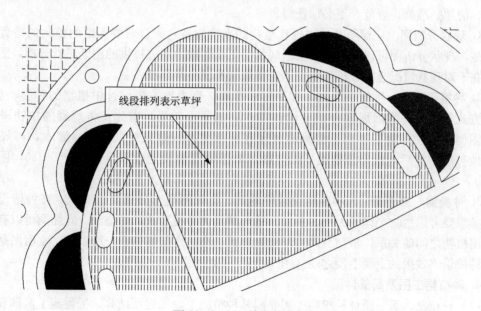

图 11-2-14　线段状草坪

3. 草坪着色法　由于阳光照射或者其他物体对草坪的光线的反射，还有如季节植物色泽变化的原因，草坪的颜色不能简单地概括为绿色，植物表面由于明度的变化会呈现出草绿、青绿、灰绿等，加之季节的变化，草坪会呈现出黄色、黄绿色等季节性的颜色（图 11-2-15）。这些色彩上的变化原理为绘制草坪提供了方法上的依据。

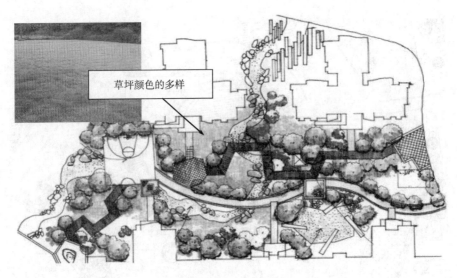

草坪颜色的多样

图 11-2-15　草坪的绘制

二、园林种植设计图的类型

园林种植设计图包括现状分析图、种植平面图、种植立面图、种植施工图、种植效果图及必要的图解和说明等。种植效果图可以适当加以艺术夸张，种植施工图因为施工的需要应简洁、清楚、准确、规范，不必加任何表现。

1. 现状分析图　应标明基址内现状植物的准确位置，而且对要保留的植物的位置要标志清楚，现状分析图可以是设计师根据现状手工绘制或由甲方提供的图纸进行分析，图纸的目的在于对现状情况进行分析，所以不需要像工程图一样详细。

2. 种植平面图　种植平面图一方面要求准确、直观地表现设计中植物的种类、颜色、配置方式等，另一方面展现种植设计预期达到的平面效果。首先，将规划的植物采用对应的图例，按照其规格要求，准确地表现在图纸上，一般先规划乔木、灌木，再规划草坪及地被物，然后，画出植物的平面落影，增强画面的视觉效果（图 11-2-16，图 11-2-17）。

3. 种植剖、立面图　园林种植设计中的剖、立面图是十分重要的图纸，在种植设计过程中必须要考虑植物个体的大小、形状、枝干的具体分枝形式，种植剖、立面图可以有效地展示出植物之间的关系，植物与周边环境如建筑、小品之间的关系。所以剖、立面图是观察植物种植最终效果的重要手段之一（图 11-2-16，图 11-2-17）。

4. 种植施工图及局部详图

（1）种植施工图　园林种植施工图是园林种植施工、工程预结算、工程施工监理和验收的依据，应准确表达种植设计的内容和意图。

在种植施工图中应标明树木的准确位置，在图面上的空白处用引线和箭头符号标明树木的种类，也可只用数字或代号简略标注，同一种树木群植或丛植时可用细线将其中心连接起来统一标注。很多低矮的植物常成丛栽植，因此，在种植平面图中应明确标出种植坛的形状和花坛中的灌木、多年生草花或一二年生草花的栽植位置，坛内不同种类宜用不同的线条轮廓加以区分。在组成复杂的种植坛内，还应明确划分每种类群的轮廓、

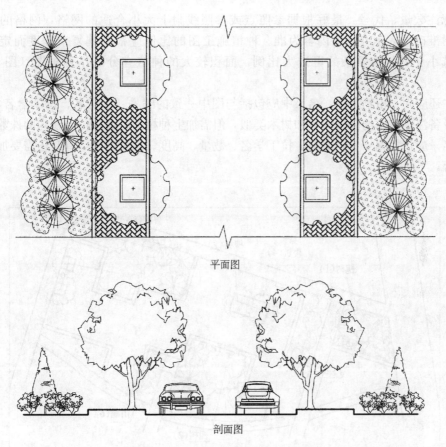

平面图

剖面图

图 11-2-16　道路种植设计平、剖面图

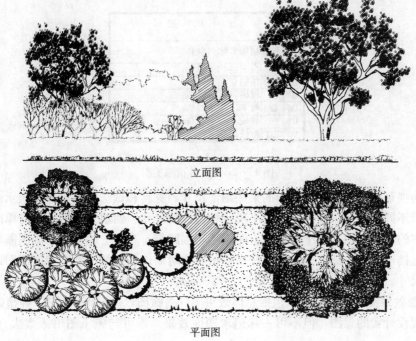

立面图

平面图

图 11-2-17　种植设计平、立面图

形状，标注数量、代号，最好根据参照点或参照线附上大小合适的网格，网格的大小应以能相对准确地表示终止的内容为准。种植施工图的比例应根据其复杂程度而定，较简单的可选小比例，较复杂的可选大比例，面积较大的种植宜分区作种植图（图 11 - 2 - 18）。

图中还应附一植物名录，名录中应包括与图中一致的编号、中文名、拉丁学名、数量、规格以及备注。灌木的名录内容和树木类似，但需加上种植间距或单位面积内的株数；草花的种植名录应包括编号、中文名、拉丁学名、数量、高度、栽植密度，有时还需要加上花色和花期等。

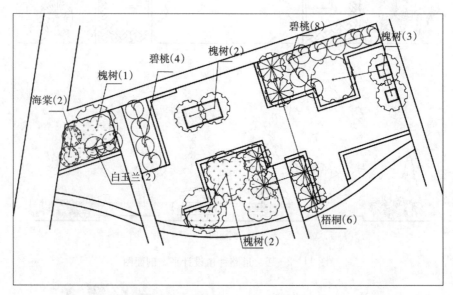

苗　木　表				
编号	图例	植物名称	规格	备注
01	✿	白玉兰	h=4.0m	
02	✹	梧桐	h=4.0m	
03	⊙	槐树	h=3.5m	
04	◉	海棠	h=2.0m	
05	◔	碧桃	h=2.0m	
06	▤	地被花卉		

图 11 - 2 - 18　种植施工图

（2）局部详图　种植施工图中的某些细部尺寸、材料和做法等需用详图表示。不同胸径的树木需带不同的土球，根据土球大小决定种植穴的尺寸、回填土的厚度、支撑固定转桩的做法和树木的修剪。用贫瘠土做回填土时需适当加肥料，基地上保留树木周围需填挖土方时应考虑设置挡土墙。在铺装地上或树坛中种植树木时需作详细的平面图和剖面图以表示树池或树坛的尺寸、材料、构造和排水（图 11 - 2 - 19）。

5. 种植效果图　种植效果图包括总体效果图（鸟瞰图）、局部效果图。种植效果图重在艺术地表现设计者的意图，但不可一味追求图面效果，不可与施工图出入太大（图 11 - 2 - 20）。

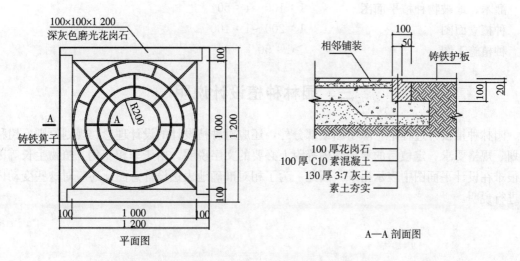

图 11-2-19　树池设计

图 11-2-20　种植效果图

6. 种植设计图比例　种植设计图常用比例如下：

现状分析图　　　　　　　　　　　1∶1 000～1∶500

树木种植平面图　　　　　　　　　1∶200～1∶100

灌木、地被物种植平面图　　　　　1∶100～1∶50
种植立面图　　　　　　　　　　　1∶200～1∶100
种植施工图　　　　　　　　　　　≥1∶50

三、园林种植设计说明

　　园林种植设计过程中，除了图纸部分外，还应对种植设计的设计理念、规划原则、树种规划、规格要求、定植后的养护管理等附上必要的文字说明。由于季相变化、植物生长等因素很难在设计平面图中表示出来，因此，为了相对准确地表达设计意图，还应对这些变动内容进行说明。

附 录

本书涉及园林植物名录

中　名	学　名	科　名	属　性
阿月浑子	*Pistacia vera*	漆树科	落叶乔木
矮牵牛	*Petunia hybrida*	茄科	草本
桉树	*Eucalyptus robusta*	桃金娘科	常绿乔木
八宝景天	*Sedum spectabile*	景天科	肉质草本
八角	*Illicium verum*	八角科	常绿乔木
八角枫	*Alangium chinense*	八角枫科	落叶灌木或小乔木
八角金盘	*Fatsia japonica*	五加科	常绿灌木或小乔木
八仙花	*Hydrangea macrophylla*	虎耳草科	落叶灌木
霸王鞭（金刚纂）	*Euphorbia antiquorum*	大戟科	肉质灌木或小乔木
'白碧桃'	*Prunus persica* cv. Alba‐plena	蔷薇科	落叶小乔木
白车轴草（白三叶）	*Trifolium repens*	豆科	草本
白刺花	*Sophora davidii*	豆科	落叶灌木
白丁香	*Syringa oblata* var. *affinis*	木樨科	落叶灌木
白花杜鹃	*Rododendron mucronatum*	杜鹃花科	半常绿灌木
'白花'夹竹桃	*Nerium indicum* cv. Paihua	夹竹桃科	常绿灌木或小乔木
白花紫露草	*Tradescantia fluminensis*	鸭跖草科	草本
白花醉鱼草（驳骨丹）	*Buddleja asiatica*	醉鱼草科	落叶灌木
白桦	*Betula platyphylla*	桦木科	落叶乔木
白鹃梅	*Exochorda racemosa*	蔷薇科	落叶灌木
白蜡	*Fraxinus chinensis*	木樨科	落叶乔木
白兰花	*Michelia alba*	木兰科	常绿乔木
白梨	*Pyrus bretschneioderi*	蔷薇科	落叶乔木
白栎	*Quercus fabri*	壳斗科	落叶乔木
白落葵	*Basella alba*	落葵科	草质藤本

（续）

中　名	学　名	科　名	属　性
白皮松	*Pinus bungeana*	松科	常绿乔木
白千层	*Melaleuca leucadendra*	桃金娘科	常绿乔木
白杆	*Picea meyeri*	松科	常绿乔木
百合	*Lilium brownii*	百合科	草本
百里香	*Thymus mongolicus*	唇形科	半灌木
百脉根	*Lotus corniculatus*	豆科	草本
百日草	*Zinnia elegans*	菊科	草本
百子莲	*Agapanthus africanus*	石蒜科	草本
板栗	*Castanea mollissima*	壳斗科	落叶乔木
半支莲	*Portulaca grandiflora*	马齿苋科	肉质草本
薄叶润楠	*Machilus leptophylla*	樟科	常绿乔木
宝石花	*Graptopetalum paraguayense*	景天科	肉质草本
北京丁香	*Syringa pekinensis*	木樨科	落叶灌木或小乔木
北美鹅掌楸	*Liriodendron tulipifera*	木兰科	落叶乔木
贝母（浙贝母）	*Fritillaria thunbergii*	百合科	草本
‘碧桃’	*Prunus persica* cv. Duplex	蔷薇科	落叶小乔木
薜荔	*Ficus pumila*	桑科	常绿木质藤本
扁柏	*Chamaecyparis obtusa*	柏科	常绿乔木
扁桃（巴旦杏）	*Prunus dulcis*	蔷薇科	落叶乔木
变叶木	*Codiaeum variegatum* var. *pictum*	大戟科	常绿灌木或小乔木
槟榔	*Areca catechu*	棕榈科	常绿乔木
枹栎	*Quercus serrata*	壳斗科	落叶乔木
冰草	*Agropyron cristatum*	禾本科	草本
波斯菊	*Cosmos bipinnatus*	菊科	草本
菠菜	*Spinacia oleracea*	藜科	草本
菠萝	*Ananas comosus*	凤梨科	草本
薄荷	*Mentha arvensis* var. *piperascens*	唇形科	草本
薄壳山核桃	*Carya illinoensis*	胡桃科	落叶乔木
薄皮木	*Leptodermis oblonga*	茜草科	落叶灌木
彩叶草	*Coleus blumei*	唇形科	草本
菜豆	*Phaseolus vulgaris*	豆科	草质藤本
菜豆树	*Radermachera sinica*	紫葳科	落叶乔木
蚕豆	*Vicia faba*	豆科	草本
糙叶树	*Aphananthe aspera*	榆科	落叶乔木
草茱萸	*Chamaepericlymenum canadense*	山茱萸科	草本

（续）

中　名	学　名	科　名	属　性
侧柏	*Platycladus orientalis*	柏科	常绿乔木
茶	*Camellia sinensis*	山茶科	常绿灌木
茶梅	*Camellia sasanqua*	山茶科	常绿灌木
茶条槭	*Acer ginnala*	槭树科	落叶灌木或小乔木
菖蒲	*Acorus calamus*	天南星科	草本
长春花	*Catharanthus roseus*	夹竹桃科	草本或亚灌木
长春蔓（蔓长春花）	*Vinca major*	夹竹桃科	常绿藤状亚灌木
‘长寿花’	*Kalanchoe blossfeldiana* cv. Tom Thumb	景天科	肉质草本
常春藤	*Hedera nepalensis* var. *sinensis*	五加科	常绿木质藤本
巢蕨	*Asplenium nidus*	铁角蕨科	草本蕨类
柽柳	*Tamarix chinensis*	柽柳科	落叶灌木或小乔木
橙	*Citrus sinensis*	芸香科	常绿乔木
池杉	*Taxodium ascendens*	杉科	落叶乔木
赤松	*Pinus densiflora*	松科	常绿乔木
赤杨	*Alnus japonica*	桦木科	落叶乔木
重阳木	*Bischofia polycarpa*	大戟科	落叶乔木
稠李	*Prunus padus*	蔷薇科	落叶乔木
臭椿	*Ailanthus altissima*	苦木科	落叶乔木
臭牡丹	*Clerodendrum bungei*	马鞭草科	落叶灌木
雏菊	*Bellis perennis*	菊科	草本
垂柳	*Salix babylonica*	杨柳科	落叶乔木
垂盆草	*Sedum sarmentosum*	景天科	肉质草本
垂丝海棠	*Malus halliana*	蔷薇科	落叶乔木
‘垂枝’桑	*Morus alba* cv. Pendula	桑科	落叶乔木
春兰	*Cymbidium goeringii*	兰科	草本
莼菜	*Brasenia schreberi*	睡莲科	水生草本
慈姑	*Sagittaria sagittifolia*	泽泻科	水生草本
刺柏	*Juniperus formosana*	柏科	常绿乔木
刺槐	*Robinia pseudoacacia*	豆科	落叶乔木
刺楸	*Kalopanax septemlobus*	五加科	落叶乔木
刺桐	*Erythrina orientalis*	豆科	落叶乔木
葱兰	*Zephyranthes candida*	石蒜科	草本
丛生福禄考	*Phlox subulata*	花葱科	草本
粗榧	*Cephalotaxus sinesis*	三尖杉科	常绿灌木或小乔木
醋栗	*Ribes grossularia*	虎耳草科	落叶灌木

（续）

中　名	学　名	科　名	属　性
翠柏	*Calocedrus macrolepis*	柏科	常绿乔木
翠菊	*Callistephus chinensis*	菊科	草本
翠雀花	*Delphinium grandiflorum*	毛茛科	草本
翠云草	*Selaginella uncinata*	卷柏科	草本
大花葱	*Allium giganteum*	百合科	草本
大花老鸦嘴	*Thunbergia grandiflora*	爵床科	常绿木质藤本
大苞萱草	*Hemerocallis middendorffii*	百合科	草本
大丽花	*Dahlia pinnata*	菊科	草本
大米草	*Spartina anglica*	禾本科	草本
大山樱	*Prunus sargentii*	蔷薇科	落叶乔木
大岩桐	*Sinningia speciosa*	苦苣苔科	草本
大叶胡颓子	*Elaeagnus macrophylla*	胡颓子科	常绿灌木
大叶黄杨	*Euonymus japonica*	卫矛科	常绿灌木或小乔木
大叶醉鱼草	*Buddleja davidii*	醉鱼草科	落叶灌木
大针茅	*Stipa grandis*	禾本科	草本
待宵草	*Oenothera drummondii*	柳叶菜科	草本
倒挂金钟	*Fuchsia hybrida*	柳叶菜科	亚灌木或小灌木
灯笼树	*Enkianthus chinensis*	杜鹃花科	落叶灌木或小乔木
灯台树	*Bothrocaryum controversum*	山茱萸科	落叶乔木
地肤（扫帚草）	*Kochia scoparia*	藜科	草本
地毯草	*Axonopus compressus*	禾本科	草本
地毯赛亚麻（白赛亚麻）	*Nierembergia repens*	茄科	草本
棣棠	*Kerria japonica*	蔷薇科	落叶灌木
点地梅	*Androsace umbellata*	报春花科	草本
电灯花	*Cobaea scandens*	花荵科	草质藤本
垫状驼绒藜	*Ceratoides compacta*	藜科	落叶亚灌木
吊兰	*Chlorophytum comosum*	百合科	草本
吊钟花	*Enkianthus quinqueflorus*	杜鹃花科	落叶或半常绿灌木
吊竹梅	*Zebrina pendula*	鸭跖草科	草本
东北红豆杉	*Taxus cuspidata*	红豆杉科	常绿乔木
东北茶藨子	*Ribes mandshuricum*	虎耳草科	落叶灌木
东北珍珠梅	*Sorbaria sorbifolia*	蔷薇科	落叶灌木
东陵八仙花	*Hydrangea bretschneideri*	虎耳草科	落叶灌木
冬青	*Ilex purpurea*	冬青科	常绿乔木
豆瓣绿	*Peperomia magnolifolia*	胡椒科	肉质草本

（续）

中　名	学　名	科　名	属　性
豆梨	*Pyrus calleryana*	蔷薇科	落叶乔木
独行菜	*Lepidium apetalum*	十字花科	草本
杜鹃	*Rhododendron simsii*	杜鹃花科	落叶或半常绿灌木
杜梨	*Pyrus betulaefolia*	蔷薇科	落叶乔木
杜松	*Juniperus rigida*	柏科	常绿灌木或小乔木
杜香	*Ledum palustre* var. *dilatatum*	杜鹃花科	常绿灌木
杜英	*Elaeocarpus decipiens*	杜英科	常绿乔木
椴树	*Tilia tuan*	椴树科	落叶乔木
短穗鱼尾葵	*Caryota mitis*	棕榈科	常绿乔木
钝齿冬青	*Ilex crenata*	冬青科	常绿灌木
多花黑麦草	*Lolium multiflorum*	禾本科	草本
多枝柽柳	*Tamarix ramosissima*	柽柳科	落叶灌木或小乔木
鹅耳枥	*Carpinus turczaninowii*	桦木科	落叶乔木
峨眉蔷薇	*Rosa omeiensis*	蔷薇科	落叶灌木
蛾蝶花	*Schizanthus pinnatus*	茄科	草本
鹅掌柴	*Schefflera octophylla*	五加科	常绿乔木或灌木
鹅掌楸	*Liriodendron chinense*	木兰科	落叶乔木
鳄梨	*Persea americana*	樟科	常绿乔木
二乔玉兰	*Magnolia soulangeana*	木兰科	落叶小乔木
二色补血草	*Limonium bicolor*	蓝雪科	草本
二月兰	*Orychophragmus violaceus*	十字花科	草本
法桐（三球悬铃木）	*Platanus orientalis*	悬铃木科	落叶乔木
番红花	*Crocus sativus*	鸢尾科	草本
番木瓜	*Carica papaya*	番木瓜科	常绿乔木
番石榴	*Psidium guajava*	桃金娘科	常绿灌木或小乔木
番杏	*Tetragonia tetragonioides*	番杏科	肉质草本
番荔枝	*Annona squamosa*	番荔枝科	落叶灌木或小乔木
飞燕草	*Consolida ajacis*	毛茛科	草本
非洲菊	*Gerbera jamesonii*	菊科	草本
非洲紫罗兰（非洲堇）	*Saintpaulia ionantha*	苦苣苔科	草本
菲白竹	*Sasa fortunei*	禾本科	竹类
翡翠景天	*Sedum marganianum*	景天科	草本
费约果	*Feijoa sellowiana*	桃金娘科	常绿灌木或小乔木
粉花绣线菊	*Spiraea japonica*	蔷薇科	落叶灌木
风船葛	*Cardiospermum halicacabum*	无患子科	草质藤本

（续）

中　名	学　名	科　名	属　性
风桦	*Betula costata*	桦木科	落叶乔木
风铃草	*Campanula medium*	桔梗科	草本
风毛菊	*Saussurea japonica*	菊科	草本
风箱果	*Physocarpus amurensis*	蔷薇科	落叶灌木
风信子	*Hyacinthus orientalis*	百合科	草本
枫香	*Liquidamba formosana*	金缕梅科	落叶乔木
枫杨	*Pterocarya stenoptera*	胡桃科	落叶乔木
凤凰木	*Delonix regia*	豆科	落叶乔木
凤尾兰	*Yucca gloriosa*	龙舌兰科	常绿灌木
凤仙花	*Impatiens balsamina*	凤仙花科	草本
凤眼莲	*Eichhornia crassipes*	雨久花科	水生草本
佛手掌（宝绿）	*Glottiphyllum linguiforme*	番杏科	肉质草本
扶芳藤	*Euonymus fortunei*	卫矛科	常绿木质藤本
扶桑	*Hibiscus rosa - sinensis*	锦葵科	常绿灌木
浮萍	*Lemna minor*	浮萍科	水生草本
福禄考	*Phlox drummondii*	花荵科	草本
复叶槭	*Acer negundo*	槭树科	落叶乔木
复羽叶栾树	*Koelreuteria bipinnata*	无患子科	落叶乔木
覆盆子	*Rubus idaeus*	蔷薇科	落叶灌木
富贵竹	*Dracaena sanderiana*	龙舌兰科	常绿灌木或乔木
橄榄	*Canarium album*	橄榄科	常绿乔木
杠柳	*Periploca sepium*	萝藦科	落叶木质藤本
高大肾蕨	*Nephrolepis exatata*	骨碎补科	草本蕨类
高山栲	*Castanopsis delavayi*	壳斗科	常绿乔木
高山榕	*Ficus altissima*	桑科	常绿乔木
高山紫菀	*Aster alpinus*	菊科	草本
高雪轮	*Silene armeria*	石竹科	草本
葛藤	*Pueraria lobata*	豆科	落叶木质藤本
珙桐（鸽子树）	*Davidia involucrata*	珙桐科	落叶乔木
钩藤	*Uncaria rhynchophylla*	茜草科	常绿木质藤本
狗尾红	*Acalypha hispida*	大戟科	常绿灌木
狗牙根	*Cynodon dactylon*	禾本科	草本
狗枣猕猴桃	*Actinidia kolomikta*	猕猴桃科	落叶木质藤本
枸骨	*Ilex cornuta*	冬青科	常绿灌木
枸橘（枳）	*Poncirus trifoliata*	芸香科	落叶灌木或小乔木

（续）

中　名	学　名	科　名	属　性
枸杞	*Lycium chinense*	茄科	落叶灌木
构树	*Broussonetia papyifera*	桑科	落叶乔木
孤挺花	*Hippeastrum paniceum*	石蒜科	草本
瓜叶菊	*Senecio cruentus*	菊科	草本
拐枣（枳椇）	*Hovenia dulcis*	鼠李科	落叶乔木
观音兰	*Tritonia crocata*	鸢尾科	草本
贯众	*Cyrtomium fortunei*	鳞毛蕨科	草本蕨类
光叶石楠	*Photinia glabra*	蔷薇科	常绿小乔木
广玉兰	*Magnolia grandiflora*	木兰科	常绿乔木
龟背竹	*Monstera deliciosa*	天南星科	草质藤本
‘龟甲’冬青	*Ilex crenata* cv. Convexa	冬青科	常绿灌木
桂花	*Osmanthus fragrans*	木樨科	常绿乔木
桂竹香	*Cheiranthus cheiri*	十字花科	草本
海岸松	*Pinus pinaster*	松科	常绿乔木
海岸桐	*Guettarda speciosa*	茜草科	常绿灌木或小乔木
海金沙	*Lygodium japonicum*	海金沙科	草本蕨类
海石竹	*Armeria maritima*	蓝雪科	草本
海棠果	*Malus prunifolia*	蔷薇科	落叶乔木
海棠花	*Malus spectabilis*	蔷薇科	落叶乔木
海桐	*Pittosporum tobira*	海桐科	常绿灌木或小乔木
海仙花	*Weigela coraeensis*	忍冬科	落叶灌木
海芋	*Alocasia macrorrhiza*	天南星科	草本
海州常山	*Clerodendrum trichotomum*	马鞭草科	落叶灌木或小乔木
含笑	*Michelia figo*	木兰科	常绿灌木
含羞草	*Mimosa pudica*	豆科	草本
寒兰	*Cymbidium kanran*	兰科	草本
旱金莲	*Tropaeolum majus*	旱金莲科	肉质草本
旱柳	*Salix matsudana*	杨柳科	落叶乔木
杭子梢	*Campylotropis macrocarpa*	豆科	落叶灌木
蚝猪刺	*Berberis julianae*	小檗科	常绿灌木
合欢	*Albizzia julibrissin*	豆科	落叶乔木
合头草	*Sympegma regelii*	藜科	落叶亚灌木
核桃（胡桃）	*Juglans regia*	胡桃科	落叶乔木
荷包牡丹	*Dicentra spectabilis*	罂粟科	草本
荷花	*Nelumbo nucifera*	睡莲科	水生草本

（续）

中　名	学　名	科　名	属　性
荷兰菊	*Aster novi - belgii*	菊科	草本
鹤望兰	*Strelitzia reginae*	旅人蕉科	草本
黑果忍冬	*Lonicera nigra*	忍冬科	落叶灌木
黑胡桃	*Juglans nigra*	胡桃科	落叶乔木
黑麦草	*Lolium perenne*	禾本科	草本
黑桑	*Morus nigra*	桑科	落叶乔木
黑松	*Pinus thunbergii*	松科	常绿乔木
黑心菊	*Rudbeckia hybrida*	菊科	草本
红背桂	*Excoecaria cochinchinensis*	大戟科	常绿灌木
红豆树	*Ormosia hosiei*	豆科	常绿或半常绿乔木
红花	*Carthamus tinctorius*	菊科	草本
红花菜豆	*Phaseolus coccineus*	豆科	草质藤本
红花酢浆草	*Oxalis rubra*	酢浆草科	草本
红花檵木	*Loropetalum chinense* var. *rubrum*	金缕梅科	常绿灌木或小乔木
红蓼	*Polygonum orientale*	蓼科	草本
红毛丹	*Nephelium lappaceum*	无患子科	常绿乔木
红润楠	*Machilus thunbergii*	樟科	常绿乔木
红泡刺藤	*Rubus niveus*	蔷薇科	落叶灌木
红千层	*Callistemon rigidus*	桃金娘科	常绿灌木
红瑞木	*Swida alba*	山茱萸科	落叶灌木
红桑	*Acalypha wilkesiana*	大戟科	常绿灌木
红砂	*Reaumuria soongarica*	柽柳科	落叶灌木
红松	*Pinus koraiensis*	松科	常绿乔木
红叶	*Cotinus coggygria* var. *cinerea*	漆树科	落叶灌木或小乔木
红叶老鹳草	*Geranium rubifolium*	牻牛儿苗科	草本
猴欢喜	*Sloanea sinensis*	杜英科	常绿乔木
猴面花	*Mimulus luteus*	玄参科	草本
厚壳树	*Ehretia thyrsiflora*	紫草科	落叶乔木
厚皮香	*Ternstroemia gymnanthera*	山茶科	常绿灌木或小乔木
厚朴	*Magnolia officinalis*	木兰科	落叶乔木
胡颓子	*Elaeagnus pungens*	胡颓子科	常绿灌木
胡枝子	*Lespedeza bicolor*	豆科	落叶灌木
湖北花楸	*Sorbus hupehensis*	蔷薇科	落叶乔木
蝴蝶兰	*Phalaenopsis amabilis*	兰科	草本
虎刺	*Damnacanthus indicus*	茜草科	常绿灌木

（续）

中　名	学　名	科　名	属　性
虎耳草	*Saxifraga stolonifera*	虎耳草科	草本
虎头兰	*Cymbidium hookerianum*	兰科	草本
虎尾兰	*Sansevieria trifasciata*	龙舌兰科	肉质草本
互叶醉鱼草	*Buddleja alternifolia*	醉鱼草科	落叶灌木
花白蜡树	*Fraxinum ornus*	木樨科	落叶乔木
花红	*Malus asiatica*	蔷薇科	落叶乔木
花环菊	*Chrysanthemum carinatum*	菊科	草本
花椒	*Zanthoxylum bungeanum*	芸香科	落叶小乔木或灌木
花蔺	*Butomus umbellatus*	花蔺科	水生草本
花菱草	*Eschscholtzia californica*	罂粟科	草本
花毛茛	*Ranunculus asiaticus*	毛茛科	草本
花槐蓝（花木蓝）	*Indigofera kirilowii*	豆科	落叶灌木
花楸	*Sorbus pohuashanensis*	蔷薇科	落叶乔木
花曲柳	*Fraxinus rhynchophylla*	木樨科	落叶乔木
花叶芦竹	*Arundo donax* var. *versicolor*	禾本科	水生草本
花叶万年青	*Dieffenbachia picta*	天南星科	草本
花叶芋	*Caladium bicolor*	天南星科	草本
花烛	*Anthurium andraeanum*	天南星科	草本
华茶藨	*Ribes fasciculatum* var. *chinensis*	虎耳草科	落叶灌木
华丽龙胆	*Gentiana sino-ornata*	龙胆科	草本
华山矾	*Symplocos chinensis*	山矾科	落叶灌木
华山松	*Pinus armandii*	松科	常绿乔木
化香	*Platycarya strobilacea*	胡桃科	落叶乔木
槐树	*Sophora japonica*	豆科	落叶乔木
槐蓝（木蓝）	*Indigofera tinctoria*	豆科	落叶灌木
黄檗	*Phellodendron amurense*	芸香科	落叶乔木
黄蝉	*Allamanda neriifolia*	夹竹桃科	常绿灌木
黄刺玫	*Rosa xanthina*	蔷薇科	落叶灌木
黄瓜	*Cucumis sativus*	葫芦科	草质藤本
黄果厚壳桂	*Cryptocarya concinna*	樟科	常绿乔木
黄金葛（绿萝）	*Scindapsus aureus*	天南星科	草质藤木
黄葛树	*Ficus virens*	桑科	落叶乔木
黄兰	*Michelia champaca*	木兰科	常绿乔木
黄连木	*Pistacia chinensis*	漆树科	落叶乔木
黄六出花	*Alstroemeria aurantiaca*	百合科	草本

（续）

中　名	学　名	科　名	属　性
黄芦木	*Berberis amurensis*	小檗科	落叶灌木
黄栌	*Cotinus coggygria*	漆树科	落叶灌木或小乔木
黄牡丹	*Paeonia lutea*	芍药科	落叶灌木
黄蔷薇	*Rosa hugonis*	蔷薇科	落叶灌木
黄瑞香	*Daphne giraldii*	瑞香科	落叶灌木
黄檀	*Dalbergia hupeana*	豆科	落叶乔木
黄杨	*Buxus sinica*	黄杨科	常绿灌木或小乔木
黄樟	*Cinnamomum parthenoxylon*	樟科	常绿乔木
蕙兰	*Cymbidium faberi*	兰科	草本
火棘	*Pyracantha fortuneana*	蔷薇科	常绿灌木
火炬花	*Kniphofia uvaria*	百合科	草本
火炬树	*Rhus typhina*	漆树科	落叶小乔木或灌木
火炬松	*Pinus taeda*	松科	常绿乔木
藿香	*Agastache rugosa*	唇形科	草本
藿香蓟	*Ageratum conyzoides*	菊科	草本
'鸡蛋花'	*Plumeria rubra* cv. Acutifolia	夹竹桃科	落叶灌木或小乔木
鸡冠花	*Celosia cristata*	苋科	草本
鸡麻	*Rhodotypos scandens*	蔷薇科	落叶灌木
鸡桑	*Morus australis*	桑科	落叶灌木或小乔木
鸡血藤	*Millettia reticulata*	豆科	常绿木质藤本
鸡占	*Terminalia hainanensis*	使君子科	落叶灌木或乔木
鸡爪槭	*Acer palmatum*	槭树科	落叶灌木或小乔木
吉祥草	*Reineckia carnea*	百合科	草本
檵木	*Loropetalum chinensis*	金缕梅科	常绿灌木或小乔木
加拿大铁杉	*Tsuga canadensis*	松科	常绿乔木
加拿大早熟禾	*Poa compressa*	禾本科	草本
加杨	*Populus canadensis*	杨柳科	落叶乔木
夹竹桃	*Nerrium indicum*	夹竹桃科	常绿灌木或小乔木
嘉兰	*Gloriosa superba*	百合科	草质藤本
荚果蕨	*Matteuccia struthiopteris*	球子蕨科	草本蕨类
荚蒾	*Viburnum dilatatum*	忍冬科	落叶灌木
假俭草	*Eremochloa ophiuroides*	禾本科	草本
假连翘	*Duranta repens*	马鞭草科	常绿灌木或小乔木
假叶树	*Ruscus aculeatus*	百合科	常绿亚灌木
建兰	*Cymbidium ensifolium*	兰科	草本

（续）

中　名	学　名	科　名	属　性
江南桤木	*Alnus trabeculosa*	桦木科	落叶乔木
姜花	*Hedychium coronarium*	姜科	草本
豇豆	*Vigna unguiculata*	豆科	草质藤本
交让木	*Daphniphyllum macropodum*	交让木科	常绿灌木或小乔木
茭白	*Zizania caduciflora*	禾本科	水生草本
胶东卫矛	*Euonymus kiautschovicus*	卫矛科	半常绿灌木
接骨木	*Sambucus williamsii*	忍冬科	落叶灌木或小乔木
结缕草	*Zoysia japonica*	禾本科	草本
结香	*Edgeworthia chrysantha*	瑞香科	落叶灌木
桔梗	*Platycodon grandiflorus*	桔梗科	草本
金柑	*Fortunella margarita*	芸香科	常绿灌木
金光菊	*Rudbeckia laciniata*	菊科	草本
'金'桂	*Osmanthus fragrans* cv. Thunbergii	木樨科	常绿乔木
金合欢	*Acacia farnesiana*	豆科	常绿灌木
金琥	*Echinocactus grusonii*	仙人掌科	肉质草本
金花茶	*Camellia nitidissima*	山茶科	常绿灌木或小乔木
金鸡菊	*Coreopsis basalis*	菊科	草本
金莲花	*Trollius chinensis*	毛茛科	草本
金链花	*Laburnum anagyroides*	豆科	落叶灌木或小乔木
金露梅	*Potentilla fruticosa*	蔷薇科	落叶灌木
金缕梅	*Hamamelis mollis*	金缕梅科	落叶灌木或小乔木
金毛狗蕨	*Cibotium barometz*	蚌壳蕨科	树状蕨类
金钱松	*Pseudolarix amabilis*	松科	落叶乔木
金丝梅	*Hypericum patulum*	金丝桃科	常绿或半常绿灌木
金丝桃	*Hypericum chinese*	金丝桃科	常绿或半常绿灌木
金松	*Sciadopitys verticillata*	杉科	常绿乔木
金叶女贞	*Ligustrum vicaryi*	木樨科	落叶灌木
金银木	*Lonicera maackii*	忍冬科	落叶灌木或小乔木
金樱子	*Rosa laevigata*	蔷薇科	常绿木质藤本
金鱼草	*Antirrhinum majus*	玄参科	草本
金盏菊	*Calendula officinalis*	菊科	草本
金钟花	*Forsythia viridissima*	木樨科	落叶灌木
金竹	*Phyllostachys sulphurea*	禾本科	竹类
锦带花	*Weigela florida*	忍冬科	落叶灌木
锦鸡儿	*Caragana sinica*	豆科	落叶灌木

（续）

中　名	学　名	科　名	属　性
锦葵	*Malva sinensis*	锦葵科	草本
锦熟黄杨	*Buxus sempervirens*	黄杨科	常绿灌木或小乔木
荆条	*Vitex negundo* var. *heterophylla*	马鞭草科	落叶灌木或小乔木
九丁树	*Ficus nervosa*	桑科	常绿乔木
九里香	*Murraya paniculata*	芸香科	常绿灌木或小乔木
韭兰	*Zephyranthes grandiflora*	石蒜科	草本
菊花	*Dendranthema grandiflorum*	菊科	草本
菊花脑	*Dendranthema nankingense*	菊科	草本
菊芋	*Helianthus tuberosus*	菊科	草本
榉树	*Zelkova schneideriana*	榆科	落叶乔木
巨人柱	*Carnegiea gigantea*	仙人掌科	肉质乔木
巨杉	*Sequoiadendron giganteum*	杉科	常绿乔木
卷柏	*Selaginella tamariscina*	卷柏科	草本
卷丹	*Lilium lancifolium*	百合科	草本
君迁子	*Diospyros lotus*	柿树科	落叶乔木
君子兰	*Clivia miniata*	石蒜科	草本
卡特兰	*Cattleya labiata*	兰科	草本
糠椴	*Tilia mandschurica*	椴树科	落叶乔木
栲树	*Castanopsis fargesii*	壳斗科	常绿乔木
可可	*Theobroma cacao*	梧桐科	常绿乔木
孔雀草	*Tagetes patula*	菊科	草本
苦草	*Vallisneria natans*	水鳖科	水生草本
苦荞麦	*Fagopyrum tataricum*	蓼科	草本
苦槠	*Castanopsis sclerophylla*	壳斗科	常绿乔木
宽皮橘	*Citrus reticulata*	芸香科	常绿乔木
宽叶香蒲	*Typha latifolia*	香蒲科	水生草本
款冬	*Tussilago farfara*	菊科	草本
腊肠树	*Cassia fistula*	豆科	落叶乔木
蜡梅	*Chimonanthus praecox*	蜡梅科	落叶或半常绿灌木
蜡瓣花	*Corylopsis sinensis*	金缕梅科	落叶灌木
梾木	*Swida macrophylla*	山茱萸科	落叶乔木
蓝桉	*Eucalyptus globulus*	桃金娘科	常绿乔木
蓝刺头	*Echinops sphaerocephalus*	菊科	草本
蓝果树	*Nyssa sinensis*	蓝果树科	落叶乔木
蓝花藤	*Petrea volubilis*	马鞭草科	常绿木质藤本

（续）

中　名	学　名	科　名	属　性
蓝花楹	*Jacaranda acutifolia*	紫葳科	落叶或半落叶乔木
蓝雪花	*Plumbago auriculata*	蓝雪科	常绿小灌木
蓝猪耳（夏堇）	*Torenia fournieri*	玄参科	草本
榔榆	*Ulmus parvifolia*	榆科	落叶乔木
老鼠簕	*Acanthus ilicifolius*	爵床科	常绿灌木
冷杉	*Abies fabri*	松科	常绿乔木
藜芦	*Veratrum nigrum*	百合科	草本
李	*Prunus salicina*	蔷薇科	落叶乔木
荔莓	*Arbutus unedo*	杜鹃花科	常绿灌木或乔木
荔枝	*Litchi chinensis*	无患子科	常绿乔木
连翘	*Forsythia suspensa*	木樨科	落叶灌木
连雾	*Syzygium samarangense*	桃金娘科	常绿乔木
楝树	*Melia azedarach*	楝科	落叶乔木
量天尺	*Hylocereus undatus*	仙人掌科	肉质藤状灌木
辽东栎	*Quercus liaotungensis*	壳斗科	落叶乔木
柃木	*Eurya japonica*	山茶科	常绿灌木
凌霄	*Campsis grandiflora*	紫葳科	落叶木质藤本
铃兰	*Convallaria majalis*	百合科	草本
令箭荷花	*Nopalxochia ackermannii*	仙人掌科	肉质藤状灌木
留兰香	*Mentha spicata*	唇形科	草本
榴莲	*Durio zibethinus*	木棉科	常绿乔木
柳杉	*Cryptomeria fortunei*	杉科	常绿乔木
六道木	*Abelia biflora*	忍冬科	落叶灌木
六月雪	*Serissa japonica*	茜草科	常绿或半常绿灌木
'龙'柏	*Sabina chinensis* cv. Kaizuca	柏科	常绿乔木
龙船花	*Ixora chinensis*	茜草科	常绿灌木
龙舌兰	*Agave americana*	龙舌兰科	肉质草本
龙眼	*Dimocarpus longan*	无患子科	常绿乔木
龙爪槐	*Sophora japonica* f. *pendula*	豆科	落叶乔木
龙爪柳	*Salix matsudana* f. *tortuosa*	杨柳科	落叶乔木
耧斗菜	*Aquilegia vulgaris*	毛茛科	草本
芦荟	*Aloe vera* var. *chinensis*	百合科	肉质草本
芦苇	*Phragmites communis*	禾本科	水生草本
芦竹	*Arundo donax*	禾本科	水生草本
鹿角杜鹃	*Rhododendron latoucheae*	杜鹃花科	常绿灌木或小乔木

（续）

中　名	学　名	科　名	属　性
'鹿角'桧	*Sabina chinensis* cv. Pfitzeriana	柏科	常绿乔木
鹿角蕨	*Platycerium wallichii*	水龙骨科	草本蕨类
驴蹄草	*Caltha palustris*	毛茛科	草本
绿铃（翡翠珠）	*Senecio rowleyanus*	菊科	肉质草本
绿玉树（光棍树）	*Euphorbia tirucalli*	大戟科	肉质灌木或小乔木
栾树	*Koelreuteria paniculata*	无患子科	落叶乔木
罗汉柏	*Thujopsis dolabrata*	柏科	常绿乔木
罗汉松	*Podocarpus macrophyllus*	罗汉松科	常绿乔木
罗勒	*Ocimum basilicum*	唇形科	草本
络石	*Trachelospermum jasminoides*	夹竹桃科	常绿木质藤本
落地生根	*Bryophyllum pinnatum*	景天科	肉质草本
落葵	*Basella rubra*	落葵科	草质藤本
落霜红	*Ilex serrata*	冬青科	落叶灌木
落新妇	*Astilbe chinensis*	虎耳草科	草本
落叶松	*Larix gmelinii*	松科	落叶乔木
落羽杉	*Taxodium distichum*	杉科	落叶乔木
麻栎	*Quercus acutissima*	壳斗科	落叶乔木
麻叶绣线菊	*Spiraea cantoniensis*	蔷薇科	落叶灌木
蟆叶秋海棠	*Begonia rex*	秋海棠科	草本
马利筋	*Asclepias curassavica*	萝藦科	草本
马蹄金	*Dichondra repens*	旋花科	草本
马蹄莲	*Zantedeschia aethiopica*	天南星科	草本
马尾松	*Pinus massoniana*	松科	常绿乔木
马银花	*Rhododendron ovatum*	杜鹃花科	常绿灌木
马缨丹（五色梅）	*Lantana camara*	马鞭草科	常绿半藤状灌木
马醉木	*Pieris japonica*	杜鹃花科	常绿灌木或小乔木
麦冬（细叶沿阶草）	*Ophiopogon japonicus*	百合科	草本
麦秆菊	*Helichrysum bracteatum*	菊科	草本
麦李	*Prunus glandulosa*	蔷薇科	落叶灌木
馒头柳	*Salix matsudana* f. umbraculifera	杨柳科	落叶乔木
满山红	*Rhododendron mariesii*	杜鹃花科	落叶灌木
蔓椒草	*Peperomia scandens*	胡椒科	肉质草本
曼陀罗	*Datura stramonium*	茄科	草本
杧果	*Mangifera indica*	漆树科	常绿乔木
莽草	*Illicium lanceolatum*	八角科	常绿小乔木

（续）

中　名	学　名	科　名	属　性
毛白杨	*Popnus tomentosa*	杨柳科	落叶乔木
毛赤杨	*Alnus sibirica*	桦木科	落叶乔木
毛刺槐	*Robinia hispida*	豆科	落叶灌木或小乔木
毛地黄	*Digitalis purpurea*	玄参科	草本
毛梾	*Swida walteri*	山茱萸科	落叶乔木
毛泡桐	*Paulownia tomentosa*	玄参科	落叶乔木
毛蕊花	*Verbascum thapsus*	玄参科	草本
毛樱桃	*Prunus tomentosa*	蔷薇科	落叶乔木
毛竹	*Phyllostachys heterocycla*	禾本科	竹类
玫瑰	*Rosa rugosa*	蔷薇科	落叶灌木
梅	*Prunus mume*	蔷薇科	落叶乔木
美丽马醉木	*Pieris formosa*	杜鹃花科	常绿灌木或小乔木
美女樱	*Verbena hybrida*	马鞭草科	草本
美人蕉	*Canna indica*	美人蕉科	草本
美桐（一球悬铃木）	*Platanus occidentalis*	悬铃木科	落叶乔木
美味猕猴桃	*Actinidia deliciosa*	猕猴桃科	落叶木质藤本
蒙古栎	*Querus mongolica*	壳斗科	落叶乔木
迷迭香	*Rosmarinus officinalis*	唇形科	草本
猕猴桃	*Actinidia chinensis*	猕猴桃科	落叶木质藤本
米兰	*Aglaia odorata*	楝科	常绿灌木或小乔木
米槠（小红栲）	*Castanopsis carlesii*	壳斗科	常绿乔木
绵枣儿	*Scilla scilloides*	百合科	草本
面包果	*Artocarpus incisa*	桑科	常绿乔木
茉莉花	*Jasminum sambac*	木樨科	常绿灌木
墨兰	*Cymbidium sinense*	兰科	草本
牡丹	*Paeonia suffruticosa*	芍药科	落叶亚灌木
牡荆	*Vitex negundo* var. *cannabifolia*	马鞭草科	落叶灌木或小乔木
木波罗	*Artocarpus heterophyllus*	桑科	常绿乔木
木芙蓉	*Hibiscus mutabilis*	锦葵科	落叶灌木或小乔木
木瓜	*Chaenomeles sinensis*	蔷薇科	落叶灌木或小乔木
木荷	*Schima superba*	山茶科	常绿乔木
木槿	*Hibiscus syriacus*	锦葵科	落叶灌木或小乔木
木兰	*Magnolia liliflora*	木兰科	落叶乔木
木麻黄	*Casuarina equisetifolia*	木麻黄科	常绿乔木
木棉	*Gossampinus malabarica*	木棉科	落叶乔木

（续）

中　名	学　名	科　名	属　性
木奶果	*Baccaurea ramiflora*	大戟科	常绿乔木
木麒麟（叶仙人掌）	*Pereskia aculeata*	仙人掌科	常绿木质藤本
木通	*Akebia quinata*	木通科	落叶木质藤本
木香	*Rosa banksiae*	蔷薇科	落叶或半常绿木质藤本
木绣球	*Viburnum macrocephalum*	忍冬科	落叶灌木
木贼麻黄	*Ephedra equisetina*	麻黄科	灌木
南方红豆杉	*Taxus mairei*	红豆杉科	常绿乔木
南欧紫荆	*Cercis siliquastrum*	豆科	落叶乔木
南蛇藤	*Celastrus orbiculatus*	卫矛科	落叶木质藤本
南酸枣	*Choerospondias axillaria*	漆树科	落叶乔木
南天竹	*Nandina domestica*	小檗科	常绿灌木
南五味子	*Kadsura japonica*	五味子科	常绿木质藤本
南洋杉	*Araucaria cunninghamii*	南洋杉科	常绿乔木
泥鳅掌	*Senecio pendulus*	菊科	肉质草本
柠檬	*Citrus limon*	芸香科	常绿灌木或小乔木
柠檬桉	*Eucalyptus citriodora*	桃金娘科	常绿乔木
牛蒡	*Arctium lappa*	菊科	草本
牛心番荔枝	*Annona reticulata*	番荔枝科	常绿乔木
女贞	*Ligustrum lucidum*	木樨科	常绿小乔木
糯米条	*Abelia chinensis*	忍冬科	落叶灌木
欧李	*Prunus humilis*	蔷薇科	落叶灌木
欧洲山毛榉	*Fagus sylvatica*	壳斗科	落叶乔木
爬山虎	*Parthenocissus tricuspidata*	葡萄科	落叶木质藤本
泡桐	*Paulownia fortunei*	玄参科	落叶乔木
炮仗花	*Pyrostegia ignea*	紫葳科	常绿木质藤本
盆架树	*Winchia calophylla*	夹竹桃科	常绿乔木
枇杷	*Eriobotrya japonica*	蔷薇科	常绿乔木
平枝栒子（铺地蜈蚣）	*Cotoneaster horizontalis*	蔷薇科	落叶或半常绿灌木
苹果	*Malus pumila*	蔷薇科	落叶乔木
苹婆	*Sterculia nobilis*	梧桐科	常绿乔木
瓶儿花	*Cestrum fasciculatum*	茄科	常绿灌木
萍蓬草	*Nuphar pumilum*	睡莲科	水生草本
铺地柏	*Sabina chinensis* var. *procumbens*	柏科	常绿灌木
匍匐丝石竹	*Gypsophila repens*	石竹科	草本
匍茎剪股颖	*Agrostis stolonifera*	禾本科	草本

（续）

中　名	学　名	科　名	属　性
菩提树	*Ficus religiosa*	桑科	落叶乔木
葡萄	*Vitis vinifera*	葡萄科	落叶木质藤本
葡萄风信子	*Muscari botryoides*	百合科	草本
蒲包花	*Calceolaria herbeo - hybrida*	玄参科	草本
蒲公英	*Taraxacum mongolicum*	菊科	草本
蒲葵	*Livistona chinensis*	棕榈科	常绿乔木
蒲桃	*Syzygium jambos*	桃金娘科	常绿小乔木
蒲苇	*Cortaderia selloana*	禾本科	草本
朴树	*Celtis tetrandra*	榆科	落叶乔木
七叶树	*Aesculus chinensis*	七叶树科	落叶乔木
漆树	*Toxicodendron vernicifluum*	漆树科	落叶乔木
千金榆	*Carpinus cordata*	桦木科	落叶乔木
千屈菜	*Lythrum salicaria*	千屈菜科	草本
千日红	*Gomphrena globosa*	苋科	草本
牵牛花	*Pharbitis nil*	旋花科	草质藤本
青冈	*Cyclobalanopsis glauca*	壳斗科	常绿乔木
青杆	*Picea wilsonii*	松科	常绿乔木
青锁龙	*Crassula lycopodioides*	景天科	肉质亚灌木
青檀	*Pteroceltis tatarinowii*	榆科	落叶乔木
青榨槭	*Acer davidii*	槭树科	落叶乔木
清风藤	*Sabia japonica*	清风藤科	落叶木质藤本
琼花	*Viburnum macrocephalum* f. *keteleeri*	忍冬科	落叶灌木
秋水仙	*Colchicum autumnale*	百合科	草本
秋子梨	*Pyrus ussuriensis*	蔷薇科	落叶乔木
楸树	*Catalpa bungei*	紫葳科	落叶乔木
球根秋海棠	*Begonia tuberhybrida*	秋海棠科	草本
雀舌黄杨	*Buxus bodinieri*	黄杨科	常绿灌木
人面子	*Dracontomelon dao*	漆树科	常绿乔木
人心果	*Manilkara zapota*	山榄科	常绿乔木
忍冬（金银花）	*Lonicera japonica*	忍冬科	半常绿木质藤本
日本花柏	*Chamaecyparis pisifera*	柏科	常绿乔木
日本落叶松	*Larix kaempferi*	松科	落叶乔木
日本早樱	*Prunus subhirtella*	蔷薇科	落叶乔木
日本晚樱	*Prunus lannesiana*	蔷薇科	落叶乔木
日本五针松	*Pinus parviflora*	松科	常绿乔木

（续）

中　名	学　名	科　名	属　性
榕树	*Ficus microcarpa*	桑科	常绿乔木
肉桂	*Cinnamomum cassia*	樟科	常绿乔木
软枝黄蝉	*Allamanda cathartica*	夹竹桃科	常绿藤状灌木
瑞香	*Daphne odora*	瑞香科	常绿灌木
箬竹	*Indocalamus longiauritus*	禾本科	竹类
三角枫	*Acer buergerianum*	槭树科	落叶乔木
三色堇	*Viola tricolor*	堇菜科	草本
三色苋（雁来红）	*Amaranthus tricolor*	苋科	草本
三叶木通	*Akebia trifoliata*	木通科	落叶木质藤本
伞莎草	*Cyperus alternifolius*	莎草科	草本
散尾葵	*Chrysalidocarpus lutescens*	棕榈科	常绿灌木
桑树	*Morus alba*	桑科	落叶乔木
缫丝花	*Rosa roxburghii*	蔷薇科	落叶灌木
砂地柏	*Sabina vulgaris*	柏科	常绿灌木
沙棘	*Hippophae rhamnoides*	胡颓子科	落叶灌木或小乔木
沙梨	*Pyrus pyrifolia*	蔷薇科	落叶乔木
沙枣（桂香柳）	*Elaeagnus angustifolia*	胡颓子科	落叶乔木
鲨鱼掌	*Gasteria verrucosa*	百合科	肉质草本
山茶	*Camellia japonica*	山茶科	常绿灌木或小乔木
山合欢	*Albizzia kalkora*	豆科	落叶乔木
山核桃	*Carya cathayensis*	胡桃科	落叶乔木
山荆子	*Malus baccata*	蔷薇科	落叶乔木
山麻杆	*Alchornea davidii*	大戟科	落叶灌木
山梅花	*Philadelphus incanus*	虎耳草科	落叶灌木
山荞麦	*Polygonum aubertii*	蓼科	落叶半木质藤本
山桃	*Prunus davidiana*	蔷薇科	落叶乔木
山杏（西伯利亚杏）	*Prunus sibirica*	蔷薇科	落叶乔木
山杨	*Poplus davidiana*	杨柳科	落叶乔木
山玉兰	*Magnolia delavayi*	木兰科	常绿乔木
山楂	*Crataegus pinnatifida*	蔷薇科	落叶小乔木
山茱萸	*Cornus officinalis*	山茱萸科	落叶灌木或小乔木
杉木	*Cunninghamia lanceolata*	杉科	常绿乔木
珊瑚朴	*Celtis julianae*	榆科	落叶乔木
珊瑚树（法国冬青）	*Viburnum odoratissimum*	忍冬科	常绿灌木或小乔木
陕甘花楸	*Sorbus koehneana*	蔷薇科	落叶乔木

（续）

中　名	学　名	科　名	属　性
芍药	*Paeonia lactiflora*	芍药科	草本
蛇鞭菊	*Liatris spicata*	菊科	草本
蛇莓	*Duchesnea indica*	蔷薇科	草本
蛇目菊	*Coreopsis tinctoria*	菊科	草本
射干	*Belamcanda chinensis*	鸢尾科	草本
深波叶补血草	*Limonium sinuatum*	蓝雪科	草本
神刀	*Crassula falcata*	景天科	肉质草本
神秘果	*Synsepalum dulcificum*	山榄科	常绿灌木
肾蕨	*Nephrolepis cordifolia*	骨碎补科	草本蕨类
生石花	*Lithops pseudotruncatella*	番杏科	肉质草本
省沽油	*Staphylea bumalda*	省沽油科	落叶灌木
湿地松	*Pinus elliottii*	松科	常绿乔木
蓍草	*Achillea sibirica*	菊科	草本
十大功劳	*Mahonia fortunei*	小檗科	常绿灌木
石斑木（车轮梅）	*Raphiolepis indica*	蔷薇科	常绿灌木或小乔木
石菖蒲	*Acorus gramineus*	天南星科	草本
石刁柏	*Asparagus officinalis*	百合科	草本
石斛	*Dendrobium nobile*	兰科	草本
石碱花（肥皂草）	*Saponaria officinalis*	石竹科	草本
石栎	*Lithocarpus glabra*	壳斗科	常绿乔木
石栗	*Aleurites moluccana*	大戟科	常绿乔木
石榴	*Punica granatum*	石榴科	落叶灌木或小乔木
石楠	*Photinia serrulata*	蔷薇科	常绿灌木或小乔木
石蒜	*Lycoris radiata*	石蒜科	草本
石竹	*Dianthus chinensis*	石竹科	草本
矢车菊	*Centaurea cyanus*	菊科	草本
矢竹	*Pseudosasa japonica*	禾本科	竹类
柿	*Diospyros kaki*	柿树科	落叶乔木
鼠李	*Rhamnus davurica*	鼠李科	落叶灌木或小乔木
鼠尾掌	*Aporocactus flagelliformis*	仙人掌科	肉质草本
蜀葵	*Althaea rosea*	锦葵科	草本
栓皮栎	*Quercus variabilis*	壳斗科	落叶乔木
水鳖	*Hydrocharis dubia*	水鳖科	水生草本
水葱	*Scirpus tabernaemontani*	莎草科	水生草本
水芹	*Oenanthe javanica*	伞形科	草本

（续）

中　名	学　名	科　名	属　性
水曲柳	*Fraxinus mandshurica*	木樨科	落叶乔木
水杉	*Metasequoia glyptostroboides*	杉科	落叶乔木
水松	*Glyptostrobus pensilis*	杉科	落叶乔木
水仙	*Narcissus tazetta* var. *chinensis*	石蒜科	草本
水榆花楸	*Sorbus alnifolia*	蔷薇科	落叶乔木
水竹芋（再力花）	*Thalia dealbata*	竹芋科	水生草本
睡菜	*Menyanthes trifolia*	睡菜科	水生草本
睡莲	*Nymphaea tetragona*	睡莲科	水生草本
硕苞蔷薇	*Rosa bracteata*	蔷薇科	常绿木质藤本
丝棉木	*Euonymus bungeanus*	卫矛科	落叶小乔木
四季秋海棠	*Begonia semperflorens*	秋海棠科	草本
四照花	*Dendrobenthamia japonica* var. *chinensis*	山茱萸科	落叶乔木
松叶菊	*Lampranthus tenuifolius*	番杏科	肉质草本
送春花	*Godetia amoena*	柳叶菜科	草本
溲疏	*Deutzia scabra*	虎耳草科	落叶灌木
苏氏凤仙	*Impatiens sultanii*	凤仙花科	草本
苏铁	*Cycas revoluta*	苏铁科	常绿灌木
宿根福禄考	*Phlox paniculata*	花荵科	草本
宿根天人菊	*Gaillardia aristata*	菊科	草本
宿根亚麻	*Linum perenne*	亚麻科	草本
酸橙	*Citrus aurantium*	芸香科	常绿乔木
酸豆	*Tamarindus indica*	豆科	常绿乔木
酸浆	*Physalis alkekengi*	茄科	草本
酸枣	*Zizyphus jujuba* var. *spinosa*	鼠李科	落叶灌木
随意草	*Physostegia virginiana*	唇形科	草本
桫椤	*Alsophila spinulosa*	桫椤科	树状蕨类
梭鱼草	*Pontederia cordata*	雨久花科	水生草本
'塔'柏	*Sabina chinensis* cv. Pyramidalis	柏科	常绿乔木
台湾相思	*Acacia richii*	豆科	常绿乔木
太平花	*Philadelphus pekinensis*	虎耳草科	落叶灌木
昙花	*Epiphyllum oxypetalum*	仙人掌科	肉质藤状灌木
探春	*Jasminum floridum*	木樨科	半常绿或常绿灌木
唐菖蒲	*Gladiolus hortulanus*	鸢尾科	草本
糖槭	*Acer saccharinum*	槭树科	落叶乔木
绦柳	*Salix matsudana* f. *pendula*	杨柳科	落叶乔木

（续）

中 名	学 名	科 名	属 性
桃	*Prunus persica*	蔷薇科	落叶乔木
桃金娘	*Rhodomyrtus tomentosa*	桃金娘科	常绿灌木
桃叶珊瑚	*Aucuba chinensis*	山茱萸科	常绿灌木
梯牧草	*Phleum pratense*	禾本科	草本
天女花	*Magnolia sieboidii*	木兰科	落叶小乔木
天人菊	*Gaillardia pulchella*	菊科	草本
天竺桂	*Cinnamomum japonicum*	樟科	常绿乔木
天竺葵	*Pelargonium hortorum*	牻牛儿苗科	草本
田菁	*Sesbania cannabina*	豆科	草本
条纹十二卷	*Haworthia fasciata*	百合科	肉质草本
贴梗海棠	*Chaenomeles speciosa*	蔷薇科	落叶灌木
铁冬青	*Ilex rotunda*	冬青科	常绿乔木
铁核桃（漾濞核桃）	*Juglans sigillata*	胡桃科	落叶乔木
铁力木	*Mesua ferrea*	藤黄科	常绿乔木
铁炮百合（麝香百合）	*Lilium longiflorum*	百合科	草本
铁杉	*Tsuga chinensis*	松科	常绿乔木
铁线蕨	*Adiantum capillus-veneris*	铁线蕨科	草本蕨类
通脱木	*Tetrapanax papyrifer*	五加科	常绿或落叶灌木
铜钱树	*Paliurus hemsleyanus*	鼠李科	落叶乔木
驼绒藜	*Ceratoides latens*	藜科	落叶亚灌木
瓦松	*Orostachys fimbriatus*	景天科	肉质草本
晚香玉	*Polianthes tuberosa*	石蒜科	草本
万年青	*Rohdea japonica*	百合科	草本
万寿菊	*Tagetes erecta*	菊科	草本
王莲	*Victoria amazonica*	睡莲科	水生草本
网球花	*Haemanthus multiflorus*	石蒜科	草本
望春玉兰	*Magnolia biondii*	木兰科	落叶乔木
卫矛	*Euonymus alatus*	卫矛科	落叶灌木
猬实	*Kolkwitzia amabilis*	忍冬科	落叶灌木
榲桲（木梨）	*Cydonia oblonga*	蔷薇科	落叶小乔木
文冠果	*Xanthoceras sorbifolia*	无患子科	落叶灌木或小乔木
文殊兰	*Crinum asiaticum*	石蒜科	草本
蚊母树	*Distylium racemosum*	金缕梅科	常绿乔木
倭竹	*Shibataea kumasasa*	禾本科	竹类
乌饭树	*Vaccinium bracteatum*	杜鹃花科	常绿灌木

（续）

中　名	学　名	科　名	属　性
乌岗栎	*Quercus phillyraeoides*	壳斗科	常绿乔木
乌桕	*Sapium sebiferum*	大戟科	落叶乔木
乌榄	*Canarium pimela*	橄榄科	常绿乔木
乌头	*Aconitum carmichaeli*	毛茛科	草本
无花果	*Ficus carica*	桑科	落叶灌木或小乔木
无患子	*Sapindus mukorossi*	无患子科	落叶乔木
梧桐	*Firmiana simplex*	梧桐科	落叶乔木
蜈蚣草	*Pteris vittata*	凤尾蕨科	草本蕨类
五角枫	*Acer mono*	槭树科	落叶乔木
五色梅	*Lantana camara*	马鞭草科	常绿半藤本灌木
五味子	*Schisandra chinensis*	五味子科	落叶木质藤本
五叶地锦（美国地锦）	*Parthenocissus quinquefolia*	葡萄科	落叶木质藤本
勿忘草	*Myosotis sylvatica*	紫草科	草本
西班牙鸢尾	*Iris xiphium*	鸢尾科	草本
西府海棠	*Malus micromalus*	蔷薇科	落叶乔木
西洋梨	*Pyrus communis*	蔷薇科	落叶乔木
喜树	*Camptotheca acuminata*	蓝果树科	落叶乔木
细弱剪股颖	*Agrostis tenuis*	禾本科	草本
细叶结缕草	*Zoysia tenuifolia*	禾本科	草本
虾夷花	*Jasticia brandegeana*	爵床科	草本
狭叶四照花	*Dendrobenthamia angustata*	山茱萸科	落叶小乔木
霞草	*Gypsophila elegans*	石竹科	草本
仙客来	*Cyclamen persicum*	报春花科	草本
仙人笔	*Senecio articulatus*	菊科	肉质草本
仙人掌	*Opuntia dillenii*	仙人掌科	肉质灌木
仙人指	*Schlumbergera bridgesii*	仙人掌科	肉质藤状灌木
香柏	*Thuja occidentalis*	柏科	常绿乔木
香茶藨子	*Ribes odoratum*	虎耳草科	落叶灌木
香椿	*Toona sinensis*	楝科	落叶乔木
'香榧'	*Torreya grandis* cv. Merrillii	红豆杉科	常绿乔木
香果树	*Emmenopterys henryi*	茜草科	落叶乔木
'香花'槐	*Robinia pseudoacacia* cv. Idaho	豆科	落叶乔木
香荚蒾	*Viburnum farreri*	忍冬科	落叶灌木
香堇	*Viola odorata*	堇菜科	草本
香龙血树（巴西铁）	*Dracaena fragrans*	龙舌兰科	常绿灌木或乔木

（续）

中　名	学　名	科　名	属　性
香莓	*Rubus pungens* var. *oldhamii*	蔷薇科	落叶灌木
香蒲	*Typha orientalis*	香蒲科	水生草本
香石竹	*Dianthus caryophyllus*	石竹科	草本
香水月季	*Rosa odorata*	蔷薇科	常绿或半常绿木质藤本
香豌豆	*Lathyrus odoratus*	豆科	草质藤本
香雪球	*Lobularia maritima*	十字花科	草本
香叶天竺葵	*Pelargonium graveolens*	牻牛儿苗科	草本
向日葵	*Helianthus annuus*	菊科	草本
象耳豆	*Enterolobium contortisiliquum*	豆科	落叶小乔木
橡皮树	*Ficus elastica*	桑科	常绿乔木
小檗	*Berberis thunbergii*	小檗科	落叶灌木
小苍兰	*Freesia refracta*	鸢尾科	草本
小冠花	*Coronilla varia*	豆科	草本
小蜡	*Ligustrum sinense*	木樨科	半常绿灌木或小乔木
小叶马缨丹（小叶五色梅）	*Lantana montevidensis*	马鞭草科	常绿半藤状灌木
小叶女贞	*Ligustrum quihoui*	木樨科	落叶或半常绿灌木
小叶朴	*Celtis bungeana*	榆科	落叶乔木
小叶杨	*Poplus simonii*	杨柳科	落叶乔木
笑靥花	*Spiraea prunifolia*	蔷薇科	落叶灌木
缬草	*Valeriana officinalis*	败酱科	草本
蟹爪	*Zygocactus truncatus*	仙人掌科	肉质藤状灌木
新疆梨	*Pyrus sinkiangensis*	蔷薇科	落叶乔木
新疆杨	*Populus alba*	杨柳科	落叶乔木
杏	*Prunus armeniaca*	蔷薇科	落叶乔木
荇菜	*Nymphoides peltata*	睡莲科	水生草本
绣线菊	*Spiraea salicifolia*	蔷薇科	落叶灌木
袖珍椰子	*Chamaedorea elegans*	棕榈科	常绿灌木
萱草	*Hemerocallis fulva*	百合科	草本
旋覆花	*Inula japonica*	菊科	草本
雪果	*Symphoricarpus albus*	忍冬科	落叶灌木
雪莲花	*Saussurea involucrata*	菊科	草本
雪柳	*Fontanesia fortunei*	木樨科	落叶灌木或小乔木
雪片莲	*Leucojum vernum*	石蒜科	草本
雪松	*Cedrus deodara*	松科	常绿乔木
熏衣草	*Lavandula officinalis*	唇形科	草本

（续）

中　名	学　名	科　名	属　性
鸭茅	*Dactylis glomerata*	禾本科	草本
鸭舌草	*Monochoria vaginalis*	雨久花科	水生草本
鸭嘴花	*Adhatoda vasica*	爵床科	常绿灌木
崖姜	*Pseudodrynaria coronans*	水龙骨科	草本蕨类
芫花	*Daphne genkwa*	瑞香科	落叶灌木
岩生石碱花	*Saponaria ocymoides*	石竹科	草本
盐地风毛菊	*Saussurea salsa*	菊科	草本
盐豆木	*Halimodendron halodendron*	豆科	落叶灌木
盐肤木	*Rhus chinensis*	漆树科	落叶灌木或小乔木
盐生草	*Halogeton glomeratus*	藜科	草本
偃柏	*Sabina chinensis* var. *sargentii*	柏科	常绿灌木
偃麦草	*Elytrigia repens*	禾本科	草本
偃松	*Pinus pumila*	松科	常绿小乔木
羊草	*Leymus chinensis*	禾本科	草本
羊蹄甲	*Bauhinia purpurea*	豆科	半常绿乔木
羊踯躅	*Rhododendron molle*	杜鹃花科	落叶灌木
杨梅	*Myrica rubra*	杨梅科	常绿乔木
阳桃（羊桃）	*Averrhoa carambola*	酢浆草科	常绿乔木
杨桐	*Cleyera japonica*	山茶科	常绿灌木或小乔木
腰果	*Anacardium occidentale*	漆树科	常绿乔木
椰子	*Cocos nucifera*	棕榈科	常绿乔木
野牛草	*Buchloe dactyloides*	禾本科	草本
野漆	*Toxicodendron succedaneum*	漆树科	落叶乔木
野蔷薇	*Rosa multiflora*	蔷薇科	落叶灌木
野梧桐	*Mallotus japonicus*	大戟科	落叶灌木
野鸦椿	*Euscaphis japonica*	省沽油科	落叶灌木或小乔木
叶子花	*Bougainvillea spectabilis*	紫茉莉科	常绿藤状灌木
夜合花	*Magnolia coco*	木兰科	常绿灌木或小乔木
夜香树	*Cestrum nocturnum*	茄科	常绿藤状灌木
一串红	*Salvia splendens*	唇形科	草本
一品红	*Euphorbia pulcherrima*	大戟科	落叶灌木
一枝黄花	*Solidago canadensis*	菊科	草本
异穗薹草	*Carex heterostachys*	莎草科	草本
阴香	*Cinnamomum burmannii*	樟科	常绿乔木
银边翠	*Euphorbia marginata*	大戟科	草本

（续）

中　名	学　名	科　名	属　性
银桦	*Grevillea robusta*	山龙眼科	常绿乔木
银荆	*Acacia dealbara*	豆科	常绿乔木
银莲花	*Anemone cathayensis*	毛茛科	草本
银鹊树	*Tapiscia sinensis*	省沽油科	落叶乔木
银薇	*Lagerstroemia indica* f. *alba*	千屈菜科	落叶灌木或小乔木
银香梅	*Myrtus communis*	桃金娘科	常绿灌木
银杏	*Ginkgo biloba*	银杏科	落叶乔木
英桐（二球悬铃木）	*Platanus acerifolia*	悬铃木科	落叶乔木
罂粟	*Papaver somniferum*	罂粟科	草本
樱花	*Prunus serrulata*	蔷薇科	落叶乔木
樱桃	*Prunus pseudocerasus*	蔷薇科	落叶乔木
迎春	*Jasminum nudiflorum*	木樨科	落叶灌木
迎红杜鹃	*Rhododendron mucronulatum*	杜鹃花科	落叶灌木
油茶	*Camellia oleifera*	山茶科	常绿灌木或小乔木
油橄榄	*Olea europaea*	木樨科	常绿乔木
油杉	*Keteleeria fortunei*	松科	常绿乔木
油柿	*Diospyrus oleifera*	柿科	落叶乔木
油松	*Pinus tabulaeformis*	松科	常绿乔木
油桐	*Vernicia fordii*	大戟科	落叶乔木
莸	*Caryopteris incana*	马鞭草科	落叶灌木
余甘子	*Phyllanthus emblica*	大戟科	落叶灌木或小乔木
鱼鳔槐	*Colutea arborescens*	豆科	落叶灌木
鱼鳞云杉	*Picea jezoensis* var. *microsperma*	松科	常绿乔木
鱼尾葵	*Caryota ochlandra*	棕榈科	常绿乔木
榆树	*Ulmus pumila*	榆科	落叶乔木
榆叶梅	*Prunus triloba*	蔷薇科	落叶灌木或小乔木
虞美人	*Papaver rhoeas*	罂粟科	草本
‘羽衣’甘蓝	*Brassica oleracea* var. *acephala* cv. Tricolor	十字花科	草本
羽扇豆	*Lupinus polyphyllus*	豆科	草本
羽叶茑萝	*Ipomoea quamoclit*	旋花科	草本
雨久花	*Monochoria korsakowii*	雨久花科	水生草本
玉蝉花	*Iris ensata*	鸢尾科	草本
玉兰	*Magnolia denudata*	木兰科	落叶乔木
玉铃花	*Styrax obassius*	野茉莉科	落叶乔木
玉米石	*Sedum album*	景天科	肉质草本

（续）

中　名	学　名	科　名	属　性
玉树（燕子掌）	*Crassula argentea*	景天科	肉质灌木
玉簪	*Hosta plantaginea*	百合科	草本
芋	*Colocasia esculenta*	天南星科	草本
郁金香	*Tulipa gesneriana*	百合科	草本
郁李	*Prunus japonica*	蔷薇科	落叶灌木
鸢尾	*Iris tectorum*	鸢尾科	草本
元宝枫	*Acer truncatum*	槭树科	落叶乔木
圆柏	*Sabina chinensis*	柏科	常绿乔木
圆锥八仙花	*Hydrangea paniculata*	虎耳草科	落叶灌木或小乔木
月桂	*Laurus nobilis*	樟科	常绿乔木
月季	*Rosa hybrida*	蔷薇科	常绿或半常绿灌木
月见草	*Oenothera biennis*	柳叶菜科	草本
越橘	*Vaccinium vitis - idaea*	杜鹃花科	常绿或半常绿灌木
云杉	*Picea asperata*	松科	常绿乔木
云实	*Caesalpinia decapetala*	豆科	落叶木质藤本
早熟禾	*Poa annua*	禾本科	草本
枣	*Zizyphus jujuba*	鼠李科	落叶乔木
枣椰子（海枣）	*Phoenix dactylifera*	棕榈科	常绿乔木
皂荚	*Gleditsia sinensis*	豆科	落叶乔木
泽兰	*Eupatorium japonicum*	菊科	草本
泽泻	*Alisma plantagoaquatica* var. *orientale*	泽泻科	水生草本
樟树	*Cinnamomum camphora*	樟科	常绿乔木
樟子松	*Pinus sylvestris* var. *mongolica*	松科	常绿乔木
照山白	*Rhododendron micranthum*	杜鹃花科	常绿灌木
珍珠花	*Lyonia ovalifolia*	杜鹃花科	常绿或落叶灌木或小乔木
珍珠梅	*Sorbaria kirilowii*	蔷薇科	落叶灌木
榛	*Corylus heterophylla*	桦木科	落叶灌木或小乔木
栀子花	*Gardenia jasminoides*	茜草科	常绿灌木
蜘蛛抱蛋	*Aspidistra elatior*	百合科	草本
智利喇叭花	*Salpiglossis sinuata*	茄科	草本
中华结缕草	*Zoysia sinica*	禾本科	草本
柊树	*Osmanthus heterophyllus*	木樨科	常绿灌木或小乔木
肿柄菊	*Tithonia rotundifolia*	菊科	草本
皱叶剪秋罗	*Lychnis chalcedonica*	石竹科	草本
朱顶红	*Hippeastrum vittatum*	石蒜科	草本

（续）

中　名	学　名	科　名	属　性
朱蕉	*Cordyline fruticosa*	龙舌兰科	常绿灌木或小乔木
竹柏	*Podocarpus nagi*	罗汉松科	常绿乔木
竹节草	*Chrysopogon aciculatus*	禾本科	草本
竹芋	*Maranta arundinacea*	竹芋科	草本
锥花丝石竹	*Gypsophila paniculata*	石竹科	草本
梓树	*Catalpa ovata*	紫葳科	落叶乔木
紫斑牡丹	*Paeonia rockii*	芍药科	落叶灌木
紫背天葵	*Begonia fimbristipula*	秋海棠科	草本
紫背万年青	*Rhoeo spathacea*	鸭跖草科	草本
紫丁香（华北紫丁香）	*Syringa oblata*	木樨科	落叶灌木或小乔木
紫椴	*Tilia amurensis*	椴树科	落叶乔木
紫萼	*Hosta ventricosa*	百合科	草本
紫花地丁	*Viola chinensis*	堇菜科	草本
紫花针茅	*Stipa purpurea*	禾本科	草本
紫金牛	*Ardisia japonica*	紫金牛科	常绿灌木
紫茎	*Stewartia sinensis*	山茶科	落叶灌木或小乔木
紫荆	*Cercis chinensis*	豆科	落叶灌木或小乔木
紫露草	*Tradescantia ohiensis*	鸭跖草科	草本
紫轮菊	*Osteospermum jucundum*	菊科	草本
紫罗兰	*Matthiola incana*	十字花科	草本
紫茉莉	*Mirabilis jalapa*	紫茉莉科	草本
紫苜蓿	*Medicago sativa*	豆科	草本
紫楠	*Phoebe sheareri*	樟科	常绿乔木
紫苏	*Perilla frutescens*	唇形科	草本
紫穗槐	*Amorpha fruticosa*	豆科	落叶灌木
紫藤	*Wisteria sinensis*	豆科	落叶木质藤本
紫菀	*Aster tataricus*	菊科	草本
紫薇	*Lagerstroemia indica*	千屈菜科	落叶灌木或小乔木
紫羊茅	*Festuca rubra*	禾本科	草本
'紫叶'李	*Prunus cerasifera* cv. Pissardii	蔷薇科	落叶小乔木
'紫叶'桃	*Prunus persica* cv. Atropurpurea	蔷薇科	落叶小乔木
'紫叶'小檗	*Berberis thunbergii*. cv. Atropurpurea	小檗科	落叶灌木
紫珠	*Callicarpa japonica*	马鞭草科	落叶灌木
紫竹	*Phyllostachys nigra*	禾本科	竹类
棕榈	*Trachycarpus fortunei*	棕榈科	常绿乔木

（续）

中　名	学　名	科　名	属　性
醉蝶花	*Cleome spinosa*	白花菜科	草本
棕竹	*Rhapis excelsa*	棕榈科	常绿灌木
钻地风	*Schizophragma integrifolium*	虎耳草科	落叶藤状灌木
醉鱼草	*Buddleja lindleyana*	醉鱼草科	落叶灌木
柞栎	*Quercus dentata*	壳斗科	落叶乔木

主要参考文献

中文古典文献

诗经·小雅·鹤鸣

周礼·地官·封人

周礼·夏官·司险

周礼·夏官·掌固

墨子·非命下

史记·秦始皇本纪

汉书·贾山传

汉代·刘歆撰·晋代·葛洪辑·西京杂记·卷上·上林名果异木

后汉书·百官志四

南齐书·文惠太子传

北魏·贾思勰·齐民要术·卷第五·安石榴·第四十一

北魏·郦道元·水经注

北魏·杨衒之·洛阳伽蓝记

六朝·佚名·三辅黄图·扶荔宫

唐代·白居易·白牡丹·唐诗类苑·卷一百九十八

唐代·白居易·和春深·全唐诗·卷四百九十九

唐代·张又新·牡丹·全唐诗·卷四百七十九

南唐·沈汾·续仙记

宋代·吴自牧·梦粱录·卷十九·园囿

宋代·西湖老人繁胜录

宋代·周密·武林旧事·卷三·禁中纳凉

明代·高濂·遵生八笺·高子盆景说

明代·屠隆·考槃余事·盆玩笺·盆花

明代·王象晋·二如亭群芳谱·花谱收录

明代·王鏊·姑苏志·卷十三

明代·文震亨原著·陈植校注·长物志校注·

清代·李斗·扬州画舫录·卷二

清代·李斗·扬州画舫录·卷十五·冈西录

清代·陈淏子·花镜

中文现代文献

［美］查尔斯·莫尔等著·李斯译·2000·风景·北京：光明日报出版社·

［美］凯瑟琳·迪伊编著·周剑云等译·2004·景观建筑形式与纹理·杭州：浙江科学技术出版社·

［美］凯文·林奇著·方益萍，何晓军译·2001·城市意象·北京：华夏出版社·

［美］凯文·林奇著·黄富厢译·1999·总体设计·北京：中国建筑工业出版社·

〔美〕理查德·L.奥斯汀著.罗爱军译.2005.植物景观设计元素.北京：中国建筑工业出版社.

〔美〕麦克哈格著.芮经纬译.1992.设计结合自然.北京：中国建筑工业出版社.

〔美〕南希·A.莱斯辛斯基著.卓丽环译.2004.植物景观设计.北京：中国林业出版社.

〔美〕诺曼·K.布思著.曹礼昆,曹德鲲译.1989.风景园林设计要素.北京：中国林业出版社.

〔美〕约翰·西蒙兹著.俞孔坚等译.2000.景观设计学：场地规划与设计手册.第三版.北京：中国建筑工业出版社.

〔美〕伊丽莎白·巴洛·罗杰斯著.韩炳越等译.2005.世界景观设计.北京：中国林业出版社.

〔挪威〕诺伯格·舒尔兹著.尹培桐译.1990.存在·空间·建筑.北京：中国建筑工业出版社.

〔日〕宫宇地一彦著.马俊,里妍译.2006.建筑设计的构思方法.北京：中国建筑工业出版社.

〔日〕芦原义信著.尹培桐译.1985.外部空间设计.北京：中国建筑工业出版社.

〔日〕泷光夫著.刘云俊译.2003.建筑与绿化.北京：中国建筑工业出版社.

〔日〕小林克弘著.陈志华译.2004.建筑构成手法.北京：中国建筑工业出版社.

〔日〕针之谷钟吉.邹洪灿译.1991.西方造园变迁史.北京：中国建筑工业出版社.

〔意〕布鲁诺·赛维著.张似赞译.1985.建筑空间论.北京：中国建筑工业出版社.

〔英〕Brian Clouston主编.陈自新,许慈安译.1992.风景园林植物配置.北京：中国建筑工业出版社.

〔英〕布莱恩·劳森著.杨青娟等译.2003.空间的语言.北京：中国建筑工业出版社.

〔英〕查尔斯·詹克斯著.李大夏摘译.1986.后现代建筑语言.北京：中国建筑工业出版社.

〔英〕克里斯托弗·布里克尔主编.杨秋生,李振宇主译.2005.世界园林植物与花卉百科全书（英国皇家园艺学会最新版）.郑州：河南科学技术出版社.

〔英〕克利夫·芒福汀等著.韩冬青等译.2004.美化与装饰.北京：中国建筑工业出版社.

〔英〕珍尼·亨迪著.陈少风译.2001.庭园调色板.南昌：江西科学技术出版社.

阿摩斯·拉普卜特著.黄兰谷译.2003.建成环境的意义.北京：中国建筑工业出版社.

北京林业大学园林系花卉教研组.1990.花卉学.北京：中国林业出版社.

蔡强.2004.深圳优秀景观园林设计.沈阳：辽宁科学技术出版社.

蔡如等.2005.植物景观设计.昆明：云南科学技术出版社.

曹瑞忻,汤重熹.2003.景观设计.北京：高等教育出版社.

车生泉,王洪轮.2001.城市绿地研究综述.上海交通大学学报（农业科学版）,19（3）：229-234.

陈波.2006.杭州西湖园林植物配置研究.〔博士论文〕.杭州：浙江大学.

陈从周.1984.说园.北京：书目文献出版社.

陈俊愉.1980.园林花卉.上海：上海科学技术出版社.

陈俊愉,程绪珂.1990.中国花经.上海：上海文化出版社.

陈俊愉.2001.中国花卉品种分类学.北京：中国林业出版社.

陈玮等.2002.园林构成要素实例解析（植物）.沈阳：辽宁科学技术出版社.

陈有民.1990.园林树木学.北京：中国林业出版社.

陈有民.2006.中国园林绿化树种区域规划.北京：中国建筑工业出版社.

陈月华,王晓红.2005.植物景观设计.长沙：国防科技大学出版社.

陈自新,苏雪痕,刘少宗等.1998.北京城市绿化生态效益的研究.中国园林（6）：53-56.

陈志华.1979.外国建筑史.北京：中国建筑工业出版社.

陈志华.2001.外国造园艺术.郑州：河南科学技术出版社.

程大锦.2005.建筑：形式、空间和秩序.天津：天津大学出版社.

程秀萍,裴鸿菲,周雯文.2007.声景在中国古典园林中的运用.山西建筑,33（29）：347-348.

程绪珂,胡运骅.2006.生态园林的理论与实践.北京：中国林业出版社.

丁树谦.2002.论城市园林绿地的作用.辽宁师专学报（社会科学版）（5）：124-126.

董璁. 2001. 景观形式的生成与系统. [博士论文]. 北京：北京林业大学.

窦奕等. 2007. 园林小品及园林小建筑. 合肥：安徽科学技术出版社.

方惠. 2005. 叠石造山的理论与技法. 北京：中国建筑工业出版社.

冯采芹. 1992. 绿化环境效应研究. 北京：中国环境科学出版社.

顾大庆. 2002. 设计与视知觉. 北京：中国建筑工业出版社.

贺蔡明. 2006. 园林声景与香景的研究. [硕士论文]. 福州：福建农林大学.

何方. 2003. 应用生态学. 北京：科学出版社.

何国兴. 2004. 颜色科学. 上海：东华大学出版社.

何平, 彭重华. 2001. 城市绿地植物配置及其造景. 北京：中国林业出版社.

何小颜. 1999. 花与中国文化. 北京：人民出版社.

胡长龙等. 2003. 园林规划设计. 北京：中国农业出版社.

覃力. 1995. 亭旁植物的配置与意境创造. 中国园林, 11 (3)：47-48.

金华友. 2003. 城市绿地系统的功能与总体规划浅析. 林业调查规划, 8 (4)：89-93.

荆其敏. 2001. 城市绿化空间赏析. 北京：科学出版社.

荆其敏. 2004. 城市母语. 天津：百花文艺出版社.

瞿辉等. 1999. 园林植物配置. 北京：中国农业出版社.

孔垂华, 胡飞. 2001. 植物化感（相生相克）作用及其应用. 北京：中国农业出版社.

冷平生. 2003. 园林生态学. 北京：中国农业出版社.

李敏. 2002. 现代城市绿地系统规划. 北京：中国建筑工业出版社.

李树华. 2000. 尽早建立具有中国特色的园艺疗法学科体系（上）. 中国园林 (3)：17-19.

李树华. 2005. 利用绿化技术进行生态与景观恢复的原理与方法. 中国园林 (11)：59-64.

李树华. 2007. 从绿化，到美化，再到绿地文化——我国园林绿化发展大方向的探讨. 现代园林 (8)：15-20.

李延明, 张济和, 古润泽. 2004. 北京城市绿化与热岛效应的关系. 中国园林 (1)：72-75.

郦芷若等. 1992. 世界公园. 北京：中国科学技术出版社.

郦芷若, 朱建宁. 2002. 西方园林. 郑州：河南科学技术出版社.

林武星, 洪伟, 郑郁善等. 2005. 森林植物他感作用研究进展. 中国生态农业学报 (2)：43-46.

林友智. 1996. 居室色彩与心理效应. 住宅科技 (1)：33-34.

刘本同, 王志明. 2005. 矿山边坡植被森林化恢复目标和方法探讨. 浙江林业科技, 25 (4)：45-49.

刘灿, 张启翔. 2005. 色彩调和理论与植物景观设计. 风景园林 (2)：46-49.

刘娇妹, 李树华, 吴菲. 2007. 纯林、混交林型园林绿地的生态效益. 生态学报 (2)：674-684.

刘青林. 2005. 园林植物多样性问题的思考. 北京：北京园林学会学术年会论文集.

刘惠民, 韩翠香, 蓝晓娟. 2001. 园林植物景观设计与造景理论基础. 北方园艺 (2)：45-46.

刘少宗. 1996. 北京优秀园林设计集. 北京：中国建筑工业出版社.

刘少宗. 2003. 园林植物造景（上）景观设计纵论. 天津：天津大学出版社.

刘涛. 2000. 产品的设计色彩与人的情感心理. 沈阳航空工业学院学报 (4)：84-86.

刘秀丽. 2001. 中国古典园林植物的分析与论述. [硕士论文]. 北京：北京林业大学.

龙雅宜. 2004. 园林植物栽培手册. 北京：中国林业出版社.

芦建国. 2004. 花卉学. 南京：东南大学出版社.

鲁涤非. 1998. 花卉学. 北京：中国农业出版社.

罗小未等. 1997. 中国建筑的空间概念. 规划师 (3).

吕文博. 2007. 中国古典园林植物景观的意境空间初探. [硕士论文]. 北京：北京林业大学.

马军山. 2004. 现代园林种植设计研究. [博士论文]. 北京：北京林业大学.

马太和. 1994. 观叶植物大全. 北京：中国农业出版社.

孟刚等.2003.城市公园设计.上海：同济大学出版社.

彭镇华.2003.中国城市森林.北京：中国林业出版社.

宋永昌.2001.植被生态学.上海：华东师范大学出版社.

苏雪痕.1994.植物造景.北京：中国林业出版社.

苏雪痕，宋希强.2005.城镇园林植物规划方法及其应用（3）.中国园林（4）：63-68.

孙筱祥.1981.园林艺术及园林设计.北京：北京林学院.

陶琳，闫宏伟.2005.城市绿地功能对种植设计的限定研究.沈阳农业大学学报（社会科学版），7（3）：346-349.

滕小华.浅谈校园建筑的绿化与设计.南昌高专学报（3）：63-64.

童寯.2006.园论.天津：百花文艺出版社.

汪丽君.2004.建筑类型学.天津：天津大学出版社.

王浩.2003.城市生态园林与绿地系统规划.北京：中国林业出版社.

王树栋.2004.园林建筑.北京：气象出版社.

王树栋.2005.园林设计基础.北京：中央广播电视大学出版社.

王淑芬，苏雪痕.1995.质感与植物景观设计.北京工业大学学报，21（2）：41-45.

王香春.2001.城市景观花卉.北京：中国林业出版社.

王向荣，林箐.2002.西方现代景观设计的理论与实践.北京：中国建筑工业出版社.

王向荣，林箐.2002.欧洲新景观.南京：东南大学出版社.

王晓俊.2005.风景园林设计.南京：江苏科学技术出版社.

王祥荣.1998.生态园林与城市环境保护.中国园林，14（2）：14-16.

王欣.2005.传统园林种植设计理论研究.［博士论文］.北京：北京林业大学.

王意成.2000.时尚观叶植物100种.北京：中国农业出版社.

王玉晶，杨绍福，王洪力等.2003.城市公园植物造景.沈阳：辽宁科学技术出版社.

王浙浦.1999.生态园林——二十一世纪城市园林的理论基础.中国园林（3）：35-36.

吴涤新.1994.花卉应用与设计.北京：中国农业出版社.

吴涤新，何乃深.2004.园林植物景观.北京：中国建筑工业出版社.

吴菲，李树华，刘娇妹.2007.城市绿地面积与温湿效益之间关系的研究.中国园林（6）：71-74.

吴菲，李树华，刘娇妹.2007.林下广场、无林广场和草坪的温湿度及人体舒适度.生态学报（7）：2964-2971.

吴菲，李树华，刘剑.2006.不同绿量的园林绿地对温湿度变化影响的研究.中国园林（7）：56-60.

吴山.1975.论我国黄河流域、长江流域和华南地区新石器时代的装饰图案.文物（5）：59-72.

吴玉贤.1982.河姆渡的原始艺术.文物（7）：61-69.

肖笃宁，李秀珍等.2003.景观生态学.北京：科学出版社.

修美玲，李树华.2006.园艺操作活动对老年人身心健康影响的初步研究.中国园林（6）：46-49.

徐波，赵锋，李金路.2000.关于城市绿地及其分类的若干思考.中国园林，16（5）：29-32.

许冲勇.2001.植物种植设计施工图的探索.中国园林（3）：64-66.

徐德嘉，周武忠.2002.植物景观意匠.南京：东南大学出版社.

徐恒醇.2000.生态美学.西安：陕西人民教育出版社.

徐文辉.2007.城市园林绿地系统规划.武汉：华中科技大学出版社.

许绍惠，徐志钊.1994.城市园林生态学.沈阳：辽宁科学技术出版社.

徐晓蕾.2007.北京与杭州滨水植物及植物景观研究.［硕士论文］.北京：北京林业大学.

薛聪贤.2000.景观植物造园应用实例.杭州：浙江科学技术出版社.

杨赍丽.2006.城市园林绿地规划.第2版.北京：中国林业出版社.

杨学成，林云.2000.小型植物造园应用.乌鲁木齐：新疆科学技术出版社.

余树勋.1987.园林美与园林艺术.北京：科学出版社.

余树勋.2004.园中石.北京：中国建筑工业出版社.

云南省园艺博览局.1999.世界园艺博览园植物名录.昆明：云南科学技术出版社.

詹和平.2006.空间.南京：东南大学出版社.

张红卫.2003.现代艺术对现代园林设计的影响.［博士论文］.北京：北京林业大学.

张吉祥.2005.园林植物种植设计.北京：中国建筑工业出版社.

张天麟.2005.园林树木1 200种.北京：中国建筑工业出版社.

赵世伟，张佐双.2004.园林植物景观设计与营造.北京：中国城市出版社.

赵世伟.2000.园林工程景观设计植物配置与栽培应用大全.北京：中国农业科技出版社.

赵世伟.2006.园林植物种植设计与应用.北京：北京出版社.

郑华，金幼菊，周金星等.2003.活体珍珠梅挥发物释放的季节性及其对人体脑波影响的初探.林业科学研究，16（3）：328-334.

中国勘察设计协会园林设计分会.2005.园林植物种植设计.北京：中国建筑工业出版社.

周维权.2003.中国古典园林史.第2版.北京：清华大学出版社.

周肖红.1998.香山公园草坪与地被植物现状及评价.北京园林（3）：17-20.

朱德华，蒋德明，朱丽辉.2005.恢复生态学及其发展历程.辽宁林业科技（5）：48-50.

朱慧，黄志刚.2006.基于心理测试系统的色彩心理探讨.印刷世界（5）：19-20.

朱钧珍.1981.杭州园林植物配置.北京：城市建设杂志社.

朱钧珍.2003.中国园林植物景观艺术.北京：中国建筑工业出版社.

朱仁元，金涛.2003.城市道路、广场植物造景.沈阳：辽宁科学技术出版社.

宗白华.2002.美学散步.北京：北京大学出版社.

宗白华.1997.艺境.北京：北京大学出版社.

宗白华.1987.中国园林艺术概观.南京：江苏人民出版社.

日 文 文 献

朝日新聞社.1997.植物の世界4.

飯島亮、安蒜俊比古.2001.庭木と緑化樹2 落葉高木・低木類.誠文堂新光社.

入江彰昭，平野侃三.1999.ランドサットTMデータ解析による都市気象緩和に効果的な緑地形態と規模に関する研究.第34回日本都市計畫學會學術研究論文集.

上原敬二.1962.樹木の植栽と配植.東京加島書店.

大山陽生.1992.緑地と環境緑化計畫（修訂版）.フジ・テクシステム.

河原武敏.1999.平安鎌倉時代の庭園植栽.信山社.

金恩一，藤井英二郎.1994.植物の色彩と眼球運動及び脳波との関わりについて.造園雑志，57（5）：139-144.

近藤三雄.2003.都市緑化技術集.東京：株式會社環境コミュニケーションズ.

斉藤勝雄.1977.日本庭園細部技法.東京河内書房新社.

進士五十八等.1976.農耕と園芸別冊 植木（5）配植・植栽管理.

生物多樣性政策研究會.2002.生物多樣性キーワード事典.中央法規.25.

外山英策.1934.室町時代庭園史.岩波書店.

中島宏.2004.緑化・植栽マニュアル 計畫・設計から施工・管理まで.經濟調査會.

仲上健一.1993.都市環境の創造.東京：法律出版社.

中尾佐助.1986.花と木の文化史.岩波書店.

日本造園學會.1998.ランドスケープと緑化.東京技報堂：1-20.

日本緑化工學會．2002. 生物多様性保全のための緑化植物の取り極い方に関する提言．道路緑化保全協會．緑化技術資料 NO. 7. 生物多様性に関する資料．1 - 17.

服部明世．2000. 都市緑化技術研究所の10年と21世紀への展望．Urban Green Tech (3): 48 - 61.

飛田範夫．2001. 古代・中世の庭園と園芸との関連．ランドスケープ研究，65（1): 7 - 12.

森本幸裕等．2001. ミティゲーション——自然環境の保全・復元技術．東京: ソフトサイエンス社.

宮脇昭等．1976. 土木工學大系 3　自然環境論（Ⅱ）植生と開発保全．東京: 彰國出版社.

湯淺浩夫．1998. 外來植物による自然破壊とその回復．Urban Green Tech (31): 18 - 21.

李樹華．漢代以前（—A. D. 220）の神樹類び祭祀用としての植栽．ランドスケープ研究，65（5): 435 -438.

英 文 文 献

A E Bye. 1988. Art into Landscape, Landscape into Art. PDA Publishers Corp.

Austin R L. 1982. Designing with Plants. New York: Van Nostrand Reinhold.

Bradshaw A D, Hunt B, Walsley T. 1995. Trees in the Urban Landscape: Principles and Practice. London: E & F N Spon.

Brian Clouston. 1983. A Photographic Guide. Landscape Plants in Design. AVI.

Brian Clouston. 1977. Landscape Design with Plants. Heinemann.

Brian Hackett. Planting Design. London: The University Press, Cambridge.

Brian Hackett. Planting Design. Lodon: E & F N Spon.

Brian Hayes. 2005. Infrastructure: A Field Guide to the Industrial Landscape. New York: W W Norton.

C C L Hirshfeld. Edited and Translated by Linda B Parshall. 2001. Theory of Garden Art. Philadelphia: University of Pennsylvania Press.

Clemens Steenbergen. 2003. Architecture and Landscape, the Design Experiment of the Great European Gardens and Landscapes. Basel: Birkhauser.

Corneji J J, Munoz F G, Ma C Y, et al. 1999. Studies on the Decontamination of Air by Plant. Ecotoxicology, 8: 311 - 320.

Eckbo, Garret. 1950. Landscape for Living. New York: F W Dodge.

Eliovson, Sima. 1991. The Gardens of Roberto Burle Marx. New Yowk: Harry N Abrams.

Filippo Pizzoni. 1999. The Garden: A History in Landscape and Art. New York: Judith Landry.

Gordon A Bradley. 1995. Urban Forest Landscapes: Integrating Multidisciplinary Perspectives. Seattle, WA: University of Washington Press.

H M Nelte. 1984. Landscape Architecture in Germany Ⅳ.

Jerome Malitz and Seth Malitz. 1998. Reflecting Nature: Garden Designs from Wild Landscapes. Porland, Or: Timber Press.

John A Jakle. 1987. The Visual Elements of Landscape. Amherst: University of Massachusetts Press.

John Ormsbee Simonds. 1983. Landscape Architecture: a Manual of Site Planning and Design. New York: McGraw-Hill.

Joseph Hudak. 1984. Shrubs in the Landscape. New York: McGraw-Hill Bk. Co.

Leszczynski, Nancy A. 1999. Planting in the Landscape. New York: John Wiley and Sons.

Nelson, W R. 1985. Planting Design: A Manual of Theory and Practice. 2nd ed. Champaign, Illinois.

Nick Robinson. 1992. The Planting Design Handbook. Hampshire: Gower.

Nigel Dunneu and James Hitchmough. 2004. The Dynamic Landscape: Design, Ecology and Management of Naturalistic Urban Planting. London: Spon Press.

Regent's Wharf. 2000. The Garden Book. Phaidon Press Limited.

Robert Holden. 2003. New Landscape Design. Laurence King.

Robinson. 1940. Planting Design. Florence Bell.

Rolf Konemann. 2001. European Design. S R J Sheppard and H W Harshaw. CABI Pub.

Seamus W Filor. 1992. The Process of Landscape Design. McGraw-Hill.

Simonich S T, Hites R A. 1994. Importance of Vegetation in Removing Polycyclic Aromatic-hydrocarbons from the Atmosphere. Nature, 370: 49 - 51.

T Van Nostrand. 1979. Trees for Architecture and the Landscape. Reinhold Co.

Tadahiko Higuchi. Translated by Charles S Terry. 1983. The Visual and Spatial Structure of Landscapes. MIT Press.

Thies Schroder. 2001. Changes in Scenery: Contemporary Landscape Architecture in Europe. Birkhauser.

Thomas, Church. 1983. Garden for People. University of California Press.

Thomas, G S. 1984 The Art of Planting. London: J M Dent & Sons.

Trapp S, Miglioranza K S B, Mosbek H. 2001. Sorption of Lipophilic Organic Compounds to Wood and Implications for Their Environmental Fate. Environ SCI Technol, 35 (8): 1561 - 1566.

Udo Weilacher. 1999. Between Landscape Architecture and Land Art. Birkhauser.

Walk T D. 1991. Planting Design. 2ed. New York: Van Nostrand Reinhold Company.

Walker, Theodore D. 1991. Planting Design. New York: John Wiley and Sons.

Waymark, Janet. 2003. Morden Garden Design. Thames and Hudson.

彩图1-2-1　园林绿地建设是一种文化创造活动　　　　彩图2-2-1　日本的枯山水园林

彩图2-2-2　江户后期，坂升春画《赤坂御庭画帖》中的庭园（树木）景观

彩图2-2-3　俯视日本四国香川栗林公园主要景区

彩图2-3-1 尼亚加拉瀑布公园内的植物景观

彩图3-1-1 彩叶草（一年生草花）

彩图3-1-2 各种品种的三色堇（二年生草花）

彩图3-1-3 云南中甸天池的报春花

彩图3-1-4 片植郁金香

彩图3-1-5 挺水植物荷花

彩图3-1-6 日本熊本成趣园中草坪覆盖的富士山造型

彩图3-1-7 常绿花木金花茶

彩图3-1-8 紫藤

彩图3-1-9 用于观赏的蛇瓜

彩图3-3-1 植物选择首先应满足园林建设的目的

彩图3-3-2 照山白是华北地区的乡土植物

彩图3-3-3 美丽异木棉成为广州的一大特色

彩图3-3-4 岩石园中的植物维护管理简单

彩图4-5-1 苏州拙政园海棠春坞

彩图4-5-2 盛开的桂花

彩图5-1-1　针叶树树冠多为圆锥形

彩图5-1-2　阔叶树树冠多为卵形

彩图5-1-3　日本东京新宿御苑内的古雪松

彩图5-1-4　园林中应用'塔'柏形成绿墙

彩图5-1-5　盘伞形黑松

彩图5-1-6　紫丁香团簇花相

彩图5-1-7　杜鹃花覆被花相

彩图5-1-8　鱼尾葵干生花相

彩图5-1-9 '千头'赤松

彩图5-1-10 平卧于溪流之上的黑松

彩图5-1-11 桉树的树皮纤维状脱落后的树肌

彩图5-1-12 白皮松的斑驳状树皮

彩图5-1-14 翅刺峨眉蔷薇的皮刺

彩图5-1-13
大杨树的树干肌理

彩图5-2-1　展叶期垂枝榆与栎类景观

彩图5-2-2　秋季变红的鸡爪槭

彩图5-2-3　'金边'板栗

彩图5-2-4　金银木的红色果实

彩图5-2-5　垂丝海棠的果实

彩图5-2-6 白千层黄白色的树皮在绿地的映衬下

彩图5-4-1 扬州瘦西湖庭院中栽植的芭蕉

彩图6-7-1 西洋蒲公英蔓延

彩图6-7-2 冷季型草坪与古典园林人文景观不谐调

彩图6-7-3 日本中西部山区野生的山樱

彩图7-1-1 一望无际的油菜花产生纯净美（戴碧霞摄）

彩图7-1-2 松柏类专类园树形和叶色的对比

彩图7-1-3 不对称均衡的应用

彩图7-1-4 入口处的树木起到强调的作用

彩图7-1-5 杜鹃绿篱使整个屋顶花园产生统一感

彩图7-1-6 高低对比调和与天际线变化

彩图7-1-7 黑松树形的变化赋予庭园空间情趣

彩图7-1-8 通过色彩对比产生鲜明的艺术效果（戴碧霞摄）

彩图7-1-9 以人性化尺度建设而成的园林

彩图7-2-1 不同绿色植物的搭配

彩图7-2-2 华南园林中普遍应用的变叶木

彩图7-2-3 早春梅花盛开景观

彩图7-2-4 以常绿树种作为秋色叶树种的背景

彩图7-2-5 近似色搭配造景整体和谐悦目

彩图7-2-6 明度变化形成和谐的植物景观

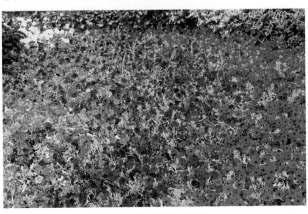

彩图7-2-7 红色与紫色的中差色搭配

彩图7-2-8　植物与水体的中差色搭配

彩图7-2-9　黄色和红色的对比色搭配

彩图7-2-10　花坛互补色配色（何小弟摄）

彩图7-3-1　利用草地、低矮灌丛、造型黑松形成细质感

彩图7-3-2　江南小庭院内的细质型植物配置

彩图7-3-3　利用质感搭配增大空间感

彩图7-3-4　利用植物质感变化（由细到粗）产生景深感

彩图7-3-5　不同质感植物的互相渗透

彩图8-1-1　日本园林中的种植设计单元

彩图8-2-1　曲折变化的林缘线

彩图8-2-2　林缘线具有组织透景线的效果

彩图8-2-3　现代公园植被的丰富的林缘线

彩图8-2-4　纪念性园林中针叶树作为背景（何小弟摄）

彩图8-2-5　多层式种植形成自然而丰富的造景效果

彩图8-3-1　水流分割空间

彩图8-3-2　花架分割空间

彩图8-3-3 丽江城市绿化与古城风貌统一协调

彩图8-3-4 葡萄风信子覆盖地面，锯末覆盖园路

彩图9-2-1 小岛上的树丛

彩图9-2-2 2株树木的搭配

彩图9-2-3 单纯白桦树群

彩图9－2－4　湖中岛上的混交树群

彩图9－2－5　现代公园中的疏林草地

彩图9－2－6　叶子花花球与花篱对植

彩图9－2－7　叶子花花球环状列植

彩图9－2－8　图案式种植（尼亚加拉瀑布园林）

彩图9-3-1 红叶石楠绿篱

彩图9-3-2 球形树冠树篱

彩图10-1-1 云南石林中山石与植物的有机结合

彩图10-1-2 土山植物景观

彩图10-1-3 土石山植物景观

彩图10-1-5 上海植物园盆景园入口处树石景观

彩图10-1-4 杭州江南名石苑绉云峰

彩图10-2-1　丽江黑龙潭水边植物景观（任斌斌摄）

彩图10-2-2　人工溪流植物景观（任斌斌摄）

彩图10-2-3　日本京都桂离宫水边植物景观

彩图10-2-4　日本神户宾馆内跌水旁植物景观

彩图10-2-5　水边绦柳与柽柳（朱春阳摄）

彩图10-2-6　水杉形成竖直向上的线条（任斌斌摄）

彩图10-2-7　颐和园知春亭早春景观

彩图10-2-8　杭州花港观鱼红鱼池畔半岛植物景观

彩图10-2-9　圆明园荷花景观（朱春阳摄）

彩图10-3-1　基础绿化软化了建筑硬质景观

彩图10-3-2　住宅庭园入口处绿化

彩图10-3-3　扬州瘦西湖盆景园窗景

彩图10-3-4　日本东京御苑庭园桥头植物景观

彩图10-3-5　海南南天寺景区厕所植物景观

彩图10-4-1　主园路乔木行道树

彩图10-4-2　广州白云山风景区园路植篱